기계 AutoCAD-2D 활용서

예문사

주요 저서

1996 전산응용기계설계제도
1997 제도박사 98 개발
1998 기계도면 실기/실습 「도서출판 일진사」
2001 전산응용기계제도 실기 「고시연구원」
2002 Practical Engineering Drawing 시리즈(2권) 저
2006 Creative Engineering Drawing 시리즈(5권) 저
KS규격집 기계설계 「예문사」
2007 전산응용기계제도 실기/실무 「예문사」
전산응용기계제도 실기 출제도면집 「예문사」
2012 AutoCAD-2D 활용서 「예문사」
AutoCAD-2D와 기계설계제도 「예문사」
2015 기능경기대회 공개과제 도면집 「예문사」
2018 권사부의 인벤터-3D 실기 「예문사」
2023 컴퓨터응용가공선반/밀링기능사 필기 「예문사」
2023 기계 인벤터 3D/2D 실기 활용서 「예문사」

저자 약력

다솔유캠퍼스 대표
고용노동부 과정평가형 자격 지정종목 검토위원
산업통상자원부 기술표준원 ISO 기계제도 표준위원

대표 강좌

권사부의 도면해독 실기이론
기계AutoCAD-2D 3일 완성
인벤터-3D/2D 실기
인벤터-3D 실기
기계제도-2D

늘 **기본에 충실히**
탑을 쌓듯이 **차근차근**

아무리 훌륭한 CAD 솔루션이라 할지라도 설계자 위에 있을 수는 없습니다.
그것은 설계를 하기 위한 툴이고 도구일 뿐입니다.
중요한 것은 창조적인 설계 능력과 도면화할 수 있는 설계 제도 기술입니다.

이 책은 기계설계제도의 기본에서 기하공차 적용 부분까지 자격증취득은 물론
실무에서도 활용할 수 있도록 심도 있게 구성해 놓았으며,
과제도면은 유형별 분류 및 부품명 해설을 통해 도면 분석에 보다 쉽게 접근할 수 있도록 하였습니다.

이 책이 기계설계분야에 첫발을 내딛는 입문자, 비전공자들에게 밝은 빛이 되어줄 것이라 믿습니다.

다솔유캠퍼스 연구진들의 땀과 정성으로 만든 이 책이 누군가에게는 기회를 만들 수 있는 초석이 되었으면 하는 바람입니다.

권신혁

Creative Engineering Drawing

Dasol U-Campus Book

1996

전산응용기계설계제도

1998

제도박사 98 개발

기계도면 실기/실습

2001

전산응용기계제도 실기

전산응용기계제도기능사 필기

기계설계산업기사 필기

2007

KS규격집 기계설계

전산응용기계제도 실기 출제도면집

2008

전산응용기계제도 실기/실무

AutoCAD-2D 활용서

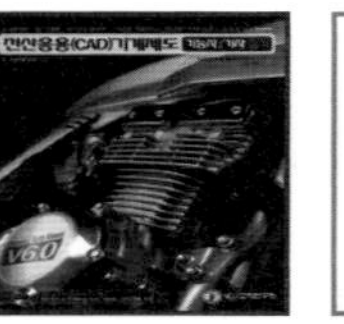

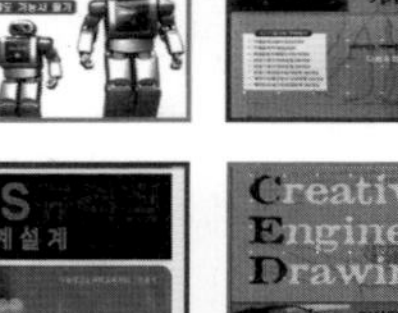

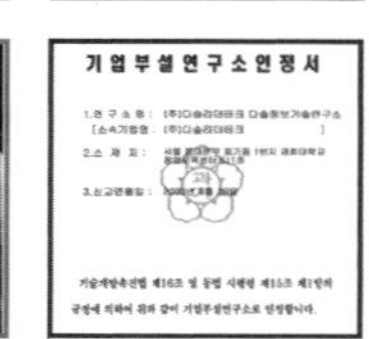

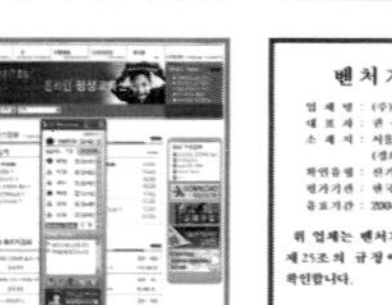

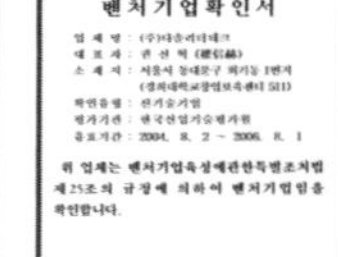

1996

다솔기계설계교육연구소

2000

㈜다솔리더테크

설계교육부설연구소 설립

2001

다솔유캠퍼스 오픈

국내 최초 기계설계제도

교육 사이트

2002

(주)다솔리더테크

신기술벤처기업 승인

2008

다솔유캠퍼스 통합

2010

자동차정비분야

강의 서비스 시작

2012

홈페이지 1차 개

Since 1996

Dasol U-Campus

다솔유캠퍼스는 기계설계공학의 상향 평준화라는 한결같은 목표를 가지고 1996년 이래 교재 집필과 교육에 매진해 왔습니다.

앞으로도 여러분의 꿈을 실현하는 데 다솔유캠퍼스가 기회가 될 수 있도록 교육자로서 사명감을 가지고 더욱 노력하는 전문교육기업이 되겠습니다.

2011

전산응용제도 실기/실무(신간)
KS규격집 기계설계
KS규격집 기계설계 실무(신간)

2012

AutoCAD-2D와 기계설계제도

2013

전산응용기계제도실기 출제도면집

2014

NX-3D 실기활용서
인벤터-3D 실기/실무
인벤터-3D 실기활용서
솔리드웍스-3D 실기/실무
솔리드웍스-3D 실기활용서
CATIA-3D 실기/실무

2015

CATIA-3D 실기활용서
기능경기대회 공개과제 도면집

2017

CATIA-3D 실무 실습도면집
3D 실기 활용서 시리즈(신간)

2018

기계설계 필답형 실기
권사부의 인벤터-3D 실기

2019

박성일마스터의 기계 3역학
홍쌤의 솔리드웍스-3D 실기

2020

일반기계기사 필기
컴퓨터응용가공선반기능사
컴퓨터응용가공밀링기능사

2021

건설기계설비기사 필기
기계설계산업기사 필기
전산응용기계제도기능사 필기
CATIA-3D 실기/실무 II

2022

UG NX-3D 실기 활용서
GV-CNC 실기/실무 활용서

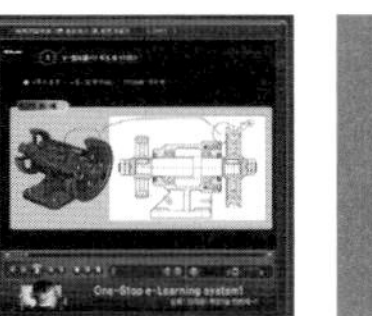

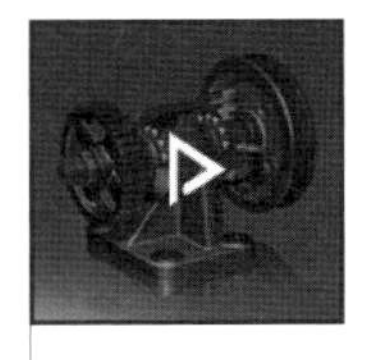

2013

홈페이지 2차 개편

2015

홈페이지 3차 개편
단체수강시스템 개발

2016

오프라인
원데이클래스

2017

오프라인
투데이클래스

2018

국내 최초 기술전문교육
브랜드 선호도 1위

2020

홈페이지 4차 개편
Live클래스
E-Book사이트(교사/교수용)

2021

모바일 최적화 1차 개편
YouTube 채널다솔 개편

2022

모바일 최적화 2차 개편

기계AutoCAD-2D
무료수강 방법을 알아볼까요?

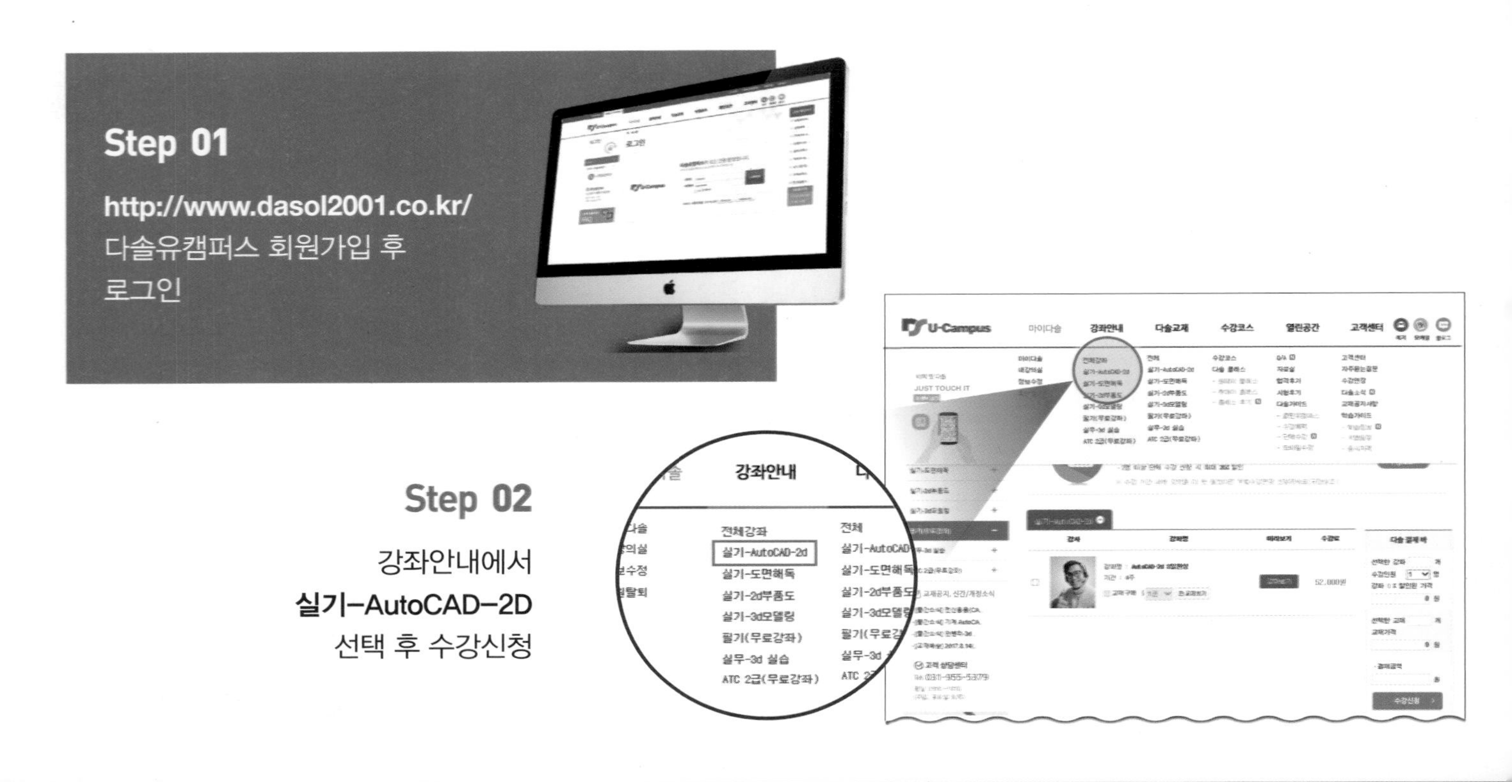

Step 01

http://www.dasol2001.co.kr/
다솔유캠퍼스 회원가입 후
로그인

Step 02

강좌안내에서
실기-AutoCAD-2D
선택 후 수강신청

Step 03

결제페이지에서
무료수강 선택 후 수강코드 입력
– 쿠폰 사용

Step 04

내 강의실 학습방에서 수강을 시작
수강 전용 콜러스 플레이어 설치 진행(자동설치)

모바일 수강 방법도 확인하세요

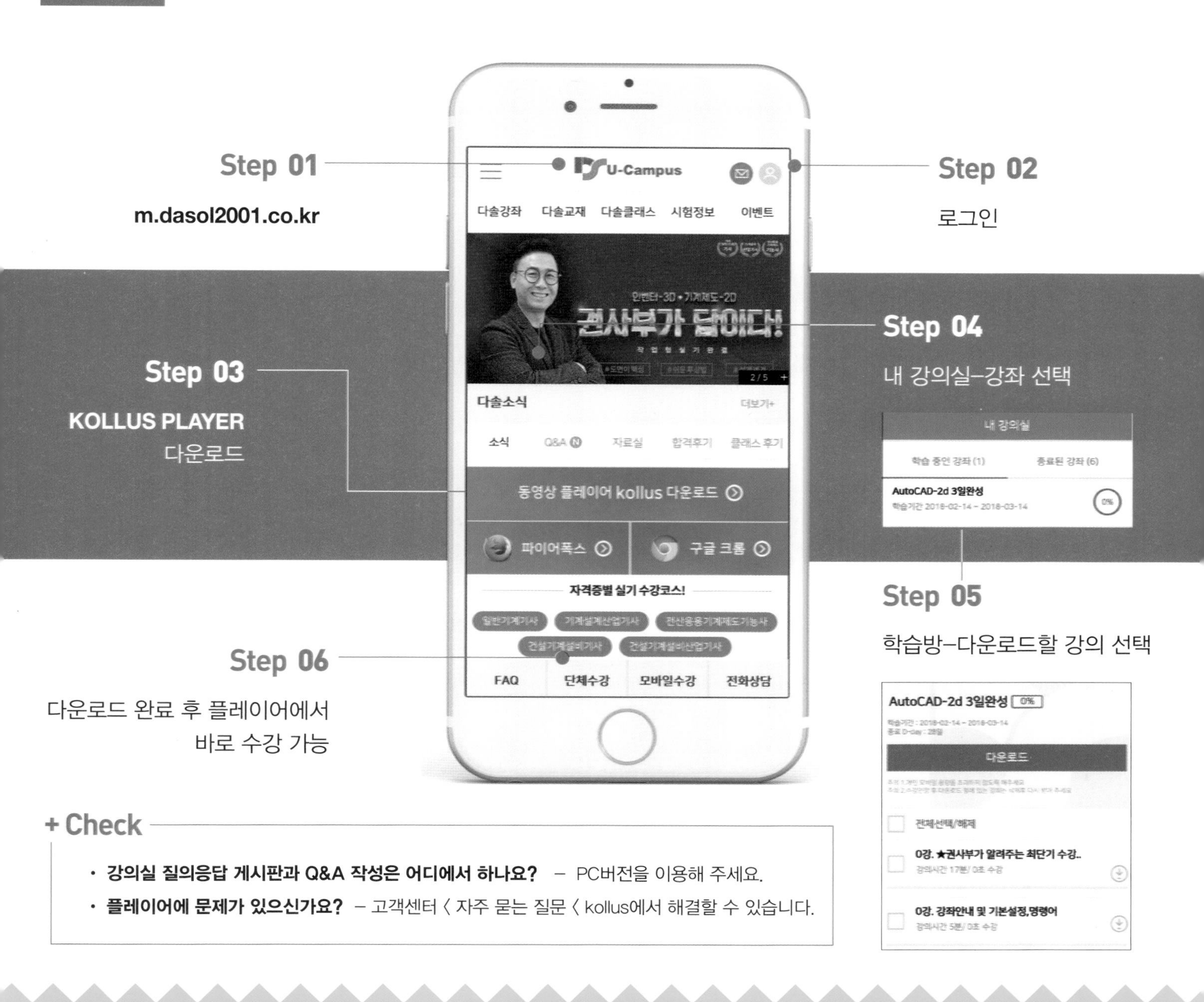

+ Check

- **강의실 질의응답 게시판과 Q&A 작성은 어디에서 하나요?** – PC버전을 이용해 주세요.
- **플레이어에 문제가 있으신가요?** – 고객센터 〈 자주 묻는 질문 〈 kollus에서 해결할 수 있습니다.

CONTENTS

AutoCAD 명령 및 실습

기초 투상도 학습도면

모델링에 의한 과제도면 해석

CHAPTER

01

기 계 AutoCAD-2D 활 용 서

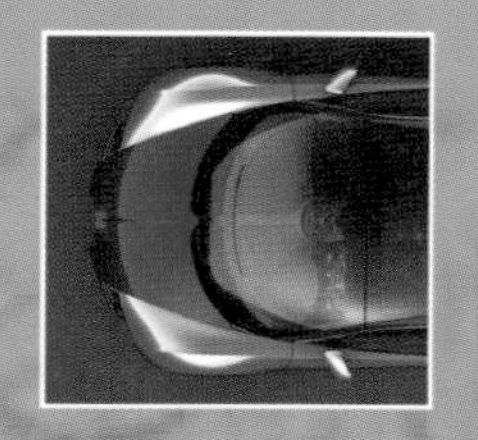

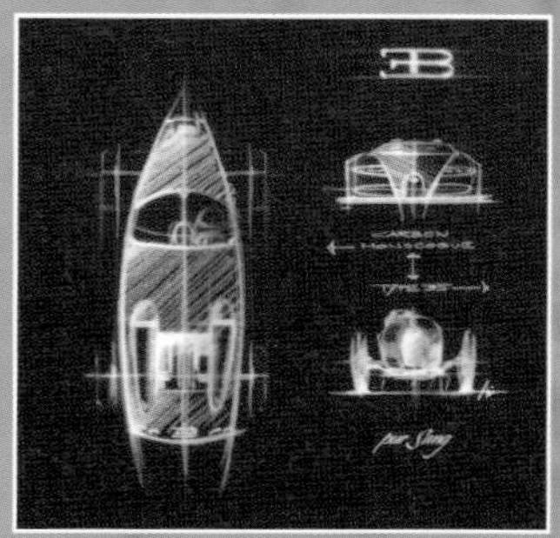

AutoCAD 명령 및 실습

BRIEF SUMMARY

이 장에서는 기계설계 도면작도를 위한 AutoCAD 기본명령부터 실무적으로 활용도가 높은 응용명령까지 명확하게 다루고 있으며 필요한 학습도면도 단원별로 구성해 놓았다.

01 LIMITS, ZOOM, LINE 명령 등

01 AutoCAD 실행

① 설치된 AutoCAD 를 "더블 클릭"해서 실행한다.

② 새로만들기→ 템플릿 선택에서 "acadiso.dwt"선택→ 열기(O)

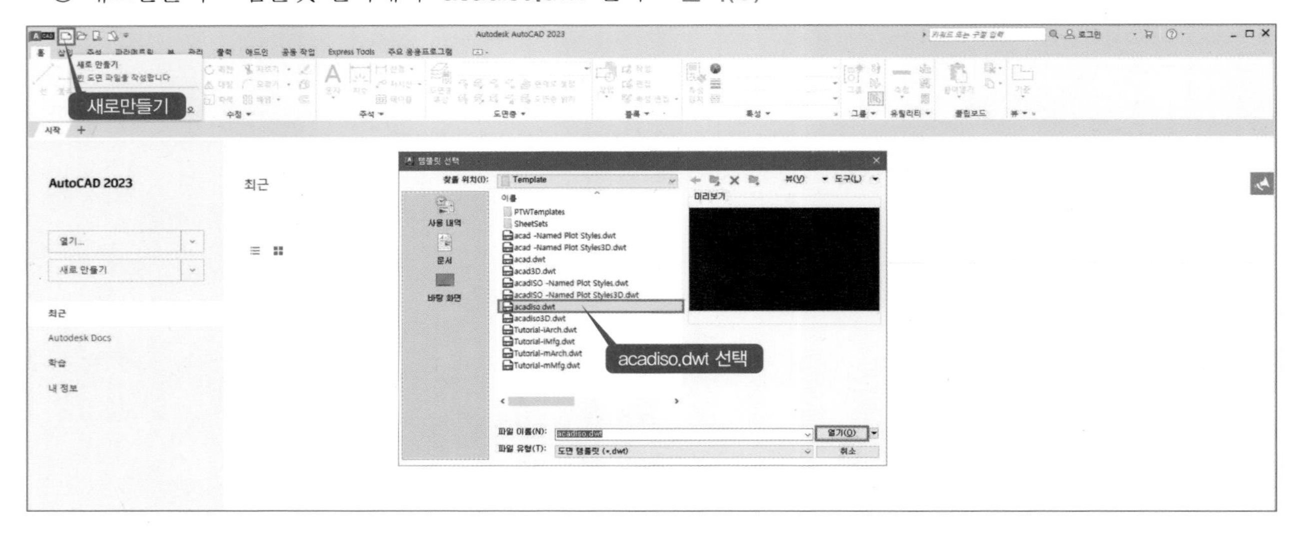

③ 홈 : 그리기, 수정, 도면층, 특성 등의 명령을 모아놓은 메뉴이다.

④ 명령(Command:) : AutoCAD 명령 입력창

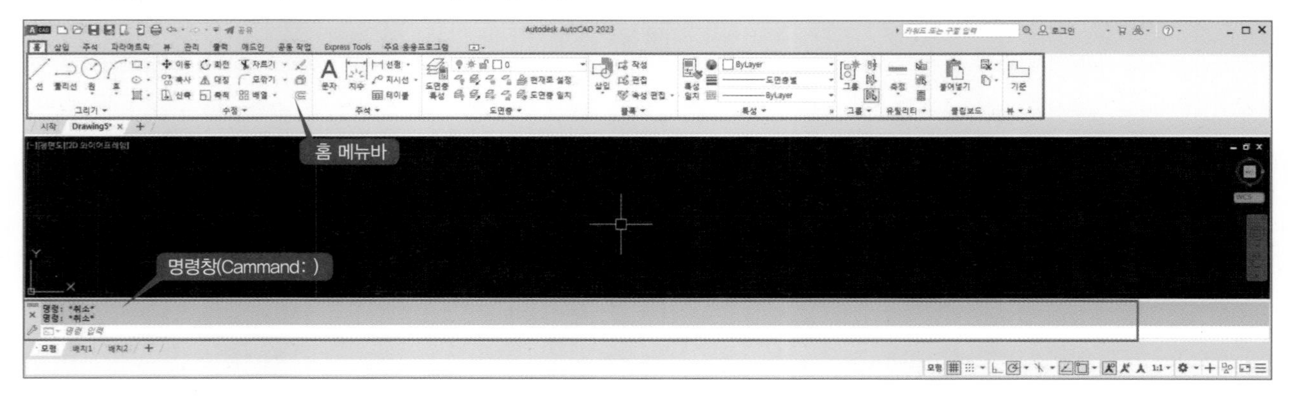

⑤ 주석 : 문자, 치수 등의 명령을 모아놓은 메뉴 이다.

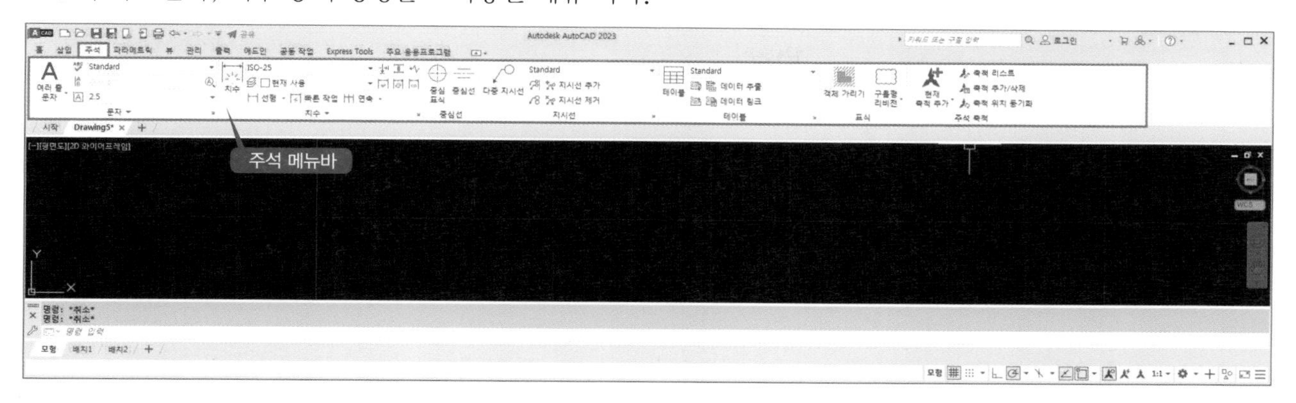

⑥ 메뉴막대(풀다운 메뉴): 모든 명령을 모아놓은 메뉴 이다. (클릭 → **“메뉴 막대 표시/숨김”** 체크)

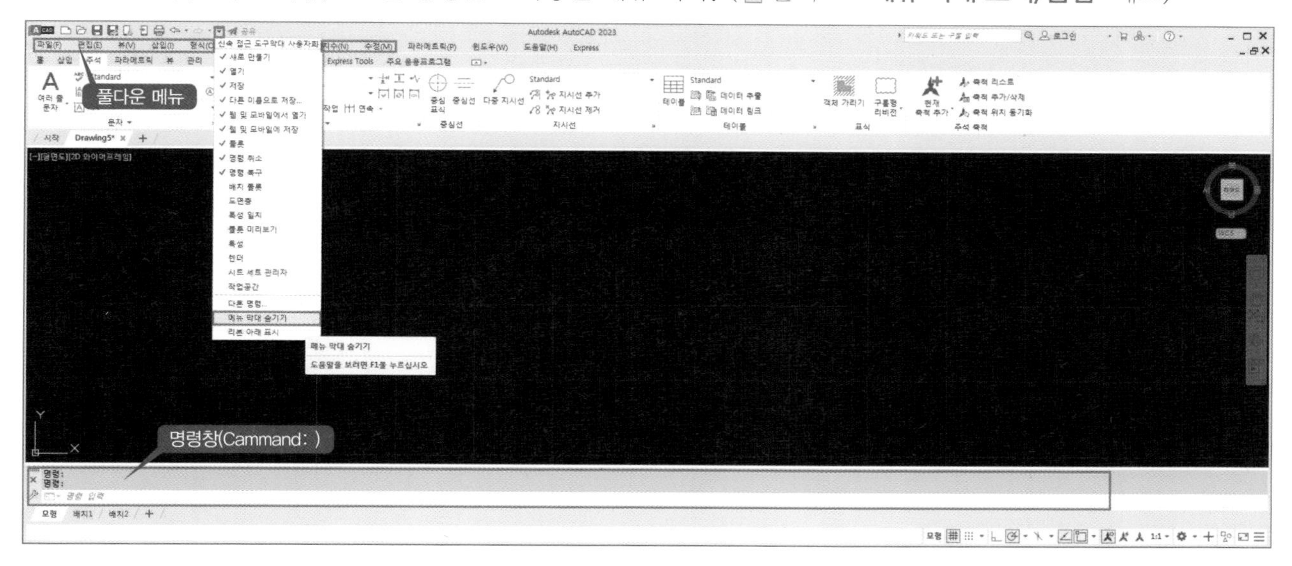

기능

1. 본 서는 AutoCAD 버전 및 환경에 상관 없이, 기계설계 제도에 꼭 필요한 2D 명령을 보다 효과적으로 활용할 수 있는 기법들을 수록하고 있다.
2. 도면 작도를 위한 AutoCAD 기본명령은 버전이 높거나 낮아도 명령 구조나 흐름은 동일하므로 사용자들은 버전에 민감해 할 필요가 없다.
3. 어떤 메뉴를 선택하든 명령어는 “명령:” 창에 동일하게 전개되고, 주로 단축명령을 사용하는 것이 작업에 효과적이다.(단축명령은 명령 첫 번째 또는 두 번째 알파벳 (예) LINE “명령:L”)

02 LIMITS(도면한계) 명령

도면을 작도할 수 있는 영역을 말한다.

① 명령(Command) : LIMITS Enter

② 다른경로 : 형식(O) → 도면한계(I) Enter

- 왼쪽 아래 구석 지정 또는 [켜기(ON)/끄기(OFF)] 〈0.0000,0.0000〉: Enter (왼쪽 하단의 좌표)
- 오른쪽 위 구석 지정 〈12.0000,9.0000〉 : 594,420 Enter (오른쪽 상단의 좌표)

③ KS 규격 도면사이즈

KS B ISO 5457

용지치수	A0	A1	A2	A3	A4
A×B	1189×841	841×594	594×420	420×297	297×210

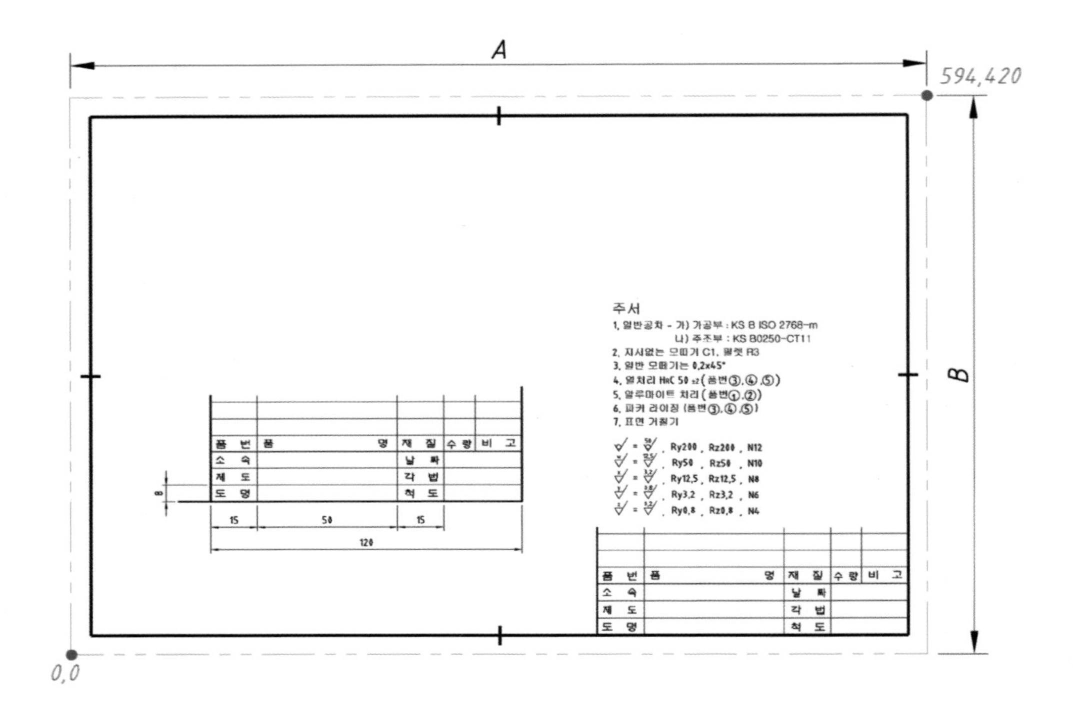

④ 기타 명령옵션 요약

명령옵션	설 명
켜기(ON)	규정된 도면영역 밖으로 도면작도를 통제한다.
끄기(OFF)	규정된 도면영역 밖으로 도면작도를 허용한다.

기능

1. 명령(Command) : 응답에서 〈 〉가 있을 때 아무것도 입력하지 않고 그냥 Enter 하면 〈 〉 값을 그대로 가져간다.
   명령상태에서 다른 명령을 새로 입력하기 전에는 Enter 하면 바로 전에 사용했던 명령을 다시 실행시킬 수 있다.
2. 명령을 취소 기능키 : Esc

03 ZOOM(확대/축소) 명령

도면요소들을 화면상에서 확대 또는 축소하여 보여준다.

① 명령(Command) : Z Enter

② 툴바메뉴(줌) :

- [전체(A)/중심(C)/동적(D)/범위(E)/이전(P)/축척(S)/윈도(W)/객체(O)] 〈실시간〉 : A Enter

③ 기타 명령옵션 요약

명령옵션	설 명
전체(A)	도면영역(Limits)에 그려져 있는 도면요소들을 모두 보여준다.
범위(E)	화면상에 작도된 도면요소만 보여준다.
이전(P)	이전의 화면을 보여준다.
윈도(W)	어느 특정 부위만 확대시켜 준다.

1) 일반적으로 사용하는 ZOOM 명령

① 명령(Command) : Z Enter

- [전체(A)/중심(C)/동적(D)/범위(E)/이전(P)/축척(S)/윈도(W)/객체(O)] 〈실시간〉 : P1 클릭(옵션입력 없음)
- 반대 구석 지정 : P2 클릭

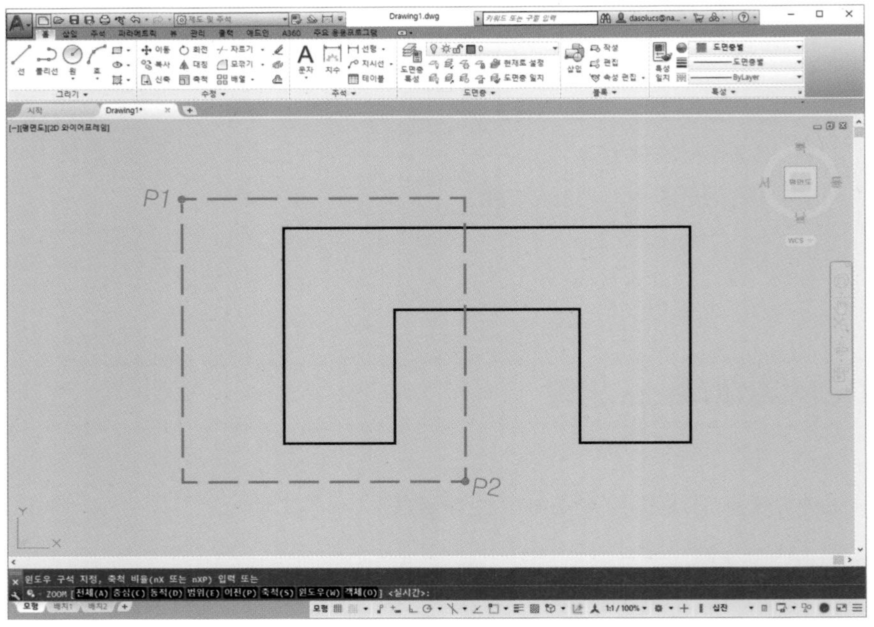

(a) ZOOM 실행 전

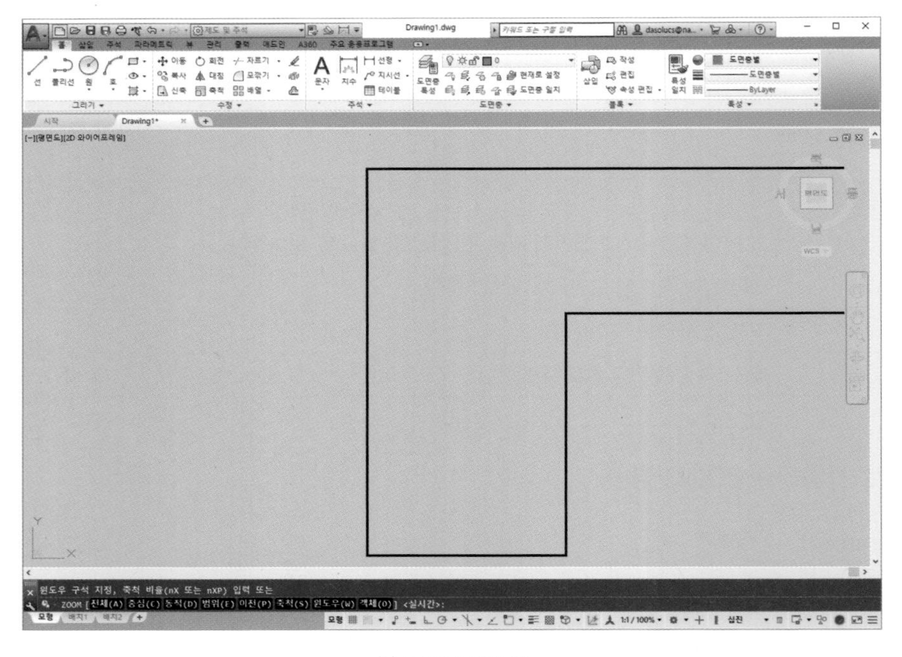

(b) ZOOM 실행 후

참고

명령 입력이 없는 상태에서

- 마우스 스크롤(휠)을 위로 올리면 화면 확대
- 마우스 스크롤(휠)을 아래로 내리면 화면 축소
- 마우스 스크롤(휠)을 클릭상태에서 움직이면 화면 이동(PAN 기능)

04 RECTANG(직사각형) 명령

임의 또는 좌표에 의한 사각박스를 작도한다.

① 명령(Command) : REC Enter, F12(다이나믹 입력: off)

② 툴바메뉴(그리기) :

- 첫 번째 구석점 지정 또는 [모따기(C)/고도(E)/모깎기(F)/두께(T)/폭(W)] : 10,10 Enter
- 다른 구석점 지정 또는 [영역(A)/치수(D)/회전(R)] : 584,410 Enter

③ 기타 명령옵션 요약

명령옵션	설 명
모따기(C)	모따기(Chamfer)된 사각박스를 작도한다.
모깎기(F)	모깎기(Fillet)된 사각박스를 작도한다.

④ KS 규격에 따른 직사각형(Rectang) 작도 사이즈

A0	A1	A2	A3	A4
1179×831	831×584	584×410	410×287	287×200

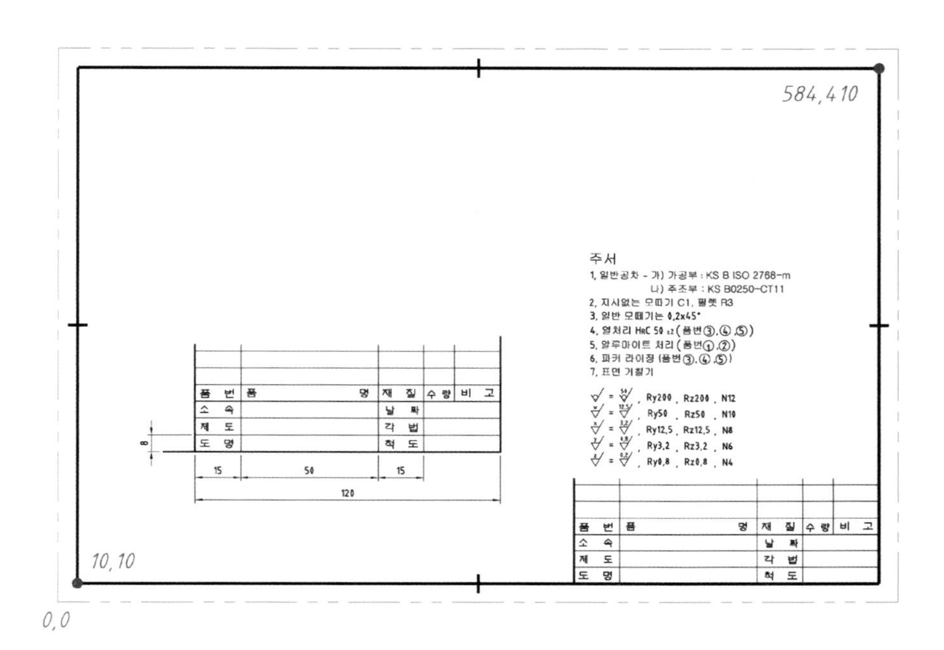

05 LINE(선) 명령

직선을 그린다.

① **명령(Command) : L Enter, F12(다이나믹 입력: off)**

② **툴바메뉴(그리기) :**

- LINE 첫 번째 점 지정 : (마우스의 왼쪽 버튼 클릭으로 화면상의 임의의 곳을 찍거나 좌표값 입력)
- 다음 점 지정 또는 [명령 취소(U)] : (두 번째 점을 찍거나 좌표값 입력)
- 다음 점 지정 또는 [명령 취소(U)] : (세 번째 점을 찍거나 좌표값 입력)
- 다음점 지정 또는 [닫기(C)/명령 취소(U)] : Enter (선택 종료)

③ **기타 명령옵션 요약**

명령옵션	설 명
닫기(C)	시작점과 이어준다.
명령취소(U)	마지막에 작도된 요소를 하나씩 취소한다.

06 U(명령 취소) 명령

바로 직전 명령을 차례로 취소한다.

① **명령(Command) : U Enter**

② **툴바메뉴(표준) :**

기능

1. U 명령은 물음 없이 바로 실행된다.
2. 한 번 Enter를 할 때마다 명령이 차례로 취소된다.
3. 툴바에서 명령취소 버튼을 한 번씩 클릭할 때마다 명령이 차례로 취소된다.
4. 어떤 명령에서든 Esc를 누르면 실행되는 도중 취소된다.

07 MREDO(명령 복구) 명령

U(명령취소)한 명령을 차례로 복구한다.

① 명령(Command) : MREDO Enter

② 툴바메뉴(표준) :

• 작업의 수 입력 또는 [전체(A)/최종(L)] : A Enter

③ 기타 명령옵션 요약

명령옵션	설 명
전체(A)	U(명령취소)한 명령 전체를 복구시킨다.
최종(L)	마지막에 U(명령취소)한 명령을 복구시킨다.

기능

툴바에서 명령 취소, 명령 복구를 한 번씩 클릭할 때마다 차례로 복구된다.

08 좌표점 입력방법

좌표점은 화면상에서 각 도면요소(Object)들의 위치점을 말한다.

(1) 절대좌표(형식 : x좌표, y좌표)

① 명령(Command) : L Enter

② 툴바메뉴(그리기) :

- LINE 첫 번째 점 지정 : 50, 50
- 다음 점 지정 또는 [명령 취소(U)] : 150, 50 Enter
- 다음 점 지정 또는 [명령 취소(U)] : 150, 150 Enter
- 다음 점 지정 또는 [닫기(C)/명령 취소(U)] : 50, 150 Enter
- 다음 점 지정 또는 [닫기(C)/명령 취소(U)] : C Enter (선택 종료)

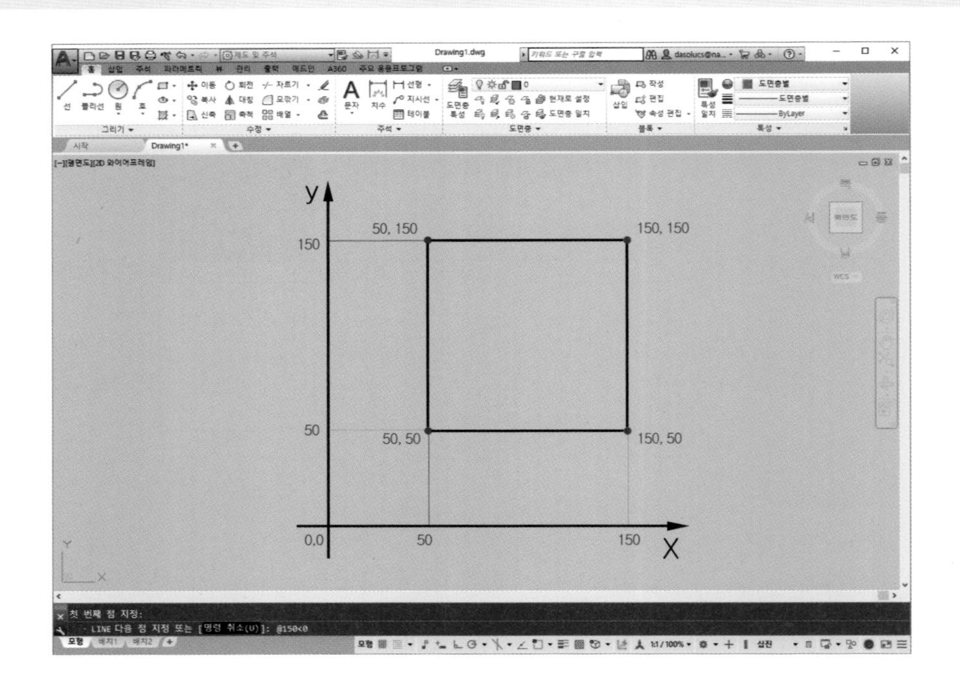

기능

1. 도면 작도 시 잘 사용하지 않은 좌표입력법이다.
2. 명령 입력이 없는 상태에서
   - 마우스 스크롤(휠)을 위로 올리면 화면 확대
   - 마우스 스크롤(휠)을 아래로 내리면 화면 축소
   - 마우스 스크롤(휠)을 클릭상태에서 움직이면 화면 이동(PAN 기능)

(2) 극좌표(형식 : @길이 (부등호) 각도)

① 명령(Command) : L Enter

- LINE 첫 번째 점 지정 : 임의의 점 클릭
- 다음 점 지정 또는 [명령 취소(U)] : @150 < 0 Enter
- 다음 점 지정 또는 [명령 취소(U)] : @150 < 90 Enter
- 다음 점 지정 또는 [닫기(C)/명령 취소(U)] : @150 < 180 Enter
- 다음 점 지정 또는 [닫기(C)/명령 취소(U)] : C Enter

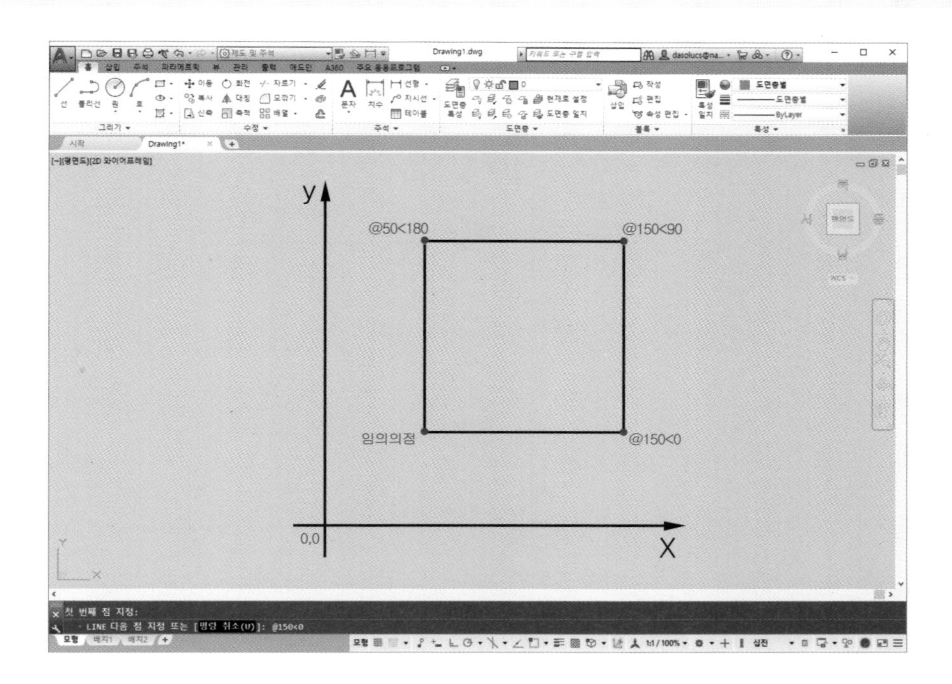

기능

1. 도면요소(Object) : AutoCAD에서 선(Line), 호(Arc), 원(Circle)과 같은 객체를 말한다.
2. 수직선(Line)을 작도할 때는 마우스 커서를 움직여 길이값만 입력하면 편리하다.
   (마우스가 움직이는 방향대로 적용된다.)

(3) 상대좌표(@x축 증분, y축 증분)

① 명령(Command) : L Enter

- LINE 첫 번째 점 지정 : 임의의 점 클릭 Enter
- 다음 점 지정 또는 [명령 취소(U)] : @150, 0 Enter
- 다음 점 지정 또는 [명령 취소(U)] : @0, 150 Enter
- 다음 점 지정 또는 [닫기(C)/명령 취소(U)] : @−150, 0 Enter
- 다음 점 지정 또는 [닫기(C)/명령 취소(U)] : C Enter

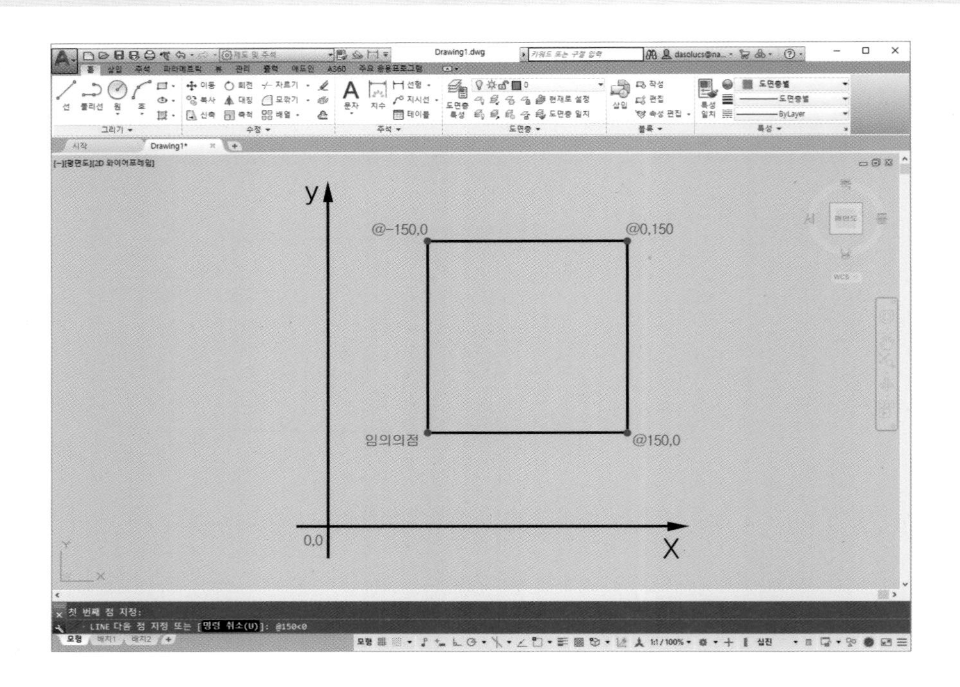

(4) AutoCAD에서 각도방향

ACAD에서 각도의 진행방향은 기본적으로 반시계방향으로 정의한다.

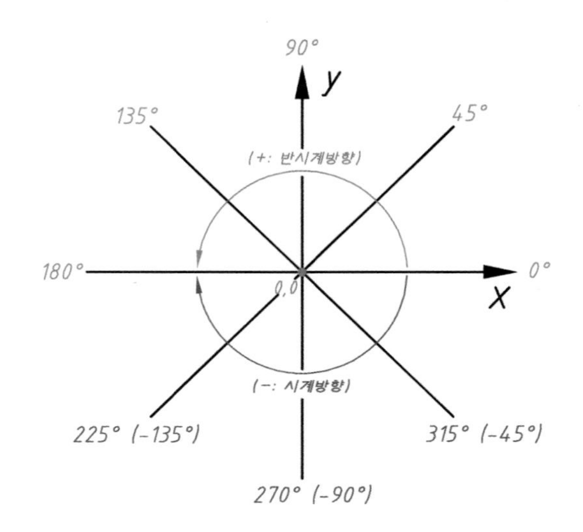

C.2015~ 다솔유캠퍼스 dasol2001.co.kr

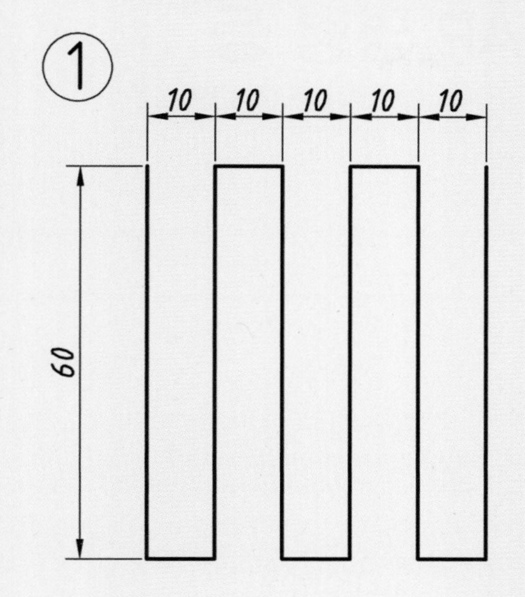

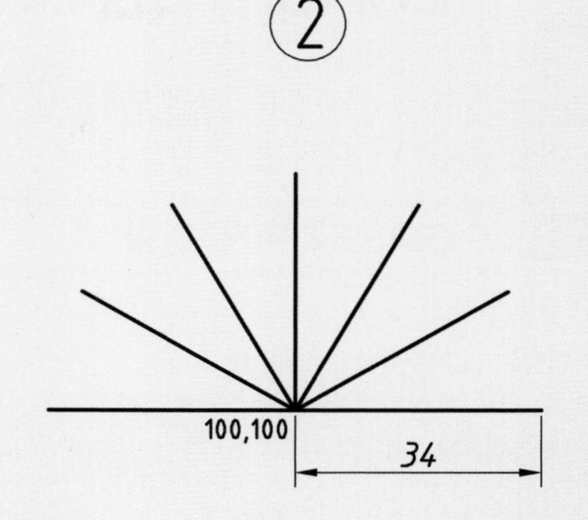

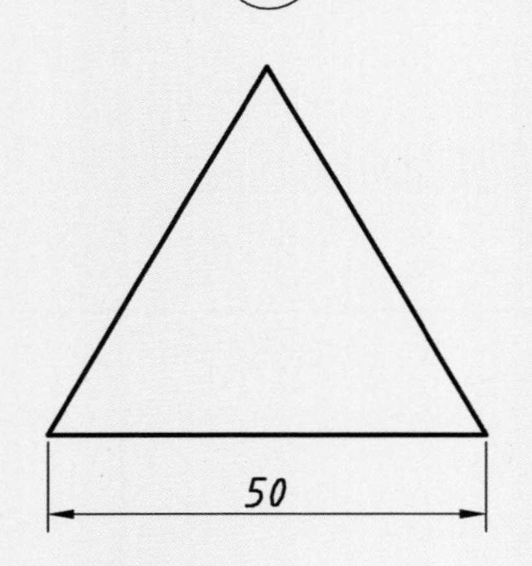

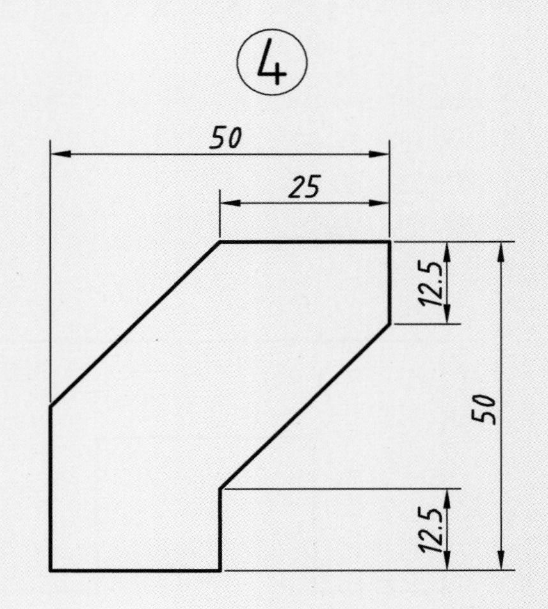

과제해설

1과제 : 상대좌표 활용한다.
2과제 : 절대좌표, 극좌표를 활용한다.
3과제 : 극좌표 활용 정삼각형 각도계산 한다.
4과제 : 상대좌표, 극좌표 활용한다.

다 솔 유 캠 퍼 스 ACAD학습과제					
척 도	각 법	도 명	제 도		도 번
1:1	3	좌표학습과제	성 명	k.s.h	DASOL-1
			일 자		

02 ERASE, SAVE, SNAP 명령 등

01 ERASE(지우기) 명령

도면 요소(객체)들을 삭제한다.

(1) 객체요소 하나씩 삭제하는 법

① 명령(Command) : E Enter

② 툴바메뉴(수정) :

- 객체 선택 : P1 클릭(또는 ALL→ Enter : 화면상의 모든 요소를 선택)
- 객체 선택 : P2 클릭
- 객체 선택 : P3 클릭
- 객체 선택 : Enter

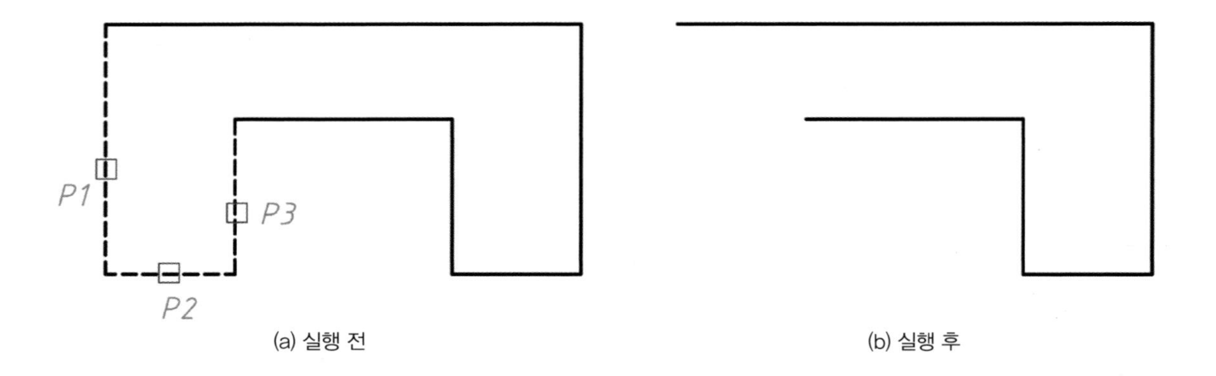

(a) 실행 전 (b) 실행 후

여기서 Pick Box로 삭제하고자 하는 요소를 선택하면 점선으로 바뀐다. 요소를 선택 후 Enter 하면 화면에서 사라지고 명령(Command:)으로 빠진다.

(2) 요소(객체) 여러 개를 삭제하는 법(일반적인 사용법)

① 명령(Command) : E Enter

- 객체 선택 : 반대 구석 지정 : P1 클릭 → P2 클릭
- 객체 선택 : Enter (반복)

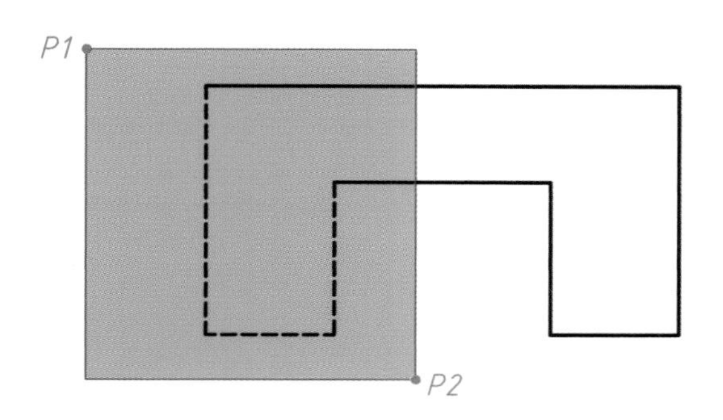

(a) 객체 선택 : P1 클릭 → P2 클릭(Window)

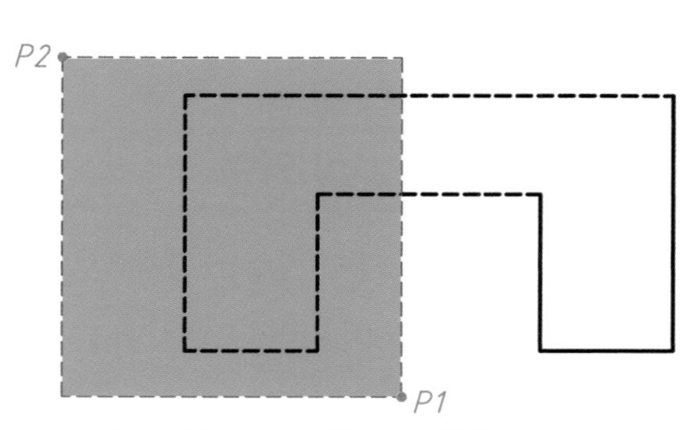

(b) 객체 선택 : P1 클릭 → P2 클릭(Crossing)

② 기타 명령옵션 요약

명령옵션	설 명
전체(ALL)	화면상에 작도된 모든 도면요소를 선택한다.
최종(L)	마지막에 작도된 요소를 선택한다.
이전(P)	이전의 선택한 요소를 다시 선택한다.
선택취소(R)	잘못 선택한 요소를 선택취소한다.
선택(A)	R(선택취소) 모드에서 다시 선택 모드로 전환한다.

기능

1. 한 개의 요소(객체)를 삭제할 때는 "명령 : 삭제할 객체 선택 → E → Enter " 해도 된다.
2. 요소(객체) 선택 시 Crossing(걸치기) 선택과 Window(윈도) 선택의 개념이다.
3. 가장 쉽게 삭제하는 법은 요소(객체) 선택 후 Delete 키를 누르는 것이다.

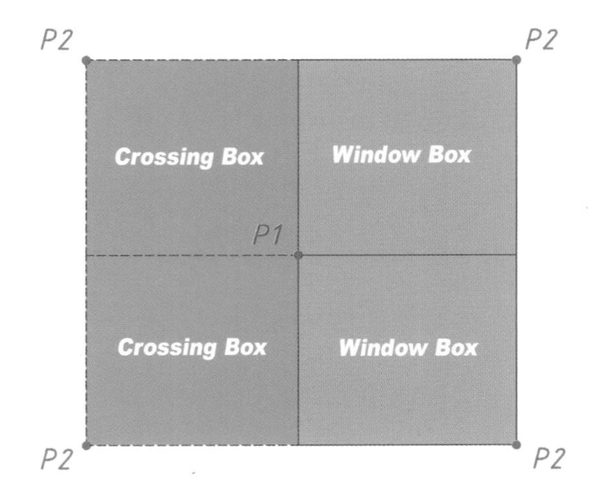

02 SAVE(저장) 명령

화면상의 도면을 저장한다.

① 명령(Command) : SAVE Enter

② 툴바메뉴(표준) :

③ 다른경로 : 파일(F) → 저장(S)(Ctrl+S)

④ 다른경로 : 파일(F) → 다른 이름으로 저장(A)(Ctrl+Shift+S)

03 SNAP(스냅) 명령

크로스 헤어를 일정한(지정한) 간격으로 움직이게 한다.

① 명령(Command) : SNAP Enter

- 스냅 간격두기 지정 또는 [켜기(ON)/끄기(OFF)/종횡비(A)/스타일(S)/유형(T)] 〈10.0000〉 : 20 Enter

② 기타 명령옵션 요약

명령옵션	설 명
종횡비(A)	스냅의 X축(수평) 간격, Y축(수직) 간격을 결정한다.
스타일(S)	스냅 표준(Standard) 형태와 등각투영(Isometric) 형태 중 선택한다.

기능

SNAP 〈ON/OFF〉 : F9

04 GRID(모눈) 명령

화면에 격자점을 표시하고, 그 간격을 조정한다.

① 명령(Command) : GRID Enter

- 모눈 간격두기(X) 지정 또는 [켜기(ON)/끄기(OFF)/스냅(S)/주(M)/가변(D)/한계(L)/따름(F)/종횡비(A)]
- 〈10.0000〉 : S Enter

② 기타 명령옵션 요약

명령옵션	설 명
스냅(S)	격자점을 스냅 간격과 동일하게 맞춘다.
종횡비(A)	격자점, 수평간격, 수직간격을 결정한다.

기능

GRID 〈ON/OFF〉 : F7

05 ORTHO(직교) 명령

크로스 헤어를 수직, 수평으로만 움직이게 한다.

기능

ORTHO 〈ON/OFF〉 : F8

06 기타 기능키 명령

기능

극좌표 〈ON/OFF〉 : F10
객체스냅추적 〈ON/OFF〉 : F11
다이나믹 입력 〈ON/OFF〉 : F12

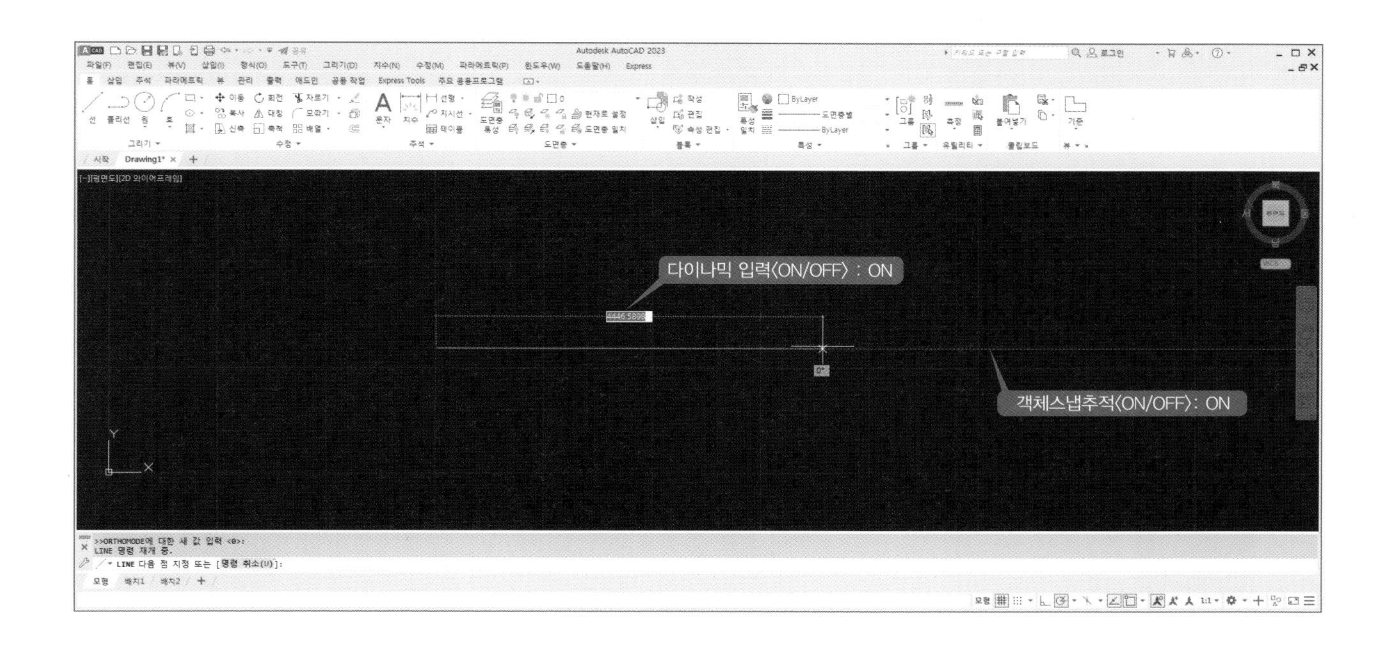

07 단축명령 PGP 편집

AutoCAD 내에서 사용되는 단축명령을 메모장에서 편집한다.

(1) acad.pgp 편집

① **명령 경로 :** 관리 → 별칭 편집 → 별칭 편집

② **다른 경로 :** 도구(T) → 사용자화(C) → 프로그램 매개 변수(acad.pgp)(P)

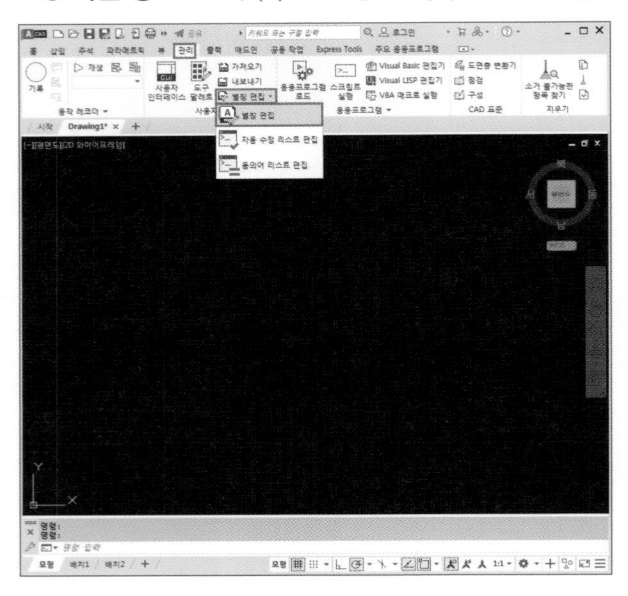

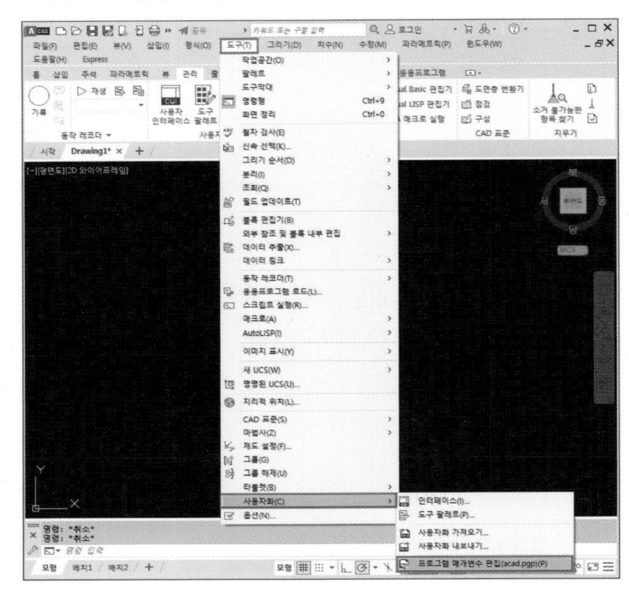

② **편집후 :** 파일(F) → 저장(S)

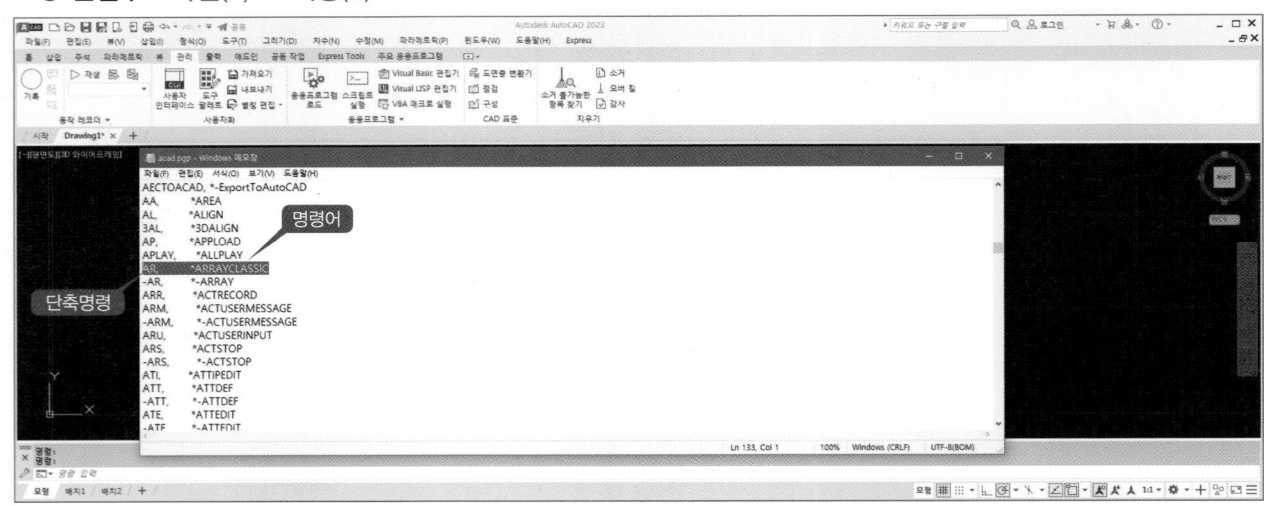

③ 기본설정된 주요 단축명령 요약

단축명령	명령어	단축명령	명령어	단축명령	명령어
L	LINE	ST	STYLE	PL	PLINE
Z	ZOOM	C	CIRCLE	P	PAN
O	OFFSET	B	BLOCK	CP, CO	COPY
H	HATCH	TR	TRIM	BR	BREAK
E	ERASE	DT	TEXT	M	MOVE
RE	REGEN	REC	RECTANG	LA	LAYER
D	DIMSTYLE	MI	MIRROR	OS	OSNAP
AR	ARRAYCLASSIC	SC	SCALE	MT	MTEXT
DF	DIMSPACE	DED	DIMEDIT	DLI	DIMLINEAR
XP	EXPLODE	LEN	LENGTHEN	MA	MATCHPROP

기능

단축명령은 사용자가 바꾸거나 새로 추가할 수 있다.

(2) PGP 초기화 설정

편집된 acad.pgp 파일을 초기화하여 현재 도면에 적용시킨다.

① 명령(Command) : REINIT Enter

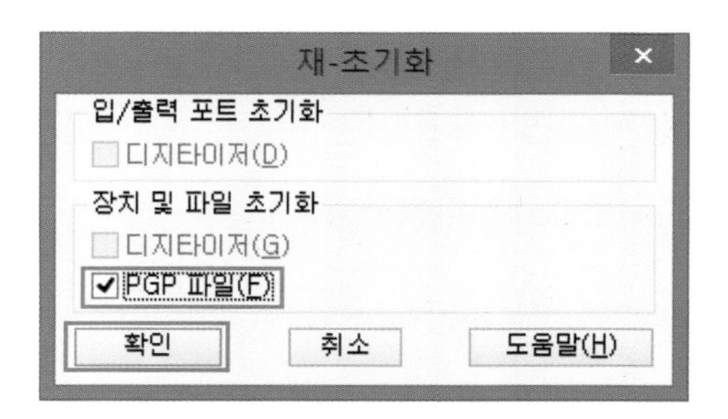

기능

단축명령 편집후 반드시 "재 – 초기화" 하지 않으면 오토캐드를 빠져 나갔다가 다시 실행해야 한다.

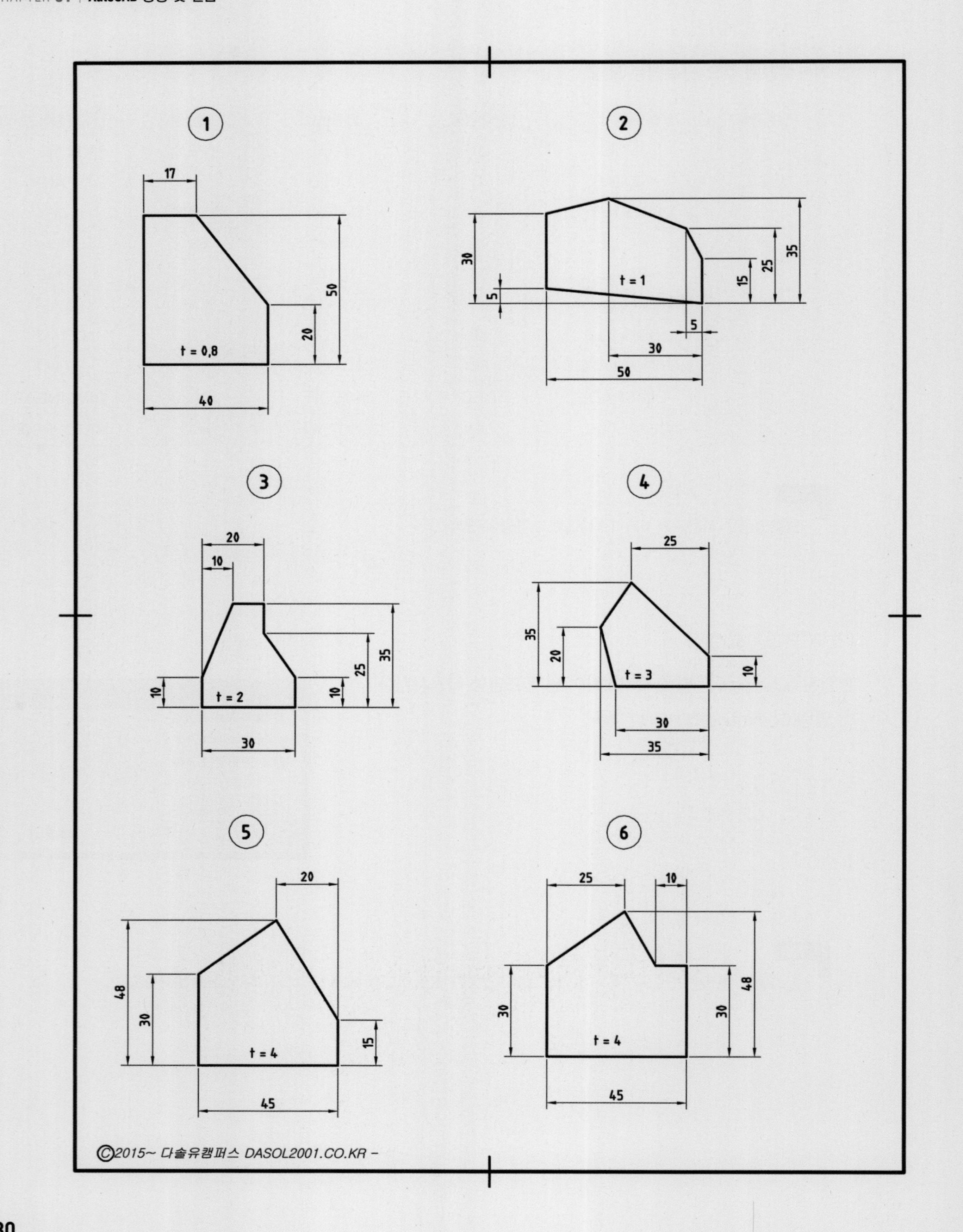
1
17
50
20
t = 0,8
40
2
30
5
t = 1
15
25
35
5
30
50
3
20
10
35
25
10
t = 2
10
30
4
25
35
20
t = 3
10
30
35
5
20
48
30
t = 4
15
45
6
25
10
30
t = 4
30
48
45
©2015~ 다솔유캠퍼스 DASOL2001.CO.KR -

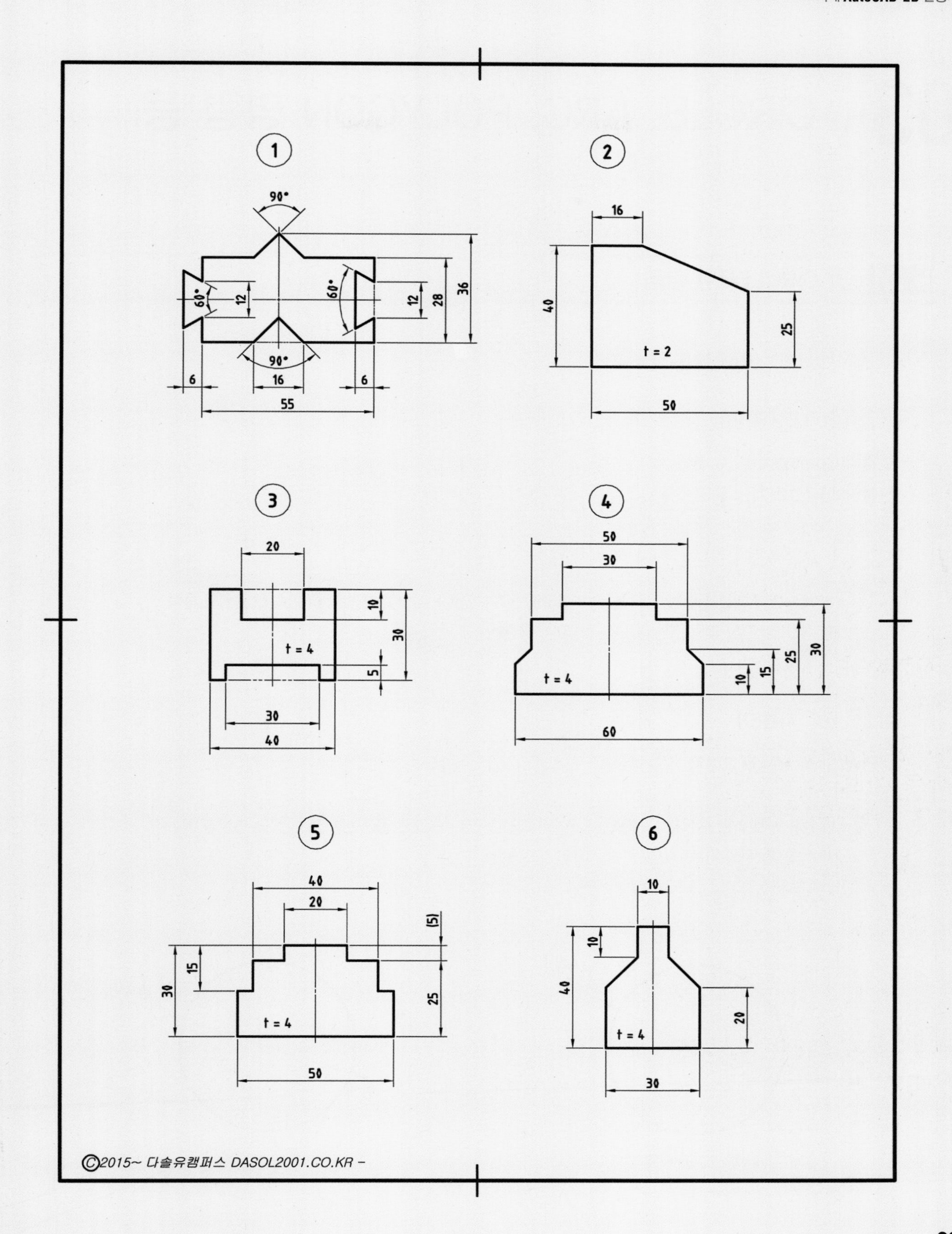
1
90°
60°
12
60°
12
28
36
90°
6
16
6
55
2
16
40
t = 2
25
50
3
20
10
t = 4
30
5
30
40
4
50
30
t = 4
10
15
25
30
60
5
40
20
(5)
15
30
25
t = 4
50
6
10
10
40
t = 4
20
30
©2015~ 다솔유캠퍼스 DASOL2001.CO.KR -

03 | CIRCLE, ARC, POLYGON 명령 등

01 CIRCLE(원) 명령

지름(Ø)과 반지름(R)에 따른 원을 그린다.

(1) 원의 반지름(R)

① 명령(Command) : C Enter

② 툴바메뉴(그리기) :

- CIRCLE 원에 대한 중심점 지정 또는 [3점(3P)/2점(2P)/Ttr – 접선 접선 반지름(T)] : 원 중심점 클릭
- 원의 반지름 지정 또는 [지름(D)] 〈0.3018〉 : 20 Enter

(2) 원의 지름(D)

① 명령(Command)(그리기) : C Enter

- CIRCLE 원에 대한 중심점 지정 또는 [3점(3P)/2점(2P)/Ttr – 접선 접선 반지름(T)] : 원 중심점 클릭
- 원의 반지름 지정 또는 [지름(D)] 〈0.3018〉 : D Enter
- 원의 지름을 지정함 〈0.6035〉 : 40 Enter

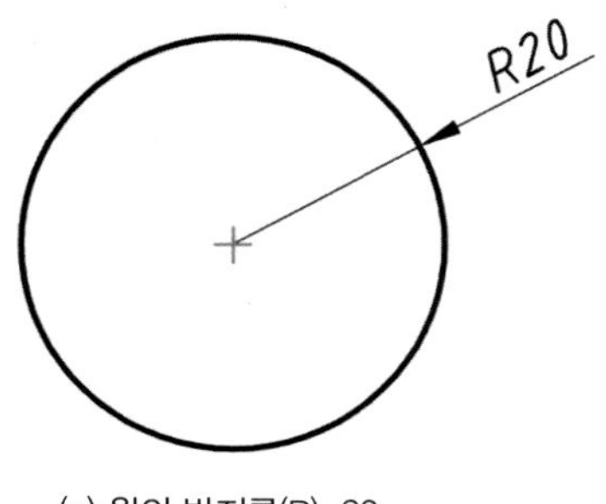

(a) 원의 반지름(R)=20

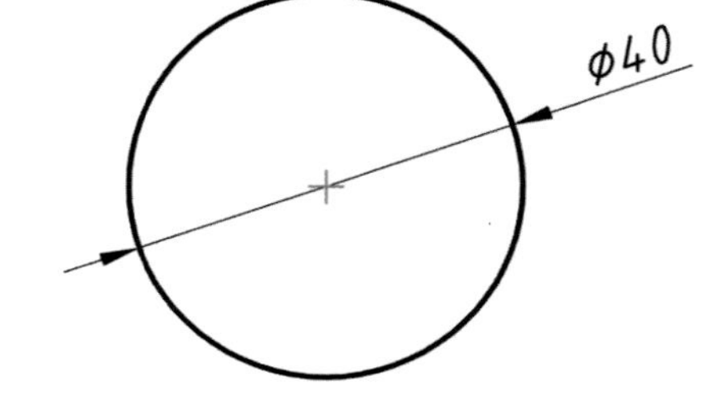

(b) 원의 지름(D)=40

(3) 2점(2P), 3점(3P)

① 명령(Command)(그리기) : C Enter

- CIRCLE 원에 대한 중심점 지정 또는 [3점(3P)/2점(2P)/Ttr – 접선 접선 반지름(T)] : 2P Enter (3P)
- 원 지름의 첫 번째 끝점을 지정 : P1 클릭
- 원 지름의 두 번째 끝점을 지정 : P2 클릭

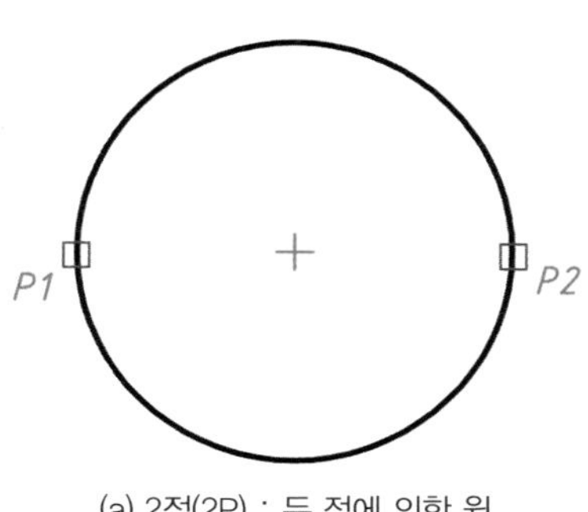

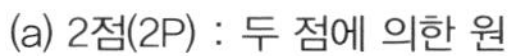
(a) 2점(2P) : 두 점에 의한 원

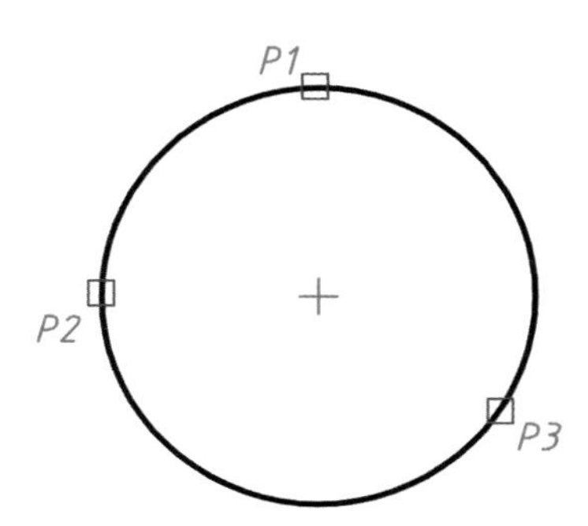

(a) 3점(3P) : 세 점에 의한 원

(4) TTR(접선, 접선, 반지름)

① 명령(Command) : C Enter

- CIRCLE 원에 대한 중심점 지정 또는 [3점(3P)/2점(2P)/Ttr – 접선 접선 반지름(T)] : T Enter
- 원의 첫 번째 접점에 대한 객체 위의 점 지정 : P1 클릭
- 원의 두 번째 접점에 대한 객체 위의 점 지정 : P2 클릭
- 원의 반지름 지정 〈25.5517〉 : 15 Enter (20,8)

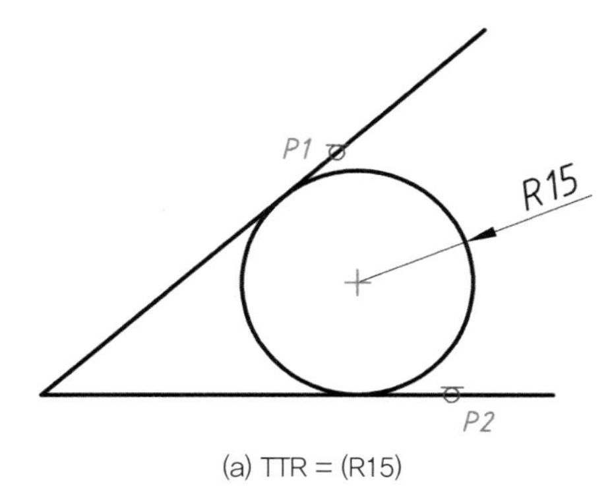

(a) TTR = (R15)

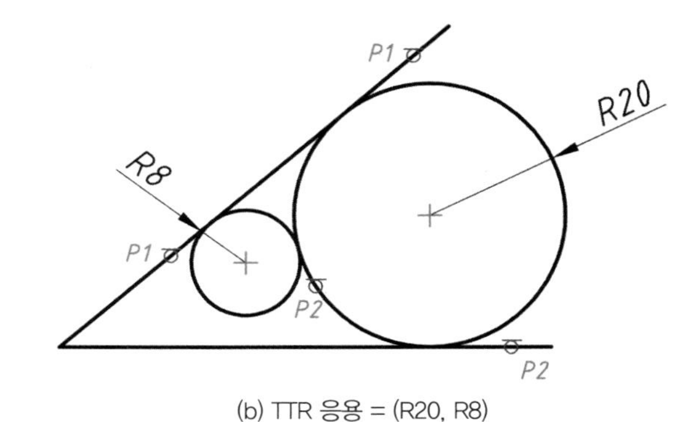

(b) TTR 응용 = (R20, R8)

02 OSNAP(객체스냅) 명령

요소(선, 호)의 끝점이나 교차점 또는 원의 중심과 같은 정확한 점을 잡는다.

① 명령(Command) : OS Enter

② 툴바메뉴(객체스냅) :

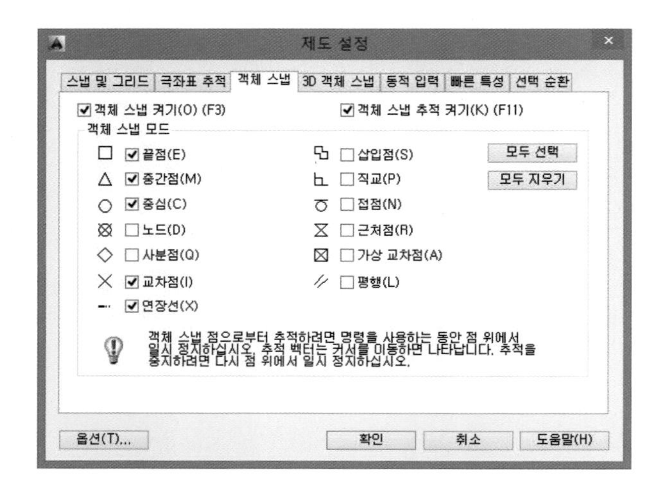

기능

1. 객체스냅 상자에 체크한 스냅은 최우선적으로 적용된다.
2. 여러 개 선택해 놓으면 가장 가까운 접점에 스냅한다.
3. OSNAP 〈ON/OFF〉 : F3

③ 기타 명령옵션 요약

명령옵션	명령(Command)	해설
끝점(E)	**END**point	요소(선, 호)의 끝점에 스냅
중간점(M)	**MID**point	요소(선, 호)의 중간점에 스냅
중심(C)	**CEN**ter	요소(원, 호)의 중심점에 스냅
사분점(Q)	**QUA**drant	요소(원, 호)의 4분점에 스냅
교차점(I)	**INT**ersection	요소(선, 원, 호)의 교차점에 스냅
수직(P)	**PER**pendicular	요소(선)의 수직하는 점에 스냅
접점(N)	**TAN**gent	요소(원 ,호)의 접점에 스냅
근처점(R)	**NEA**rest	요소(선, 원, 호)의 근처점에 스냅

* 명령(Command)은 단축명령 대문자만 입력한다.

(1) 끝점(E), 중간점(M), 중심(C)

응용과제를 그려놓고 선(Line)을 이용해 OSN AP로 연결해 보자.

① **명령(Command) :** L Enter

② **툴바메뉴(그리기) :**

- LINE 첫 번째 점 지정 : 'OS Enter

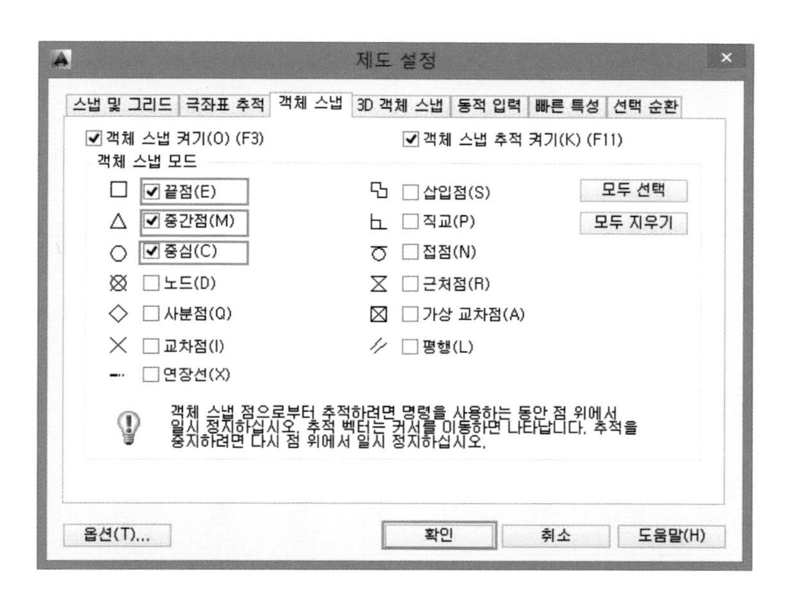

- 첫 번째 점 지정 : P1 클릭
- 다음 점 지정 또는 [명령 취소(U)] : P2 클릭
- 다음 점 지정 또는 [명령 취소(U)] : Enter

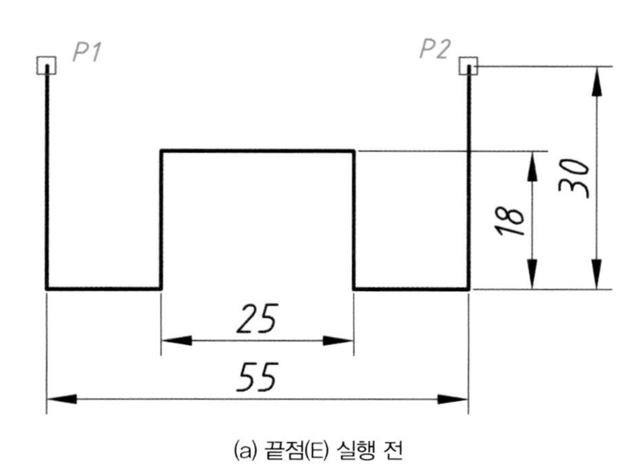

(a) 끝점(E) 실행 전

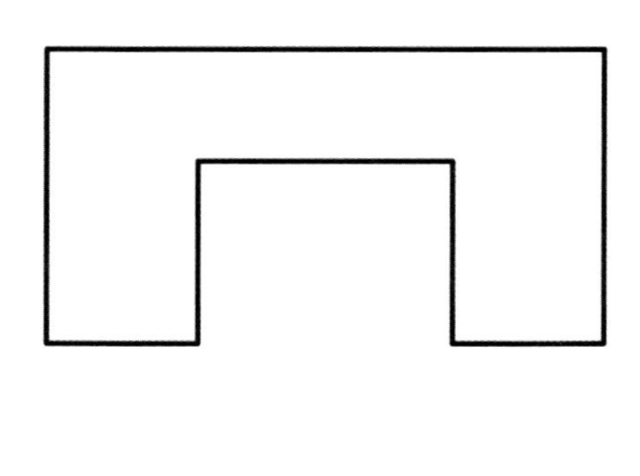

(b) 끝점(E) 실행 후

③ 명령 : Enter

- LINE 첫 번째 점 지정 : P1 클릭
- 다음 점 지정 또는 [명령 취소(U)] : P2 클릭
- 다음 점 지정 또는 [명령 취소(U)] : Enter (명령반복)

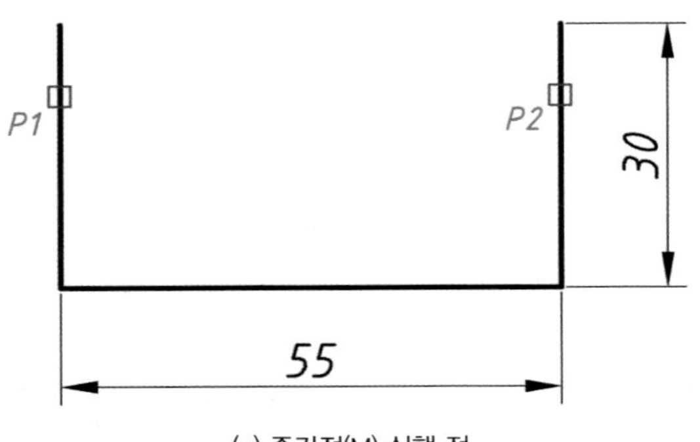

(a) 중간점(M) 실행 전

(b) 중간점(M) 실행 후

④ 명령 : Enter

- LINE 첫 번째 점 지정 : P1 클릭
- 다음 점 지정 또는 [명령 취소(U)] : P2 클릭
- 다음 점 지정 또는 [명령 취소(U)] : Enter

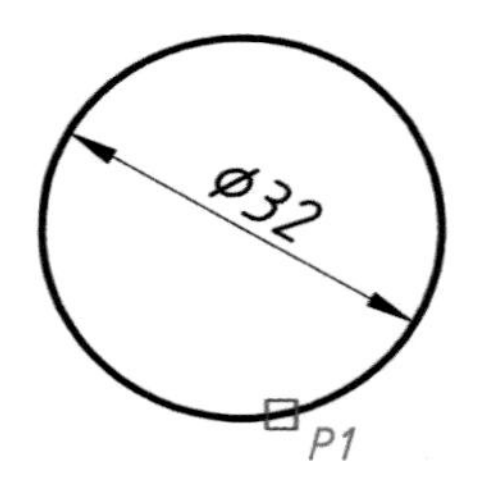

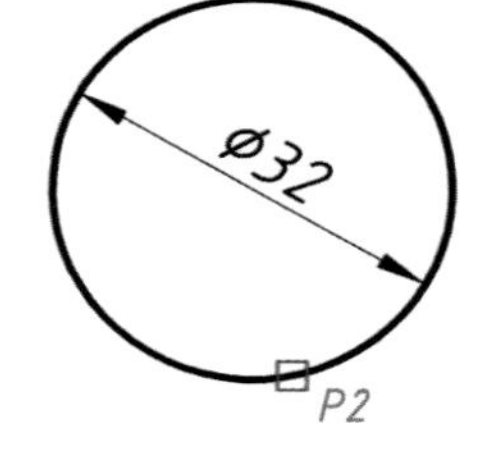

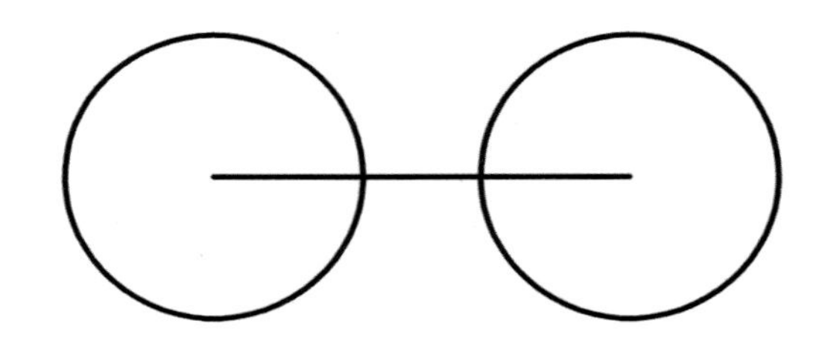

(a) 중심점(C) 실행 전

(b) 중심점(C) 실행 후

기능

1. LINE 첫 번째 점 지정에서 명령입력(예 END)하거나 OSNAP 툴바를 클릭해도 된다. 그러나 응용도면작업에서는 앞의 ①~④의 방법이 훨씬 효과적인 작업법이다.
2. 그리기 명령 실행 중 'OS 또는 'Z 명령을 입력하면 실행 중인 명령을 빠져나가지 않고 OSNAP 또는 ZOOM 명령을 실행 후 바로 복귀한다.
3. 긴급하게 OSNAP 를 쓰고자 할 때는 Ctrl + 마우스 오른쪽 버튼을 누르면 화면상에 나타난다.
4. 마우스 스크롤(휠)을 누를 때 OSNAP 명령이 나타나게 하려면
   - 명령 : mbuttonpan Enter
     MBUTTONPAN 에 대한 새 값 입력 〈1〉 : 0(기본값 1 = PAN 기능)

(2) 사분점(Q), 교차점(I), 직교(P)

계속해서 선(Line)을 이용해 OSN AP로 연결해 보자.

① 명령(Command) : L Enter (Line 명령이 실행 중이라면 : Enter)

- LINE 첫 번째 점 지정 : 'OS Enter

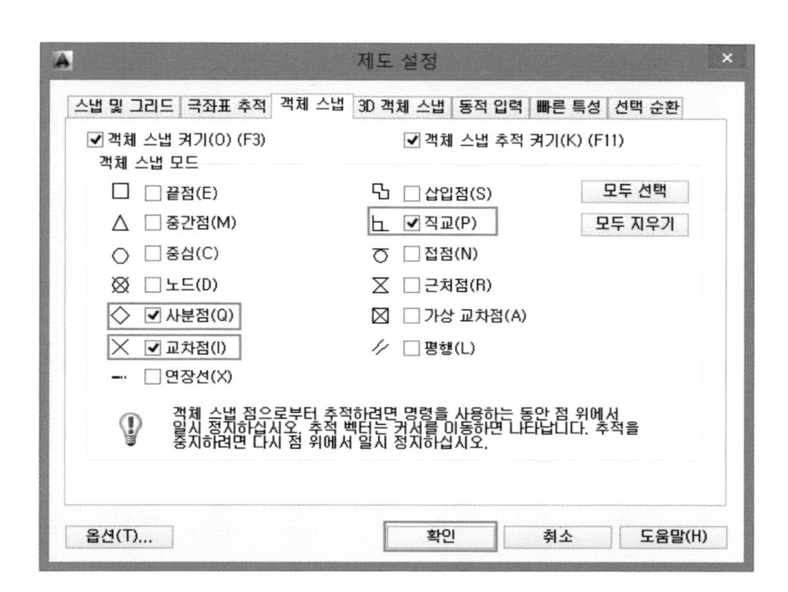

- 첫 번째 점 지정 : P1 클릭
- 다음 점 지정 또는 [명령 취소(U)] : P2 클릭
- 다음 점 지정 또는 [명령 취소(U)] : Enter (명령반복)

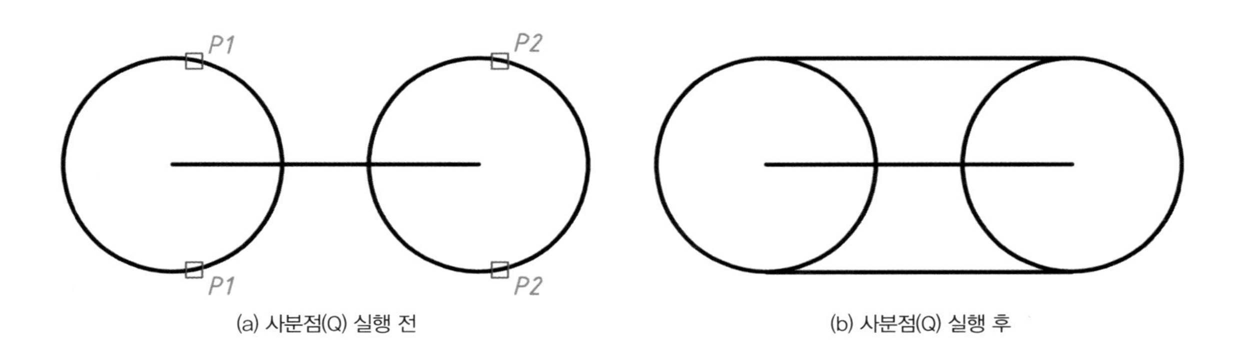

(a) 사분점(Q) 실행 전 (b) 사분점(Q) 실행 후

② 명령(Command) : C Enter

③ 툴바메뉴(그리기) :

- CIRCLE 원에 대한 중심점 지정 또는 [3점(3P)/2점(2P)/Ttr–접선 접선 반지름(T)] : P1 클릭
- 원의 반지름 지정 또는 [지름(D)] 〈31.7571〉 : P2 클릭

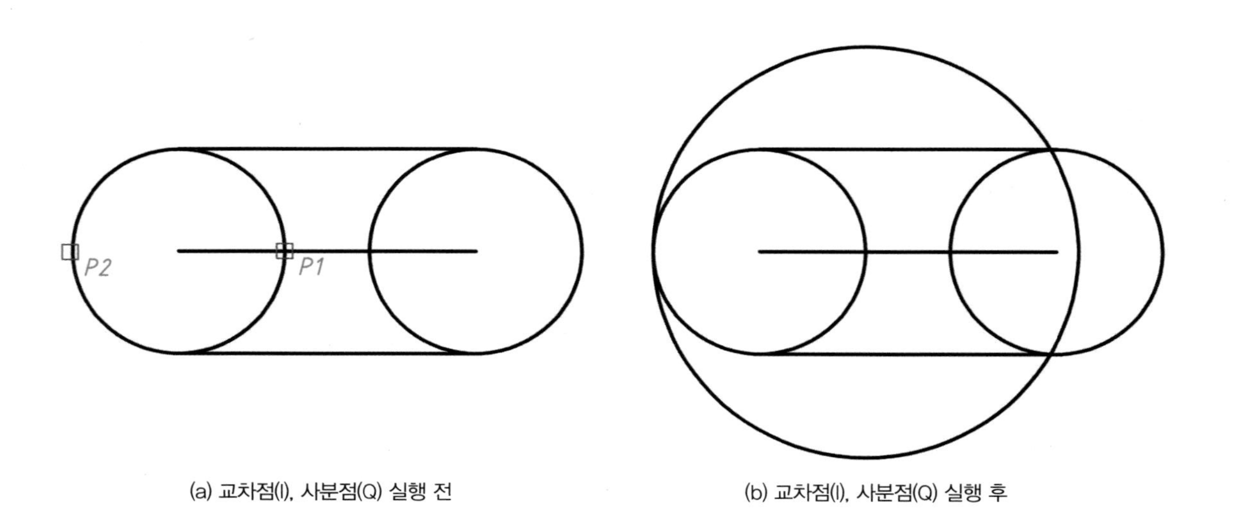

(a) 교차점(I), 사분점(Q) 실행 전

(b) 교차점(I), 사분점(Q) 실행 후

④ 명령 : L Enter

- LINE 첫 번째 점 지정 : P1 클릭(화면상 임의의 점)
- 다음 점 지정 또는 [명령 취소(U)] : P2 클릭
- 다음 점 지정 또는 [명령 취소(U)] : Enter

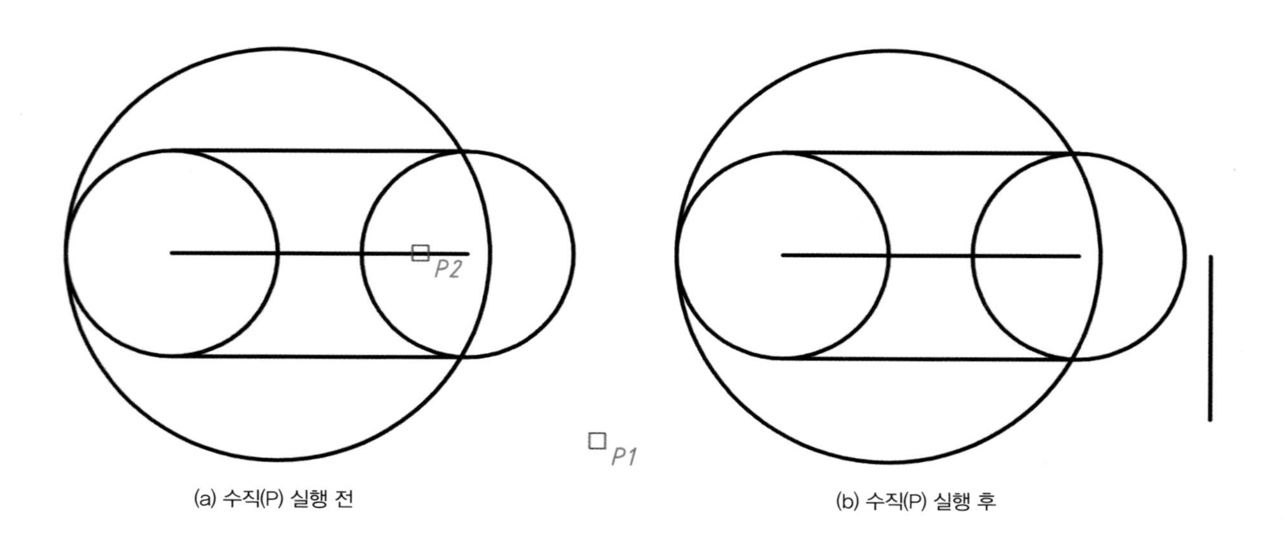

(a) 수직(P) 실행 전

(b) 수직(P) 실행 후

(3) 접점(N)

① **명령 :** L Enter

• LINE 첫 번째 점 지정 : 'OS Enter

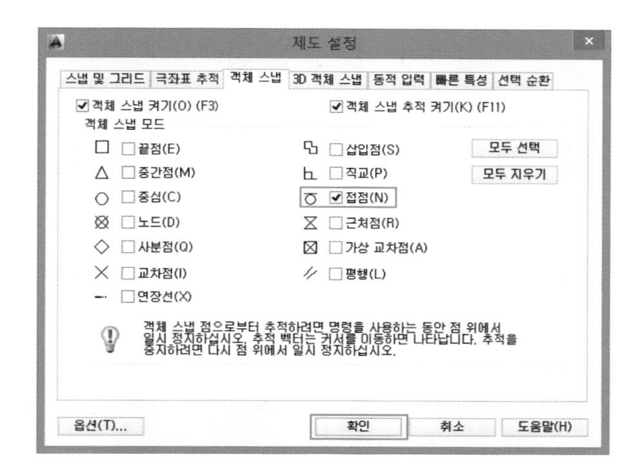

• LINE 첫 번째 점 지정 : P1 클릭
• 다음 점 지정 또는 [명령 취소(U)] : P2 클릭
• 다음 점 지정 또는 [명령 취소(U)] : Enter (명령반복)

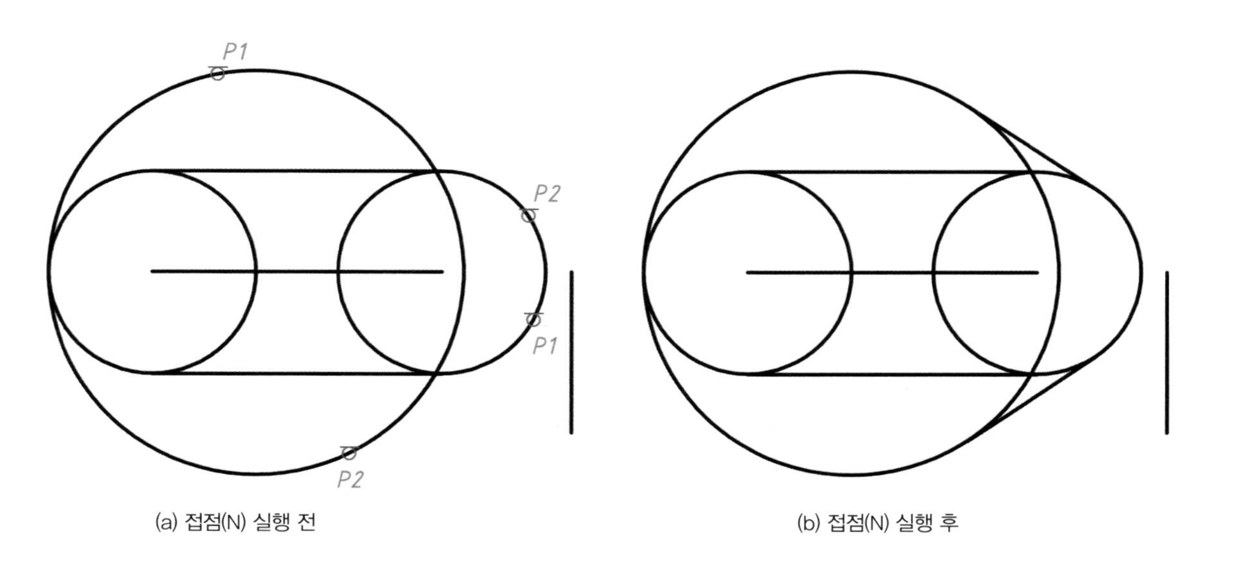

(a) 접점(N) 실행 전 (b) 접점(N) 실행 후

기능

OSNAP은 가장 가까운 곳에 스냅하므로 너무 많이 선택해 놓는 것보다는 현재 작업환경에 따라 **3개 정도** 번갈아 가면서 체크해 사용하는 것이 효율적이다.

03 ARC(호) 명령

호(반시계방향으로)를 그린다.

(1) 3점호(3P) 〈OSNAP : 끝점(E), 중간점(M)〉

① 명령(Command) : A Enter

② 툴바메뉴(그리기) :

- ARC 호의 시작점 또는 [중심(C)] 지정 : P1 클릭
- 호의 두 번째 점 또는 [중심(C)/끝(E)] 지정 : P2 클릭
- 호의 끝점 지정 : P3 클릭

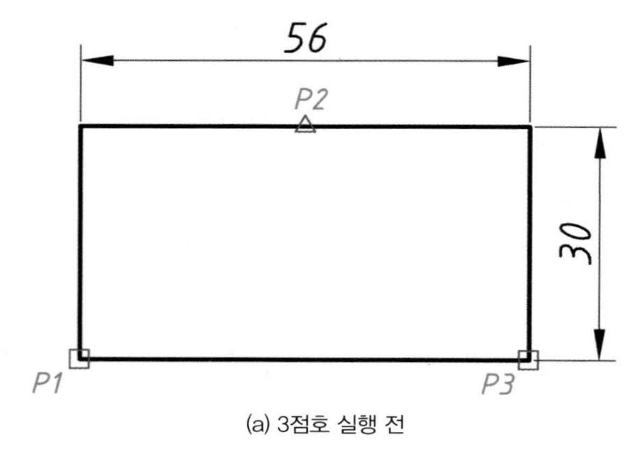

(a) 3점호 실행 전

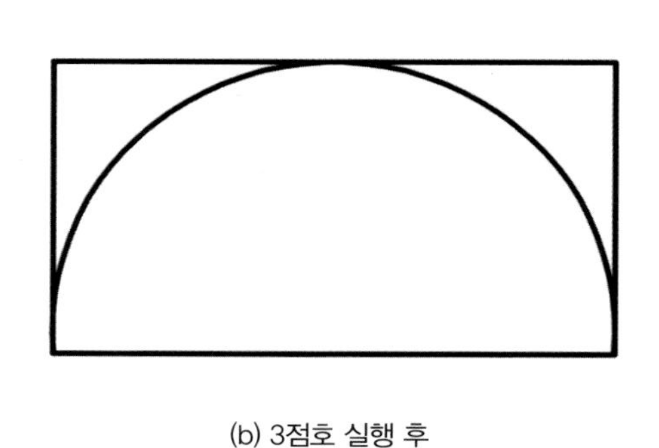
(b) 3점호 실행 후

③ 기타 명령옵션 요약

명령옵션	설 명
시작(S)	호의 시작점(Start Point)
중심(C)	호의 중심점(Center Point)
끝(E)	호의 끝점(End Point)
각도(A)	호의 사이각도(Angle)
반지름(R)	호의 반지름(Radius)
현의 길이(L)	현의 길이(Length)
방향(D)	호의 방향(Direction)

(2) 시작점(S), 중심점(C), 끝점(E) 〈OSNAP : 끝점(E)〉

① 명령(Command) : A Enter

- ARC 호의 시작점 또는 [중심(C)] 지정 : P1 클릭
- 호의 두 번째 점 또는 [중심(C)/끝(E)] 지정 : C Enter (툴바 이용 시 생략됨)
- 호의 중심점 지정 : P2 클릭
- 호의 끝점 지정 또는 [각도(A)/현의 길이(L)] : P3 클릭

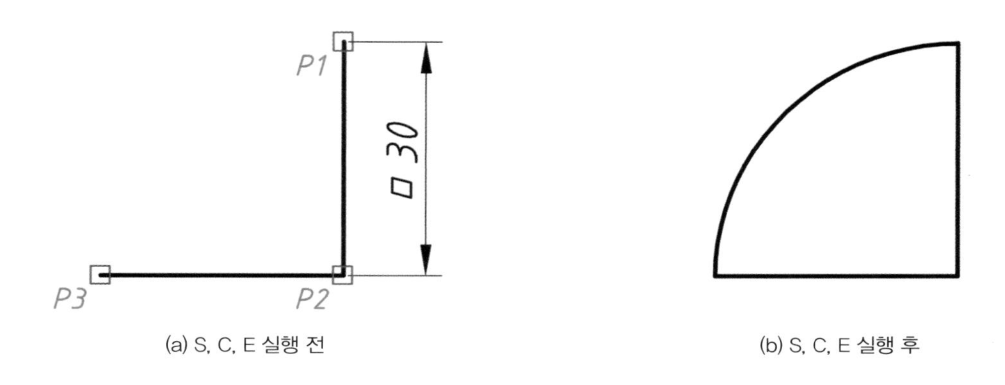

(a) S, C, E 실행 전 (b) S, C, E 실행 후

(3) 시작점(S), 중심점(C), 각도(A) 〈OSNAP : 끝점(E)〉

① 명령(Command) : A Enter

- ARC 호의 시작점 또는 [중심(C)] 지정 : P1 클릭
- 호의 두 번째 점 또는 [중심(C)/끝(E)] 지정 : C Enter (툴바 이용 시 생략됨)
- 호의 중심점 지정 : P2 클릭
- 호의 끝점 지정 또는 [각도(A)/현의 길이(L)] : A Enter (툴바 이용 시 생략됨)
- 사이각 지정 : 45 Enter

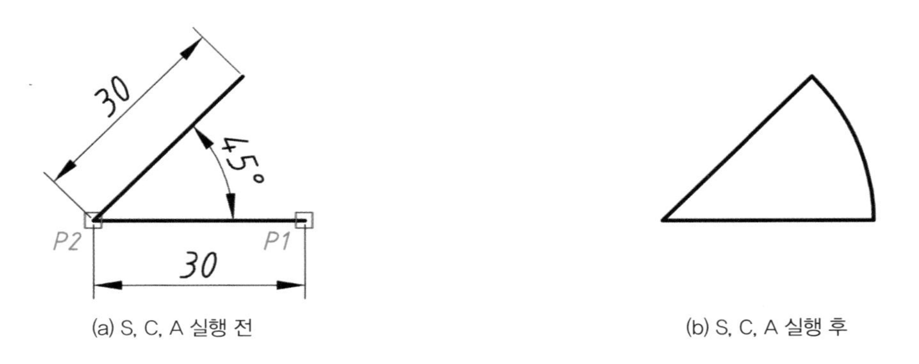

(a) S, C, A 실행 전 (b) S, C, A 실행 후

(4) 시작점(S), 끝점(E), 각도(A) 〈OSNAP : 끝점(E)〉

① 명령(Command) : A Enter

- ARC 호의 시작점 또는 [중심(C)] 지정 : P1 클릭
- 호의 두 번째 점 또는 [중심(C)/끝(E)] 지정 : E Enter (툴바 이용 시 생략됨)
- 호의 끝점 지정 : P2 클릭
- 호의 중심점 지정 또는 [각도(A)/방향(D)/반지름(R)] : A Enter (툴바 이용 시 생략됨)
- 사이각 지정 : 61 Enter

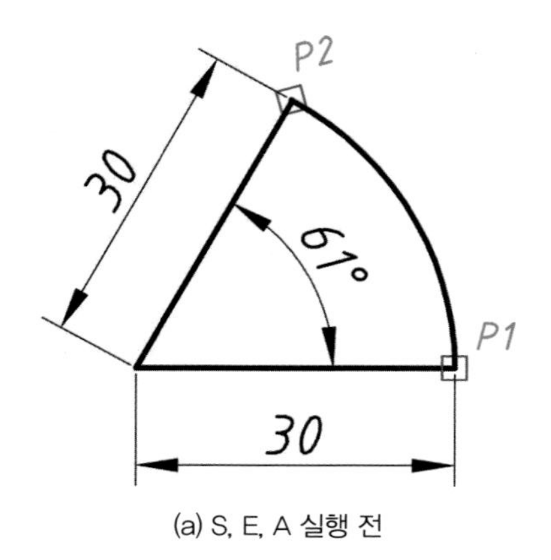

(a) S, E, A 실행 전

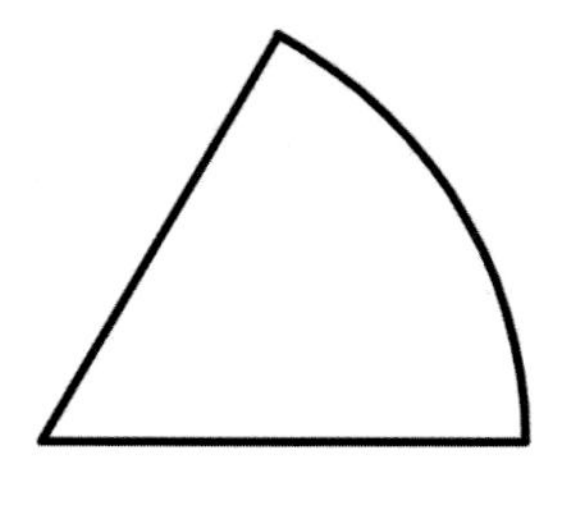

(b) S, E, A 실행 후

(5) 시작점(S), 끝점(E), 반지름(R) 〈OSNAP : 끝점(E)〉

① 명령(Command) : A Enter

- ARC 호의 시작점 또는 [중심(C)] 지정 : P1 클릭
- 호의 두 번째 점 또는 [중심(C)/끝(E)] 지정 : E Enter (툴바 이용 시 생략됨)
- 호의 끝점 지정 : P2 클릭
- 호의 중심점 지정 또는 [각도(A)/방향(D)/반지름(R)] : R Enter (툴바 이용 시 생략됨)
- 호의 반지름 지정 : 30 Enter

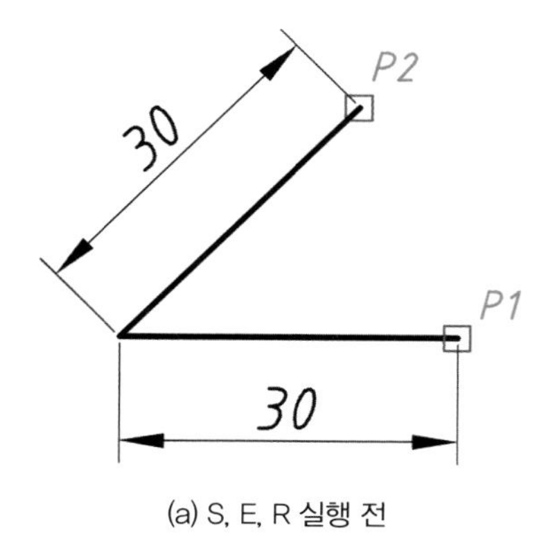

(a) S, E, R 실행 전

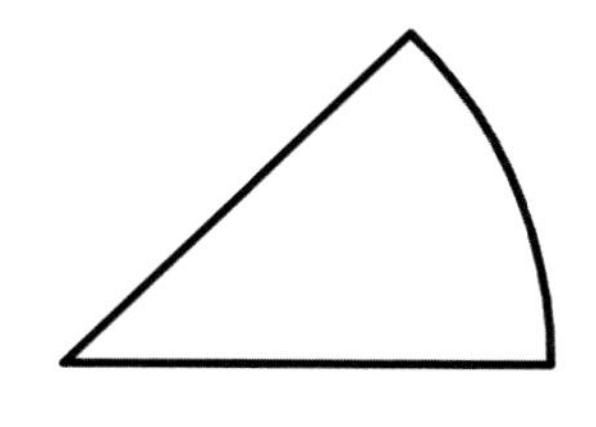

(b) S, E, R 실행 후

(6) 시작(S), 중심(C), 현의 길이(L) 〈OSNAP : 끝점(E)〉

① 명령(Command) : A Enter

- ARC 호의 시작점 또는 [중심(C)] 지정 : P1 클릭
- 호의 두 번째 점 또는 [중심(C)/끝(E)] 지정 : C Enter (툴바 이용 시 생략됨)
- 호의 중심점 지정 : P2 클릭
- 각도(A)/현의 길이(L)] : L Enter (툴바 이용 시 생략됨)
- 현의 길이 지정 : 22.96 Enter

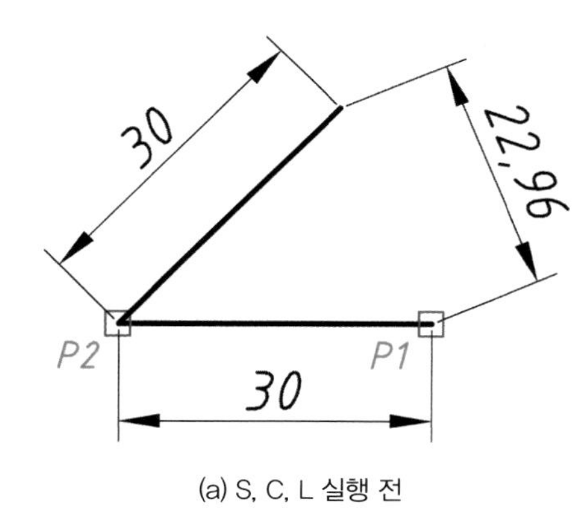

(a) S, C, L 실행 전

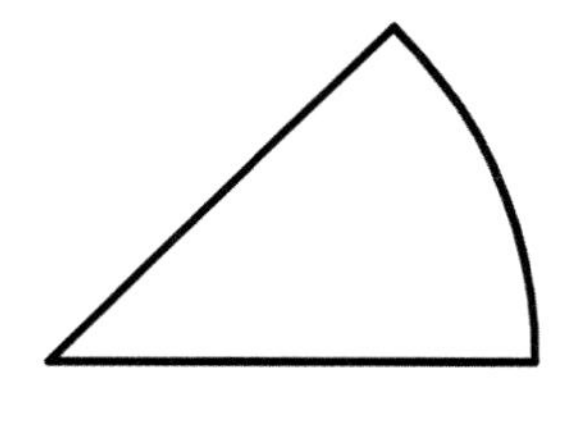

(b) S, C, L 실행 후

04 ELLIPSE(타원) 명령

타원을 그린다.

(1) 세 점에 의한 타원 〈OSNAP : 중간점(M)〉

① 명령(Command) : EL Enter

② 툴바메뉴(그리기) :

- 타원의 축 끝점 지정 또는 [호(A)/중심(C)] : P1 클릭
- 축의 다른 끝점 지정 : P2 클릭
- 다른 축으로 거리를 지정 또는 [회전(R)] : P3 클릭

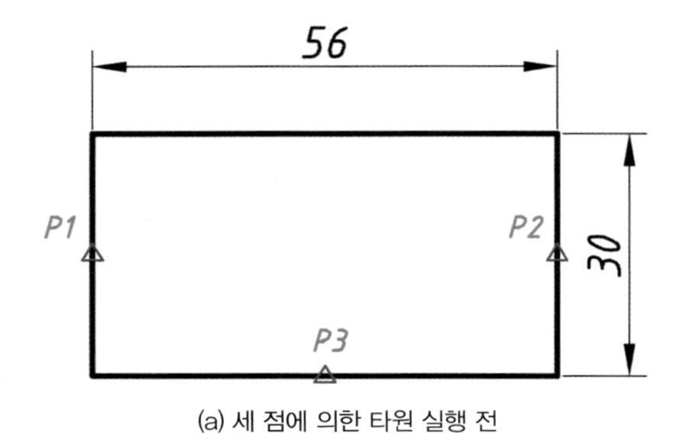

(a) 세 점에 의한 타원 실행 전

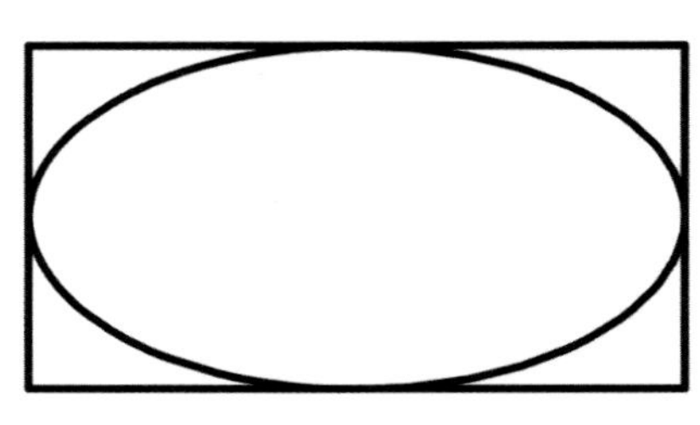
(b) 세 점에 의한 타원 실행 후

(2) 중심과 두 점에 의한 타원 〈OSNAP : 중심(C), 사분점(Q)〉

① 명령(Command) : EL Enter

- 타원의 축 끝점 지정 또는 [호(A)/중심(C)] : C
- 타원의 중심 지정 : P1 클릭
- 축의 끝점 지정 : P2 클릭
- 다른 축으로 거리를 지정 또는 [회전(R)] : P3 클릭

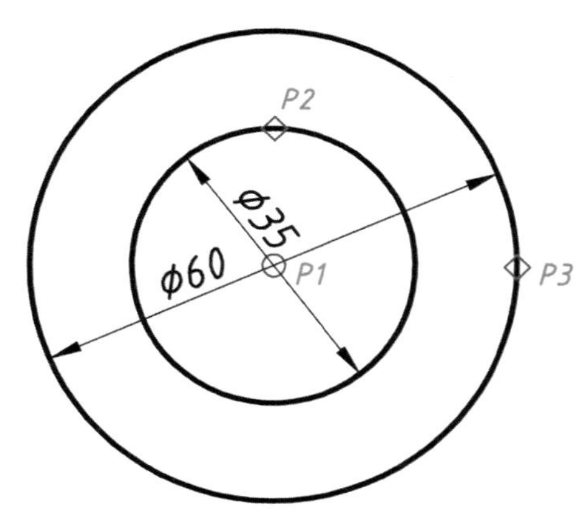

(a) 중심과 두 점에 의한 타원 실행 전

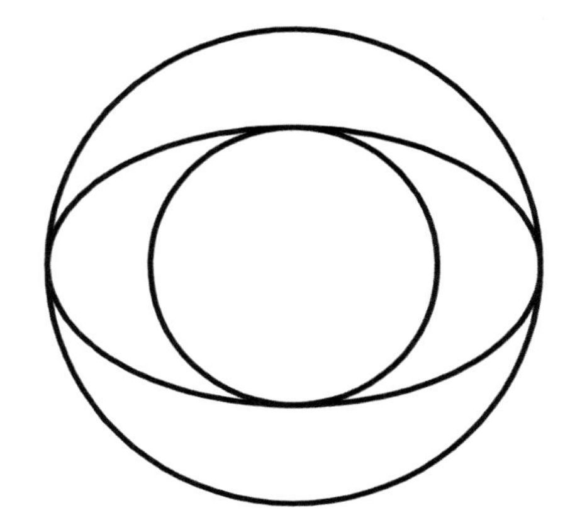
(b) 중심과 두 점에 의한 타원 실행 후

05 POLYGON(다각형) 명령

다각형을 그린다.

(1) 원에 내접(I) 다각형 〈OSNAP : 중심(C), 사분점(Q)〉

① 명령(Command) : POL Enter

② 툴바메뉴(그리기) :

- POLYGON 면의 수 입력 〈3〉 : 6 Enter (몇 각형인지 입력, 1024각형까지 가능)
- 다각형의 중심을 지정 또는 [모서리(E)] : P1 클릭
- 옵션을 입력 [원에 내접(I)/원에 외접(C)] 〈C〉 : I Enter
- 원의 반지름 지정 : P2 클릭

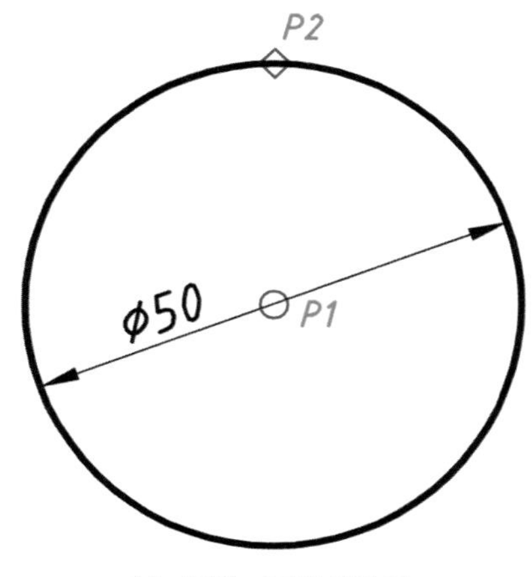

(a) 내접(I) 다각형 실행 전

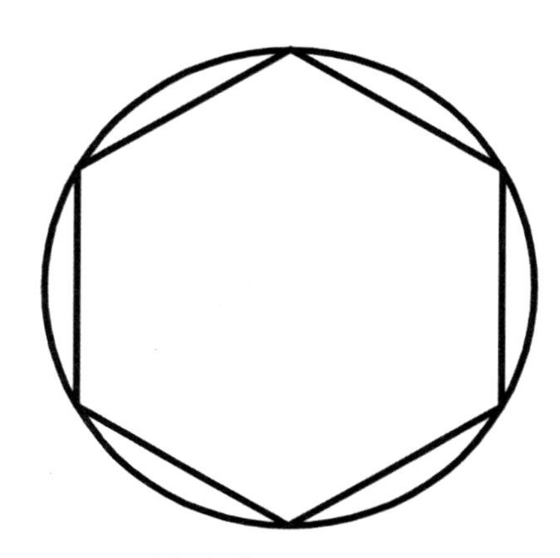
(b) 내접(I) 다각형 실행 후

(2) 원에 외접(C) 다각형 〈OSNAP : 중심(C), 사분점(Q)〉

① 명령(Command) : POL Enter (또는 Enter)

- POLYGON 면의 수 입력 〈6〉 : Enter
- 다각형의 중심을 지정 또는 [모서리(E)] : P1 클릭
- 옵션을 입력 [원에 내접(I)/원에 외접(C)] 〈I〉 : C Enter
- 원의 반지름 지정 : P2 클릭

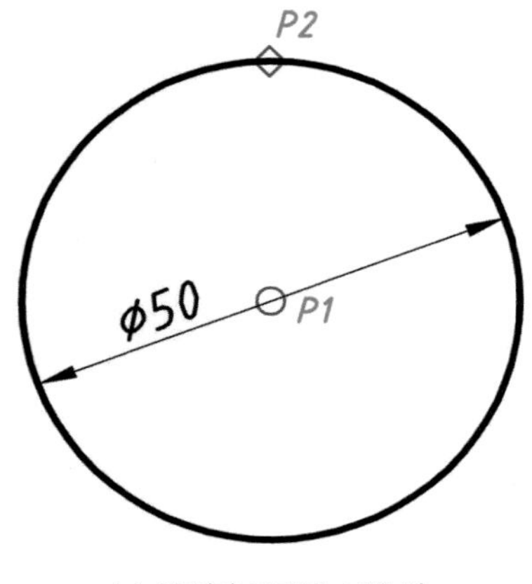

(a) 외접(C) 다각형 실행 전

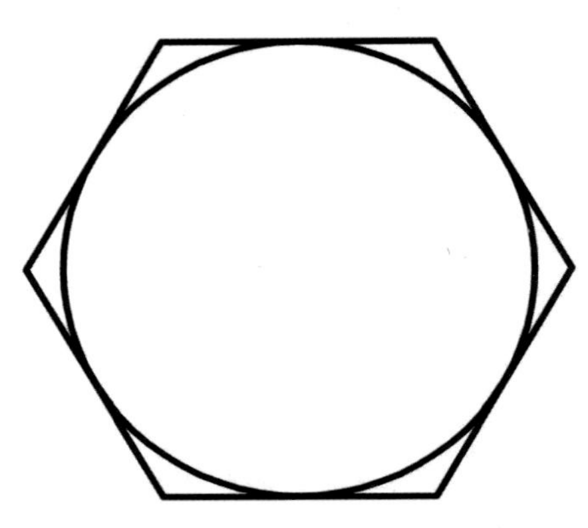

(b) 외접(C) 다각형 실행 후

(3) 모서리(E) 다각형 〈OSNAP : 중심(C), 사분점(Q), 끝점(E)〉

① 명령(Command) : POL Enter (또는 Enter)

- POLYGON 면의 수 입력 〈6〉 : Enter
- 다각형의 중심을 지정 또는 [모서리(E)] : E Enter
- 모서리의 첫 번째 끝점 지정 : P1 클릭 → P2 클릭

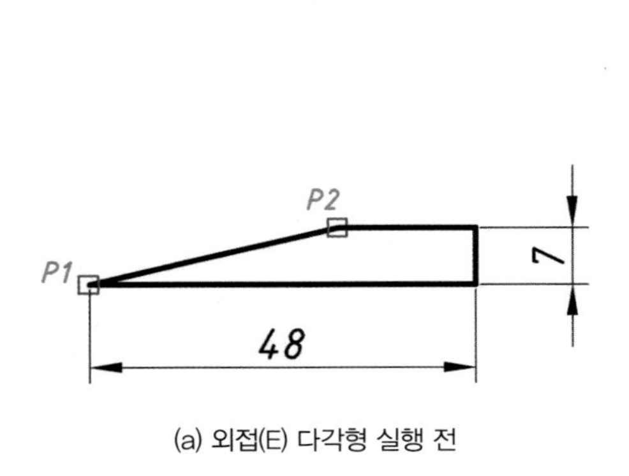

(a) 외접(E) 다각형 실행 전

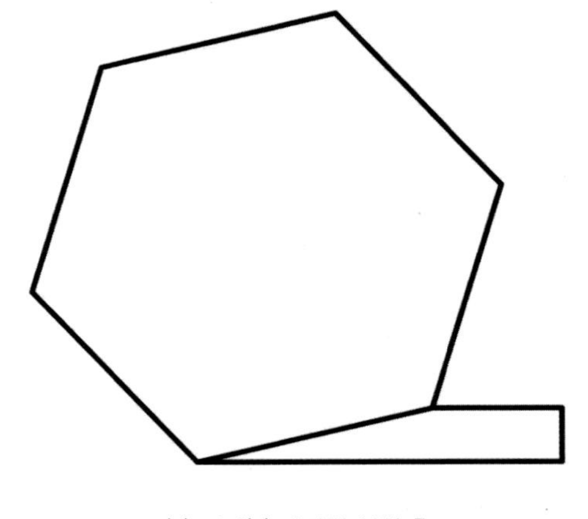

(b) 외접(E) 다각형 실행 후

06 PLINE(폴리선) 명령 〈OSNAP : 끝점(E), 중간점(M)〉

연속적으로 이어지는 단일요소의 선이나 호(Arc)를 만든다.

① **명령(Command) :** PL Enter

② **툴바메뉴(그리기) :**

- 시작점 지정 : P1 클릭
- 현재의 선 폭은 0.0000임
- 다음 점 지정 또는 [호(A)/반폭(H)/길이(L)/명령 취소(U)/폭(W)] : W Enter
- 시작 폭 지정 〈0.0000〉 : 18 Enter
- 끝 폭 지정 〈18.0000〉 : 0 Enter (숫자 입력 없이 Enter 만 누르면 두께 18mm의 평행선이 됨)
- 다음점 지정 또는 [호(A)/반폭(H)/길이(L)/명령 취소(U)/폭(W)] : P2 클릭
- 다음점 지정 또는 [호(A)/닫기(C)/반폭(H)/길이(L)/명령 취소(U)/폭(W)] : Enter

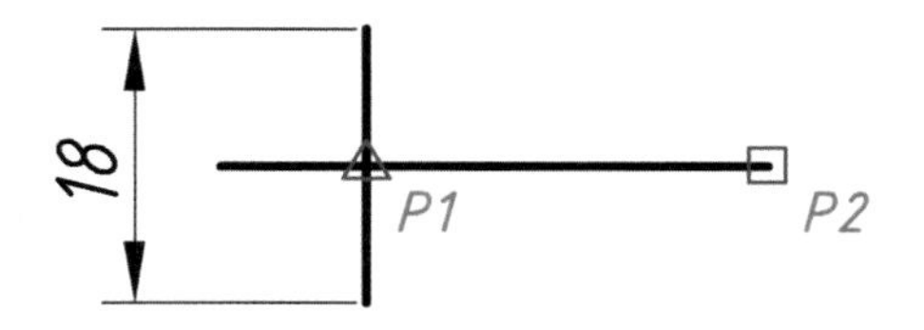

(a) PLINE 화살표 만들기 실행 전

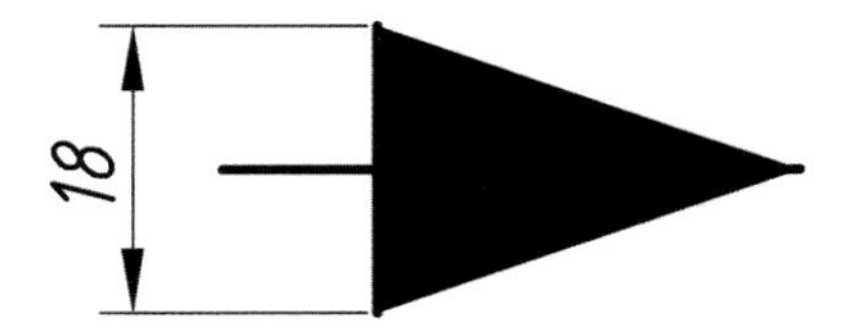

(b) PLINE 화살표 만들기 실행 후

③ 기타 명령옵션 요약

명령옵션	설 명
호(A)	호(Arc)를 그리는 옵션을 명령창에 표시한다.
반폭(H)	선의 절반에 해당되는 굵기를 지정한다.(실제로 입력된 값의 두 배로 그려짐)
길이(L)	선의 길이를 지정한다.
명령취소(U)	그려진 요소를 하나씩 취소한다.
폭(W)	선의 폭을 지정한다.

④ 호(A) 옵션 중 기타 명령옵션 요약

[각도(A)/중심(CE)/방향(D)/반폭(H)/선(L)/반지름(R)/두 번째 점(S)/명령 취소(U)/폭(W)] :

명령옵션	설 명
선(L)	직선 모드로 전환한다.
두 번째 점(S)	두 번째 점을 새로 입력받는다.

07 PEDIT(폴리선 편집) 명령

PLINE을 편집하거나 객체 하나하나로 연결된 LINE, ARC를 PLINE로 만든다.

① 명령(Command) : PE Enter

② 툴바메뉴(수정 II) :

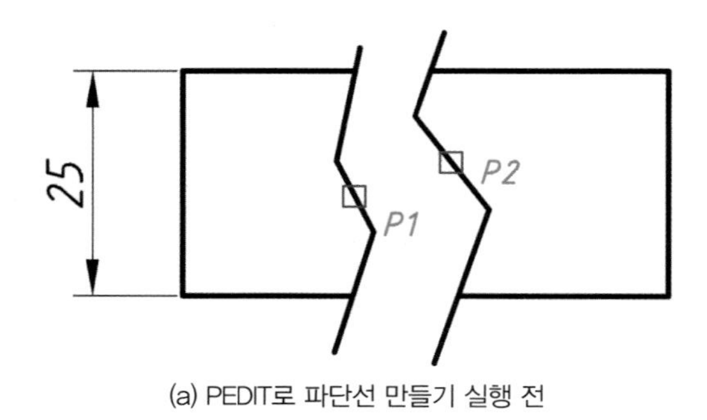

(a) PEDIT로 파단선 만들기 실행 전

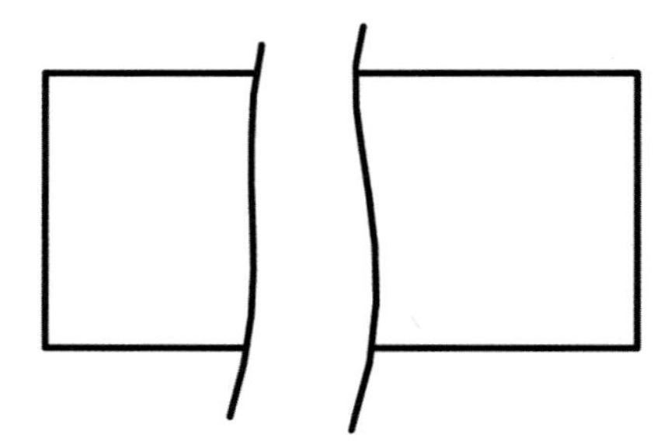

(b) PEDIT로 파단선 만들기 실행 후

- PEDIT 폴리선 선택 또는 [다중(M)] : P1 클릭
- 옵션 입력 [닫기(C)/결합(J)/폭(W)/정점 편집(E)/맞춤(F)/스플라인(S)/비곡선화(D)/선종류 생성(L)/명령 취소(U)] : S Enter
- 옵션 입력 [닫기(C)/결합(J)/폭(W)/정점 편집(E)/맞춤(F)/스플라인(S)/비곡선화(D)/선종류 생성(L)/명령 취소(U)] : Enter
  (P2는 동일)

③ 기타 명령옵션 요약

명령옵션	설 명
결합(J)	PLINE이 아닌 선(LINE)이나 호(ARC)를 연결하여 하나의 PLINE로 만든다.
스플라인(S)	작성된 PLINE을 부드러운 곡선으로 만든다.

기능

파단선은 가는 선이다. 자세한 사항은 LAYER에서 다룬다 .

08 DONUT(도넛) 명령

일정한 크기의 속이 채워진 점이나 비워진 점을 만든다.

① 명령(Command) : DO Enter

② 툴바메뉴(그리기) :

- 도넛의 내부 지름 지정 〈0.0000〉 : Enter (30)
- 도넛의 외부 지름 지정 〈1.0000〉 : 50 Enter
- 도넛의 중심 지정 또는 〈종료〉 : 원하는 위치 클릭
- 도넛의 중심 지정 또는 〈종료〉 : (더이상 그릴 도넛이 없으면 Enter)

(a) 내부지름 : 0, 외부지름 : 50

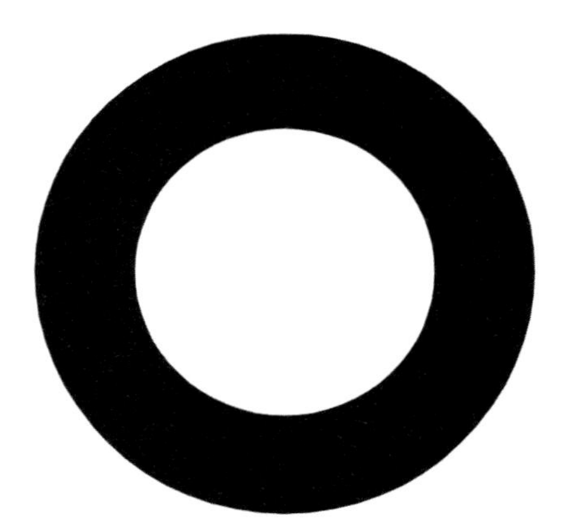

(b) 내부지름 : 30, 외부지름 : 50

기능

기본 툴바에서 빠져 있는 툴바는 "도구(T) → 사용자화(C) → 인터페이스(I) → 사용자 인터페이스 → 그리기"에서 찾아 원하는 툴바를 드래그(마우스 왼쪽 버튼을 누른 상태에서 끌어다 놓는다.)해 기본 툴바에 옮겨놓으면 된다.

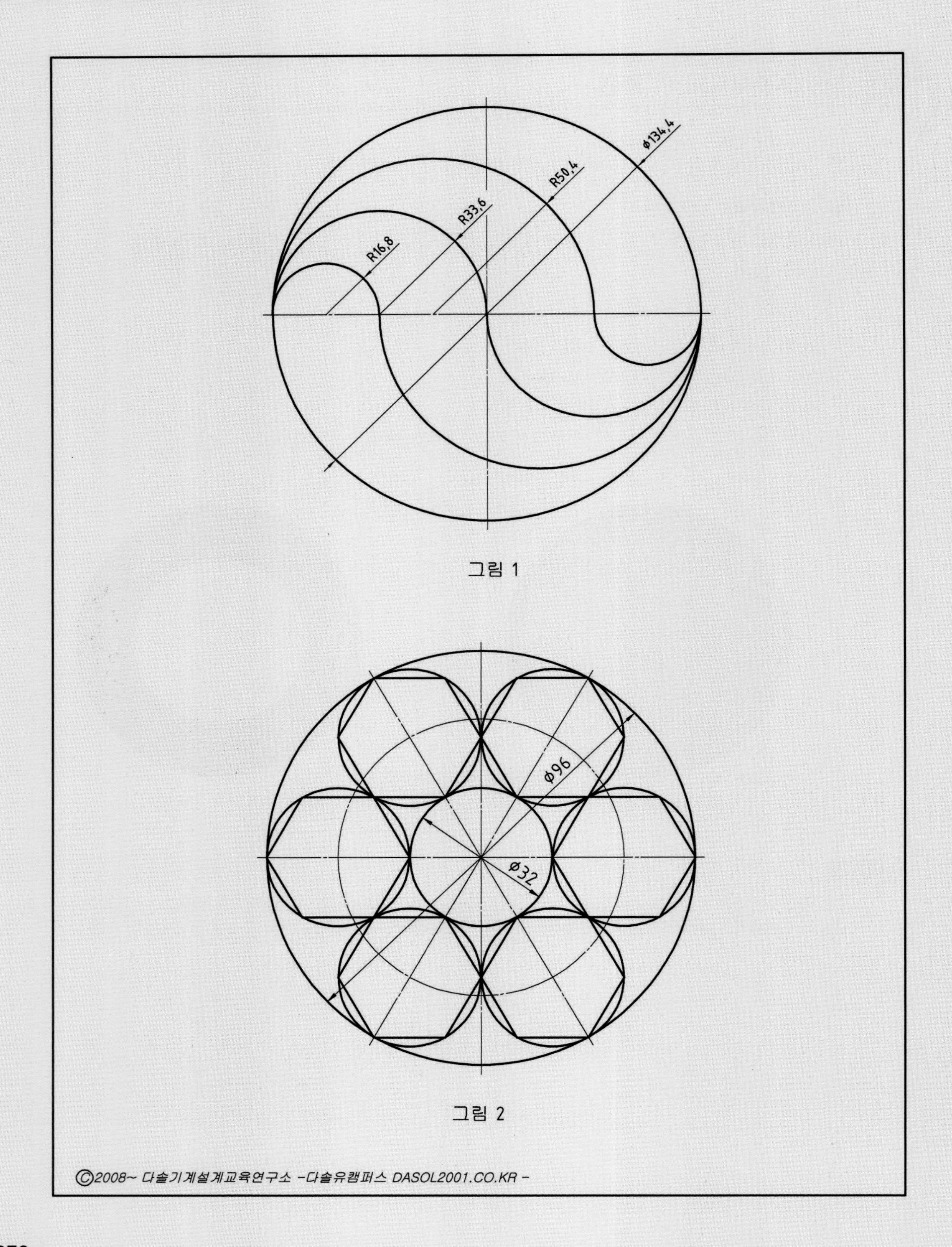
R16,8
R33,6
R50,4
ϕ134,4
그림 1
ϕ96
ϕ32
그림 2
©2008~ 다솔기계설계교육연구소 -다솔유캠퍼스 DASOL2001.CO.KR -

04 OFFSET, TRIM, LAYER 명령 등

01 OFFSET(간격띄우기) 명령

도면요소를 일정한 간격으로 평행하게 띄운다.

(1) 거리를 지정한 Offset 방법 1 〈OSNAP : OFF(F3)〉

Offset 거리를 지정한 다음 객체 선택 → Offset 방향을 클릭한다.

① 명령(Command) : O Enter

② 툴바메뉴(수정) :

- 간격띄우기 거리 지정 또는 [통과점(T)/지우기(E)/도면층(L)] 〈1.0000〉 : 5 Enter (Offset 간격 = 5mm)
- 간격띄우기할 객체 선택 또는 [종료(E)/명령취소(U)] 〈종료〉 : P1 클릭
- 간격띄우기할 면의 점 지정 또는 [종료(E)/다중(M)/명령취소(U)] 〈종료〉 : P2 클릭(5mm만큼 Offset할 방향)
- 간격띄우기할 객체 선택 또는 [종료(E)/명령취소(U)] 〈종료〉 : P1 클릭
- 간격띄우기할 면의 점 지정 또는 [종료(E)/다중(M)/명령취소(U)] 〈종료〉 : P3 클릭(5mm만큼 Offset할 방향)
- 간격띄우기할 객체 선택 또는 [종료(E)/명령취소(U)] 〈종료〉 : Enter

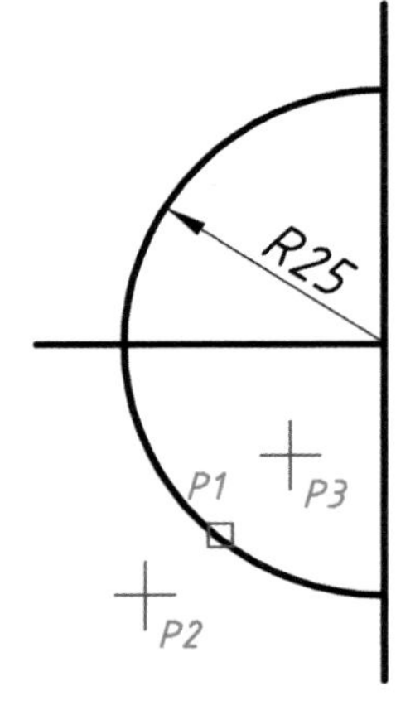

(a) 거리를 지정한 Offset 실행 전

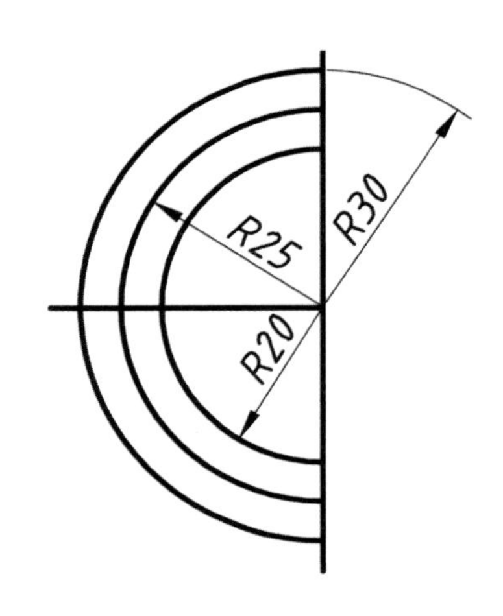

(b) 거리를 지정한 Offset 실행 후

(2) 거리를 지정한 Offset 방법 2 〈OSNAP : OFF(F3)〉

① **명령(Command)** : O Enter

- 간격띄우기 거리 지정 또는 [통과점(T)/지우기(E)/도면층(L)] 〈5.0000〉 : 34 Enter (Offset 간격 = 34mm)
- 간격띄우기할 객체 선택 또는 [종료(E)/명령취소(U)] 〈종료〉 : P1 클릭
- 간격띄우기할 면의 점 지정 또는 [종료(E)/다중(M)/명령취소(U)] 〈종료〉 : P2 클릭(34mm만큼 Offset할 방향)
- 간격띄우기할 객체 선택 또는 [종료(E)/명령취소(U)] 〈종료〉 : Enter
- **명령 :** Enter (Offset 명령 계속 실행)
- 간격띄우기 거리 지정 또는 [통과점(T)/지우기(E)/도면층(L)] 〈34.0000〉 : 24 Enter (Offset 간격 = 24mm)
- 간격띄우기할 객체 선택 또는 [종료(E)/명령취소(U)] 〈종료〉 : P3 클릭
- 간격띄우기할 면의 점 지정 또는 [종료(E)/다중(M)/명령취소(U)] 〈종료〉 : P4 클릭(24mm만큼 Offset할 방향)
- 간격띄우기할 객체 선택 또는 [종료(E)/명령취소(U)] 〈종료〉 : Enter (나머지도 같은 방법으로 작업한다.)

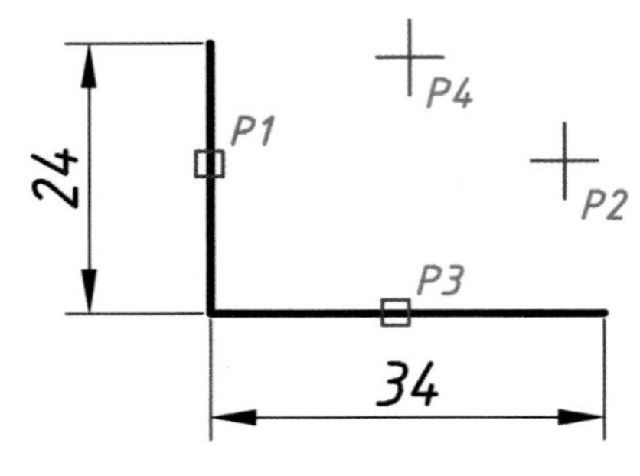

(a) 거리를 지정한 Offset 실행 전

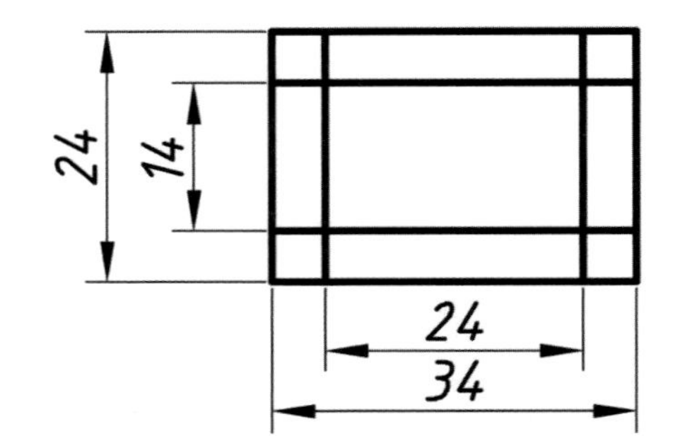

(b) 거리를 지정한 Offset 실행 후

(3) 통과점(T)에 의한 Offset 방법 1 〈OSNAP : 끝점(E)〉

객체선택 → Offset하고자 하는 지점을 클릭한다.

① 명령(Command) : O Enter

- 간격띄우기 거리 지정 또는 [통과점(T)/지우기(E)/도면층(L)] 〈통과점〉 : T Enter
- 간격띄우기할 객체 선택 또는 [종료(E)/명령취소(U)] 〈종료〉 : P1 클릭
- 통과점 지정 또는 [종료(E)/다중(M)/명령취소(U)] 〈종료〉 : P2 클릭
- 간격띄우기할 객체 선택 또는 [종료(E)/명령취소(U)] 〈종료〉 : Enter (같은 방법으로 P5 → P4를 작업해도 된다.)

(4) 통과점(T)에 의한 Offset 방법 2 〈OSNAP : 끝점(E)〉

기본물음이 〈통과점〉인 상황에서 Offset 거리를 입력받아 객체 선택 → Offset하고자 하는 지점을 클릭한다.

① 명령 : Enter (Offset 명령 계속 실행)

- 간격띄우기 거리 지정 또는 [통과점(T)/지우기(E)/도면층(L)] 〈통과점〉 : P3 클릭 → P4 클릭(Offset 거리가 입력된다.)
- 간격띄우기할 객체 선택 또는 [종료(E)/명령취소(U)] 〈종료〉 : P5 클릭
- 간격띄우기할 면의 점 지정 또는 [종료(E)/다중(M)/명령취소(U)] 〈종료〉 : P6 클릭(Offset할 방향)
- 간격띄우기할 객체 선택 또는 [종료(E)/명령취소(U)] 〈종료〉 : Enter

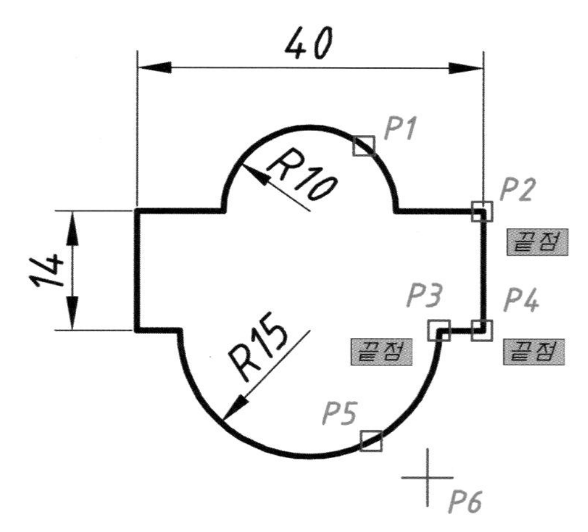

(a) 통과점(T)을 이용한 Offset 실행 전

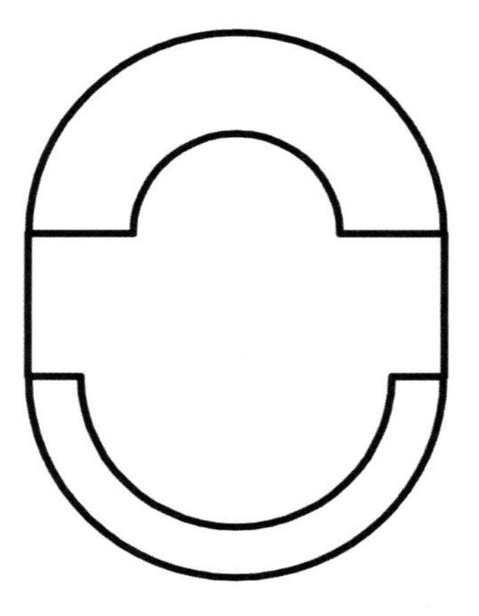
(b) 통과점(T)을 이용한 Offset 실행 후

③ 기타 명령옵션 요약

명령옵션	설 명
이전(P)	객체선택 : P Enter (이전에 선택한 요소를 선택한다.)
최종(L)	객체선택 : L Enter (마지막에 작도된 요소를 선택한다.)

기능

"〈통과점〉"의 두 가지 방법은 실제 투상도 작도 시 용이하게 활용되는 기법이다.

02 TRIM(자르기) 명령

불필요한 요소(객체)의 일부분의 경계를 선택해 잘라낸다.

(1) 단일요소(객체) 자르기 1

① 명령(Command) : TR Enter

② 툴바메뉴(수정) :

- 객체 선택 또는 〈모두 선택〉 : P1 클릭
- 객체 선택 : Enter (자르기 경계로 이용할 객체가 있으면 계속 선택)
- 자를 객체 선택 또는 Shift 키를 누른 채 선택하여 연장 또는 [울타리(F)/걸치기(C)/프로젝트(P)/모서리(E)/지우기(R)/명령취소(U)] : P2 클릭
- 자를 객체 선택 또는 Shift 키를 누른 채 선택하여 연장 또는 [울타리(F)/걸치기(C)/프로젝트(P)/모서리(E)/지우기(R)/명령취소(U)] : Enter

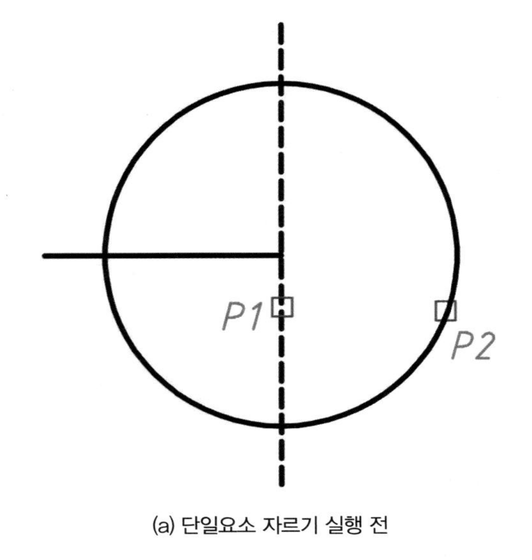

(a) 단일요소 자르기 실행 전

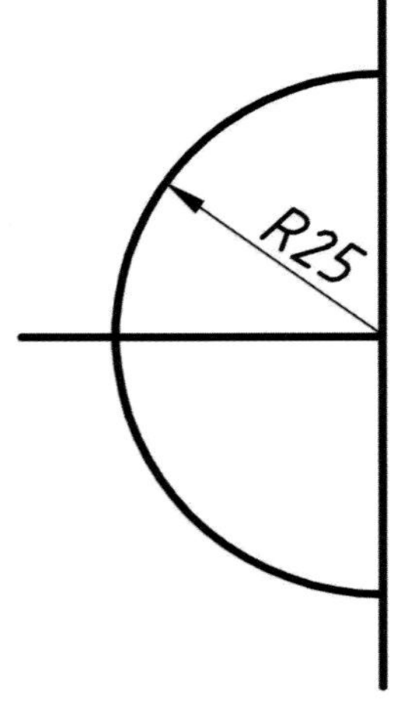

(b) 단일요소 자르기 실행 후

(2) 단일요소(객체) 자르기 2

① 명령(Command) : TR Enter

- 객체 선택 또는 〈모두 선택〉 : P1 클릭
- 객체 선택 : Enter
- 자를 객체 선택 또는 Shift 키를 누른 채 선택하여 연장 또는 [울타리(F)/걸치기(C)/프로젝트(P)/모서리(E)/지우기(R)/명령취소(U)] : P2 클릭
- 자를 객체 선택 또는 Shift 키를 누른 채 선택하여 연장 또는 [울타리(F)/걸치기(C)/프로젝트(P)/모서리(E)/지우기(R)/명령취소(U)] : P3 클릭
- 자를 객체 선택 또는 Shift 키를 누른 채 선택하여 연장 또는 [울타리(F)/걸치기(C)/프로젝트(P)/모서리(E)/지우기(R)/명령취소(U)] : Enter

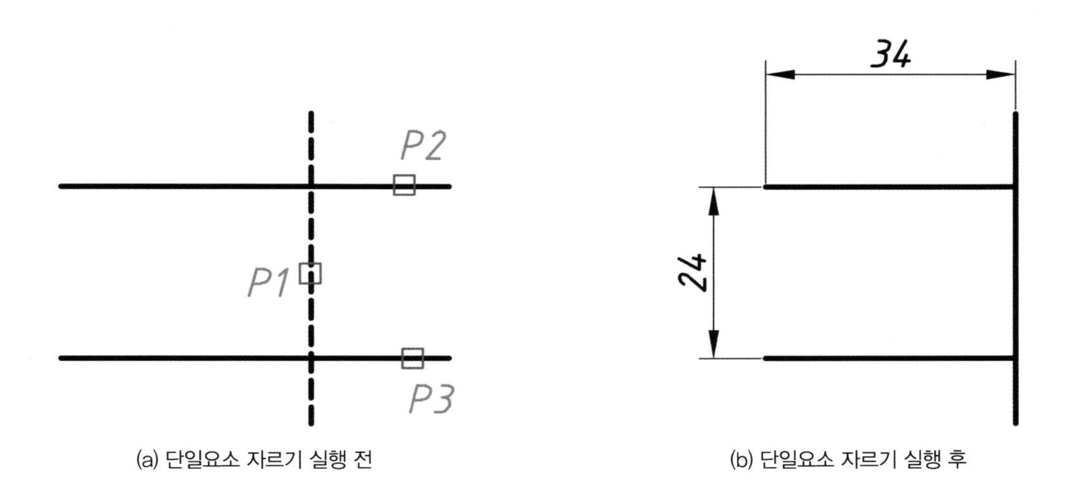

(a) 단일요소 자르기 실행 전 (b) 단일요소 자르기 실행 후

기능

1. 기본도면 작업 시 Offset, Trim 명령을 가장 많이 사용하게 된다.
2. 기계제도나 디자인에서 기본스케치 – 윤곽도(투상도)를 그리는 것과 같다.

(3) 걸치기(C) 를 이용한 자르기 〈OSNAP : OFF(F3)〉

① 명령(Command) : TR Enter

- 객체 선택 또는 〈모두 선택〉 : P1 클릭
- 객체 선택 : Enter
- 자를 객체 선택 또는 Shift키를 누른 채 선택하여 연장 또는 [울타리(F)/걸치기(C)/프로젝트(P)/모서리(E)/지우기(R)/명령취소(U)] : P2 클릭 → P3 클릭
- 자를 객체 선택 또는 Shift 키를 누른 채 선택하여 연장 또는 [울타리(F)/걸치기(C)/프로젝트(P)/모서리(E)/지우기(R)/명령취소(U)] : Enter

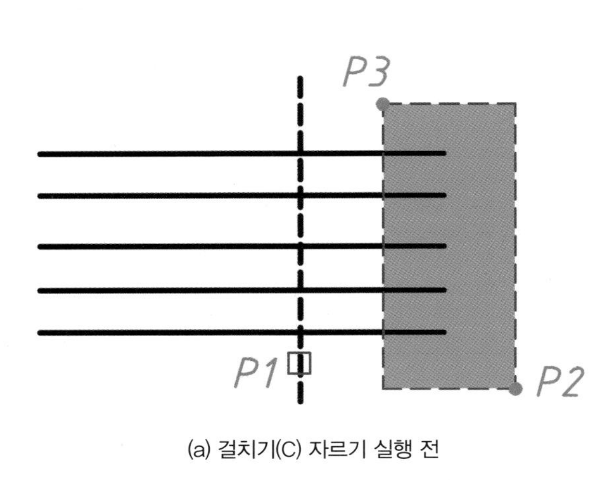

(a) 걸치기(C) 자르기 실행 전

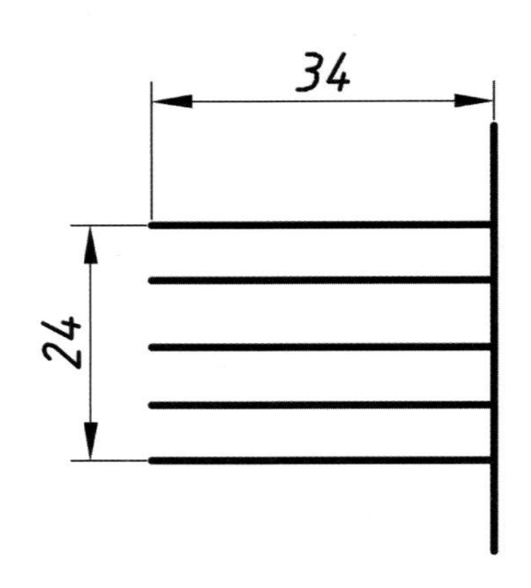

(b) 걸치기(C) 자르기 실행 후

(4) 울타리(F)를 이용한 자르기 〈OSNAP : OFF(F3)〉

① 명령(Command) : TR Enter

- 객체 선택 또는 〈모두 선택〉: 반대 구석 지정 : P1 클릭 → P2 클릭
- 객체 선택 : Enter
- 자를 객체 선택 또는 Shift 키를 누른 채 선택하여 연장 또는 [울타리(F)/걸치기(C)/프로젝트(P)/모서리(E)/지우기(R)/명령취소(U)] : F Enter
- 첫 번째 울타리 점 지정 : P3 클릭 → P4 클릭
- 다음 울타리 점 지정 또는 [명령취소(U)] : (Trim되지 않은 객체부분은 그냥 클릭한다.)
- 자를 객체 선택 또는 Shift 키를 누른 채 선택하여 연장 또는 [울타리(F)/걸치기(C)/프로젝트(P)/모서리(E)/지우기(R)/명령취소(U)] : Enter

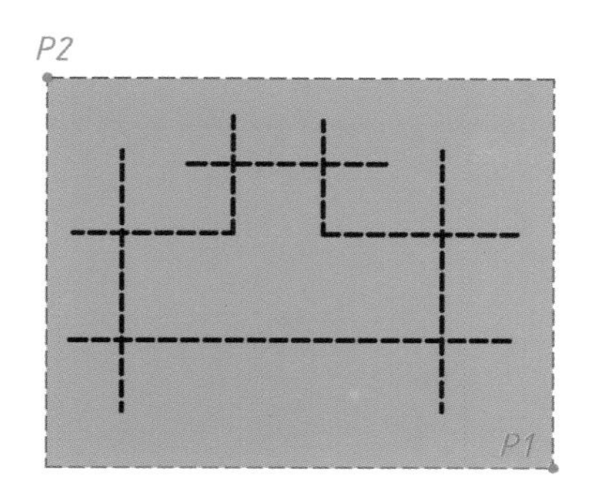

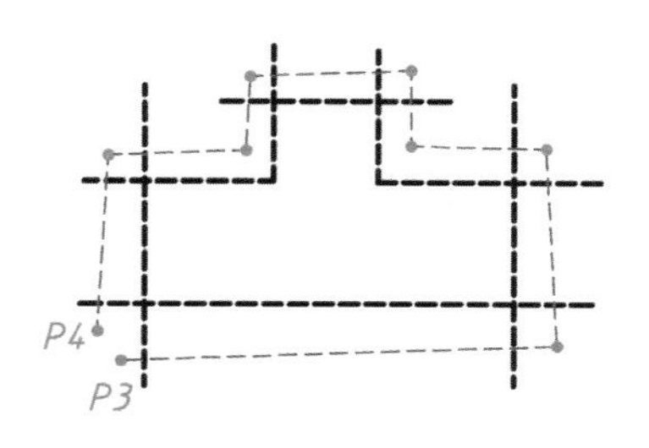

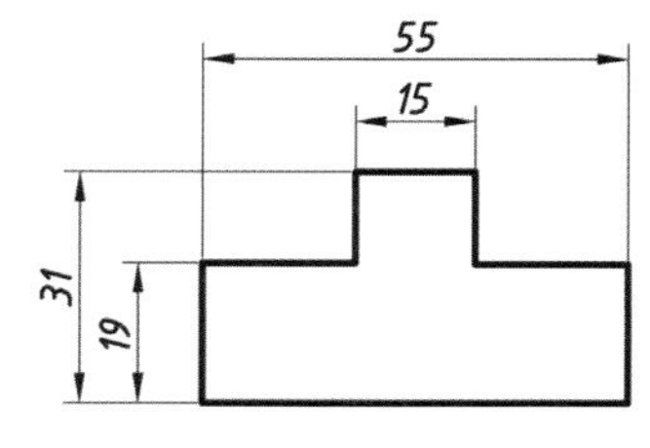

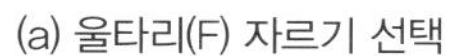
(a) 울타리(F) 자르기 선택

(b) 울타리(F) 자르기 과정

(c) 울타리(F) 자르기 실행 후

기능

1. 걸치기(C), 울타리(F) 선택할 때나 자르기할 때는 OSNAP=OFF(F3)한다 .
2. 걸치기(C) 옵션 입력이 불필요하나 울타리(F)를 연장할 때는 옵션 "F"를 입력한다.

03 FILLET(모깎기) 명령

요소를 선택해 지정한 반지름(R)만큼 라운딩(모깎기)한다.

(1) 직선이 교차하거나 떨어져 있는 경우 Fillet 방법

① 명령(Command) : F Enter

② 툴바메뉴(수정) :

- 첫 번째 객체 선택 또는 [명령취소(U)/폴리선(P)/반지름(R)/자르기(T)/다중(M)] : R Enter
- 모깎기 반지름 지정 〈0.0000〉 : 5 Enter
- 첫 번째 객체 선택 또는 [명령취소(U)/폴리선(P)/반지름(R)/자르기(T)/다중(M)] : P1 클릭
- 두 번째 객체 선택 또는 Shift 키를 누른 채 선택하여 구석 적용 : P2 클릭(같은 방법으로 그림 (c) 처리)

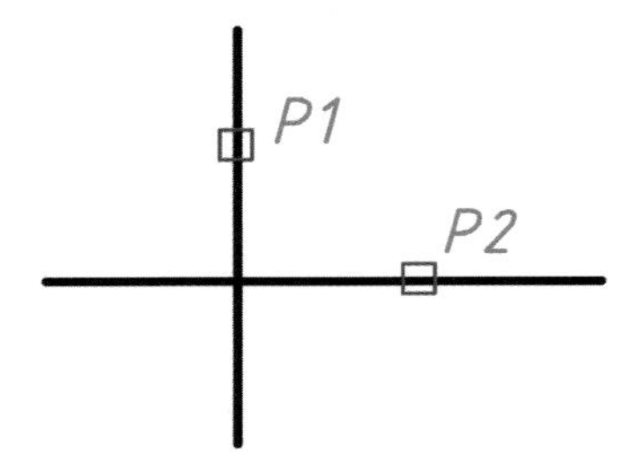

(a) 직선이 교차한 경우 Fillet 실행 전

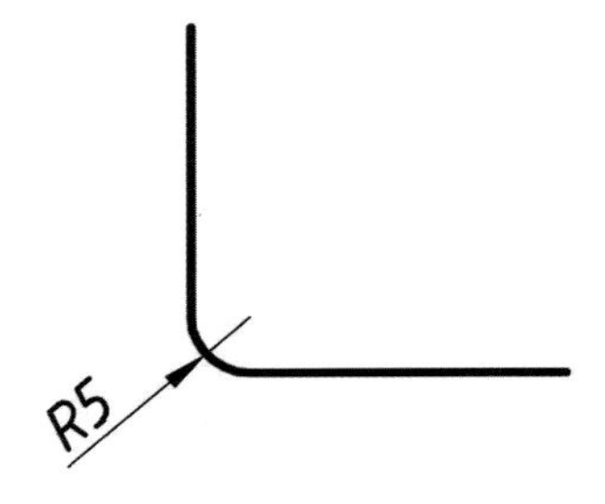

(b) 직선이 교차한 경우 Fillet 실행 후

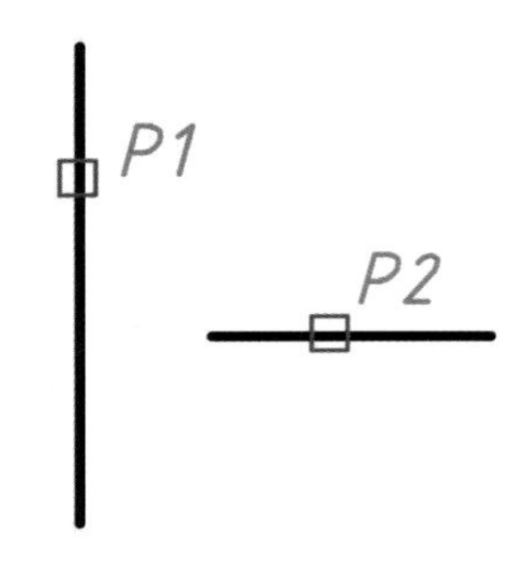

(c) 직선이 떨어진 경우 Fillet 실행 전

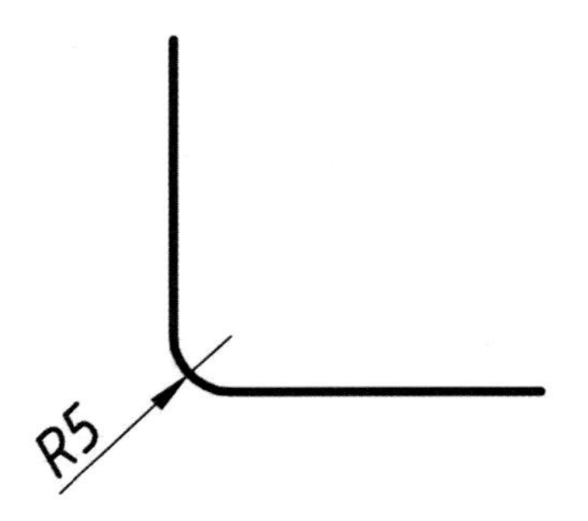

(d) 직선이 떨어진 경우 Fillet 실행 후

기능

라운딩(R) 5mm는 변경 전까지는 계속 똑같이 적용되므로 변경값은 바꿔줘야 한다.

(2) 직선일 때 Fillet 값 = 0인 경우 Fillet 방법

① **명령(Command) :** F Enter

- 첫 번째 객체 선택 또는 [명령취소(U)/폴리선(P)/반지름(R)/자르기(T)/다중(M)] : R Enter
- 모깎기 반지름 지정 ⟨5.0000⟩ : 0 Enter
- 첫 번째 객체 선택 또는 [명령취소(U)/폴리선(P)/반지름(R)/자르기(T)/다중(M)] : P1 클릭
- 두 번째 객체 선택 또는 Shift 키를 누른 채 선택하여 구석 적용 : P1 클릭(같은 방법으로 그림 (c) 처리)

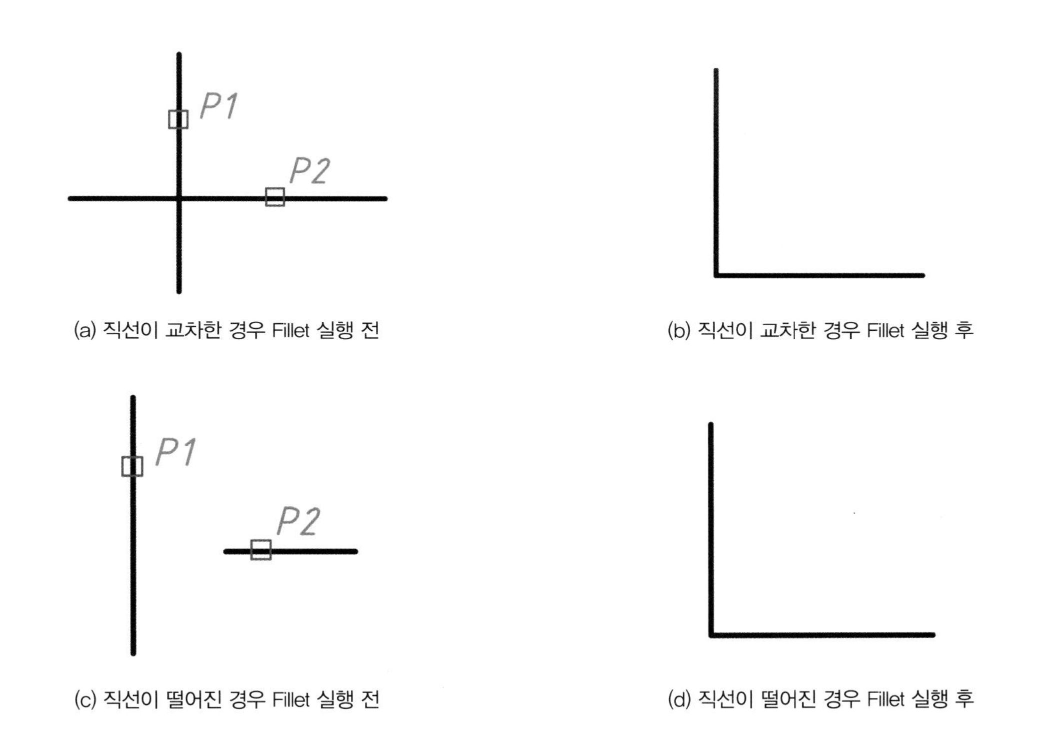

(a) 직선이 교차한 경우 Fillet 실행 전

(b) 직선이 교차한 경우 Fillet 실행 후

(c) 직선이 떨어진 경우 Fillet 실행 전

(d) 직선이 떨어진 경우 Fillet 실행 후

기능

구석부분 처리방법은 Trim 명령보다 효과적이다.

(3) 직선과 호의 경우 Fillet 방법

① 명령(Command) : F Enter

- 첫 번째 객체 선택 또는 [명령취소(U)/폴리선(P)/반지름(R)/자르기(T)/다중(M)] : R Enter
- 모깎기 반지름 지정 〈0.0000〉 : 5 Enter
- 첫 번째 객체 선택 또는 [명령취소(U)/폴리선(P)/반지름(R)/자르기(T)/다중(M)] : P1 클릭
- 두 번째 객체 선택 또는 Shift 키를 누른 채 선택하여 구석 적용 : P2 클릭(같은 방법으로 처리)

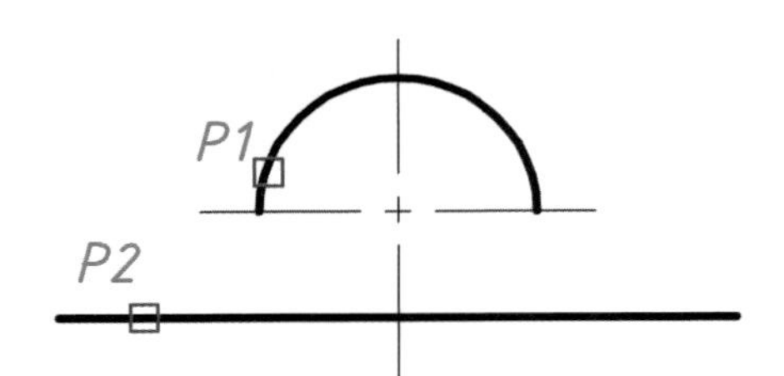

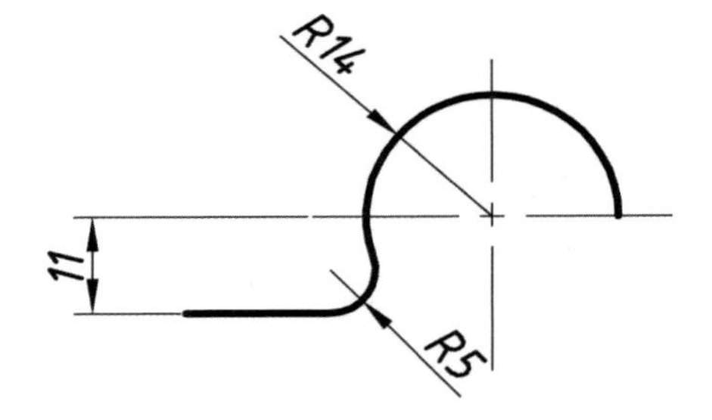

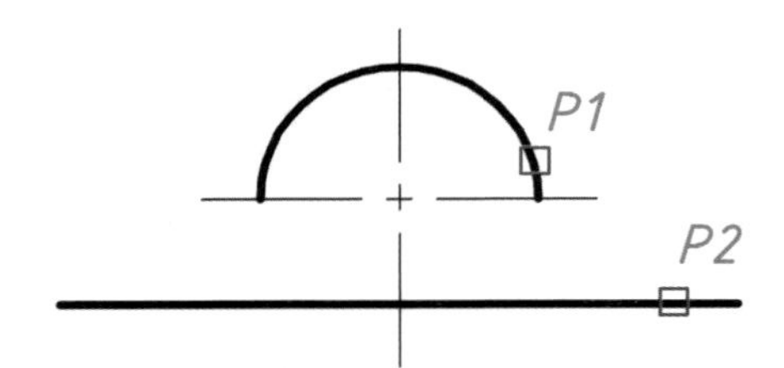

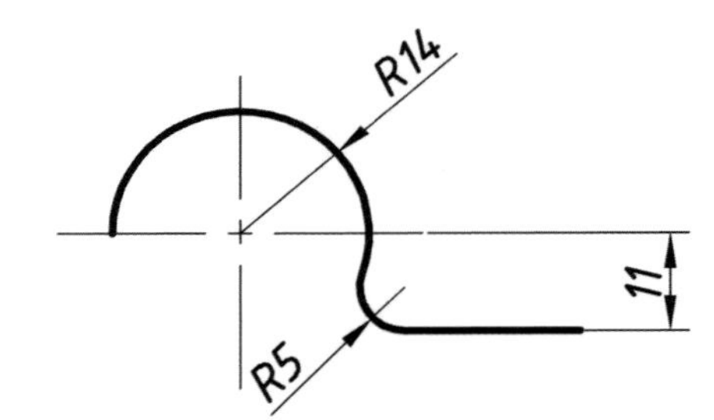

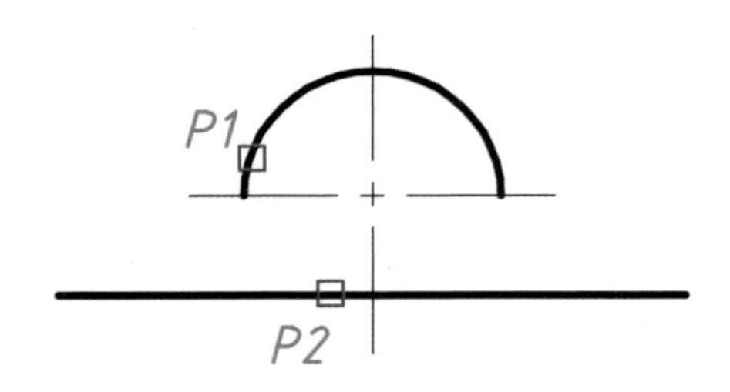

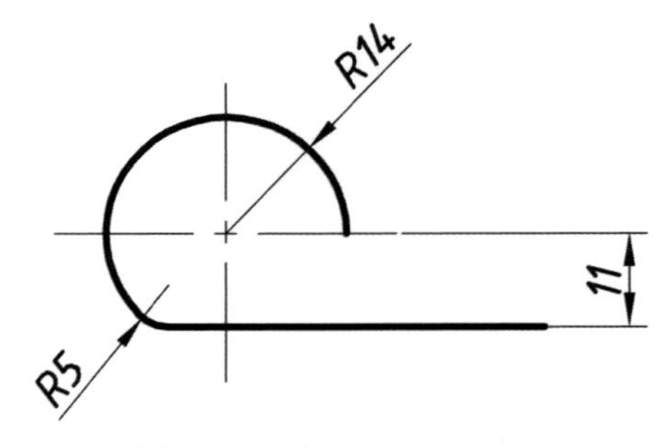

(a) 직선과 호(Arc)의 Fillet 실행 전

(b) 직선과 호(Arc)의 Fillet 실행 후

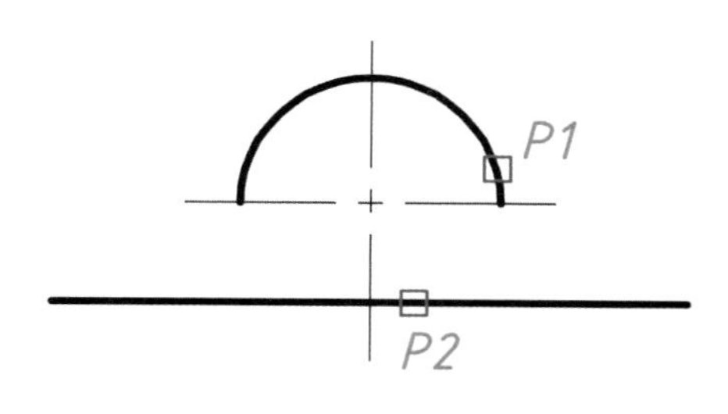

(a) 직선과 호(Arc)의 Fillet 실행 전

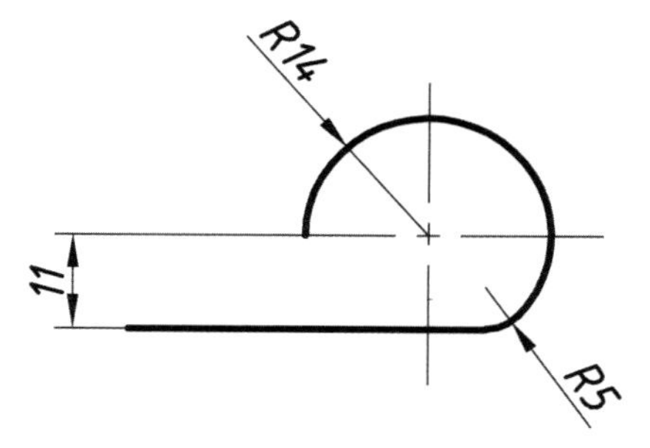

(b) 직선과 호(Arc)의 Fillet 실행 후

(4) PLANE인 경우 Fillet 방법

모든 요소(객체)가 하나로 연결된 Pline의 경우는 한번에 Fillet된다.

① **명령(Command) :** F Enter

- 첫 번째 객체 선택 또는 [명령취소(U)/폴리선(P)/반지름(R)/자르기(T)/다중(M)] : P Enter
- 2D 폴리선 선택 : P1 클릭

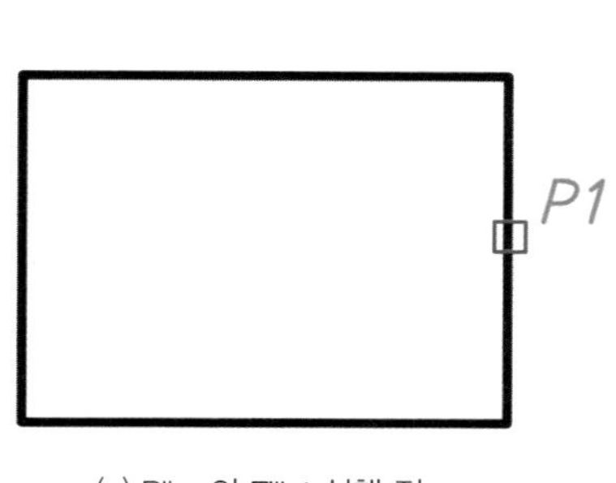

(a) Pline의 Fillet 실행 전

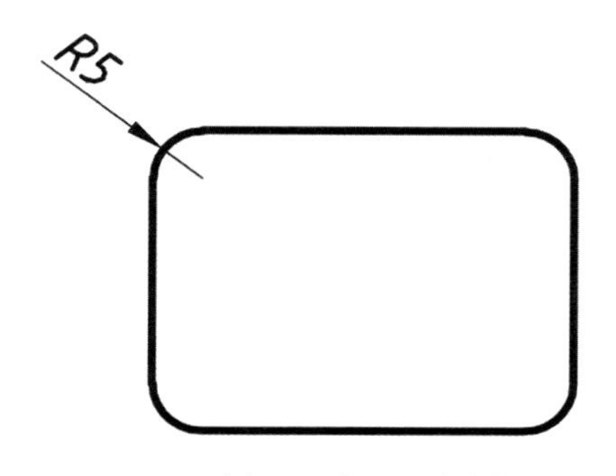

(b) Pline의 Fillet 실행 후

기능

자르기(T) 옵션을 "자르지 않기(N)"으로 바꾸면 끝부분이 그대로 남는다.

04 CHAMFER(모따기) 명령

요소를 선택해 지정한 크기만큼 모따기(C)한다.

(1) 일반적인 45° 모따기

① 명령(Command) : CHA Enter

② 툴바메뉴(수정) :

- 첫 번째 선 선택 또는 [명령취소(U)/폴리선(P)/거리(D)/각도(A)/자르기(T)/메서드(E)/다중(M)] : D Enter
- 첫 번째 모따기 거리 지정 〈0.0000〉 : 5 Enter
- 두 번째 모따기 거리 지정 〈5.0000〉 : Enter (첫 번째와 다를 경우 다른 값을 입력한다.)
- 첫 번째 선 선택 또는 [명령취소(U)/폴리선(P)/거리(D)/각도(A)/자르기(T)/메서드(E)/다중(M)] : P1 클릭
- 두 번째 선 선택 또는 Shift 키를 누른 채 선택하여 구석 적용 : P2 클릭

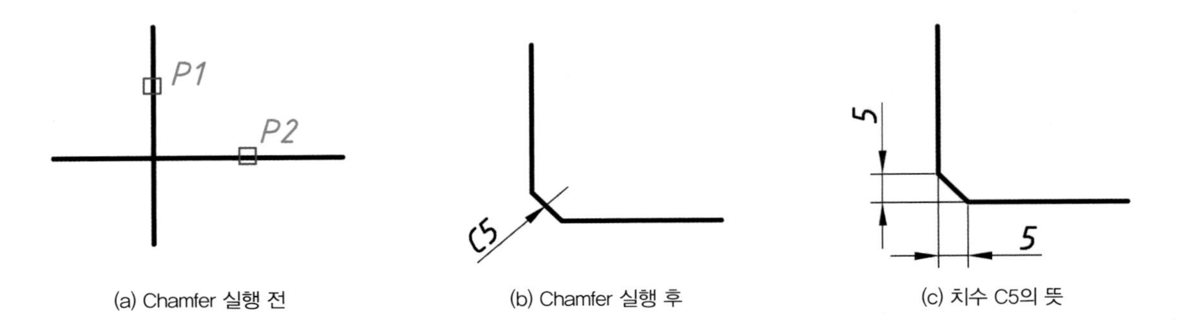

(a) Chamfer 실행 전 (b) Chamfer 실행 후 (c) 치수 C5의 뜻

기능

기계제도에서 C5의 의미는 가로, 세로의 길이가 5mm로 동일하다는 뜻이다.

(2) 가로, 세로가 다른 모따기

① 명령(Command) : CHA Enter

- 첫 번째 선 선택 또는 [명령취소(U)/폴리선(P)/거리(D)/각도(A)/자르기(T)/메서드(E)/다중(M)] : D Enter
- 첫 번째 모따기 거리 지정 〈0.0000〉 : 7 Enter
- 두 번째 모따기 거리 지정 〈7.0000〉 : 5 Enter
- 첫 번째 선 선택 또는 [명령취소(U)/폴리선(P)/거리(D)/각도(A)/자르기(T)/메서드(E)/다중(M)] : P1 클릭
- 두 번째 선 선택 또는 Shift 키를 누른 채 선택하여 구석 적용 : P2 클릭

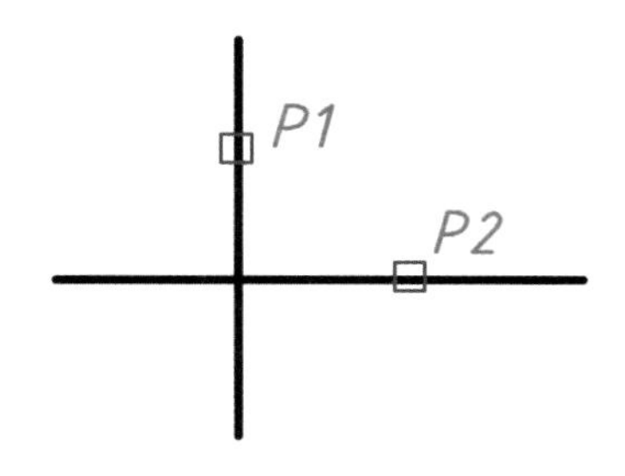

(a) Chamfer값이 다를 경우 실행 전

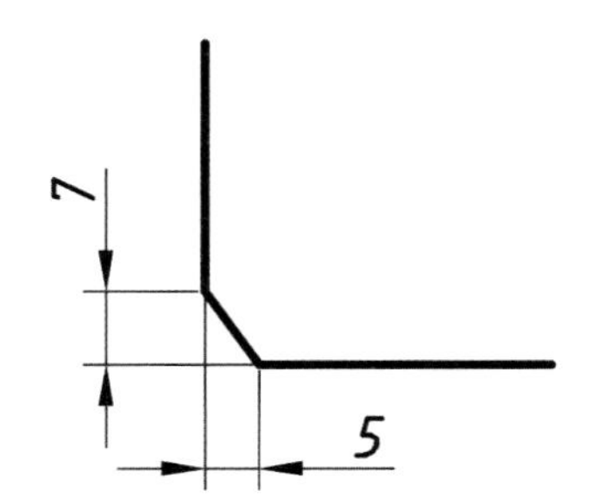

(b) Chamfer값이 다를 경우 실행 후

기능

기타 모따기(Chamfer) 방법도 Fillet 방법과 같다.

05 LAYER(도면층), 객체특성 〈 선종류(Linetype), 선 색상(Color), 선 굵기 〉 명령

Layer는 요소(객체, 도면) 마다 특성(선 종류, 색상, 굵기)을 부여하고 제어한다.

① **명령(Command) : LA** Enter

② **툴바메뉴(도면층) :**

③ **아래와 같이 설정한다.**

- 새 도면층 클릭 : Layer 만들기〈가상선, 숨은 선, 중심선 만들기〉
- 색상 클릭 : 원하는 색상 선택
- 선종류 클릭 : 로드(L) 클릭 → 원하는 선 선택 확인 → 로드된 선택 확인

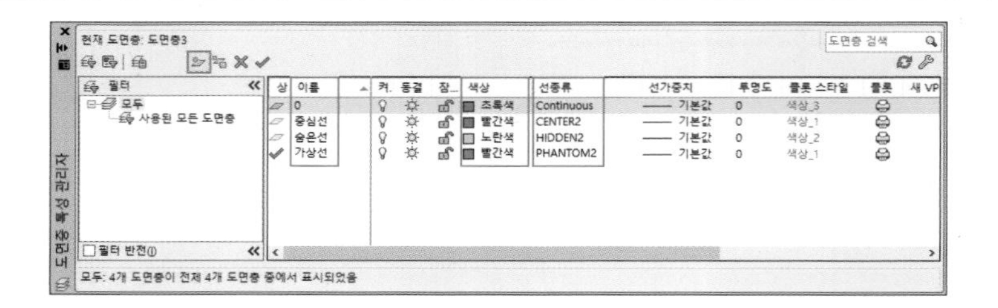

기능

색상을 선택할 때 번호를 입력해도 된다.

④ **기사/산업기사/기능사 실기규격에 맞는 주요설정 요약**

Layer(이름)	선 색상	선 종류
외형선(0)	초록색(3)	Continuous
중심선	빨간색(1) 또는 흰색(7)	CENTER2
숨은 선	노란색(2)	HIDDEN2
가상선	빨간색(1) 또는 흰색(7)	PHANTOM2

기능

AutoCAD에서는 색상(Color)마다 **번호**가 부여되어 있다.

(예 1 = 빨간색 , 2 = 노란색 , 3 = 초록색 , 4 = 하늘색 , 5 = 파랑색 , 6 = 보라색 , 7 = 흰색 등 …)

⑤ LAYER(도면층)와 특성(기본 : Bylayer)

Layer의 변경에 따라 특성도 함께 변하게 되는데 객체(요소) 선택 후 특성을 변경시킬 수 있다. 또한 Layer 변경상태에서 도면작업을 할 수 있으며 이미 작도된(그려진) 객체(요소, 도면)들도 선택해서 변경할 수 있다.

(a) 외형선(O) 레이어(Layer)와 특성

(b) 중심선 레이어(Layer)와 특성

(c) 숨은선 레이어(Layer)와 특성

(d) 가상선 레이어(Layer) 와 특성

1. 특성의 기본값은 모두 Bylayer여야 한다. 변경하면 Layer 설정값을 무시하고 우선적으로 적용하게 된다.
2. 특성 변경방법

   명령입력 없이 화면상에 객체 선택(클릭) → 특성(색상, 선종류, 굵기)에서 원하는 특성을 변경한다.
3. Layer 끄기

   명령 입력 없이 화면상에 객체 선택(클릭) → 선택 Layer 끄기

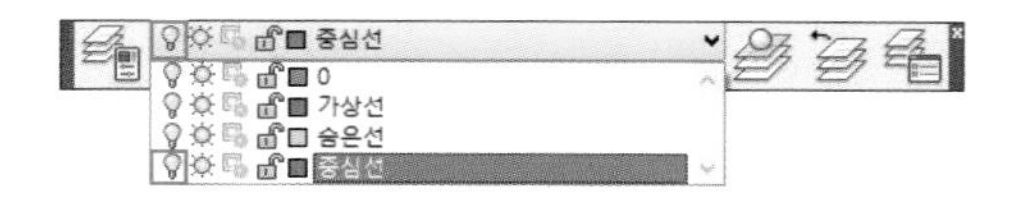

06 LTSCALE(Linetype Scale, 선 간격 · 길이) 명령

선 간격 및 길이를 조절한다.(선 굵기가 아님)

① 명령(Command) : LTS Enter

- LTSCALE 새로운 선종류 축척 비율 입력 〈1.0000〉 : 1 Enter

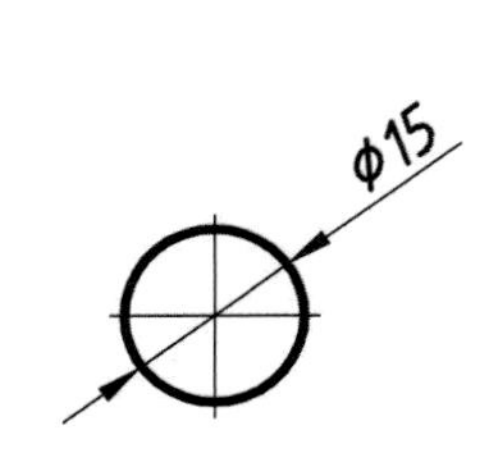

(a) 가는 실선끼리 중심선 교차

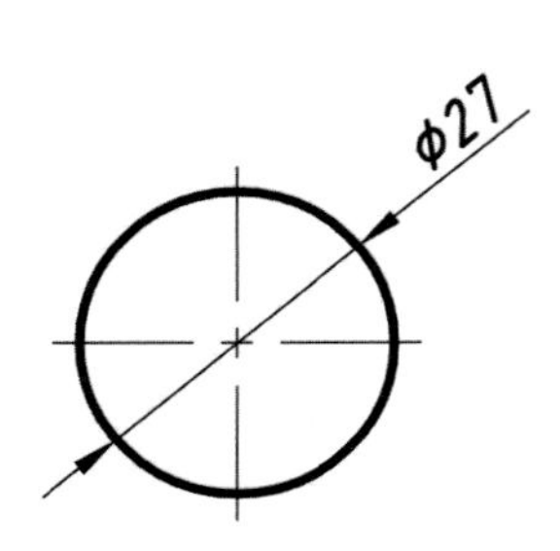

(b) 짧은 선끼리 중심선 교차

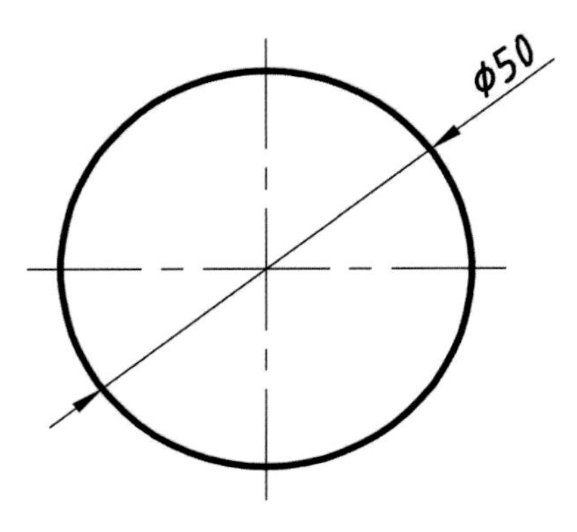

(c) 긴 선끼리 중심선 교차

기능

중심선은 A2 사이즈(Limits : 594, 420) 기준으로 지름 50mm 이상일 때 긴 선끼리 교차, 이하일 때 짧은 선끼리 교차하도록 선 간격을 조절한다.(작은 원은 가는 실선으로 교차)

07 LENGTHEN(길이 조정) 명령 〈툴바 → 사용자화(C) → 명령리스트에서 찾아 넣기〉

선택한 객체(요소)의 길이를 입력한 크기만큼 조정한다.

① 명령(Command) : LEN Enter

② 툴바메뉴(수정) :

- 객체 선택 또는 [증분(DE)/퍼센트(P)/합계(T)/동적(DY)] : DE Enter
- 증분 길이 입력 또는 [각도(A)] 〈0.0000〉 : 4 Enter (−4를 입력하면 −4mm씩 줄어든다.)
- 변경할 객체 선택 또는 [명령 취소(U)] : P1 클릭 → P4 클릭
- 변경할 객체 선택 또는 [명령 취소(U)] : Enter

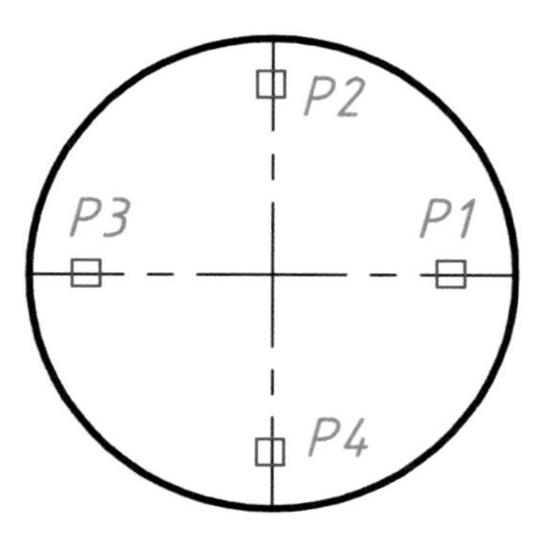

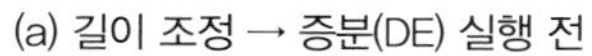
(a) 길이 조정 → 증분(DE) 실행 전

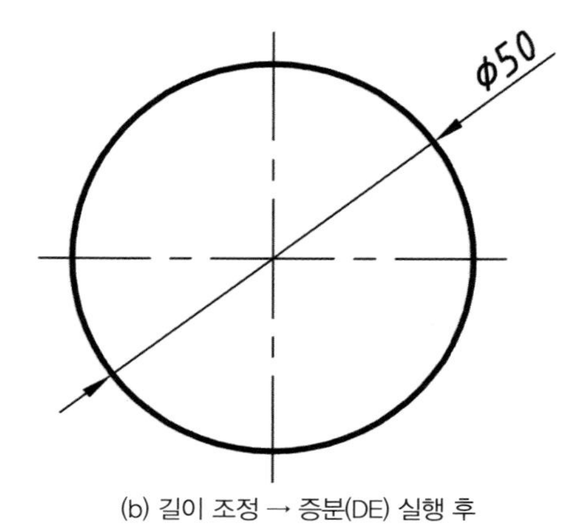

(b) 길이 조정 → 증분(DE) 실행 후

③ 기타 명령옵션 요약

명령옵션	설 명
퍼센트(P)	선택한 객체(선, 호)의 길이를 입력한 퍼센트만큼 조정한다.
합계(T)	선택한 객체(선, 호)의 길이를 입력한 길이로 새로 조정한다.
동적(DY)	선택한 객체(선, 호)의 끝점에서 길이를 새로 입력받는다.

기능

선택한 객체(선 , 호)에 치수가 기입되어 있으면 치수값도 함께 변한다.

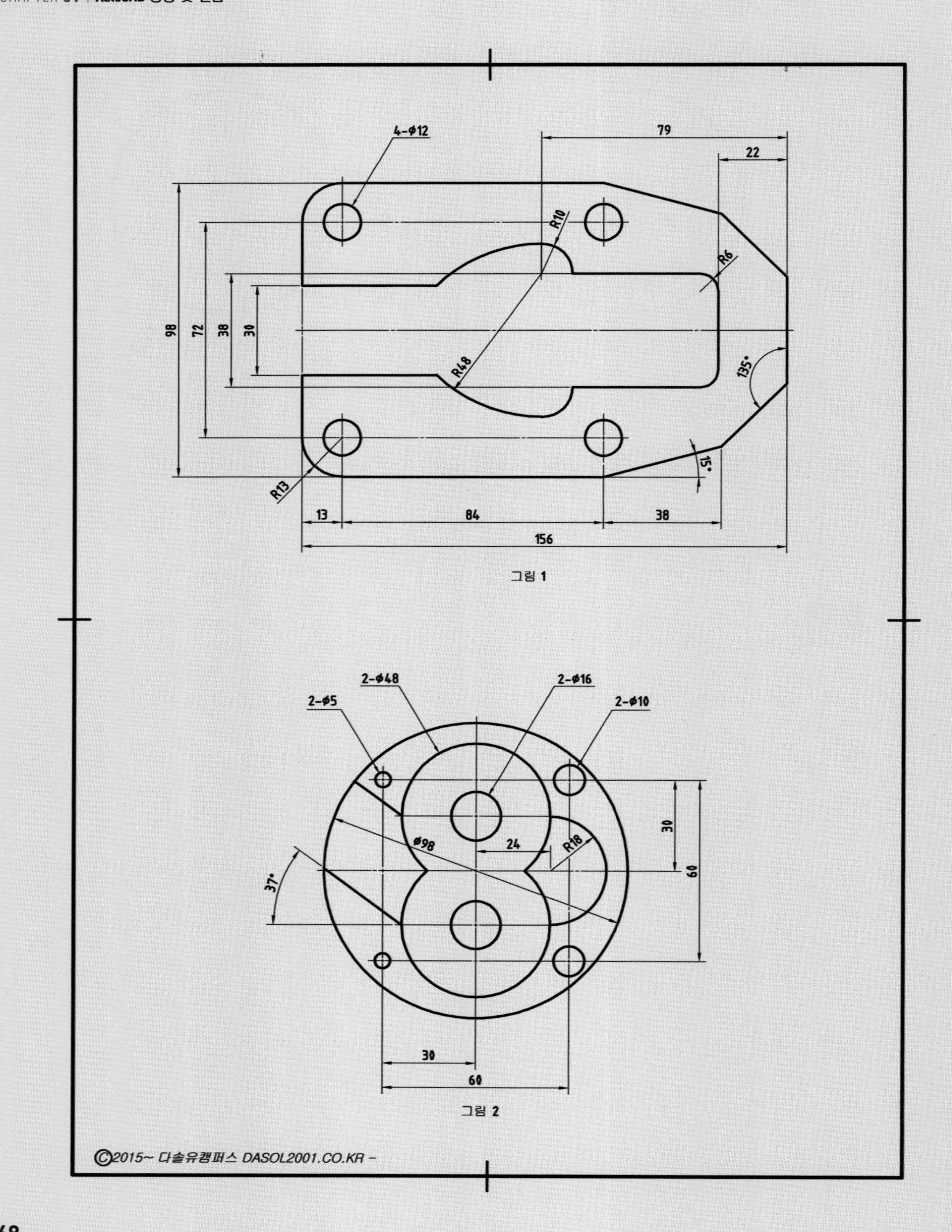
4-ϕ12
79
22
R10
R6
98
72
38
30
R48
135°
15°
R13
13
84
38
156
2-ϕ48
2-ϕ16
2-ϕ5
2-ϕ10
ϕ98
24
R18
30
60
37°
30
60

그림 1

그림 2

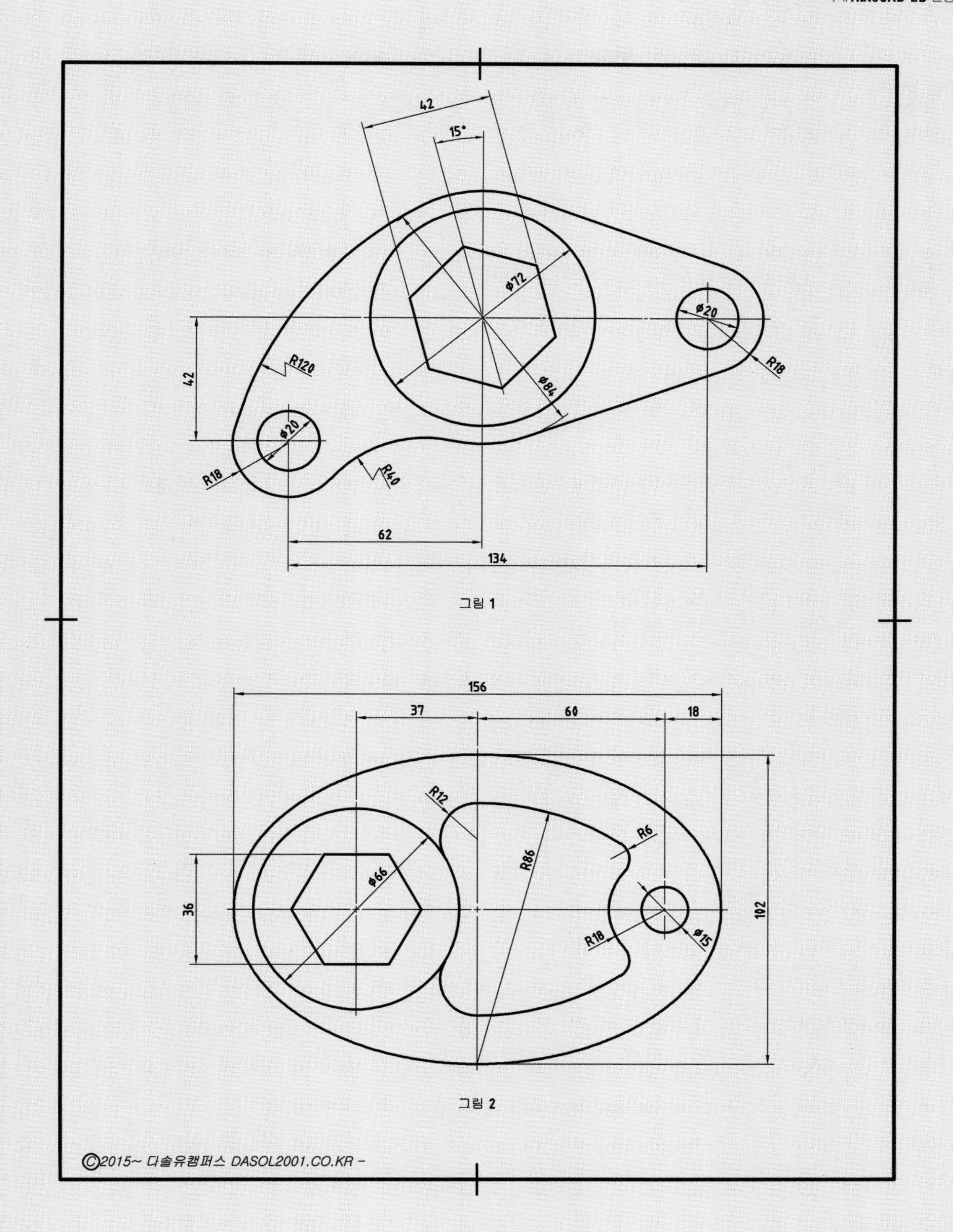
42
15°
ø72
ø20
R18
R120
42
ø84
ø20
R18
R40
62
134
156
37
60
18
R12
R6
R86
ø66
36
R18
ø15
102

그림 1

그림 2

05 | COPY, BREAK, EXTEND 명령 등

01 COPY(복사) 명령 〈OSNAP : 교차점(I)〉

선택한 객체(요소)를 복사한다.

① 명령(Command) : CO Enter

② 툴바메뉴(수정) :

- 객체 선택 : P1 클릭(복사할 객체 선택)
- 객체 선택 : Enter (더 이상 복사할 객체가 없음)
- 현재 설정 : 복사 모드 = 다중(M)
- 기본점 지정 또는 [변위(D)/모드(O)] 〈변위(D)〉 : P2 클릭(OSNAP : 교차점(I))
- 두 번째 점 지정 또는 [종료(E)/명령취소(U)] 〈종료〉 : P3 클릭 → P7 클릭(또는 좌표 입력)
- 두 번째 점 지정 또는 [종료(E)/명령취소(U)] 〈종료〉 : Enter

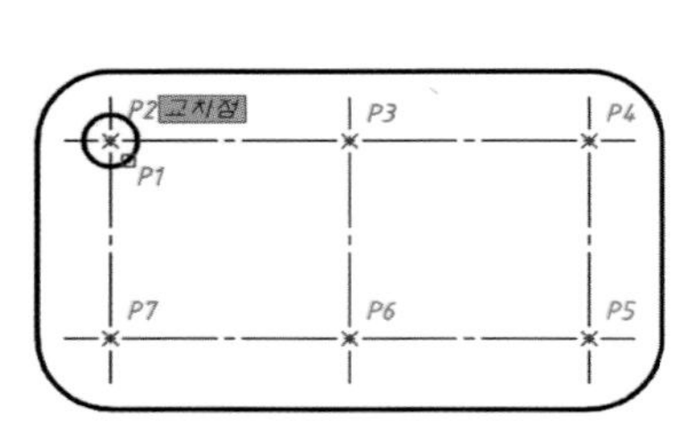

(a) 다중(M) 복사 실행 전

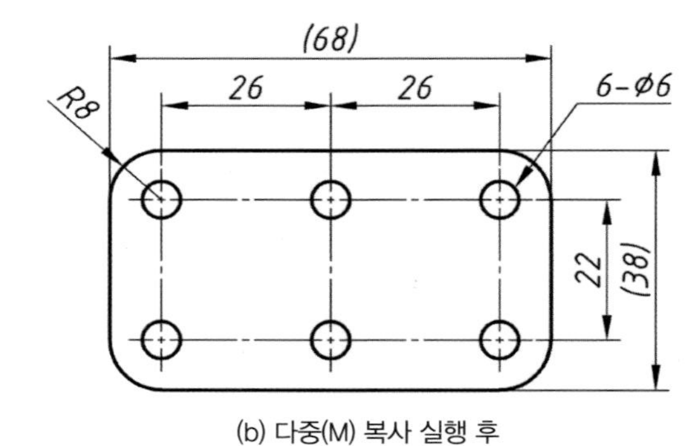

(b) 다중(M) 복사 실행 후

③ 기타 명령옵션 요약

명령옵션	설 명
모드(O)	단일(S) : 객체를 한 번 복사하고 끝낸다. 다중(M) : 객체를 다중 복사한다.(기본적으로 적용되어 있음)
이전(P)	객체선택 : P Enter (이전의 선택한 요소를 선택한다.)
최종(L)	객체선택 : L Enter (마지막에 작도된 요소를 선택한다.)

기능

1. 복사(Copy)할 객체(요소)가 많을 경우 Crossing(걸치기) 선택과 Window 선택법을 이용한다.
2. 복사(Copy)할 위치에 따라 Osnap 모드는 달라질 수 있다 .
3. ORTHO 〈ON/OFF(F8)〉 : 수직 및 수평복사

02 MOVE(이동) 명령

선택한 객체(요소)를 원하는 위치로 이동(옮김)시킨다.

(1) 단일객체 이동 〈OSNAP : 끝점(E), 중심(C)〉

객체를 선택해 원하는 위치에 이동시키는 방법

① 명령(Command) : M Enter

② 툴바메뉴(수정) :

- 객체 선택 : P1 클릭(이동시킬 객체 선택)
- 객체 선택 : Enter (더 이상 이동시킬 객체가 없음)
- 기준점 지정 또는 [변위(D)] 〈변위〉 : P2 클릭 → P3 클릭(또는 좌표점 사용)

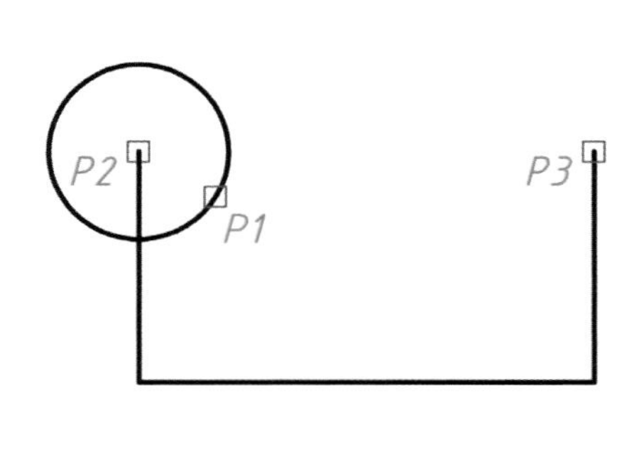

(a) 단일객체 이동 실행 전

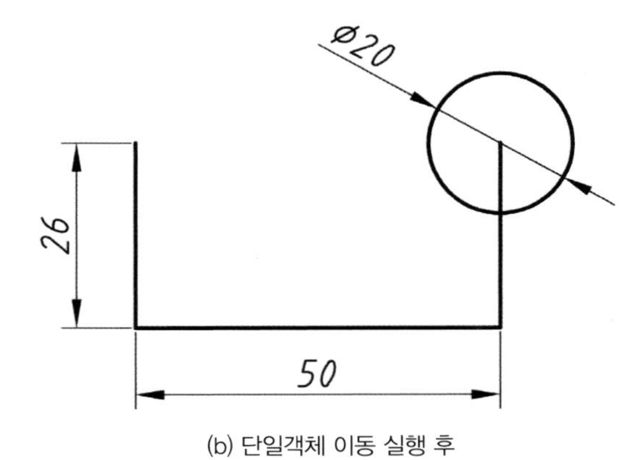

(b) 단일객체 이동 실행 후

(2) 복합객체 이동

복합객체를 Crossing이나 Window로 선택해 원하는 위치에 이동시키는 방법

① **명령(Command) :** M Enter

- 객체 선택 : P1 클릭 → P2 클릭(이동시킬 객체 선택)
- 객체 선택 : Enter (더 이상 이동시킬 객체가 없음)
- 기준점 지정 또는 [변위(D)] 〈변위〉 : P3 클릭 → P4 클릭(화면상 임의의 점)

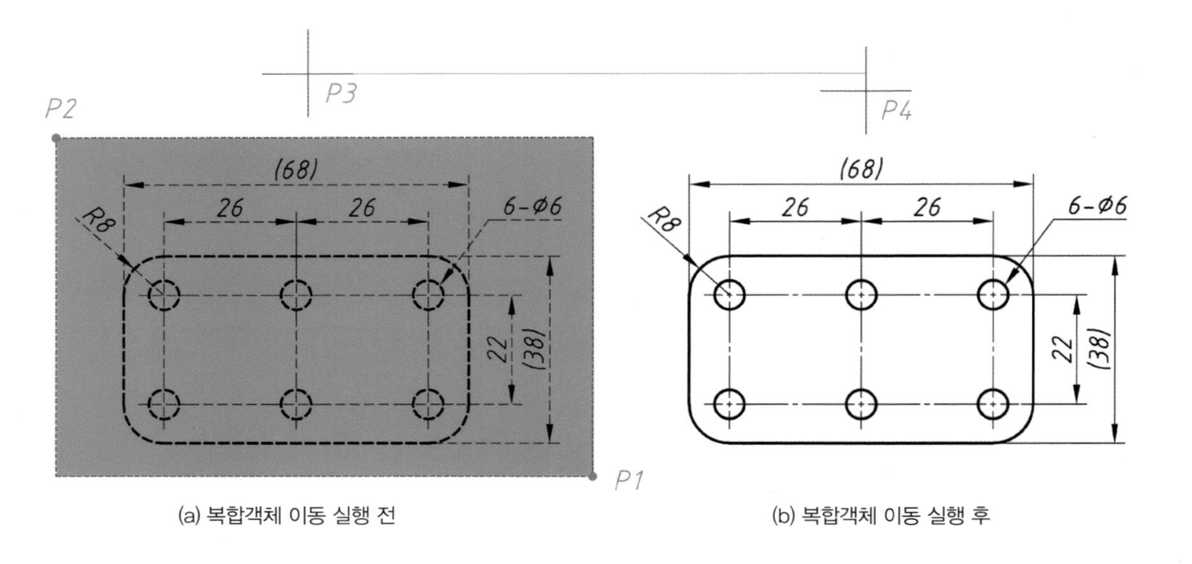

(a) 복합객체 이동 실행 전

(b) 복합객체 이동 실행 후

기능

선택한 객체는 모두 Crossing(걸치기) 또는 Window 박스 안에 있어야 한다 .

03 PAN(화면이동) 명령

화면을 이동시킨다.

① **명령(Command) :** P Enter **→ 클릭 상태에서 화면이동**

② **툴바메뉴(표준) :**

기능

마우스 스크롤(휠) 클릭 상태에서도 화면 이동이 된다.

04 BREAK(끊기) 명령

선택한 객체(요소)의 원하는 지점을 끊어(잘라)낸다.

(1) 두 점 끊기(선) 〈OSNAP : OFF(F3)〉

객체의 첫 번째 지점 클릭 → 두 번째 지점에서 끊기

① 명령(Command) : BR Enter

② 툴바메뉴 :

- BREAK 객체 선택 : P1 클릭(끊을 임의의 첫 번째 지점)
- 두 번째 끊기점을 지정 또는 [첫 번째 점(F)] : P2 클릭

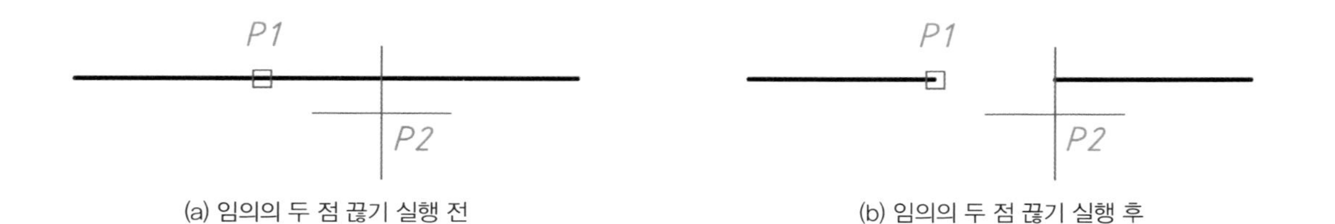

(a) 임의의 두 점 끊기 실행 전 (b) 임의의 두 점 끊기 실행 후

기능

크로스 헤어 Y축(수평 : X축)이 칼날과 같은 역할을 한다.

(2) 두 점 끊기(원) 〈OSNAP : OFF(F3)〉

객체의 첫 번째 지점 클릭 → 두 번째 지점에서 끊기

① **명령(Command) :** BR Enter

- BREAK 객체 선택 : P1 클릭(끊을 임의의 첫 번째 지점)
- 두 번째 끊기점을 지정 또는 [첫 번째 점(F)] : P2 클릭

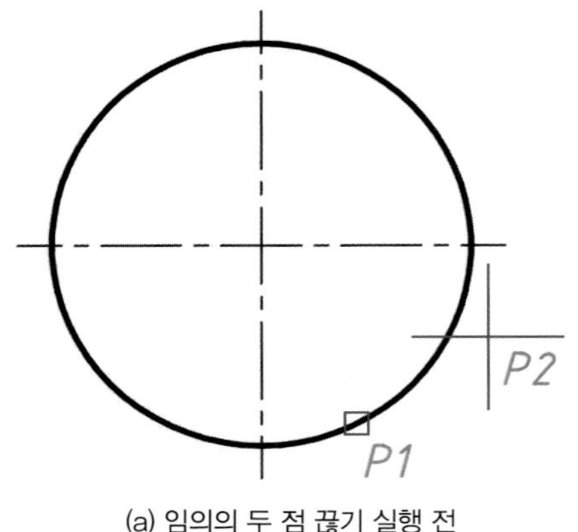

(a) 임의의 두 점 끊기 실행 전

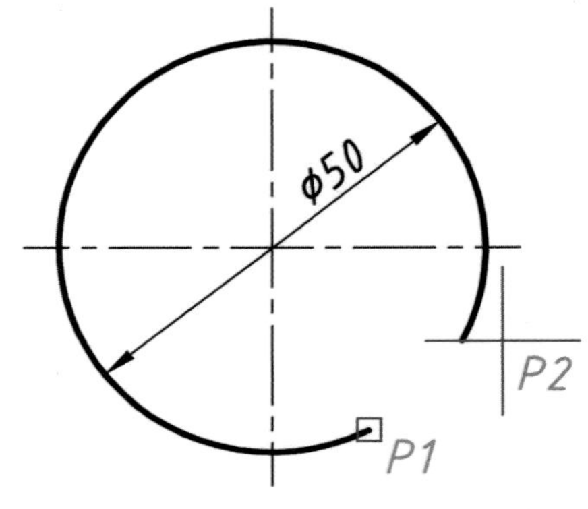

(b) 임의의 두 점 끊기 실행 후

기능

1. 크로스 헤어 X축(수직 : Y 축)이 칼날과 같은 역할을 한다.
2. 원은 시계 반대방향으로 선택한다.

(3) 두 점 끊기(OSNAP 지정점) 〈OSNAP : 교차점(I)〉

객체 선택(클릭) → 객체의 첫 번째 지점 클릭 → 두 번째 지점에서 끊기

① **명령(Command) :** BR Enter

- BREAK 객체 선택 : P1 클릭
- 두 번째 끊기점을 지정 또는 [첫 번째 점(F)] : F Enter (끊을 첫 번째 지점 재지정)
- 첫 번째 끊기점 지정 : P2 클릭
- 두 번째 끊기점을 지정 : P3 클릭

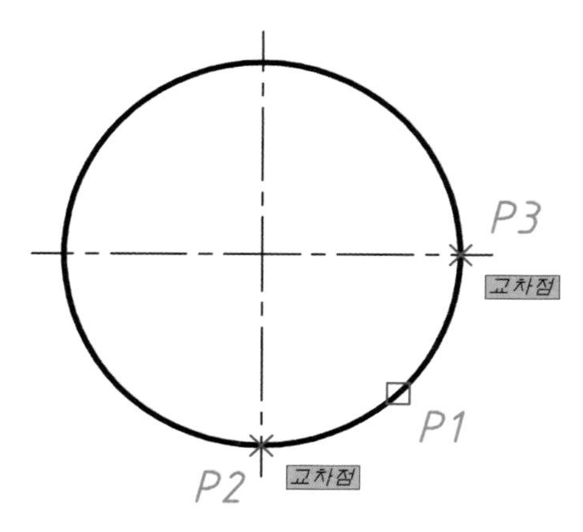

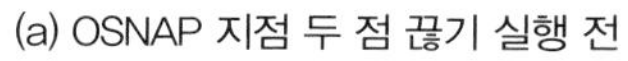

(a) OSNAP 지점 두 점 끊기 실행 전

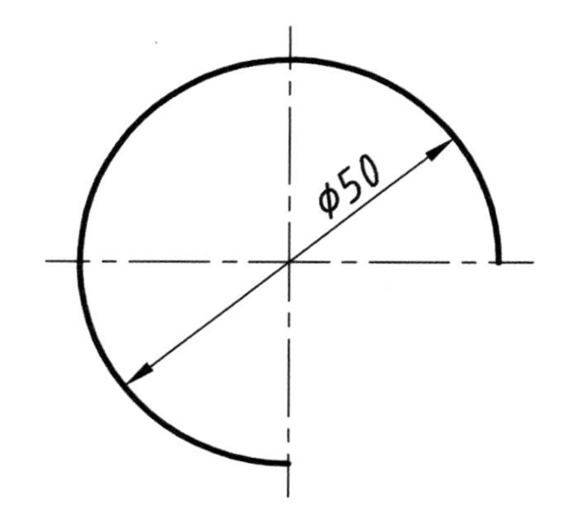

(b) OSNAP 지점 두 점 끊기 실행 후

기능

TRIM과 같은 결과를 얻는다.

(4) 한 점 끊기(임의의 점)

객체의 첫 번째 지점 클릭 → @

① **명령(Command)** : BR Enter

- BREAK 객체 선택 : P1 클릭(끊을 임의의 첫 번째 지점)
- 두 번째 끊기점을 지정 또는 [첫 번째 점(F)] : @ Enter (P1 지점을 그대로 끊는다.)

(a) 임의의 한 점 실행 전 (b) 임의의 한 점 실행 후

기능

실행 후 명령 입력 없이 끊긴 선을 선택(클릭)해서 확인해 본다.(그림 b)

(5) 한 점 끊기(OSNAP 지정점) 〈OSNAP : 교차점(I)〉

객체 선택(클릭) → 두 번째 지점 "교차점(I)"에서 끊기

① 툴바메뉴(수정) :

- 명령 : _break 객체 선택 : P1 클릭
- 두 번째 끊기점을 지정 또는 [첫 번째 점(F)] : _f
- 첫 번째 끊기점 지정 : P2 클릭 〈OSNAP : 교차점(I)〉
- 두 번째 끊기점을 지정 : @

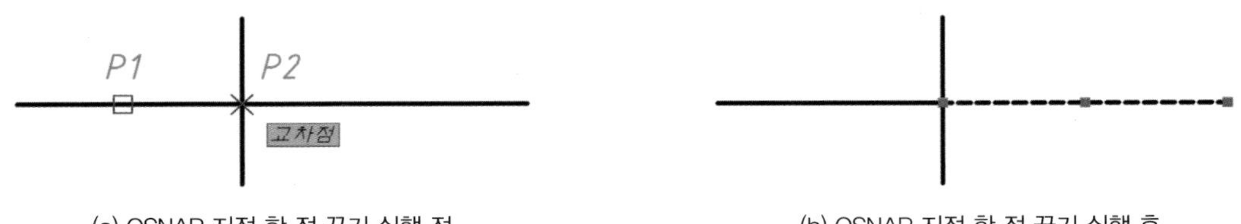

(a) OSNAP 지점 한 점 끊기 실행 전　　(b) OSNAP 지점 한 점 끊기 실행 후

기능

실행 후 명령 입력 없이 끊긴 선을 선택(클릭)해서 확인해 본다.(그림 b)

05 EXTEND(연장) 명령

객체(요소)의 끝점을 선택한 객체까지 연장 또는 확장시켜 준다.

(1) 직선의 연장

① 명령(Command) : EX Enter

② 툴바메뉴(수정) :

- 객체 선택 또는 〈모두 선택〉 : P1 클릭
- 객체 선택 : P2 클릭
- 객체 선택 : Enter
- 연장할 객체 선택 또는 Shift 키를 누른 채 선택하여 자르기 또는 [울타리(F)/걸치기(C)/프로젝트(P)/모서리(E)/명령취소(U)] : P3 클릭
- 연장할 객체 선택 또는 Shift 키를 누른 채 선택하여 자르기 또는 [울타리(F)/걸치기(C)/프로젝트(P)/모서리(E)/명령취소(U)] : P4 클릭
- 연장할 객체 선택 또는 Shift 키를 누른 채 선택하여 자르기 또는 [울타리(F)/걸치기(C)/프로젝트(P)/모서리(E)/명령취소(U)] : Enter

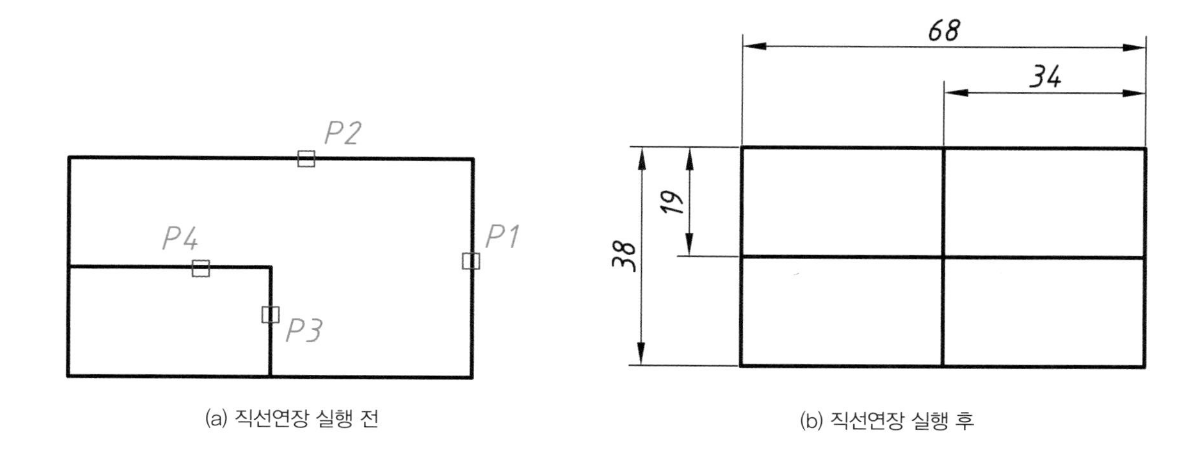

(a) 직선연장 실행 전 (b) 직선연장 실행 후

(2) 직선의 연장 응용

① 명령(Command) : EX Enter

- 객체 선택 또는 〈모두 선택〉 : P1 클릭 → P2 클릭(걸치기(C) 선택)
- 객체 선택 : Enter
- 연장할 객체 선택 또는 Shift 키를 누른 채 선택하여 자르기 또는 [울타리(F)/걸치기(C)/프로젝트(P)/모서리(E)/명령 취소(U)] : P3 클릭 → P4 클릭
- 연장할 객체 선택 또는 Shift 키를 누른 채 선택하여 자르기 또는 [울타리(F)/걸치기(C)/프로젝트(P)/모서리(E)/명령 취소(U)] : Enter

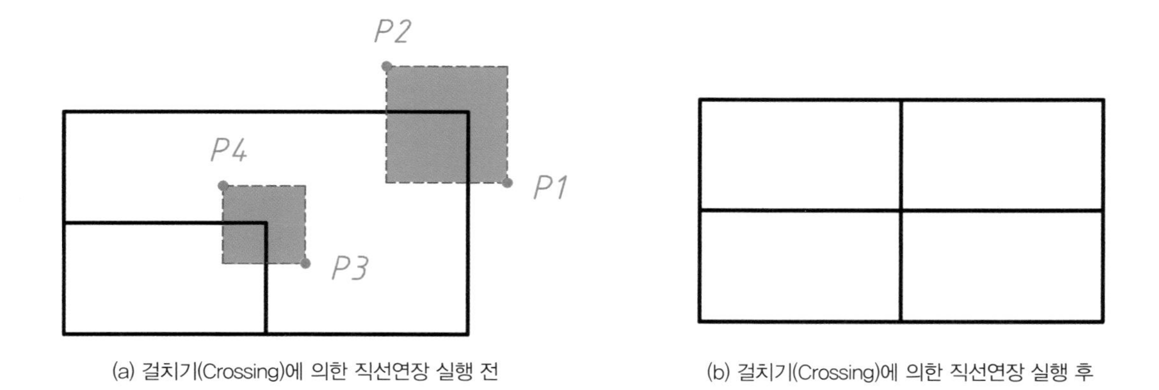

(a) 걸치기(Crossing)에 의한 직선연장 실행 전 (b) 걸치기(Crossing)에 의한 직선연장 실행 후

기능

걸치기(C) 옵션 입력이 불필요하나 울타리(F)를 연장할 때는 옵션 "F"를 입력한다.

(3) 호의 연장

① 명령(Command) : EX Enter

- 객체 선택 또는 〈모두 선택〉 : P1 클릭
- 객체 선택 : Enter
- 연장할 객체 선택 또는 Shift 키를 누른 채 선택하여 자르기 또는 [울타리(F)/걸치기(C)/프로젝트(P)/모서리(E)/명령 취소(U)] : P2 클릭
- 연장할 객체 선택 또는 Shift 키를 누른 채 선택하여 자르기 또는 [울타리(F)/걸치기(C)/프로젝트(P)/모서리(E)/명령 취소(U)] : P3 클릭
- 연장할 객체 선택 또는 Shift 키를 누른 채 선택하여 자르기 또는 [울타리(F)/걸치기(C)/프로젝트(P)/모서리(E)/명령 취소(U)] : Enter

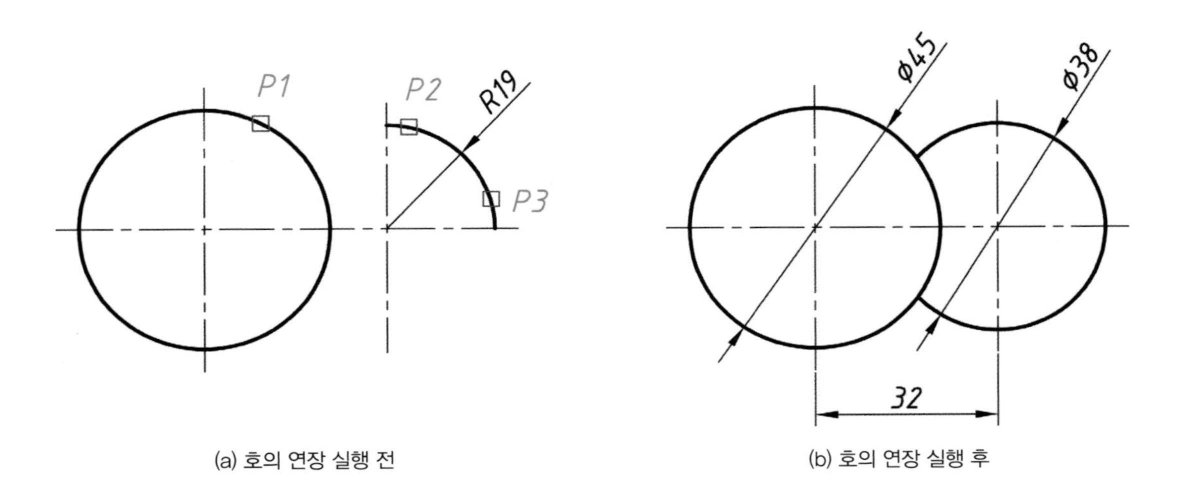

(a) 호의 연장 실행 전 (b) 호의 연장 실행 후

(4) 호의 연장 응용

① 명령(Command) : EX Enter

- 객체 선택 또는 〈모두 선택〉 : P1 클릭
- 객체 선택 : Enter
- 연장할 객체 선택 또는 Shift 키를 누른 채 선택하여 자르기 또는 [울타리(F)/걸치기(C)/프로젝트(P)/모서리(E)/명령 취소(U)] : P2 클릭 → P3 클릭
- 연장할 객체 선택 또는 Shift 키를 누른 채 선택하여 자르기 또는 [울타리(F)/걸치기(C)/프로젝트(P)/모서리(E)/명령 취소(U)] : Enter

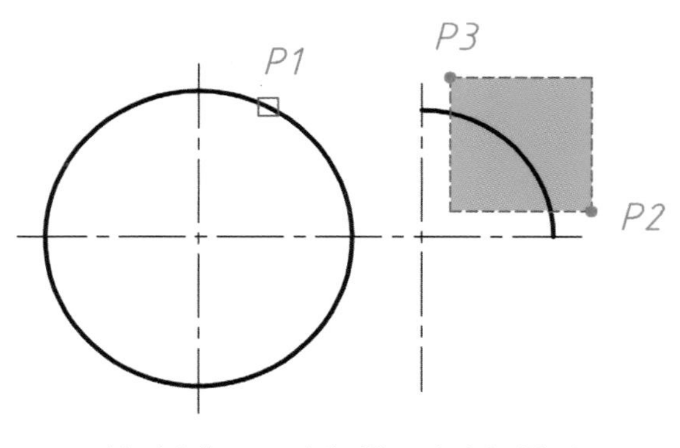

(a) 걸치기(Crossing)에 의한 호의 연장 실행 전

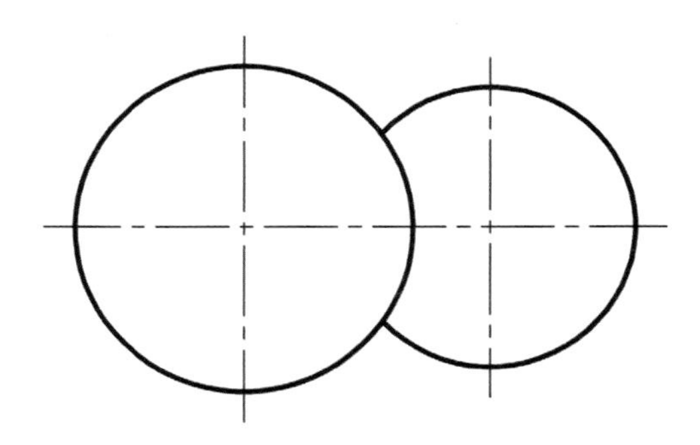
(b) 걸치기(Crossing)에 의한 호의 연장 실행 후

06 STRETCH(신축) 명령

객체들을 Crossing(걸치기)으로 선택해 원하는 크기만큼 신축한다.

과제

신축명령을 이용해 도면 (a)를 도면 (b)와 같이 만든다.

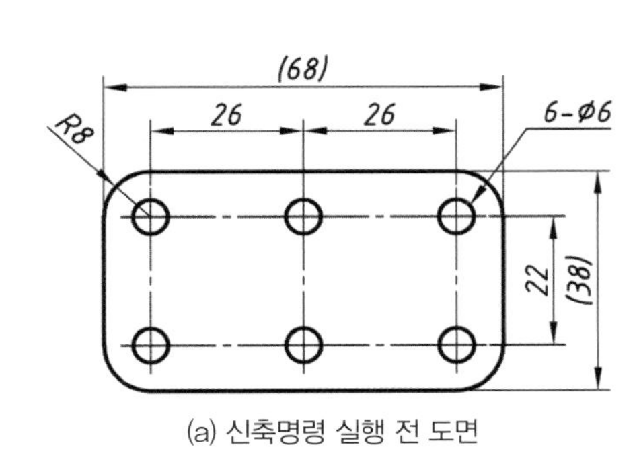

(a) 신축명령 실행 전 도면

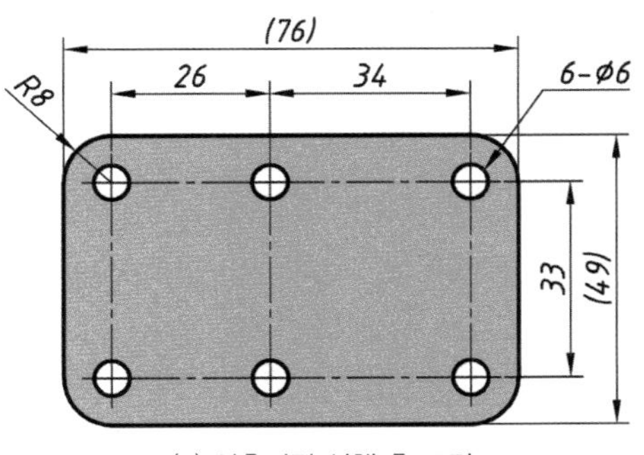

(b) 신축명령 실행 후 도면

(1) 가로 신축 〈ORTHO : ON(F8)〉

신축하고자 선택한 객체들은 반드시 Crossing(걸치기) 박스에 걸쳐 있어야 한다.

① **명령(Command)** : S Enter

② **툴바메뉴(수정)** :

- 객체 선택 : 반대 구석 지정 : P1 클릭 → P2 클릭(Crossing 선택)
- 객체 선택 : Enter
- 기준점 지정 또는 [변위(D)] 〈변위〉 : P3 클릭(화면상 임의의 점)
- 두 번째 점 지정 또는 〈첫 번째 점을 변위로 사용〉 : @8,0(또는 임의의 점(P4), OSNAP 점)

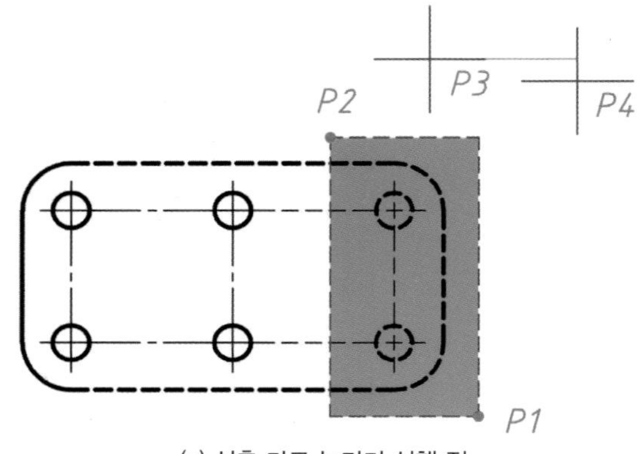

(a) 신축 가로 늘리기 실행 전

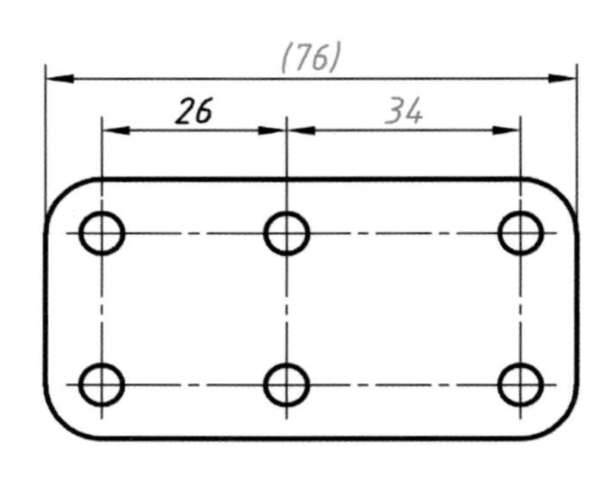

(b) 신축 가로 늘리기 실행 후

기능

1. 기준점 지정방법 : 화면상 임의의 점, OSNAP 점, 좌표값 입력
2. 두 번째 점 지정방법 : 화면상 임의의 점, OSNAP 점, 좌표값 입력
3. 되도록이면 OSNAP은 OFF(F3)를 한다 .
4. 치수가 기입되어 있으면 함께 신축된다.

(2) 세로 신축 〈ORTHO : ON(F8)〉

① 명령(Command) : S Enter

- 객체 선택 : (반대 구석 지정) P1 클릭 → P2 클릭(Crossing 으로 선택)
- 객체 선택 : Enter
- 기준점 지정 또는 [변위(D)] 〈변위〉 : P3 클릭(화면상 임의의 점)
- 두 번째 점 지정 또는 〈첫 번째 점을 변위로 사용〉 : @0,−11(또는 임의의 점(P4), OSNAP 점)

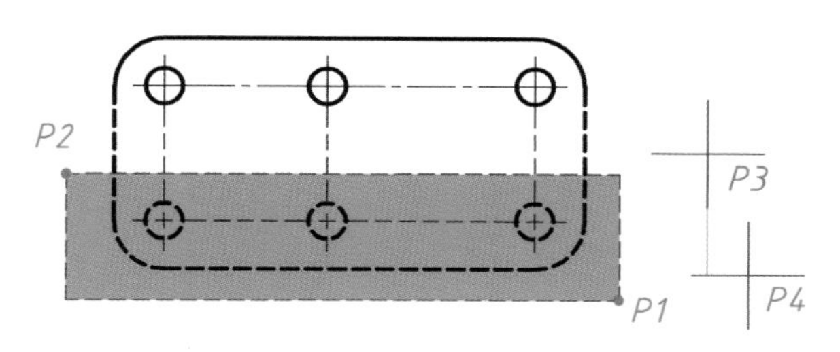

(a) 신축 세로 늘리기 실행 전

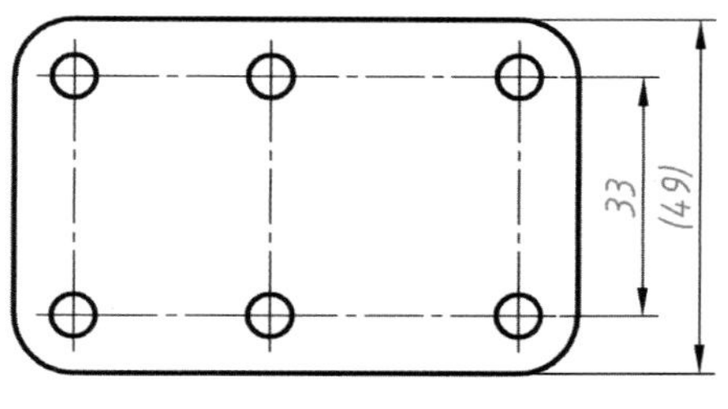

(b) 신축 세로 늘리기 실행 후

(3) 단일객체 신축 응용 〈ORTHO : ON(F8)〉

명령 입력 없이 객체(요소)를 클릭(선택)한다.

① 명령(Command) : P1 클릭, P2 클릭

** 신축 **
신축점 지정 또는 [기준점(B)/복사(C)/명령 취소(U)/종료(X)] : @0,17 Enter (또는 임의의 점)

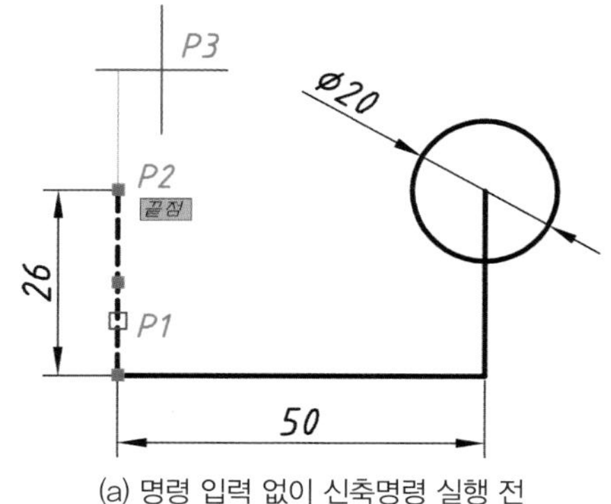

(a) 명령 입력 없이 신축명령 실행 전

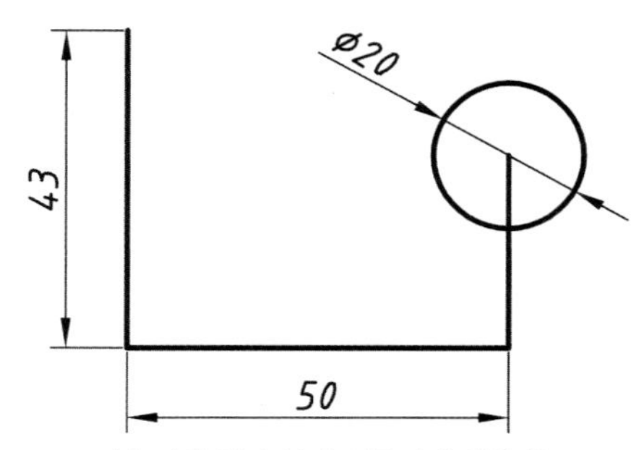

(b) 명령 입력 없이 신축명령 실행 후

기능

1. 명령 입력 없이 객체를 선택하면 클릭할 수 있는 3개의 포인트점이 생성된다.(그림 a)
2. 객체 클릭 후 키보드 스페이스바를 누르면 ** 이동 **, ** 회전 **, ** 축척 **, ** 대칭 ** 명령을 수행할 수 있다 .

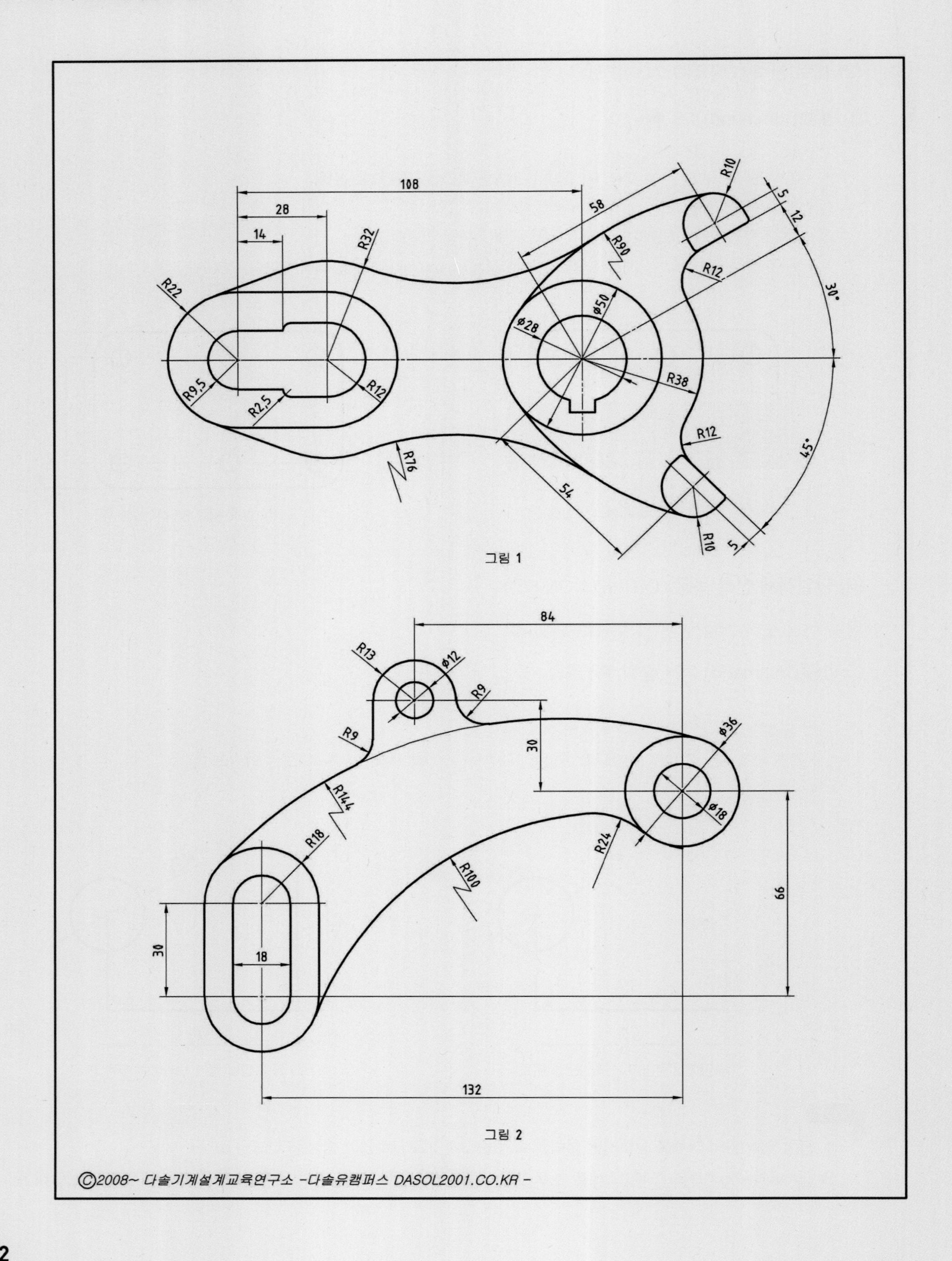
108
28
14
R32
58
R10
5
12
R90
R12
30°
R22
φ50
φ28
R38
R9.5
R2.5
R12
R12
R76
45°
54
R10
5
84
R13
φ12
R9
R9
30
φ36
R144
R18
φ18
R24
R100
30
18
66
132

그림 1

그림 2

06 ROTATE, MIRROR, SCALE 명령 등

01 ROTATE(회전) 명령 〈OSNAP : 끝점(E), 교차점(I)〉

선택한 객체(요소)를 지정한 각도만큼 회전시킨다.

① 명령(Command) : RO Enter

② 툴바메뉴(수정) :

- 객체 선택 : P1 클릭
- 객체 선택 : P2 클릭(또는 P1, P2 Crossing 선택)
- 객체 선택 : Enter
- 기준점 지정 : P3 클릭 〈OSNAP : 끝점(E), 교차점(I)〉
- 회전 각도 지정 또는 [복사(C)/참조(R)] 〈330〉 : 30 Enter

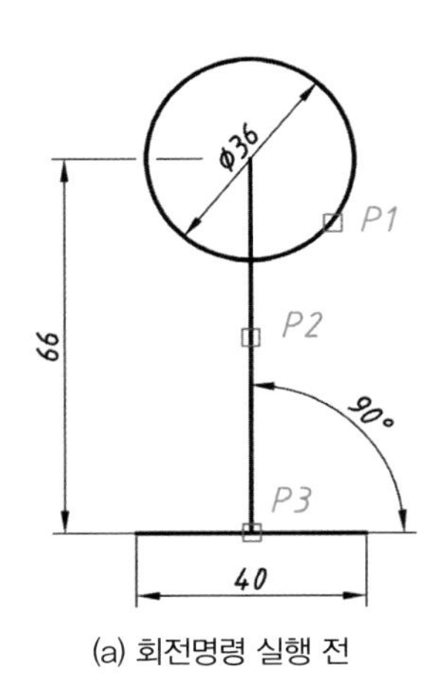

(a) 회전명령 실행 전

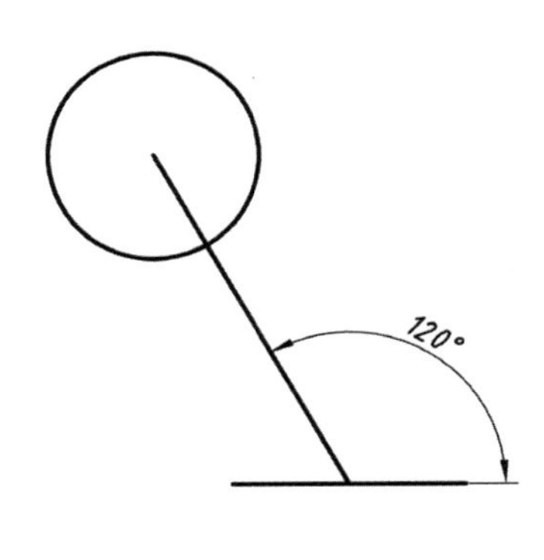

(b) 회전명령 실행 후

③ 기타 명령옵션 요약

명령옵션	설 명
복사(C)	선택한 객체를 남겨둔다.
참조(R)	기울어진 각도를 입력하고 절대각도만큼 회전시킨다.

기능

회전 각도는 시계 반대방향으로 진행된다. 〈시계방향은 –입력(예 –30)〉

02 MIRROR(대칭) 명령

선택한 객체(요소)를 반사한다.

과제

대칭명령을 이용해 도면 (a)를 도면 (b)와 같이 만든다.

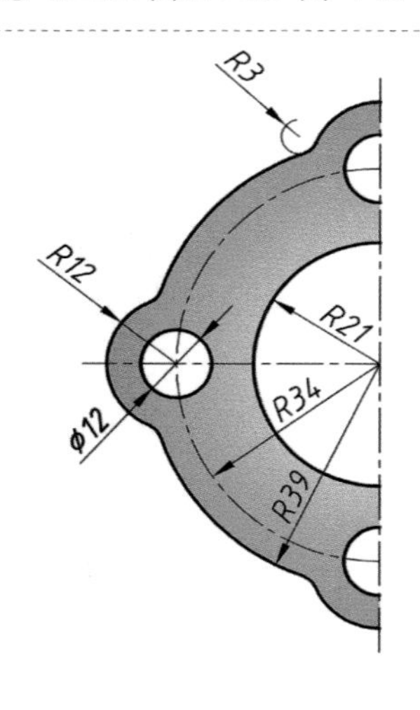

(a) 대칭명령 실행 전

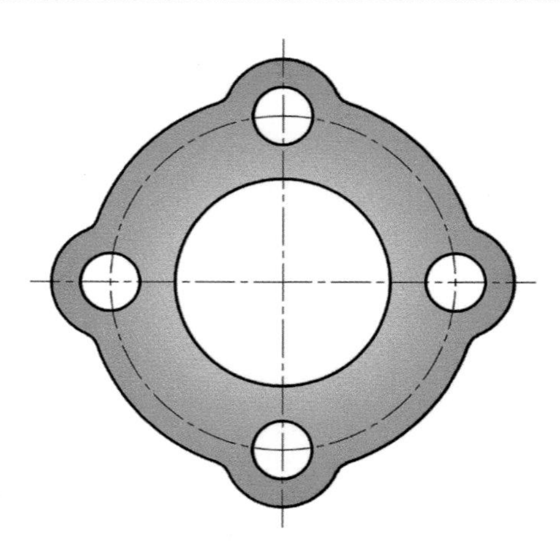

(b) 대칭명령 실행 후

(1) 일반적인 객체 대칭 〈OSNAP : 끝점(E)〉, 〈ORTHO : ON(F8)〉

① **명령(Command) :** MI Enter

② **툴바메뉴(수정) :**

- 객체 선택 : P1 클릭 → P2 클릭(Crossing으로 선택)
- 객체 선택 : Enter
- 대칭선의 첫 번째 점 지정 : P3 클릭 〈OSNAP : 끝점(E)〉
- 대칭선의 두 번째 점 지정 : P4 클릭 〈OSNAP : 끝점(E)〉, 〈ORTHO=ON(F8)〉
- 원본 객체를 지우시겠습니까? [예(Y)/아니오(N)] 〈N〉 : Enter (Y : 원본객체 삭제)

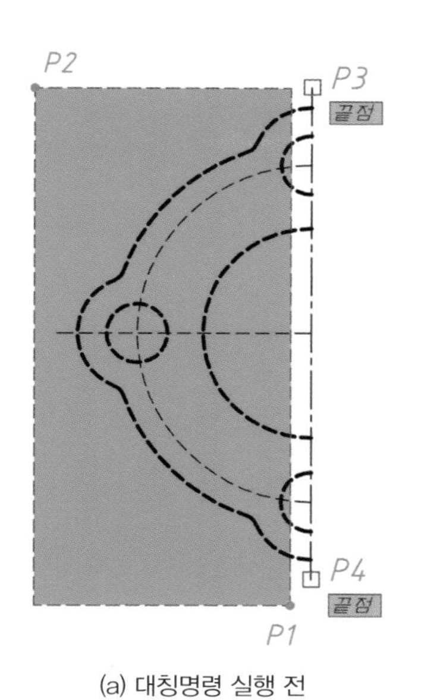

(a) 대칭명령 실행 전

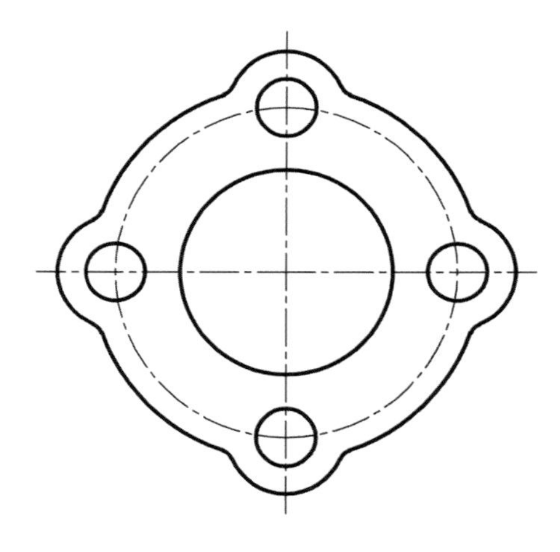

(b) 대칭명령 실행 후

기능

대칭선 두 번째 점은 〈ORTHO : ON(F8)〉 상태라면 P3 아래쪽 화면상 아무 곳이나 클릭해도 된다.

(2) 문자 대칭 〈OSNAP : 끝점(E)〉, 〈ORTHO : ON(F8)〉

① 명령(Command) : MIRRTEXT Enter

- MIRRTEXT에 대한 새 값 입력 〈0〉 : 1 Enter

② 명령(Command) : MI Enter

- 객체 선택 : Crossing으로 좌측 문자 선택
- 객체 선택 : Enter
- 대칭선의 첫 번째 점 지정 : P2 클릭 〈OSNAP : 끝점(E)〉
- 대칭선의 두 번째 점 지정 : P3 클릭 〈OSNAP : 끝점(E)〉
- 원본 객체를 지우시겠습니까? [예(Y)/아니오(N)] 〈N〉 : Enter

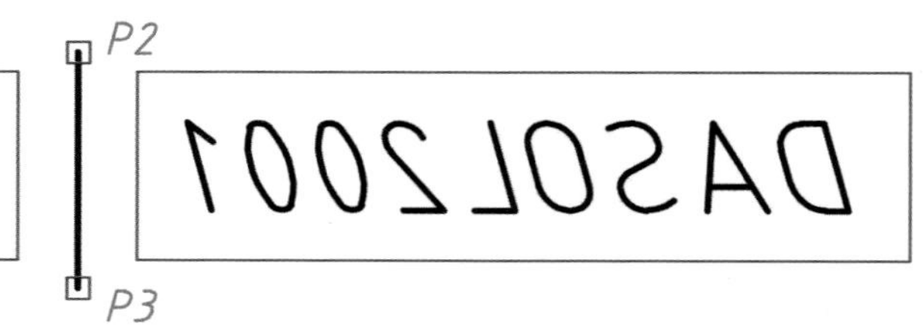

(a) 시스템변수 MIRRTEXT = 1

(b) 시스템변수 MIRRTEXT = 0

기능

명령(Command) : MIRRTEXT Enter → 0 (또는 1)

03 ARRAYCLASSIC(배열)

선택한 객체(요소)를 사각 배열 또는 원형 배열한다.

(1) 직사각형 배열(R) 〈OSNAP : OFF(F3)〉

① 명령(Command) : AR Enter

② 툴바메뉴(수정) :

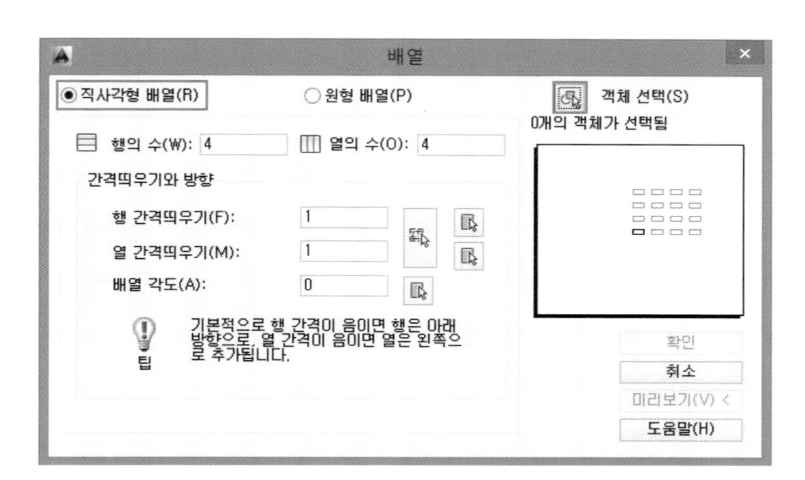

- 객체 선택 : P1 클릭 → P2 클릭(Crossing으로 선택)
- 객체 선택 : Enter

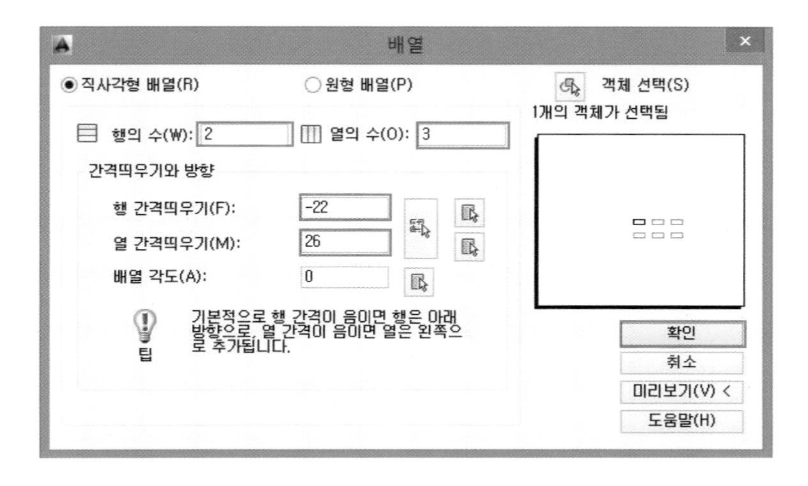

ARRAY 명령은 대화상자가 나타나지 않는 번전에서는 **단축명령(acad.pgp)과 툴바명령**을 모두 ARRAYCLASSIC이 적용되도록 수정한다.

1. 도구(T) → 사용자화(C) → acad.pgp 편집 : AR, *ARRAYCLASSIC로 수정
2. 도구(T) → 사용자화(C) → 인터페이스 → 명령리스트 → 수정 → 배열 매크로 : ^C^C_ARRAYCLASSIC로 수정 및 적용 후 배열 툴바를 원하는 위치에 옮겨 놓는다.

④ 주요설정 요약

배열	행의 수(W)	열의 수(O)	행 간격 띄우기(F)	열 간격 띄우기 (M)	미리보기(V) 후 확인
직사각형 배열(R)	2	3	−22	26	

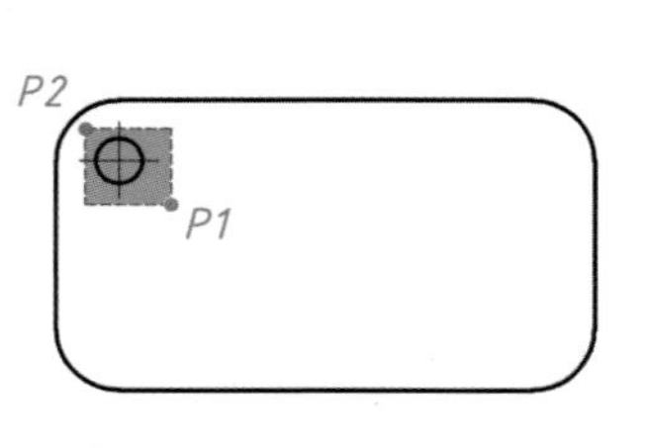

(a) 직사각형 배열 명령 실행 전

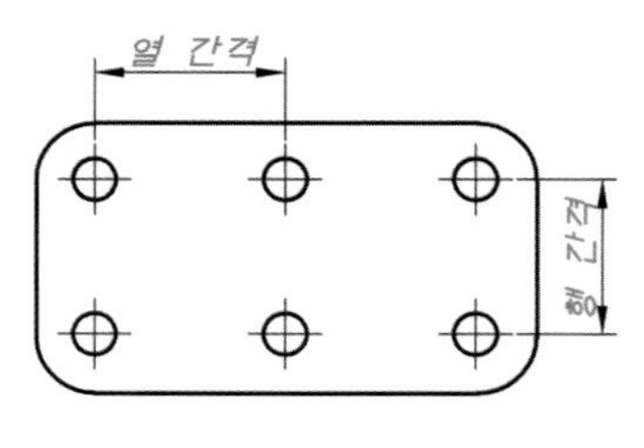

(b) 열간격과 행간격

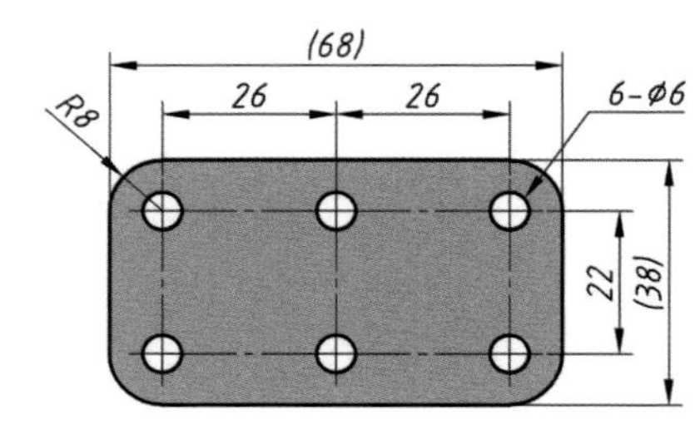

(c) 직사각형 배열 명령 실행 후

(2) 원형 배열(P) 〈OSNAP : OFF(F3)〉

① 명령(Command) : AR Enter

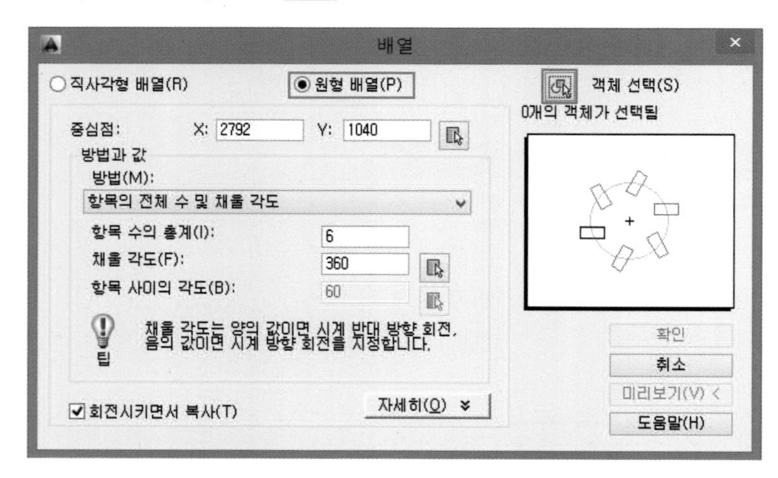

- 객체 선택 : P1 클릭 → P2 클릭(Crossing으로 선택)
- 객체 선택 : Enter

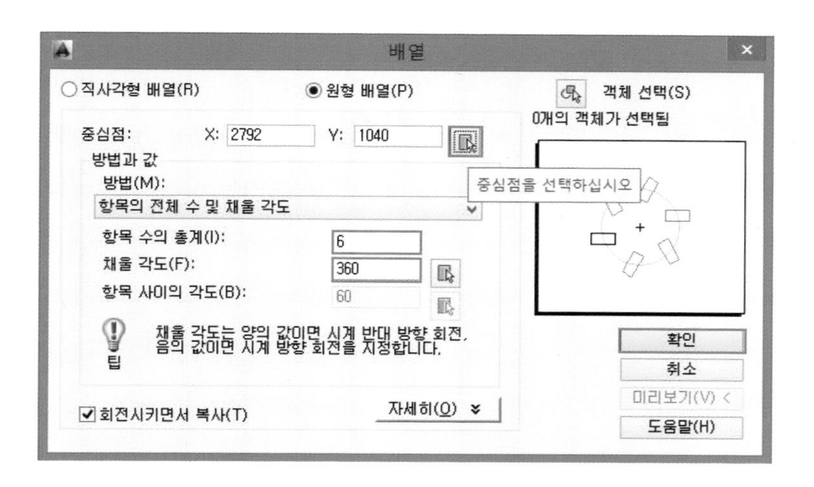

• 배열의 중심점을 지정한다. P3 클릭 〈OSNAP : 중심(C)〉

② 주요설정 요약

배열	항목 수의 총계(I)	채울 각도(F)	미리보기(V) 후 확인
원형 배열(P)	6	360°	

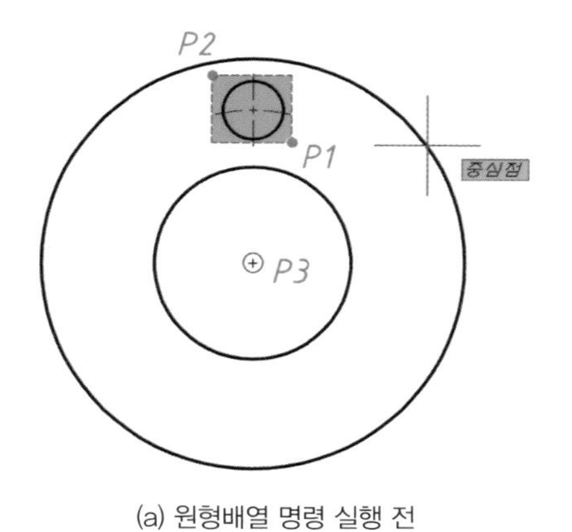

(a) 원형배열 명령 실행 전

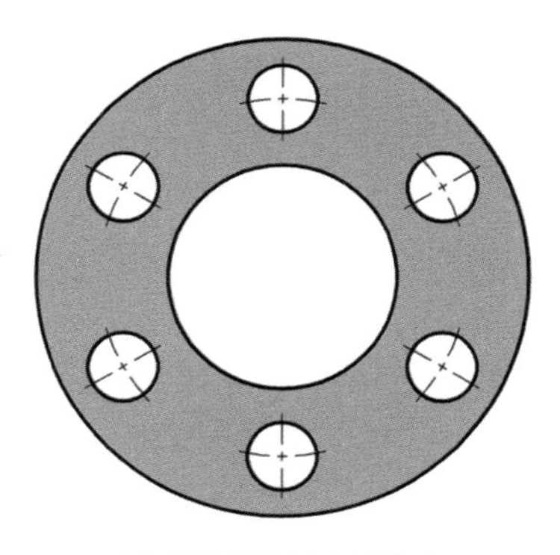
(b) 원형배열 명령 실행 후

04 SCALE(축척) 명령 〈OSNAP : 중심(C)〉

선택한 객체(요소)의 크기를 축척한다.

(1) 일반적인 SCALE

① 명령(Command) : SC Enter

② 툴바메뉴(수정) :

- 객체 선택 : 반대 구석 지정 : P1 클릭 → P2 클릭(Crossing 으로 선택)
- 객체 선택 : Enter
- 기준점 지정 : P3 클릭 〈OSNAP : 중심(C)〉
- 축척 비율 지정 또는 [복사(C)/참조(R)] 〈1.2000〉 : 0.8 (1.2)

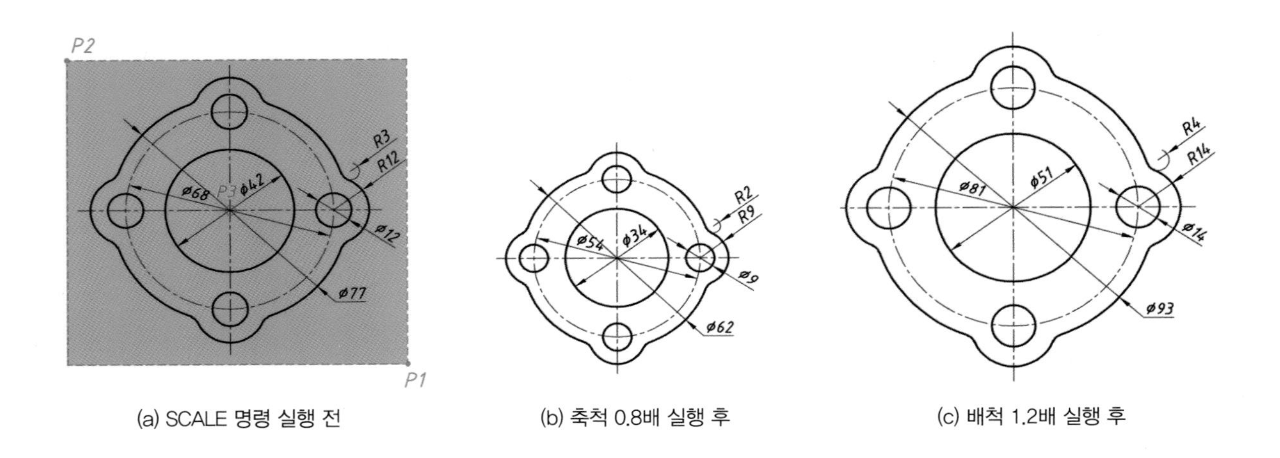

(a) SCALE 명령 실행 전 (b) 축척 0.8배 실행 후 (c) 배척 1.2배 실행 후

기능

치수가 기입되어 있으면 치수 수치도 함께 변화한다. 치수를 Explode하면 수치는 변화하지 않고 하나의 객체로 인식되어 크기만 변한다.

(2) 참조(R) SCALE 1

아래 원 도면 그림 (a)의 크기를 임의의 크기인 그림 (b)의 크기와 동일하게 축소해 보자.

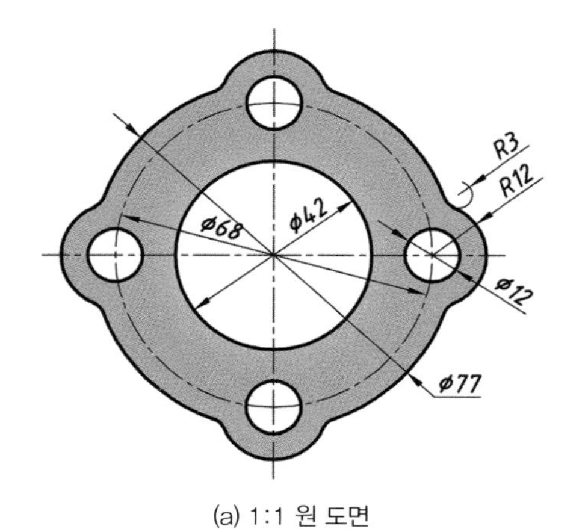

(a) 1:1 원 도면

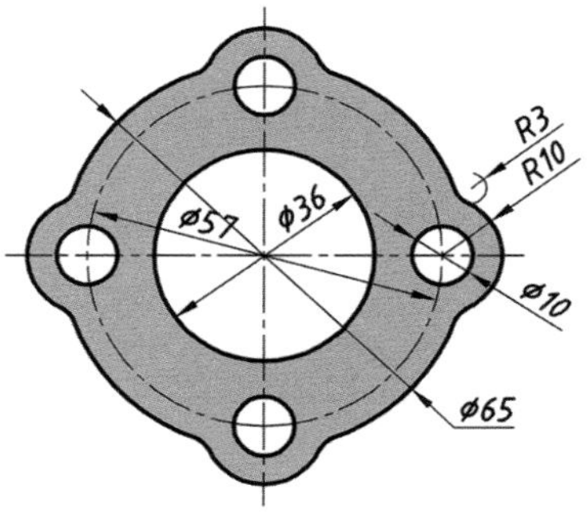

(b) 축척할 NS 도면

① 명령(Command) : SC Enter

- 객체 선택 : 반대 구석 지정 : P1 클릭 → P2 클릭(Crossing 으로 선택)
- 객체 선택 : Enter
- 기준점 지정 : P3 클릭 〈OSNAP : 중심(C)〉
- 축척 비율 지정 또는 [복사(C)/참조(R)] 〈1.2000〉 : R Enter
- 참조 길이 지정 〈45.8044〉 : P4 클릭 → P5 클릭 〈OSNAP : 중심(C)〉
- 새 길이 지정 또는 [점(P)] 〈1.0000〉 : 57 Enter (또는 P Enter)
- 첫 번째 점 지정 : P6 클릭 → P7 클릭 〈OSNAP : 중심(C)〉

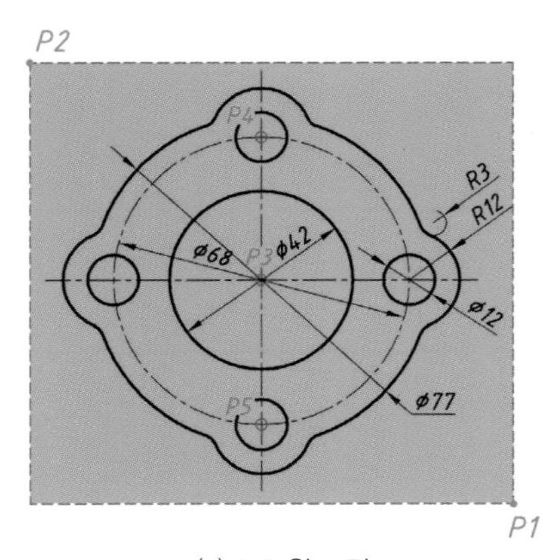

(a) 1:1 원 도면

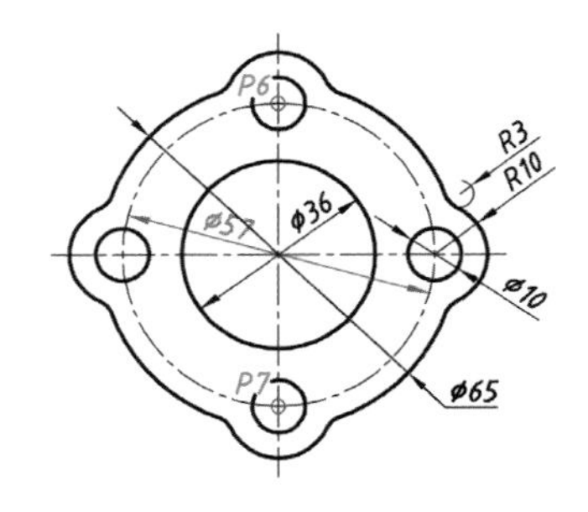

(b) 원 도면 변경 후

기능

참조(R) : 선택한 객체를 참조길이와 지정한 새로운 길이를 기준으로 축척한다.

(3) 참조(R) SCALE 2

아래 원 도면 그림 (a)의 크기를 임의의 크기인 그림 (b)의 크기와 동일하게 확대해 보자.

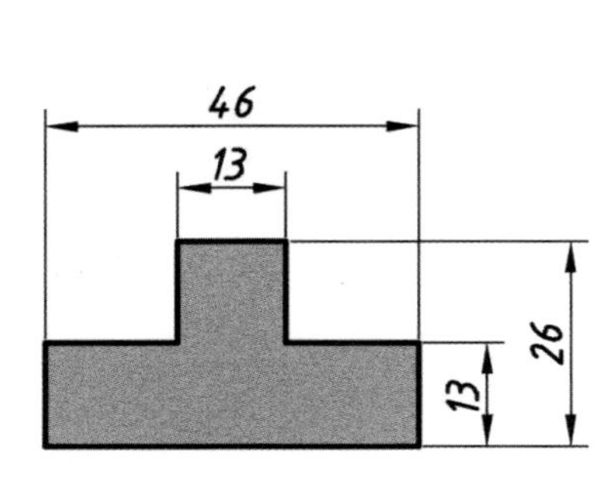

(a) 1:1 원 도면

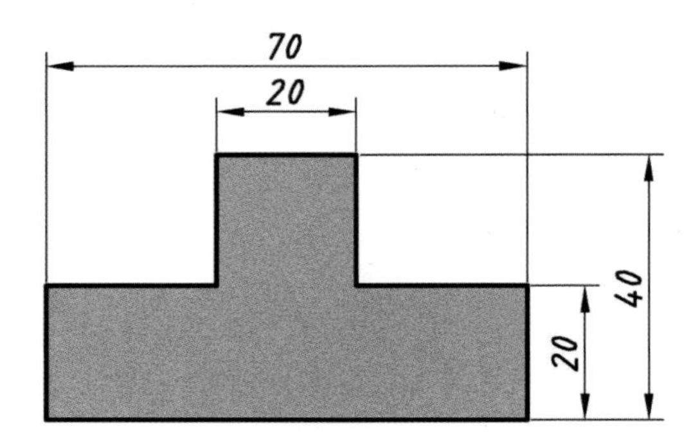

(b) 축척할 NS 도면

① **명령(Command)** : SC Enter

- 객체 선택 : 반대 구석 지정 : P1 클릭 → P2 클릭(Crossing으로 선택)
- 객체 선택 : Enter
- 기준점 지정 : P3 클릭 〈OSNAP : 끝점(E)〉
- 축척비율 지정 또는 [복사(C)/참조(R)] 〈1.2000〉 : R Enter
- 참조길이 지정 〈45.8044〉 : P3 클릭 → P4 클릭 〈OSNAP : 끝점(E)〉
- 새 길이 지정 또는 [점(P)] 〈1.0000〉 : 70 Enter (또는 P Enter)
- 첫 번째 점 지정 : P5 클릭 → P6 클릭 〈OSNAP : 끝점(E)〉

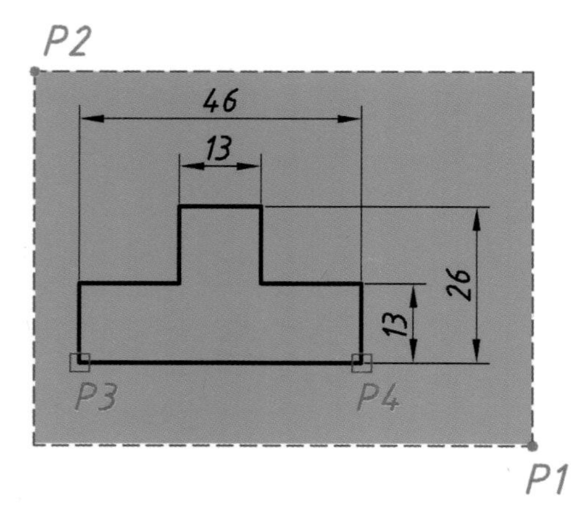

(a) 1:1 원 도면 변경 전

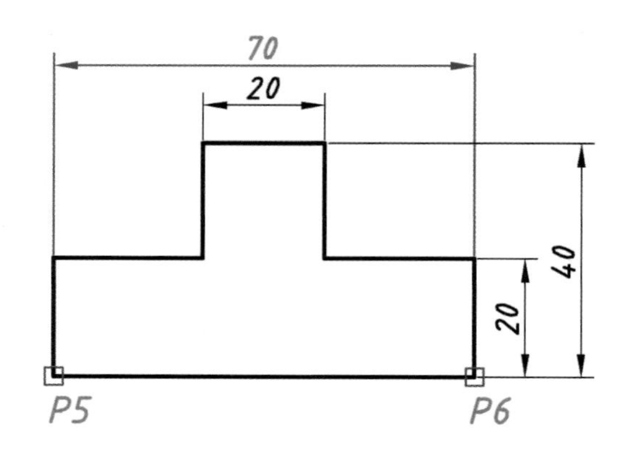

(b) 원 도면 변경 후

05 REGEN 명령

화면상에 있는 객체들의 모형을 재계산해서 부드럽게 정리(처리)해 준다.

① **명령(Command) :** RE Enter

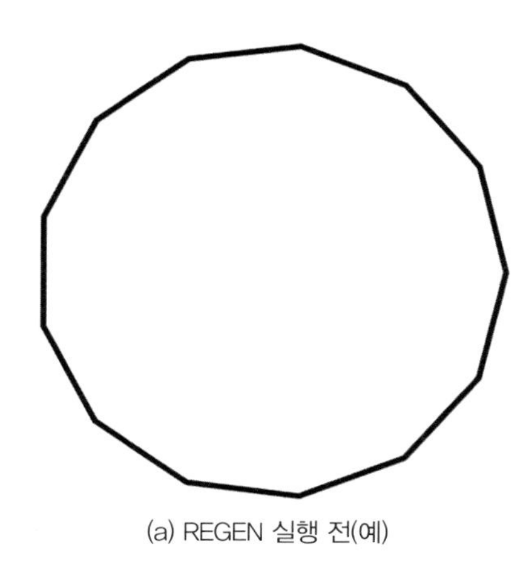

(a) REGEN 실행 전(예)

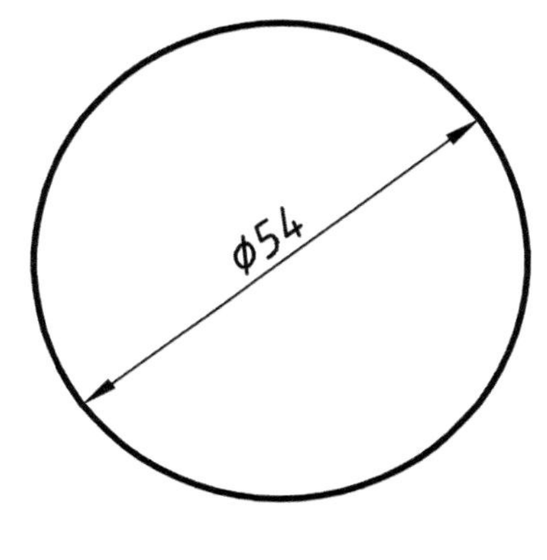

(b) REGEN 실행 후

기능

명령(Command) : op Enter

화면표시 →표시해상도→ 호와 원 부드럽게 하기(A) 해상도 표시값을 높이면 원이나 호가 부드럽다.

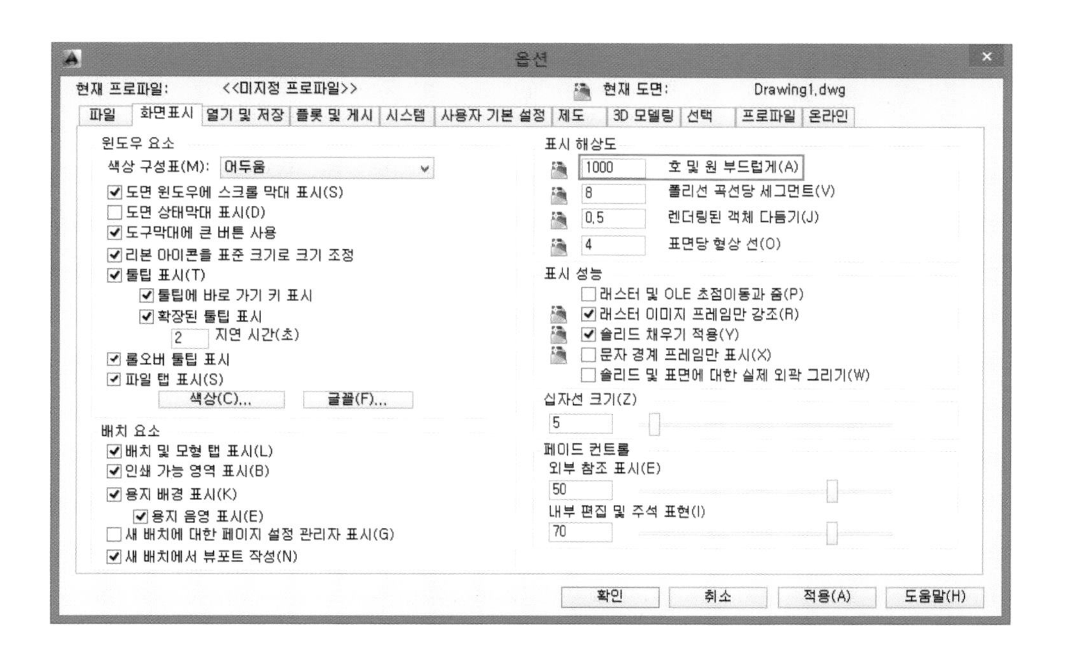

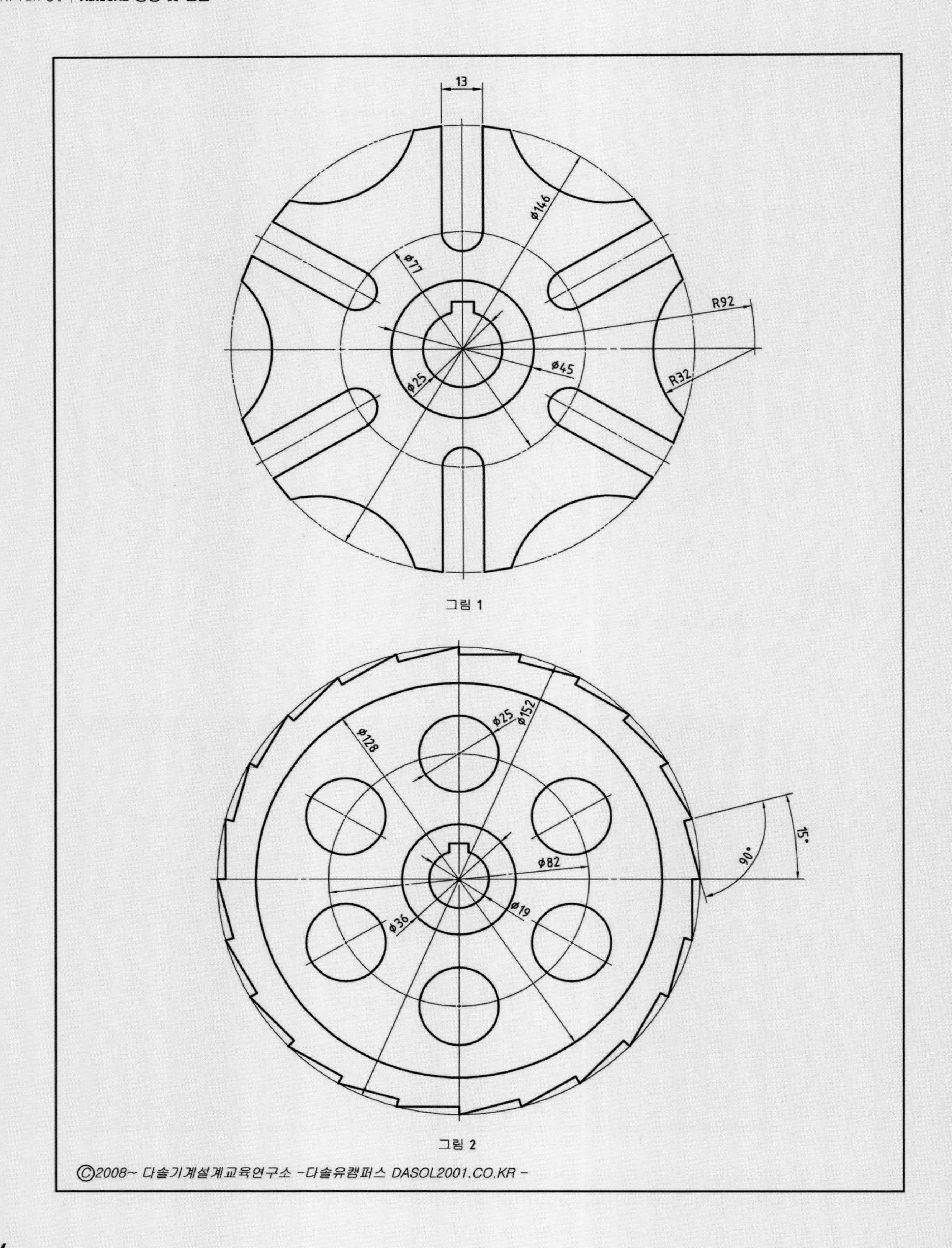
13
ø146
ø77
R92
ø45
ø25
R32
그림 1
ø25
ø152
ø128
15°
90°
ø82
ø19
ø36
그림 2
©2008~ 다솔기계설계교육연구소 -다솔유캠퍼스 DASOL2001.CO.KR -

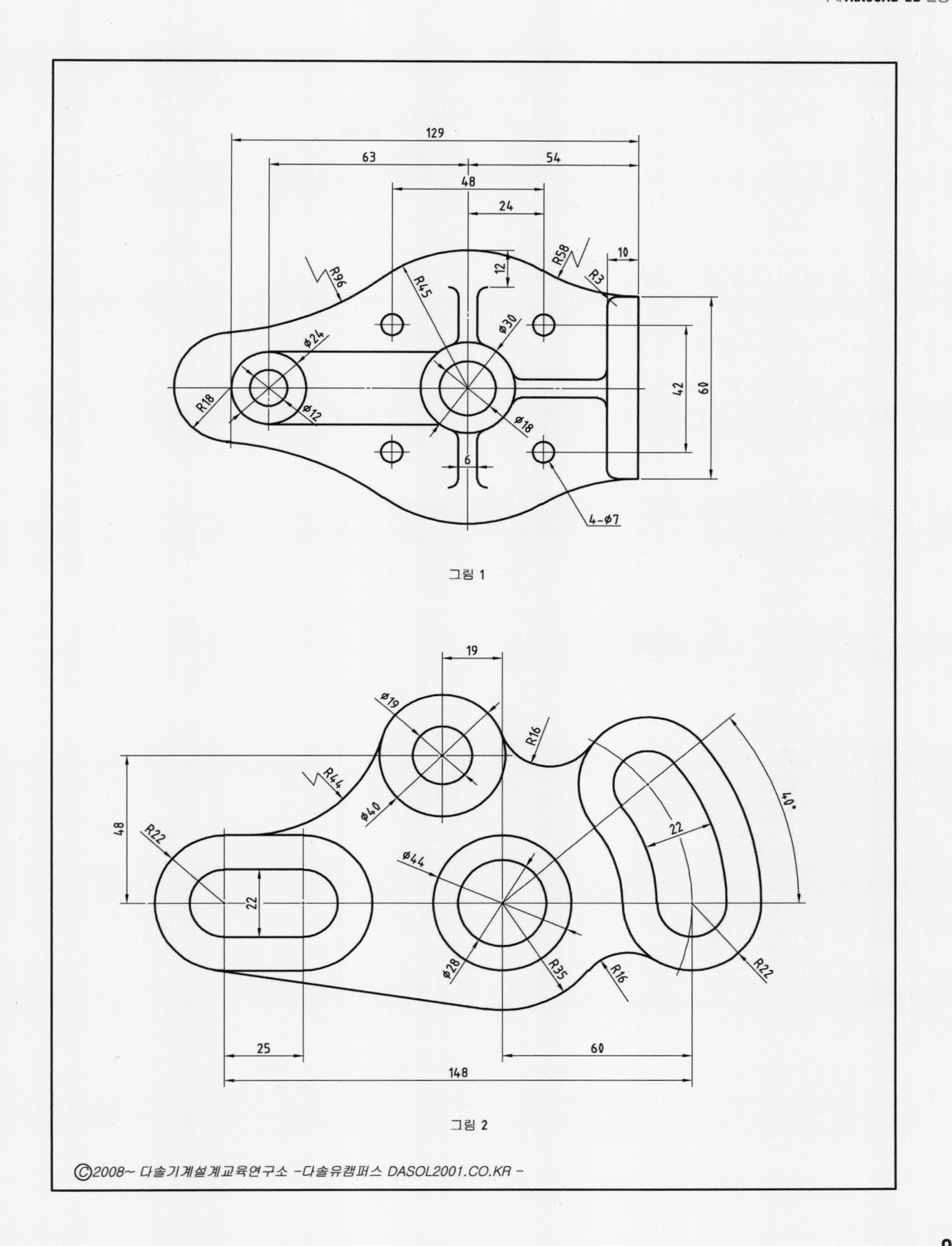
129
63
54
48
24
12
10
R96
R45
R58
R3
ϕ30
ϕ24
ϕ12
ϕ18
R18
42
60
6
4-ϕ7
19
ϕ19
R16
R44
ϕ40
40°
48
R22
22
ϕ44
22
ϕ28
R35
R16
R22
25
60
148

그림 1

그림 2

07 | HATCH, MATCHPROP, XLINE 명령 등

01 HATCH(해치) 명령

지정한 객체공간에 해치(해칭)를 한다.

① **명령(Command) :** BH Enter

② **툴바메뉴(그리기) :**

- 내부 점 선택 또는 [객체 선택(S)/경계 제거(B)] : P1 클릭 – P4 클릭(해치할 공간 클릭)
- 내부 점 선택 또는 [객체 선택(S)/경계 제거(B)] : Enter
- 선택하거나 Esc 키를 눌러 대화상자로 복귀 또는 〈오른쪽 클릭하여 해치 승인〉 : 미리보기 → 확인

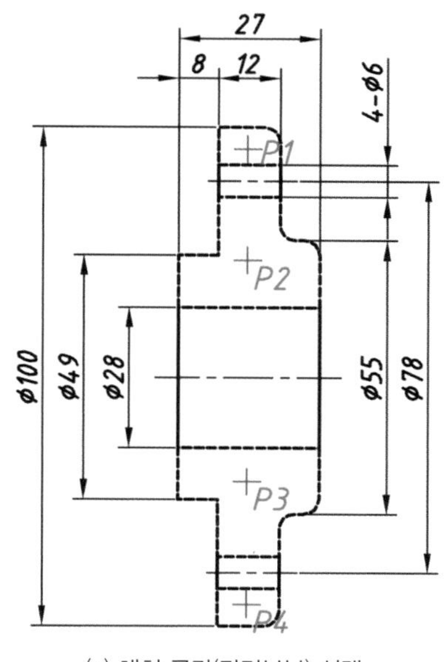

(a) 해치 공간(단면부분) 선택

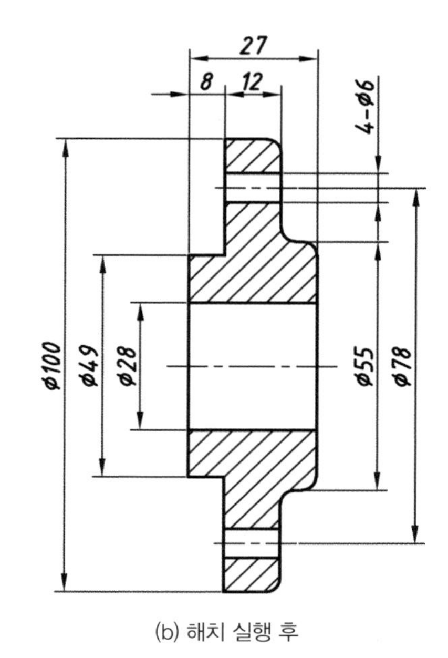

(b) 해치 실행 후

② 주요설정 요약

유형(Y)	각도(G)	간격두기(C)	특성 상속
사용자 정의	45	약 3~4mm	기존에 해치된 다른 도면 해치 선택 → 특성 상속

기능

1. 해치선은 가는 선(빨간색, 흰색)이므로 선 색상을 바꿔줘야 한다.
2. 명령 입력 없이 해치 클릭(선택) → Layer(레이어) 창에서 색상 교체

02 HATCHEDIT(해치편집) 명령

해치를 편집한다.

① **명령(Command) :** hatchedit Enter

② **툴바메뉴(수정 II) :**

• 해치 객체 선택 : 해치 클릭 → 옵션 변경

기능

분해(Explode)된 해치는 편집되지 않는다.

03 MATCHPROP(특성일치)

객체의 원본을 선택 후 대상객체의 특성을 일치시킨다.

(1) 선(중심선) 특성일치

① 명령(Command) : MA Enter

- 원본 객체를 선택한다.
- 현재 활성 설정값 : P1 클릭
- 대상 객체를 선택 또는 [설정값(S)] : P2 클릭
- 대상 객체를 선택 또는 [설정값(S)] : P3 클릭
- 대상 객체를 선택 또는 [설정값(S)] : Enter

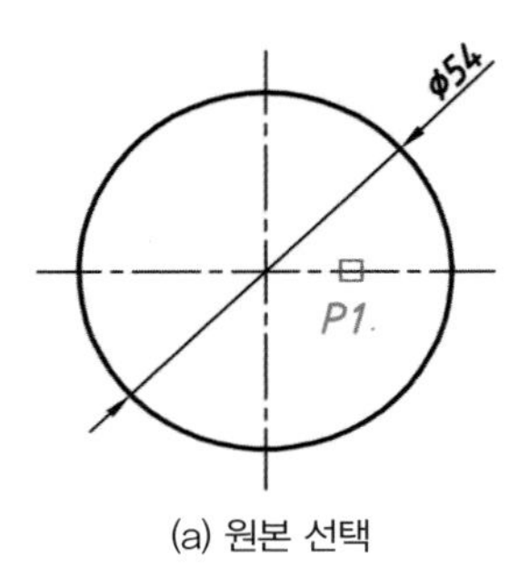

(a) 원본 선택

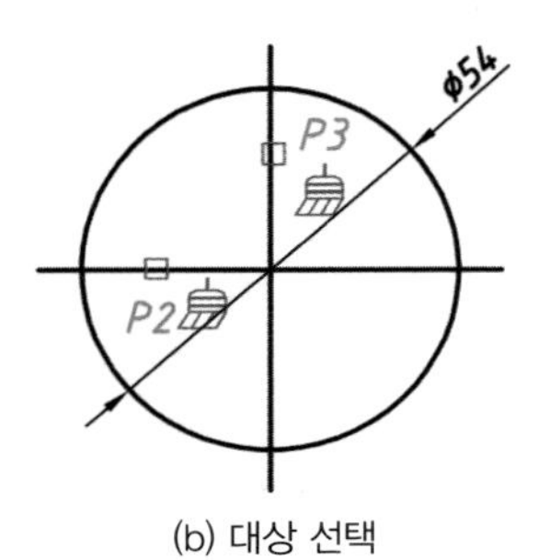

(b) 대상 선택

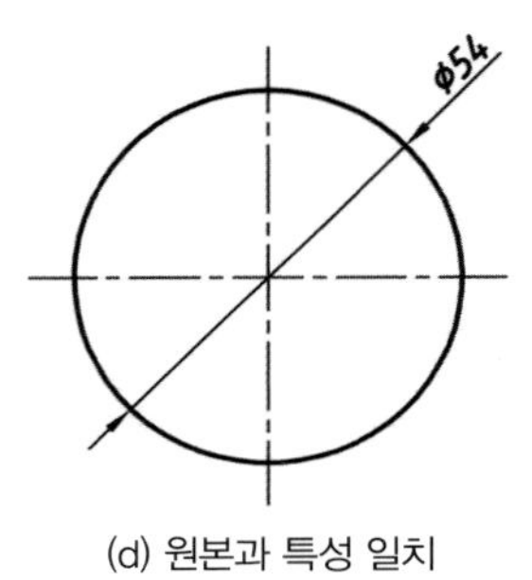

(d) 원본과 특성 일치

기능

대상의 선이 원본인 중심선과 같은 특성으로 바뀌게 된다.

(2) 해치 특성일치

① 명령(Command) : MA Enter

- 원본 객체를 선택한다.
- 현재 활성 설정값 : P1 클릭
- 대상 객체를 선택 또는 [설정값(S)] : P2 클릭
- 대상 객체를 선택 또는 [설정값(S)] : Enter

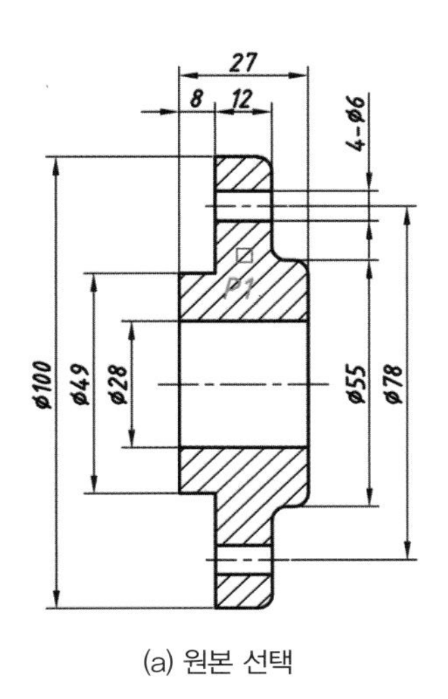

(a) 원본 선택

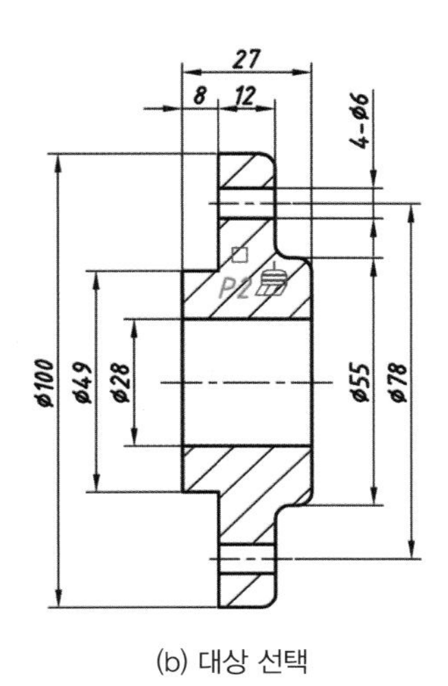

(b) 대상 선택

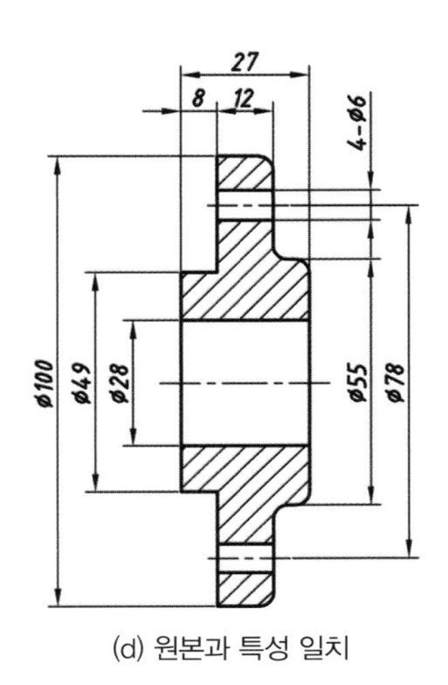

(d) 원본과 특성 일치

기능

1. 대상의 해치선이 원본인 해치선과 같은 특성(해치 종류, 선 간격, 각도, 색상 등)으로 바뀌게 된다.
2. 설정값(S) : 색상(C), 도면층(L), 선종류(I), 선종류 축척(Y), 선가중치(W), 치수(D), 문자(X), 해치(H), 폴리선(P) 등을 모두 체크한다.

04 XLINE(구성선) 명령

무한 선(Line)을 작성한다.

① **명령(Command) :** XL Enter

② **툴바메뉴(그리기) :**

• XLINE 점을 지정 또는 [수평(H)/수직(V)/각도(A)/이등분(B)간격띄우기(O)] : 옵션 입력 Enter

③ 기타 명령옵션 요약

명령옵션	설 명
수평(H)	수평 무한 선(Line)을 작성한다.
수직(V)	수직 무한 선(Line)을 작성한다.
각도(A)	무한 선(Line)을 작성할 각도를 지정한다.

기능

1. 정면도를 기준으로 측면도, 평/저면도, 기타 보조투상도를 작도하는 데 효과적이다.
2. OSNAP에 따라 정확한 정점을 잡는다 .

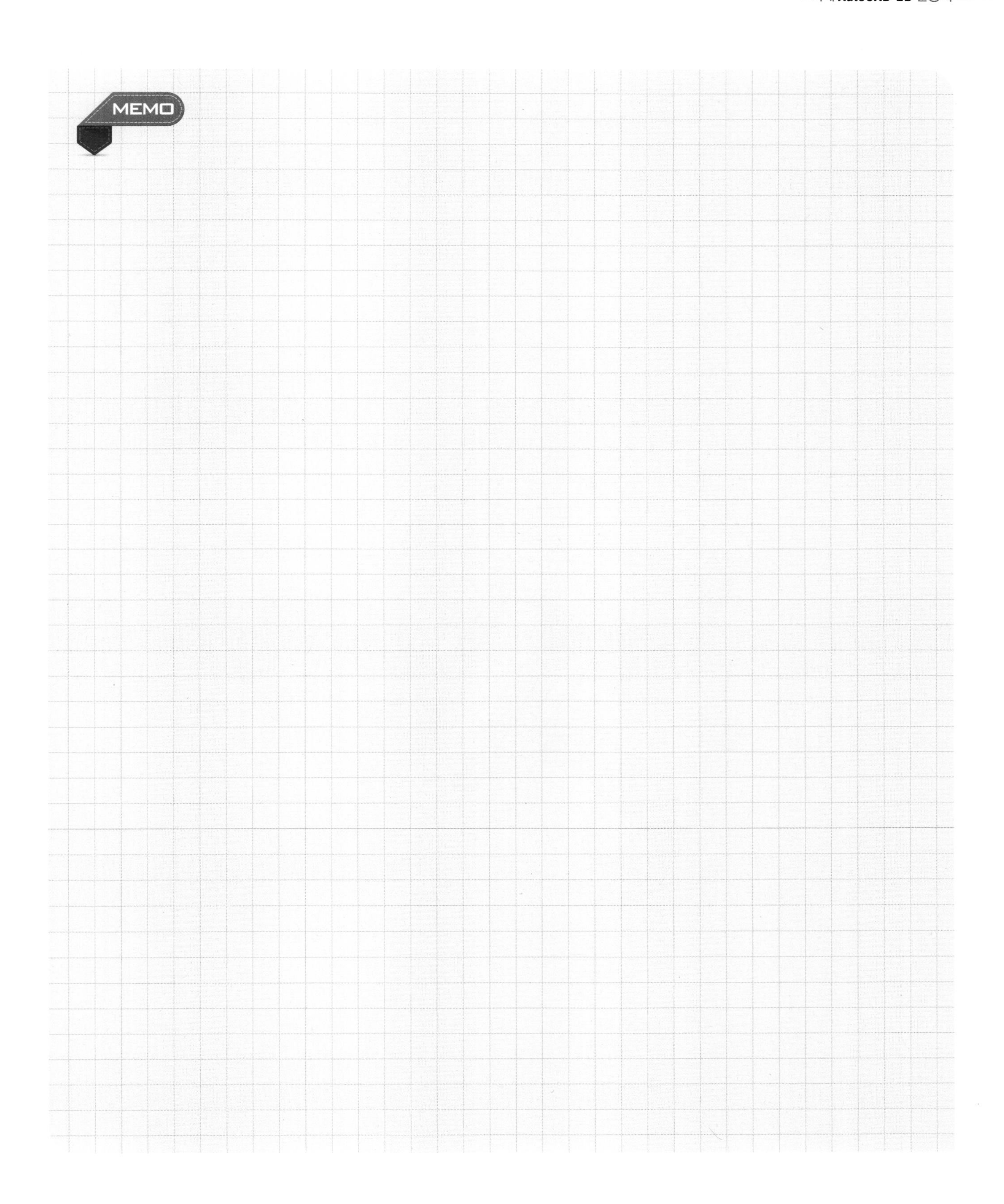
MEMO

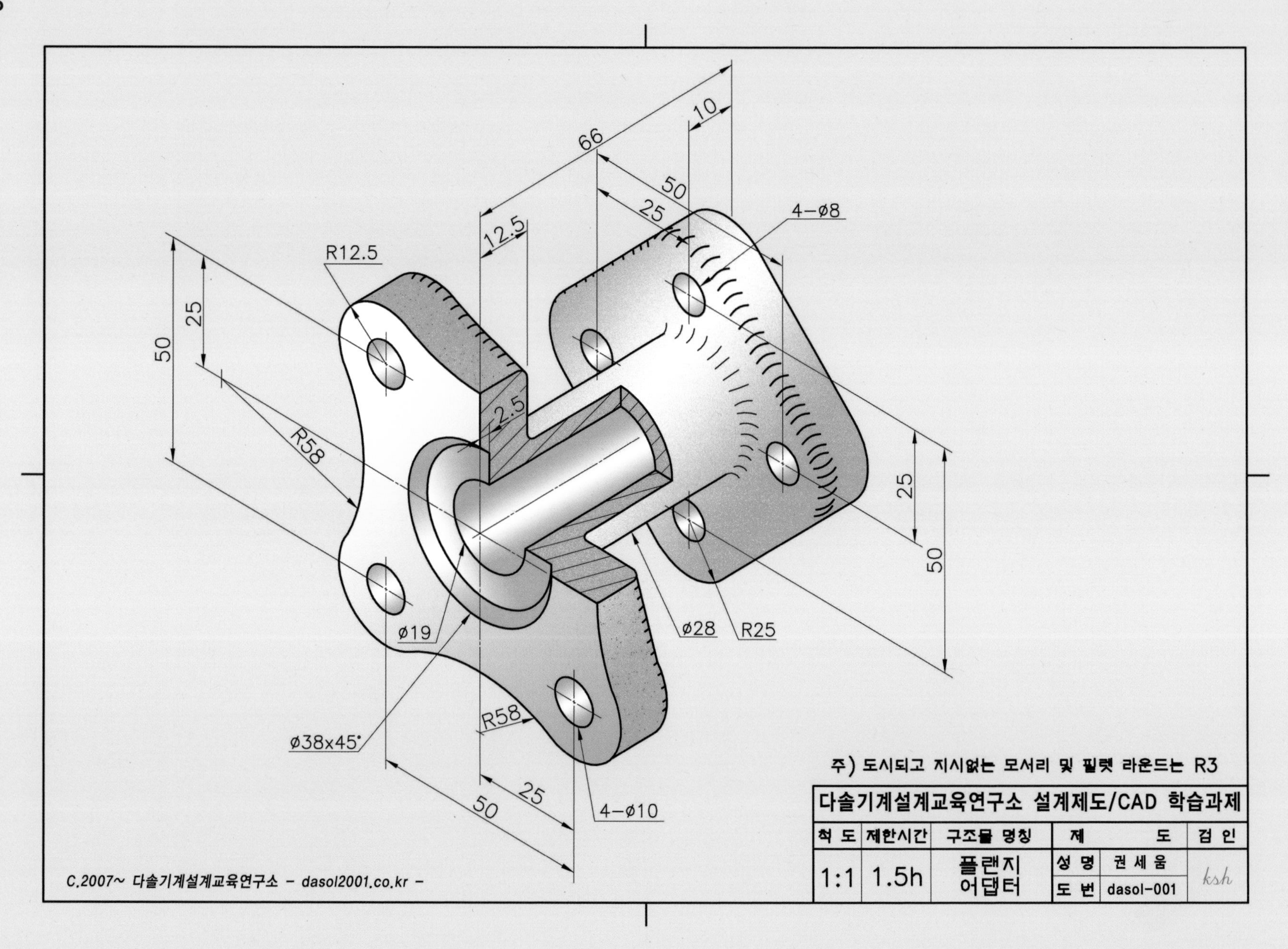
66
10
50
25
12.5
4-ø8
R12.5
50
25
2.5
R58
25
50
ø19
ø28
R25
R58
ø38x45°
25
50
4-ø10
주) 도시되고 지시없는 모서리 및 필렛 라운드는 R3
다솔기계설계교육연구소 설계제도/CAD 학습과제
척 도
제한시간
구조물 명칭
제 도
검 인
1:1
1.5h
플랜지 어댑터
성 명
권 세 웅
도 번
dasol-001
ksh
C,2007~ 다솔기계설계교육연구소 - dasol2001.co.kr -

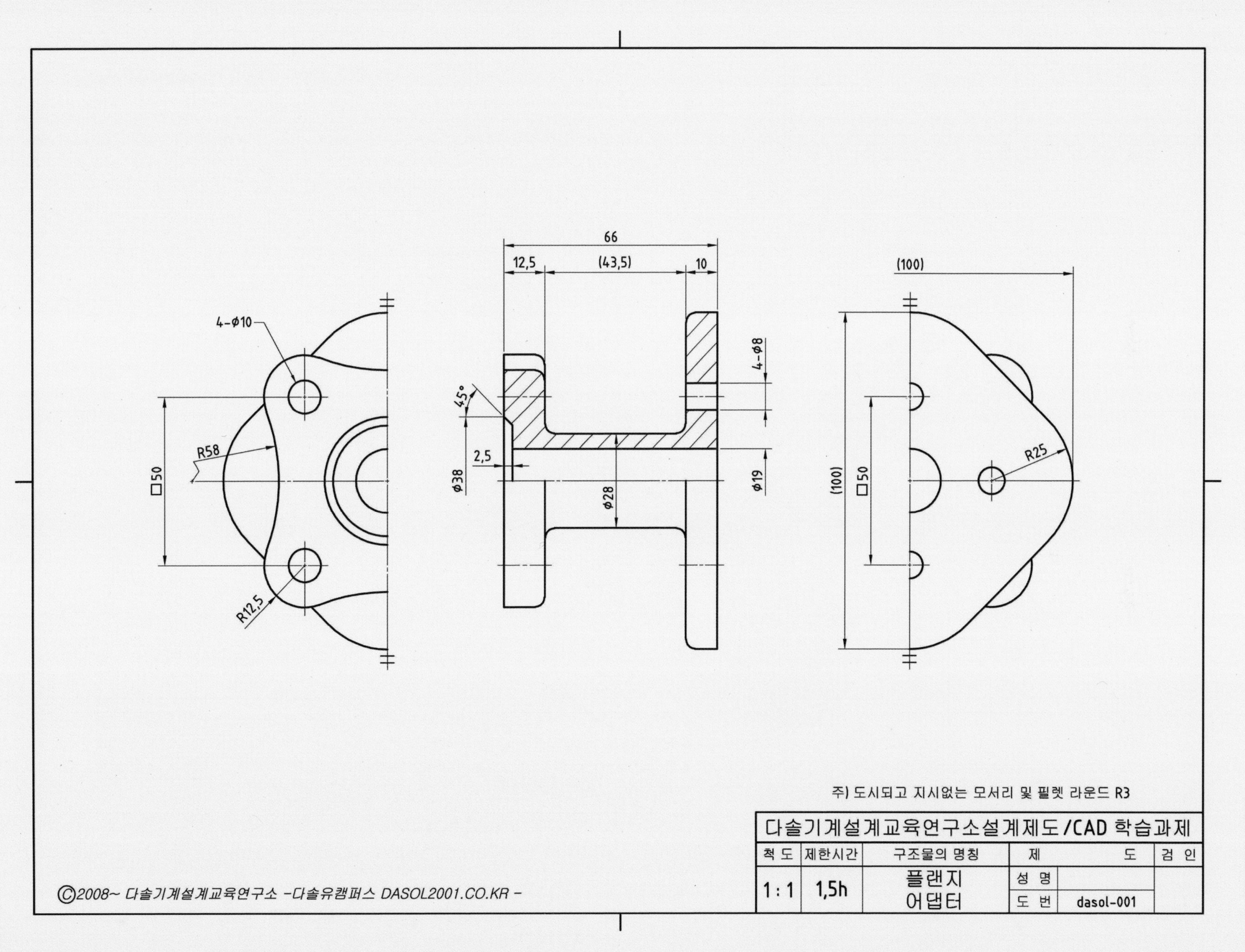
66
12,5
(43,5)
10
(100)
4-ϕ10
45°
4-ϕ8
R58
2,5
R25
□50
ϕ38
ϕ28
ϕ19
(100)
□50
R12,5
주) 도시되고 지시없는 모서리 및 필렛 라운드 R3
다솔기계설계교육연구소설계제도/CAD 학습과제
척 도
제한시간
구조물의 명칭
제
도
검 인
1 : 1
1,5h
플랜지
어댑터
성 명
도 번
dasol-001
©2008~ 다솔기계설계교육연구소 -다솔유캠퍼스 DASOL2001.CO.KR -

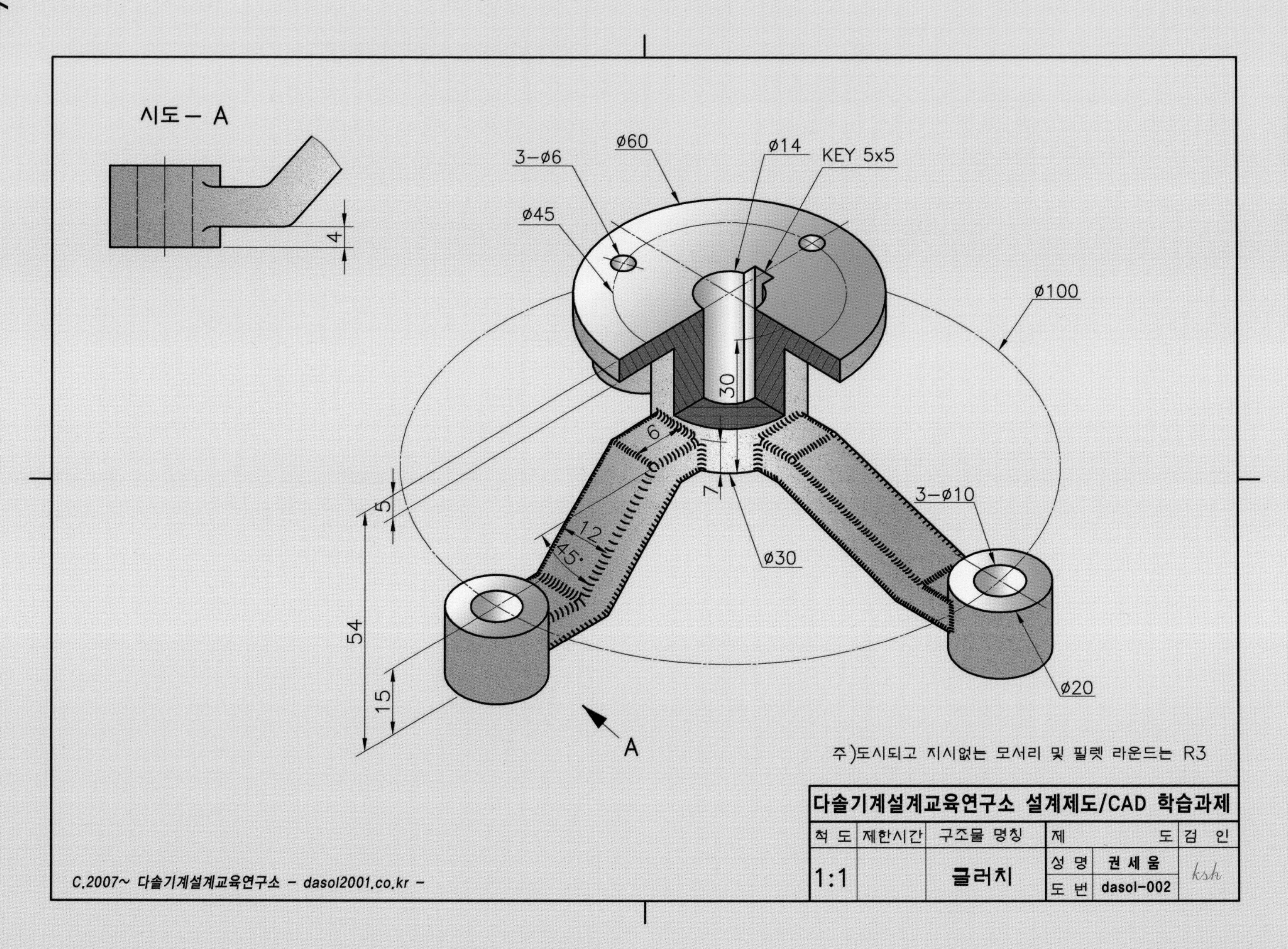

시도 - A
4
3-Ø6
Ø60
Ø14
KEY 5x5
Ø45
Ø100
30
6
5
7
12
45°
3-Ø10
Ø30
54
15
Ø20
A
주)도시되고 지시없는 모서리 및 필렛 라운드는 R3
다솔기계설계교육연구소 설계제도/CAD 학습과제
척도
제한시간
구조물 명칭
제
도
검인
1:1
글러치
성명 권세웅
도번 dasol-002
C.2007~ 다솔기계설계교육연구소 - dasol2001.co.kr -

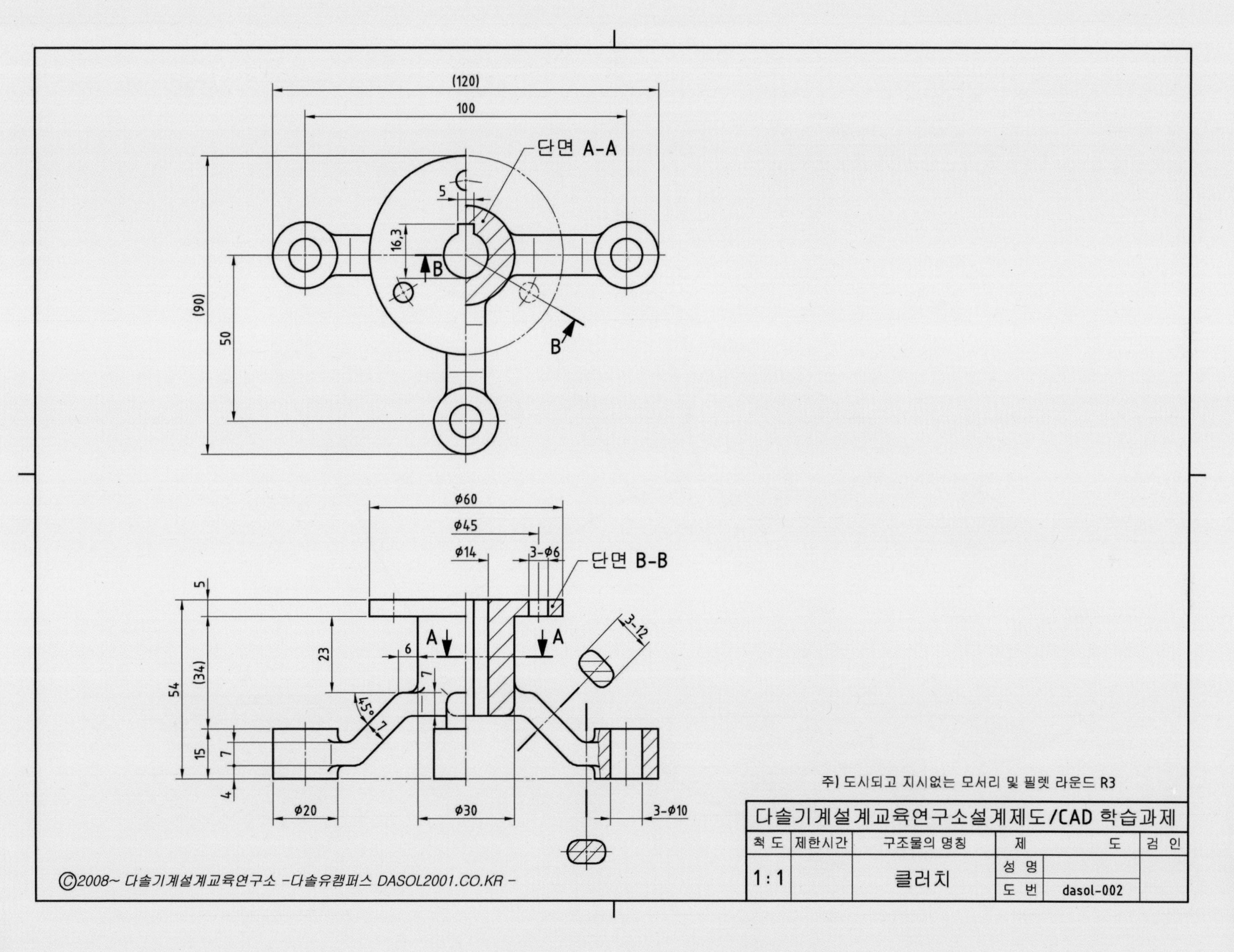

(120)
100
단면 A-A
5
16,3
B
B
(90)
50
φ60
φ45
φ14
3-φ6
단면 B-B
5
A
A
6
23
7
54
(34)
45°
7
15
7
4
φ20
φ30
3-φ10
3-12
주) 도시되고 지시없는 모서리 및 필렛 라운드 R3
다솔기계설계교육연구소설계제도/CAD 학습과제
척 도
제한시간
구조물의 명칭
제
도
검 인
1 : 1
클러치
성 명
도 번
dasol-002
ⓒ2008~ 다솔기계설계교육연구소 -다솔유캠퍼스 DASOL2001.CO.KR -

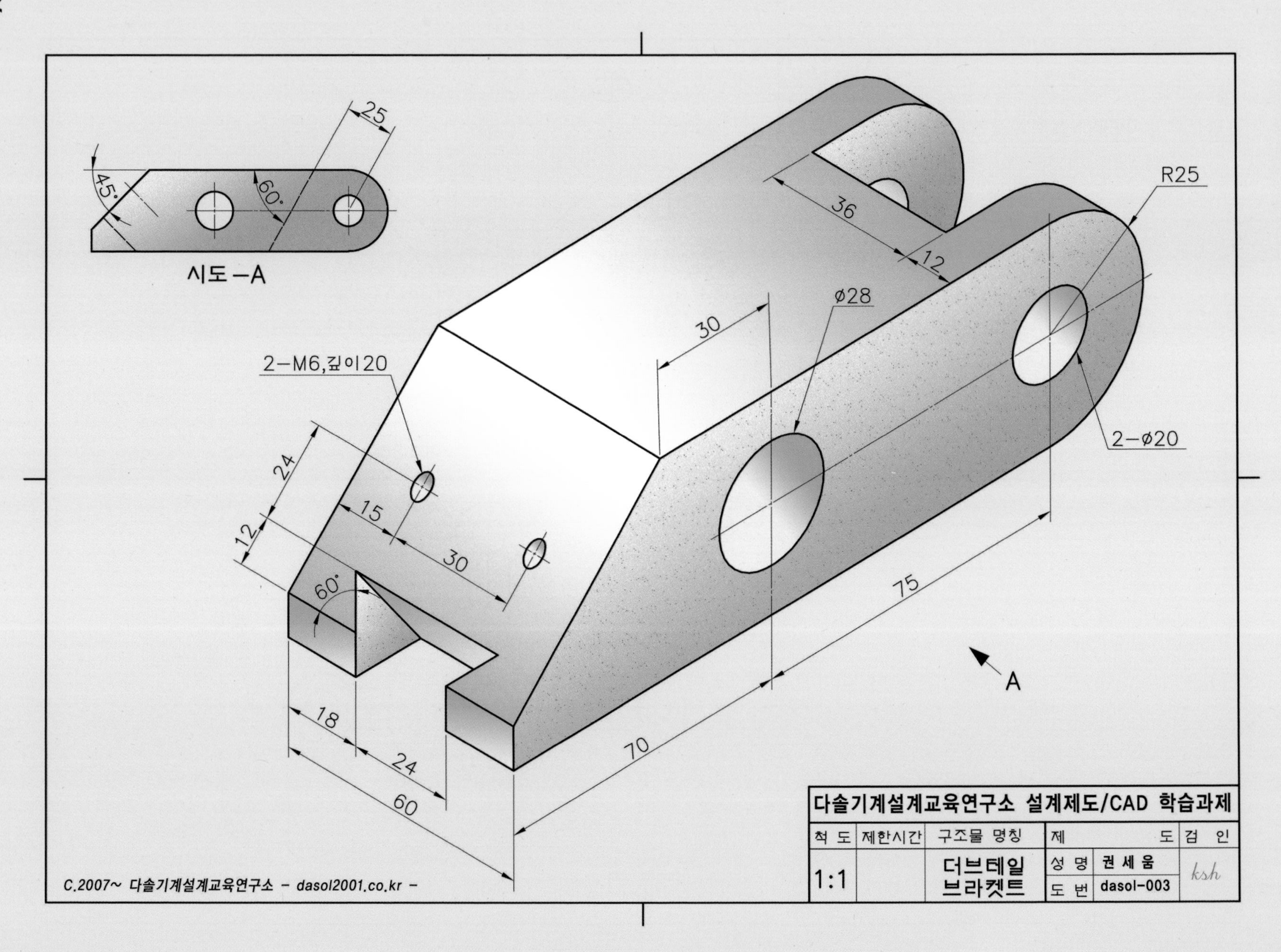
25
45°
60°
시도-A
R25
36
12
Ø28
30
2-M6,깊이20
2-Ø20
24
15
12
30
60°
75
A
18
70
24
60
다솔기계설계교육연구소 설계제도/CAD 학습과제
척 도
제한시간
구조물 명칭
제
도
검 인
1:1
더브테일
브라켓트
성 명
권 세 움
도 번
dasol-003
ksh
C.2007~ 다솔기계설계교육연구소 - dasol2001.co.kr -

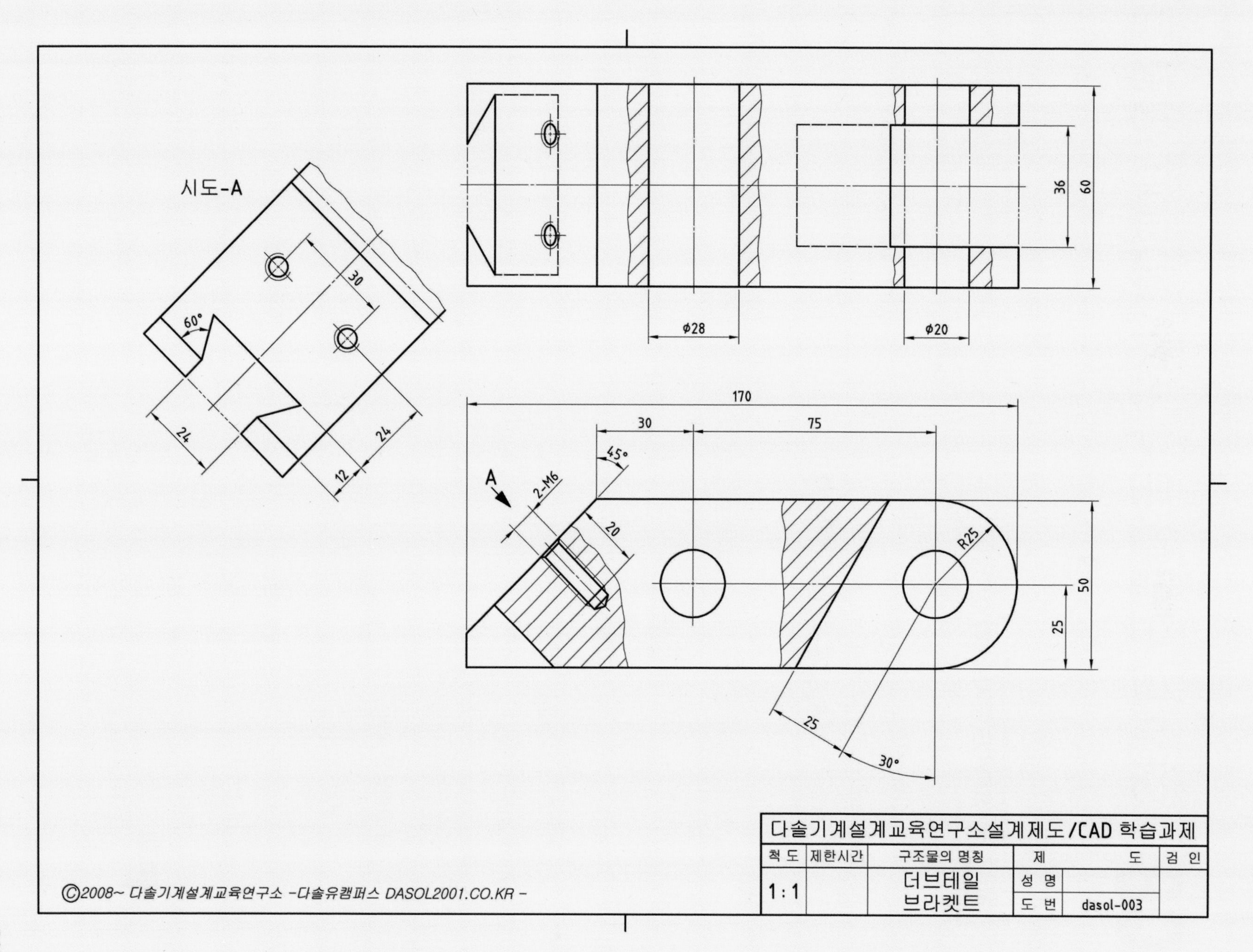
다솔기계설계교육연구소 설계제도/CAD 학습과제
척도
제한시간
구조물의 명칭
제
도
검
인
1:1
더브테일 브라켓트
성명
도번
dasol-003
시도-A
©2008~ 다솔기계설계교육연구소 -다솔유캠퍼스 DASOL2001.CO.KR -

08 | STYLE, 단일행 문자 쓰기, DDEDIT 명령 등

01 STYLE(문자 스타일) 명령

문자 스타일의 작성, 수정 등을 설정하고 제어한다.

① 명령(Command) : ST Enter

② 툴바메뉴(문자) :

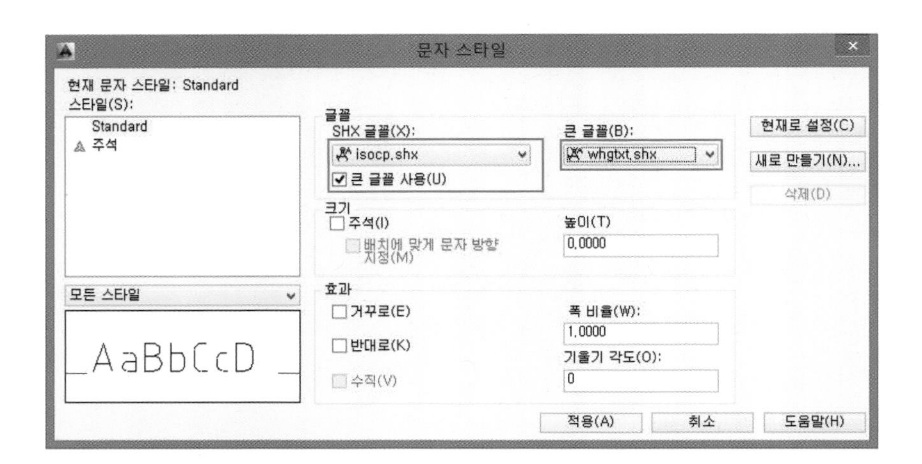

③ 기타 명령옵션 요약

명령옵션	설 명
신규(N)	신규 STYLE을 만든다.
SHX 글꼴(X)	영문 글꼴을 설정한다.
큰 글꼴(B)	AutoCAD용 한글 글꼴을 설정한다.
높이(T)	지정한 문자 STYLE의 높이값을 설정한다.

기능

STYLE에서는 문자 높이값을 지정하면 TEXT를 쓸 때 높이값을 묻지 않으므로 다양한 크기의 문자를 쓰기 어렵다 . 따라서 STYLE에서는 문자높이(T)를 지정하지 않는 것이 바람직하다.

④ KS 규격에 맞는 STYLE 설정

스타일 이름	영문 글꼴	한글 글꼴	높이
Standard	isocp.shx, romans.shx	Whgtxt.shx, 굴림체	0

기능

KS 규격에 맞는 문자는 고딕체이면서 단선체여야 한다.

02 단일행 문자(DTEXT, TEXT) 쓰기 명령

단일행 문자를 쓴다.

① 명령(Command) : DT Enter

② 툴바메뉴(문자) :

- 문자의 시작점 지정 또는 [자리맞추기(J)/스타일(S)] : 화면상에 문자 쓸 곳 클릭
- 높이 지정 〈8.8515〉 : 5 Enter (STYLE에서 높이(T)를 설정하면 묻지 않는다.)
- 문자의 회전각도 지정 〈0〉 : Enter

③ 기타 명령옵션 요약

명령옵션	설 명
자리맞추기(J)	옵션에 따라 문자의 자리를 맞춘다.
스타일(S)	설정한 스타일을 지정한다.

기능

TEXT는 STYLE에서 지정한 값을 적용받으므로 문제 발생 시 STYLE을 점검해봐야 한다.

03 A 여러 줄 문자(MTEXT) 쓰기 명령

여러 줄의 문자를 쓴다.

① 명령(Command) : MT Enter

② 툴바메뉴(문자) :

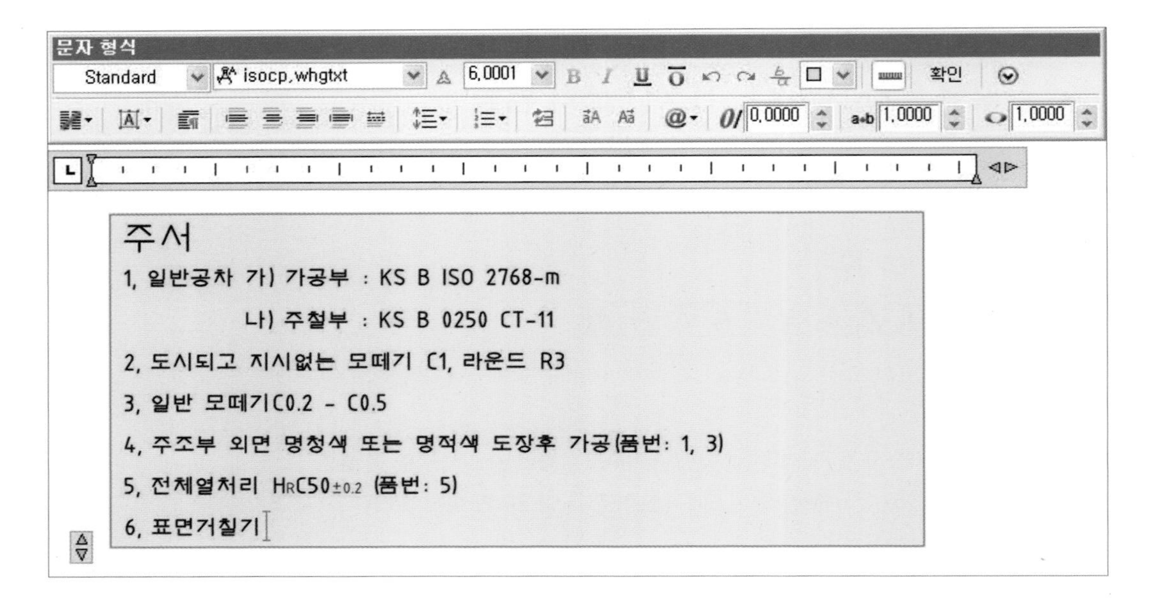

기능

MTEXT는 윈도 워드프로세스와 같이 편집기능이 모두 포함되어 있어 주석문과 같은 비교적 장문을 쓰는 데 편리하다.

③ KS 규격(A3, A2)에 맞는 주요 문자크기(높이)

문자크기	색상	용도
5.0mm	초록색(Green)	개별 주서, 부품번호, 상세도/단면 표시, 요목표 제목
3.5mm	노란색(Yellow)	일반주서, 표제란/부품란, 치수문자, 요목표 본문
2.5mm	흰색(White), 빨간색(Red)	일반공차

04 DDEDIT(문자 편집) 명령

DTEXT(TEXT), MTEXT, 치수문자 등 화면상에 모든 문자를 편집한다.

① 명령(Command) : DDEDIT Enter

② 툴바메뉴(문자) :

③ 특수(기호) 문자

특수문자는 ACAD만의 형식을 따로 갖고 있다.

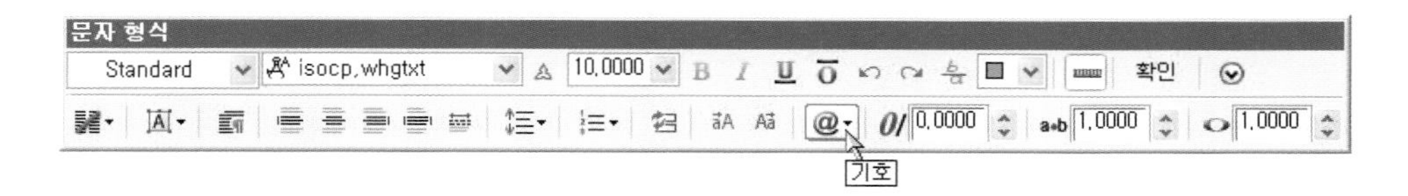

④ 주로 사용하는 특수문자(DTEXT(TEXT), MTEXT에서 입력)

특수문자	기호	입력 예
%%d	°	20%%d = 20°
%%p	±	20%%p0.5 = 20±0.5
%%c	Ø	%%c20H7 = Ø20H7

05 찾기/대치

DTEXT(TEXT), MTEXT 로 작성한 글자를 검색하고 수정 또는 교체한다.

① 툴바메뉴(문자) :

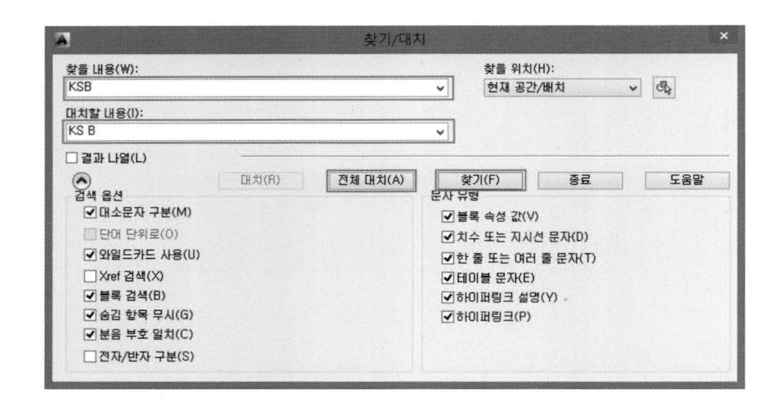

주서

1, 일반 공차 가)가공부 : KS B ISO 2768- m

나)주조부: KS B 0250 CT-11

다)주강부: KS B 0418 보통급

2, 도시되고 지시없는 라운드 및 필렛R3,모떼기1x45°

3, 일반 모떼기 0,2x45°

4, ---- 열처리 $H_RC55_{\pm0,2}$(품번 3)

5, ∀부 외면 명회색 도장후 가공 (품번 1, 2)

6, 기어 치부 열처리$H_RC55_{\pm0,2}$

7, 표면 거칠기

∀ = ∀ , - , -

w∀ = 12.5∀ , Ry50 , Rz50 , N10

x∀ = 3.2∀ , Ry12.5, Rz12.5 , N8

y∀ = 0.8∀ , Ry3.2 , Rz3.2 , N6

품 번	품 명	재 질	수 량	비 고
5	스퍼 기어	SCM 415	2	
3	축	SM 45C	1	
2	하우징 커버	SC 49	1	
1	하 우 징	SC 49	1	

다솔기계설계교육연구소 설계제도/CAD 학습과제

척 도	각 법	도 명	제 도		도 번
1:2	3		성 명		
			일 자		

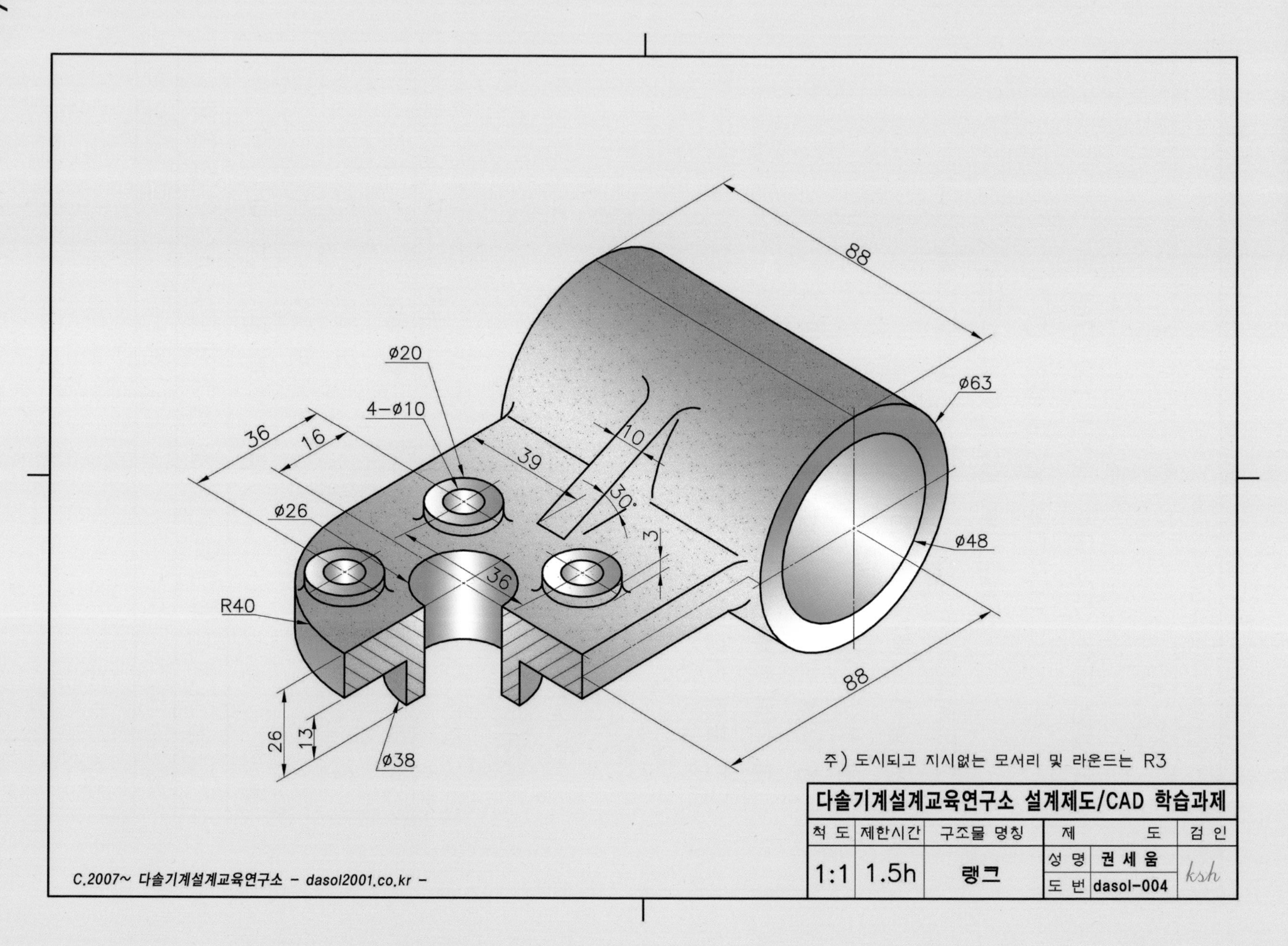

88
ø63
ø48
88
ø20
4-ø10
36
16
39
10
30°
3
ø26
36
R40
26
13
ø38
주) 도시되고 지시없는 모서리 및 라운드는 R3
다솔기계설계교육연구소 설계제도/CAD 학습과제
척 도
제한시간
구조물 명칭
제 도
검 인
1:1
1.5h
랭크
성 명
권 세 움
도 번
dasol-004
ksh
C.2007~ 다솔기계설계교육연구소 - dasol2001.co.kr -

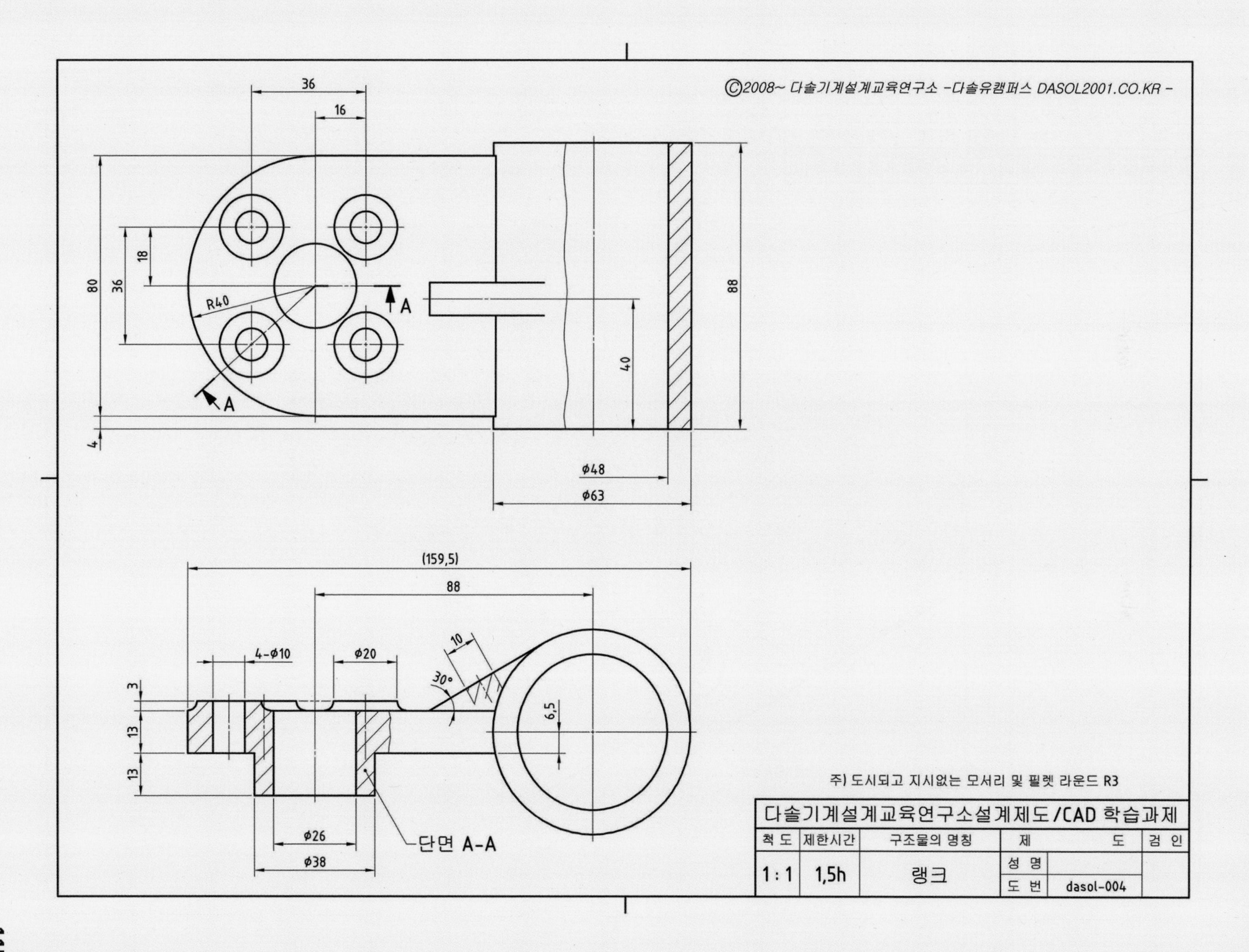

ⓒ2008~ 다솔기계설계교육연구소 -다솔유캠퍼스 DASOL2001.CO.KR -
단면 A-A
주) 도시되고 지시없는 모서리 및 필렛 라운드 R3
다솔기계설계교육연구소설계제도/CAD 학습과제
척 도
제한시간
구조물의 명칭
제
도
검 인
1 : 1
1,5h
랭크
성 명
도 번
dasol-004

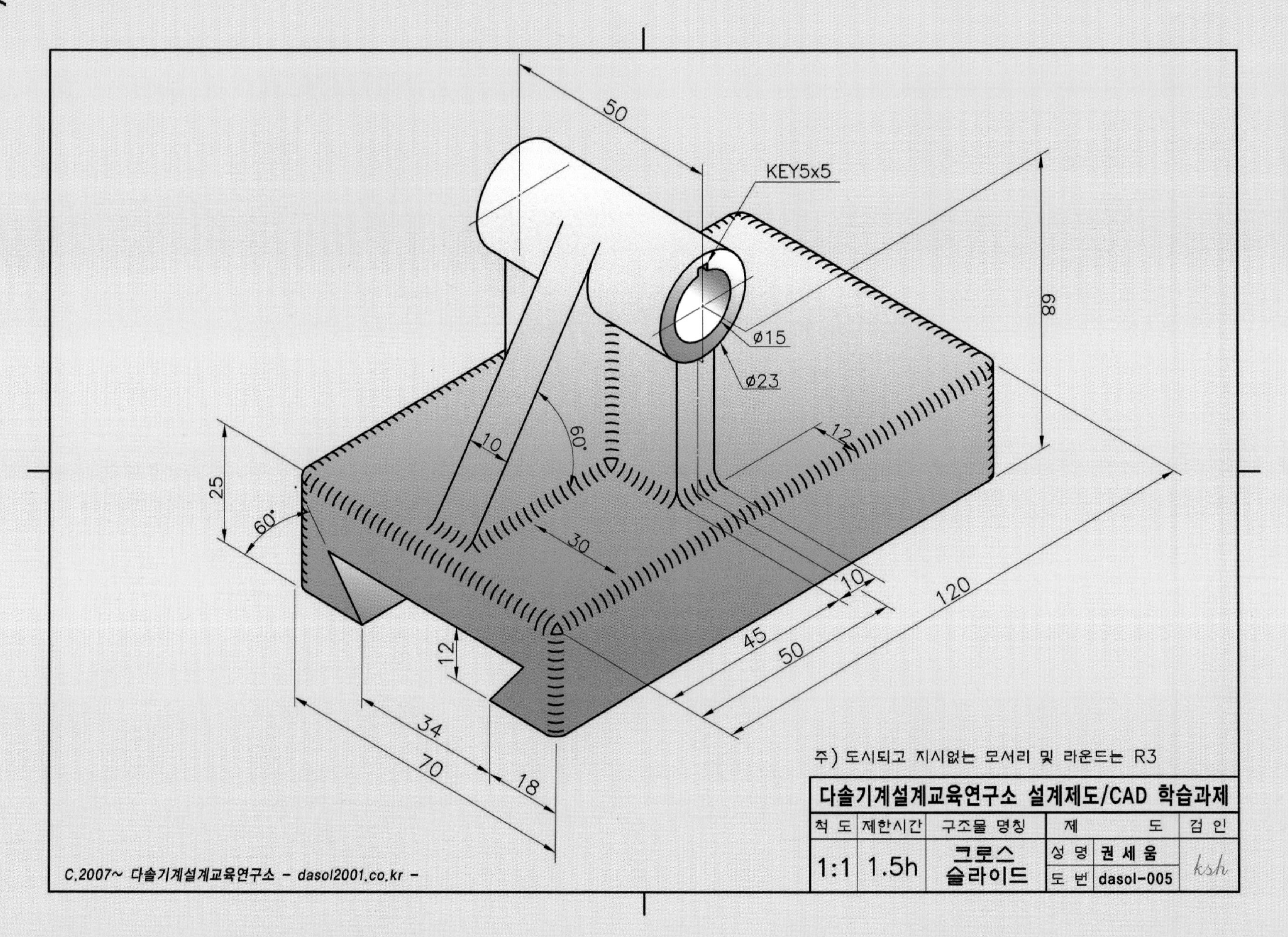
50
KEY5x5
68
ø15
ø23
60°
10
12
25
60°
30
10
120
45
50
12
34
70
18
주) 도시되고 지시없는 모서리 및 라운드는 R3
다솔기계설계교육연구소 설계제도/CAD 학습과제
척 도
제한시간
구조물 명칭
제
도
검 인
1:1
1.5h
크로스
슬라이드
성 명
권 세 움
도 번
dasol-005
ksh
C.2007~ 다솔기계설계교육연구소 - dasol2001.co.kr -

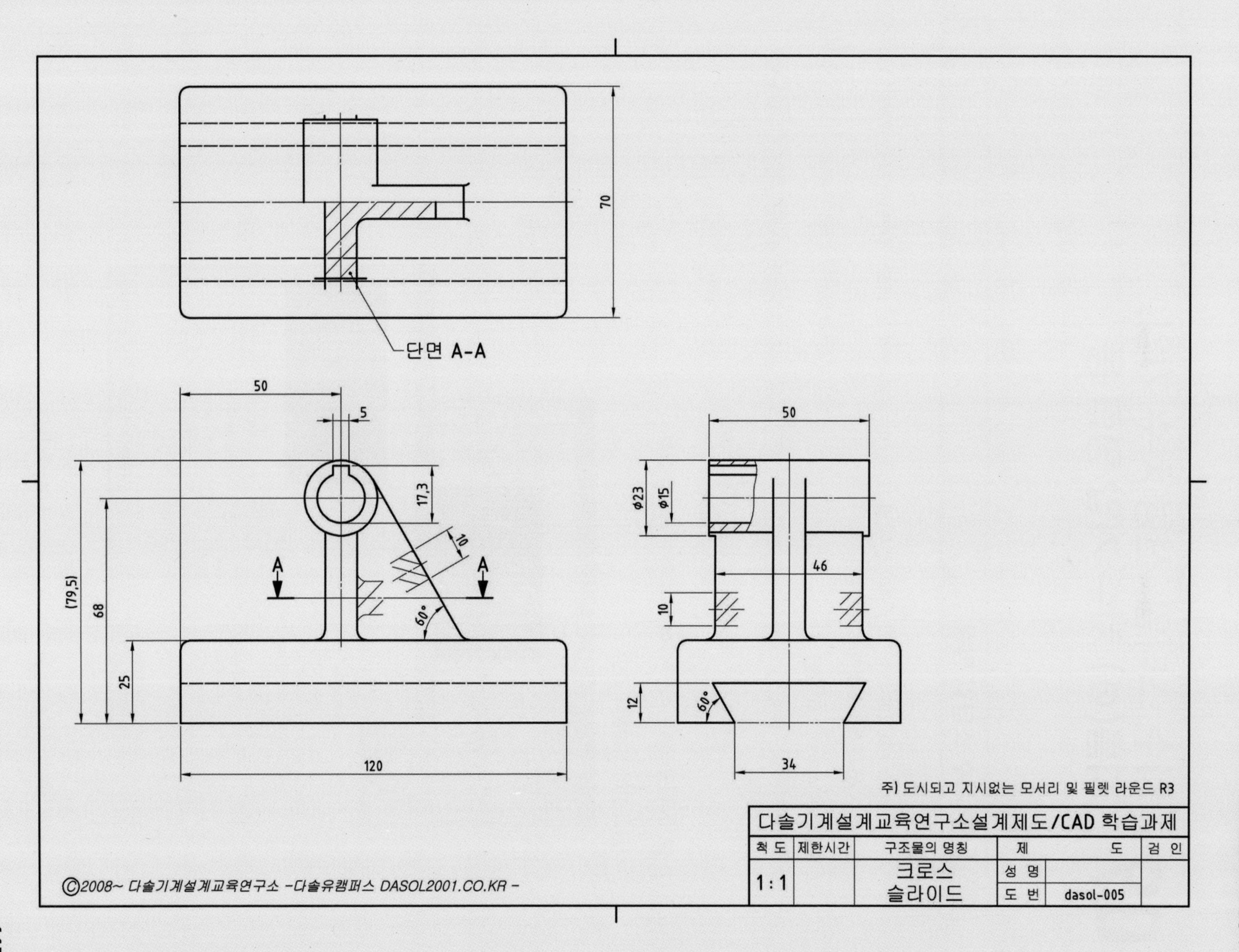
70
단면 A-A
50
5
17.3
10
A
A
(79.5)
68
25
60°
120
50
φ23
φ15
46
10
12
60°
34
주) 도시되고 지시없는 모서리 및 필렛 라운드 R3
다솔기계설계교육연구소설계제도/CAD 학습과제
척 도
제한시간
구조물의 명칭
제
도
검 인
1 : 1
크로스 슬라이드
성 명
도 번
dasol-005
©2008~ 다솔기계설계교육연구소 -다솔유캠퍼스 DASOL2001.CO.KR -

09 | 치수 스타일, 선형 치수 기입, 지름(Ø) 치수 기입 명령 등

01 치수 스타일 명령

치수선 및 치수보조선의 색상, 화살표의 종류 및 크기, 치수문자 크기 및 색상, 치수단위 등을 포함한 기타 치수에 관한 모든 형식을 설정하고 제어한다.

① **명령(Command)** : D Enter

② **툴바메뉴(치수)** :

(1) 실기시험규격(A1, A2, A3)에 맞는 치수 스타일 설정

① **다음과 같이 설정한다. 〈선〉**

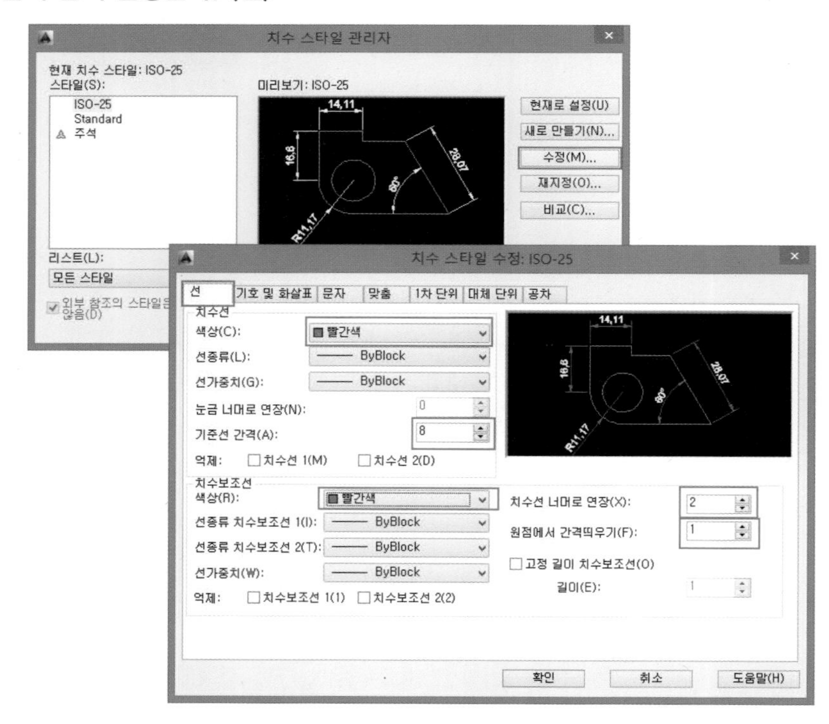

② 주요설정 요약 〈선〉

치수선 및 치수보조선 색상(R)	기준선 간격(A)	치수선 너머로 연장(X)	원점에서 간격 띄우기(F)
빨간색 또는 흰색	8mm	2mm	1mm

기능

기준선 간격(A) : 신속치수 또는 기준선치수를 기입할 때 치수선과 치수선의 간격을 제어한다.

③ 다음과 같이 설정한다. 〈기호 및 화살표〉

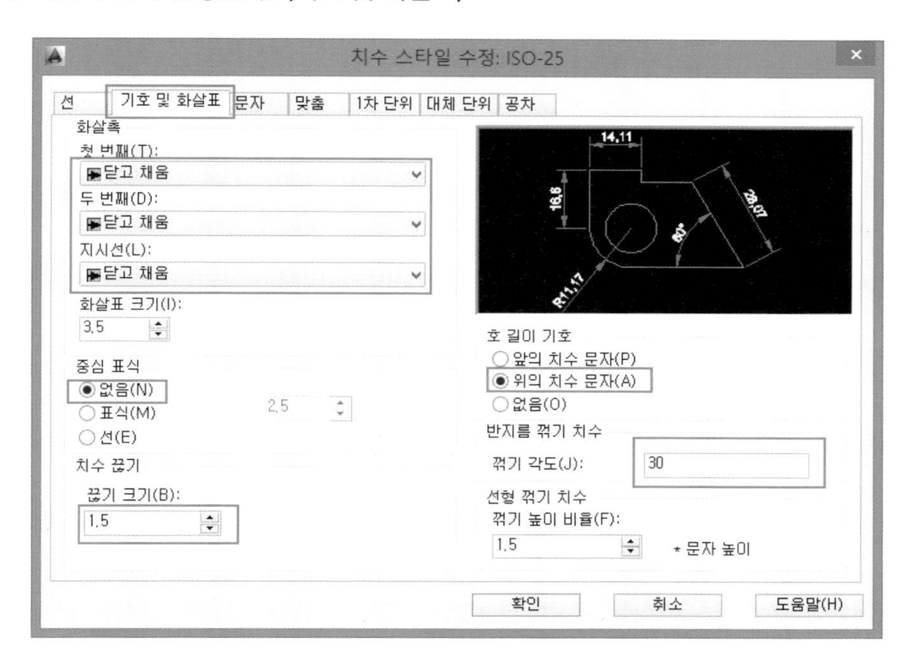

④ 주요설정 요약 〈기호 및 화살표〉

화살표 크기(I)	중심 표식	치수 끊기	호 길이 기호	반지름 꺾기 치수
3.5mm	없음	1.5mm	위의 치수 문자	30°

기능

치수 끊기 크기는 치수 끊기 명령에서 치수선이나 치수보조선 또는 투상선(객체)이 서로 겹쳤을 때 지정한 간격만큼 끊어준다.

⑤ 다음과 같이 설정한다. 〈문자〉

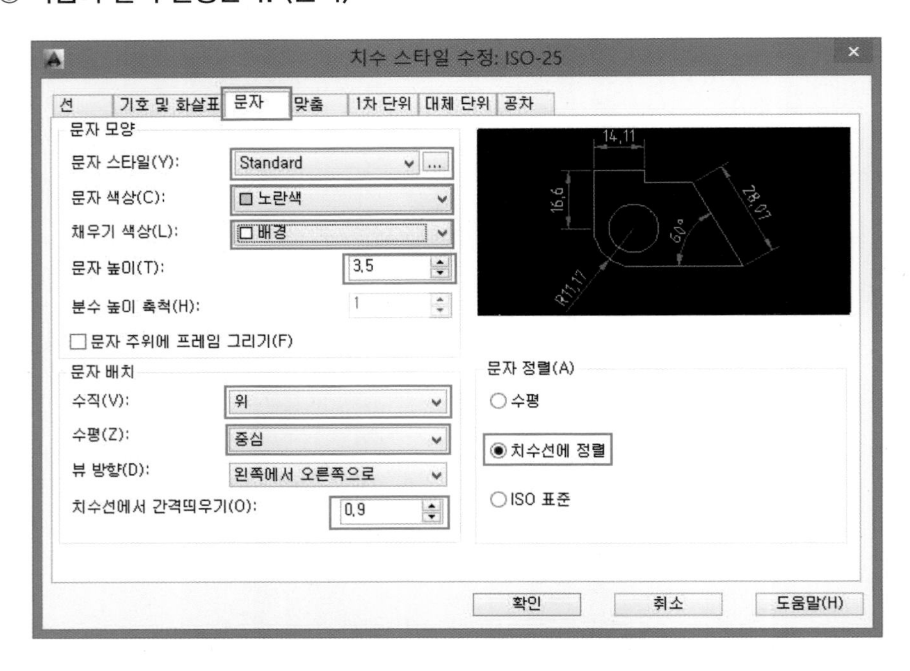

⑥ 주요설정 요약 〈문자〉

문자 스타일(Y)	문자 색상(C)	채우기색상(L)	문자 높이(T)	문자 배치(수직)	문자 배치(수평)	치수선에서 간격 띄우기(O)	문자 정렬(A)
Standard	노란색(2)	배경	3.5mm	위	중심	0.8~1mm	치수선에 정렬

⑦ KS 규격에 맞는 문자스타일(Y) 설정

스타일 이름	영문글꼴	한글글꼴
Standard	isocp.shx, romans.shx	Whgtxt.shx, 굴림체

기능

KS 규격에 맞는 문자는 고딕체이면서 단선체여야 한다.

⑧ 다음과 같이 설정한다. 〈맞춤〉

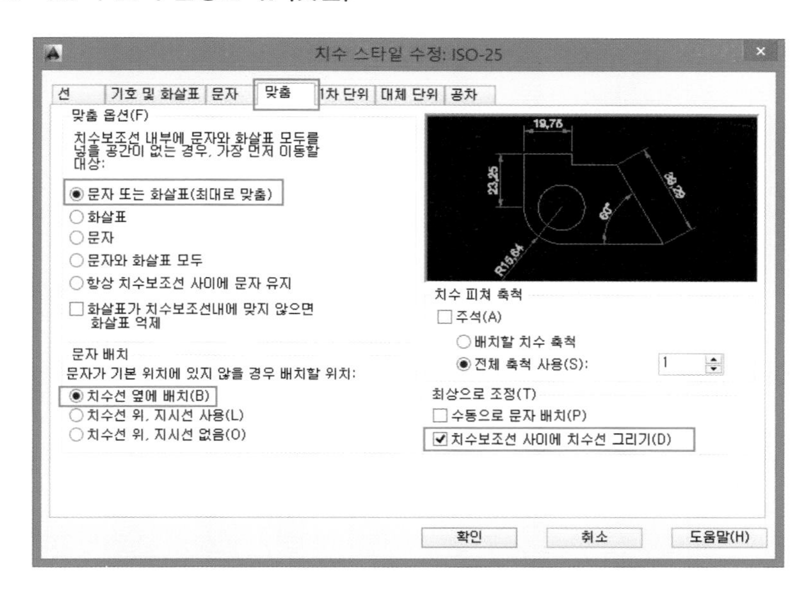

⑨ 다음과 같이 설정한다. 〈1차 단위〉

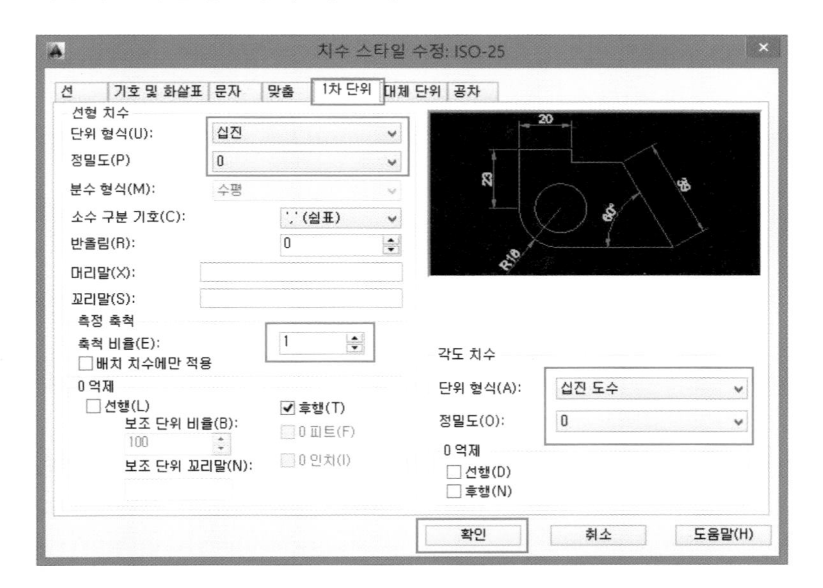

⑩ 주요설정 요약 〈1차 단위〉

단위 형식	정밀도(P)	반올림(R)	소수 구분 기호(C)	측정 축척(1:1)	측정 축척(1:2)	측정 축척(2:1)
십진	0	0.5	‘ . ’(쉼표)	1	0.5	2

기능

기타 치수변수 설정법은 “도움말(H)”을 클릭하면 상세하게 설명되어 있다.

(2) 그 밖의 치수(Dim) 변수들

■ Dim : TOFL Enter

- Current value ⟨off⟩ New value : 1(on) Enter

off(0) on(1)

■ Dim : TIX Enter

- Current value ⟨off⟩ New value : 1(on) Enter

■ Dim : TOH Enter

- Current value ⟨off⟩ New value : 0(off) Enter

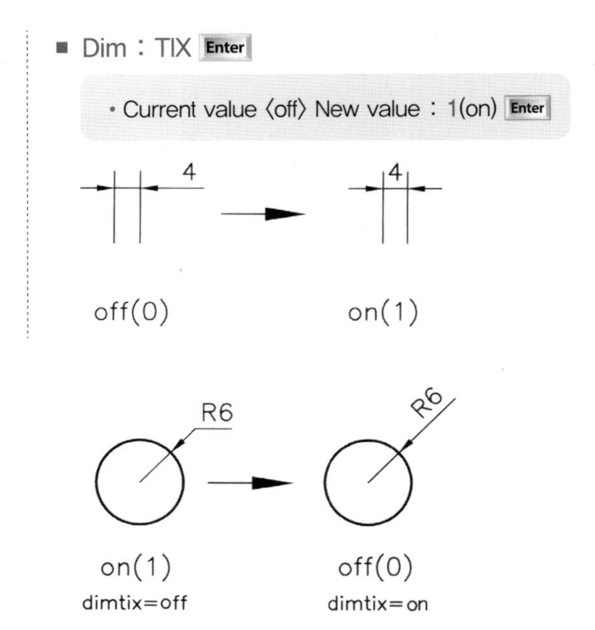

02 선형(수평, 수직) 치수 기입 명령 〈OSNAP : 끝점(E), 교차점(I)〉

도면에 수평 치수 및 수직 치수를 기입한다.

① 명령(Command) : dimlinear Enter

② 툴바메뉴(치수) :

- 첫 번째 치수보조선 원점 지정 또는 〈객체 선택〉 : P1 클릭
- 두 번째 치수보조선 원점 지정 : P2 클릭
- 비연관 치수가 작성된다.
- 치수선의 위치 지정 또는 [여러 줄 문자(M)/문자(T)/각도(A)/수평(H)/수직(V)/회전(R)] : 치수 문자 = 41(화면상 치수선 위치 점 클릭)

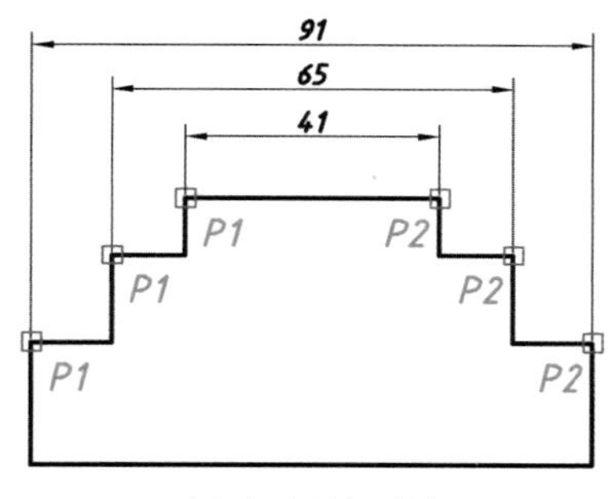

(a) 수평 치수 기입

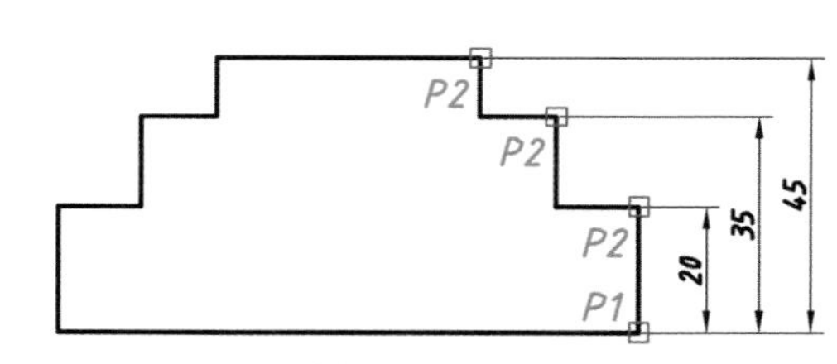

(b) 수직 치수 기입

기능

최초 치수선과 물체의 간격은 약 10~20mm가 되도록 기입한다. 두 번째 치수선과 치수선의 간격은 약 8~10mm가 되도록 기입한다.

③ 기타 명령옵션 요약

명령옵션	설 명
여러 줄 문자(M)	치수문자를 여러 줄 문자로 변경한다.
문자(T)	치수문자를 변경한다.
각도(A)	치수문자 각도를 지정한다.
수평(H)	수평치수로 강제 제어한다.
수직(V)	수직치수로 강제 제어한다.
회전(R)	치수선을 각도를 주어 기입한다.

03 신속 치수 기입 명령 〈OSNAP : 끝점(E), 교차점(I)〉

치수를 한꺼번에 신속하게 기입한다.

(1) 〈연속(C)〉 치수 기입

① 명령(Command) : qdim Enter

② 툴바메뉴(치수) : ISO-25

- 연관 치수 우선순위 = 끝점(E)
- 치수 기입할 형상 선택 : P1 클릭 → P2 클릭(Window로 선택)
- 치수 기입할 형상 선택 : Enter
- 치수선의 위치 지정 또는 [연속(C)/다중(S)/기준선(B)/세로좌표(O)/반지름(R)/지름(D)/데이텀 점(P)/편집(E)/설정(T)] 〈연속(C)〉 : 화면상 치수선 위치점 클릭

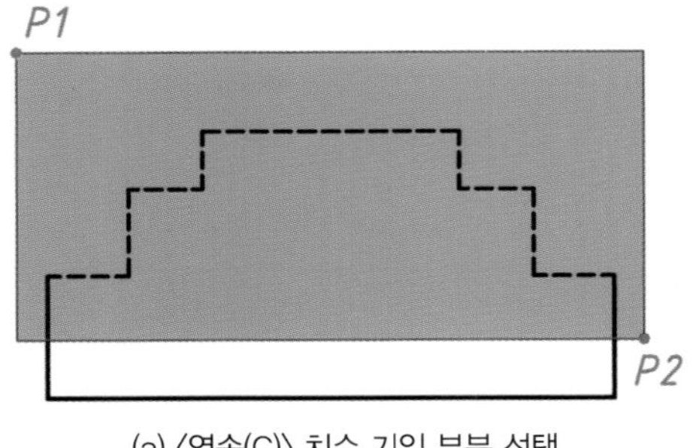

(a) 〈연속(C)〉 치수 기입 부분 선택

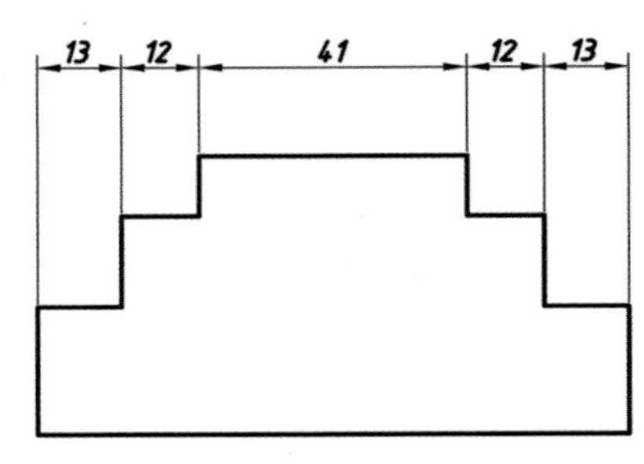

(b) 〈연속(C)〉 치수 기입 실행 후

(2) 〈다중(S)〉 치수 기입

① 명령(Command) : qdim Enter

② 툴바메뉴(치수) : ISO-25

- 연관 치수 우선순위 = 끝점(E)
- 치수 기입할 형상 선택 : P1 클릭 → P2 클릭(Window로 선택)
- 치수 기입할 형상 선택 : Enter
- 치수선의 위치 지정 또는 [연속(C)/다중(S)/기준선(B)/세로좌표(O)/반지름(R)/지름(D)/데이텀 점(P)/편집(E)/설정(T)] 〈연속(C)〉 : S
- 치수선의 위치 지정 또는 [연속(C)/다중(S)/기준선(B)/세로좌표(O)/반지름(R)/지름(D)/데이텀 점(P)/편집(E)/설정(T)] 〈다중(S)〉 : 화면상 치수선 위치 점 클릭

(3) 치수 업그레이드(치수 정렬)

신속 치수에서 다중치수를 기입하면 치수 수치가 지그재그로 표기되는데 이때 치수 업데이트를 해주면 가지런히 정돈된다.

① **툴바메뉴(치수) :**

- [주석(AN)/저장(S)/복원(R)/상태(ST)/변수(V)/적용(A)/?] 〈복원(R)〉 : _apply
- 객체 선택 : P3 클릭 → P4 클릭(Crossing으로 선택)
- 객체 선택 : Enter

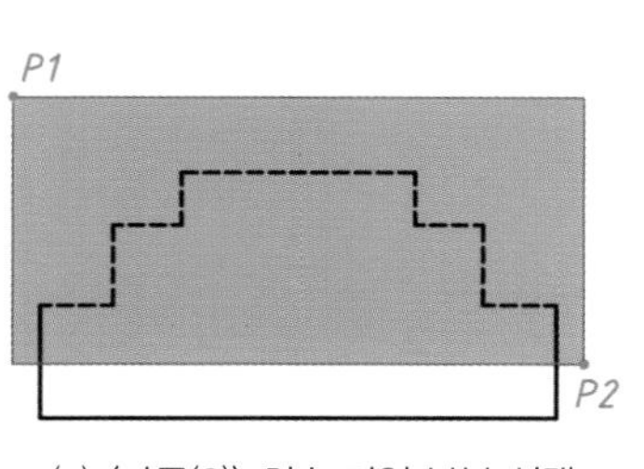

(a) 〈다중(S)〉 치수 기입 부분 선택

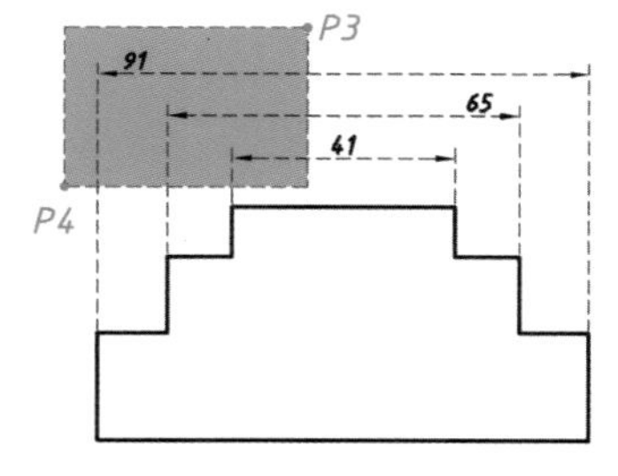

(b) 〈다중(S)〉 치수 기입 실행 후 치수 업데이트 선택

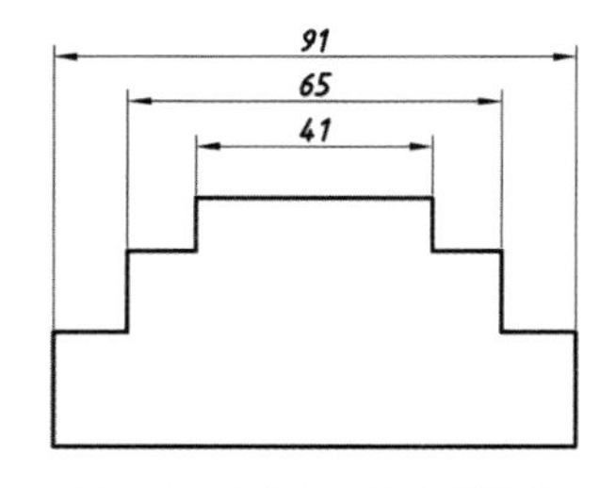

(c) 치수 업데이트 최종 실행 후

기능

치수선과 치수선의 간격은 "치수스타일 → 선 → 기준선 간격(A)"에서 제어한다. 일반적으로 8~10mm로 규제하여 사용한다.

(4) 〈기준선(B)〉 치수 기입 ① 명령(Command) : qdim Enter

② 툴바메뉴(치수) :

- 연관 치수 우선순위 = 끝점(E)
- 치수기입할 형상 선택 : P1 클릭 → P2 클릭(Window로 선택)
- 치수기입할 형상 선택 : Enter
- 치수선의 위치 지정 또는 [연속(C)/다중(S)/기준선(B)/세로좌표(O)/반지름(R)/지름(D)/데이텀 점(P)/편집(E)/설정(T)] 〈다중(S)〉 : B Enter
- 치수선의 위치 지정 또는 [연속(C)/다중(S)/기준선(B)/세로좌표(O)/반지름(R)/지름(D)/데이텀 점(P)/편집(E)/설정(T)] 〈기준선(B)〉 : P Enter (기준 치수 시작점을 새로 지정한다.)
- 새로운 데이텀 점 선택 : P3 클릭(기준 치수 시작점), 〈OSNAP : 끝점(E)〉
- 치수선의 위치 지정 또는 [연속(C)/다중(S)/기준선(B)/세로좌표(O)/반지름(R)/지름(D)/데이텀 점(P)/편집(E)/설정(T)] 〈기준선(B)〉 : 화면상 치수선 위치 점 클릭

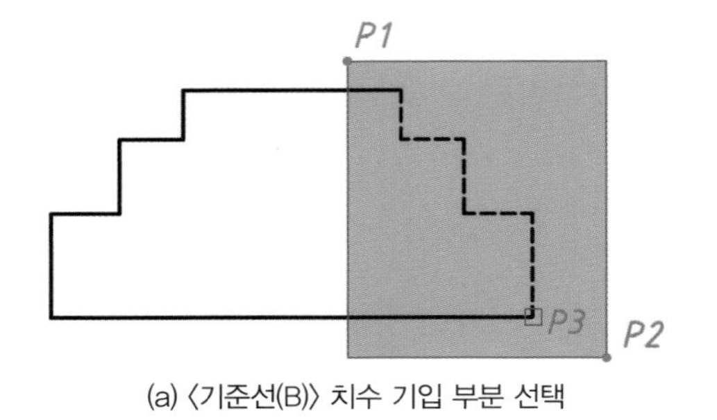

(a) 〈기준선(B)〉 치수 기입 부분 선택

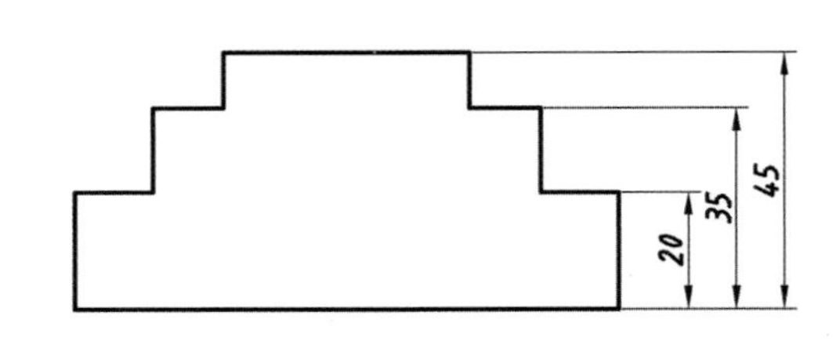

(b) 〈기준선(B)〉 치수 기입 실행 후

③ 기타 명령옵션 요약

명령옵션	설 명
세로좌표(O)	선택한 부분의 좌표치수를 한번에 기입한다.(데이텀 점(P) 활용)
반지름(R)	선택한 호 또는 원들의 반지름 치수를 한번에 기입한다.
지름(D)	선택한 원들의 지름 치수를 한번에 기입한다.
데이텀 점(P)	기준치수 시작점을 새로 지정한다.
편집(E)	선택한 치수기준 점들을 추가하거나 취소한다.
설정(T)	기준점의 우선순위[끝점(E)/교차점(I)]를 결정한다.

04 기준치수 기입 명령 〈OSNAP : 끝점(E), 교차점(I)〉

선형치수를 기준으로 하여 다중(S)치수를 기입한다.

① 명령(Command) : dimbaseline Enter

② 툴바메뉴(치수) :

- 두 번째 치수보조선 원점 지정 또는 [명령 취소(U)/선택(S)] 〈선택(S)〉 : P1 클릭
- 치수 문자 = 35
- 두 번째 치수보조선 원점 지정 또는 [명령 취소(U)/선택(S)] 〈선택(S)〉 : P2 클릭
- 치수 문자 = 45
- 두 번째 치수보조선 원점 지정 또는 [명령 취소(U)/선택(S)] 〈선택(S)〉 : Enter

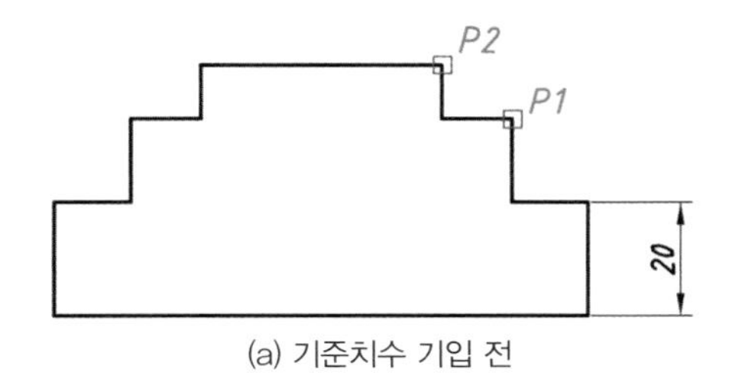

(a) 기준치수 기입 전

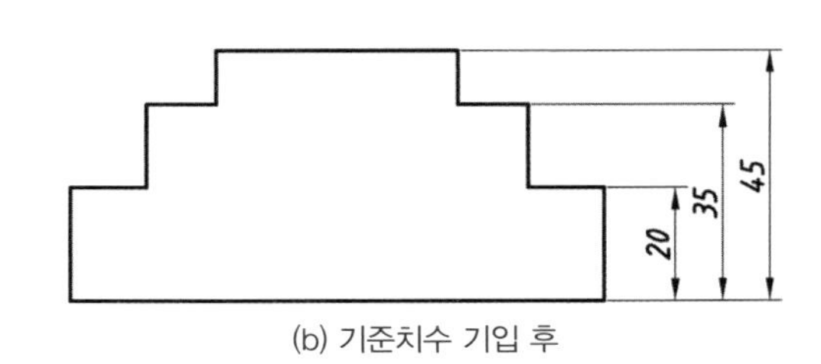

(b) 기준치수 기입 후

기능

1. 기준치수는 기준이 되는 치수가 먼저 기입되어 있어야 한다.
2. 〈선택(S)〉 : 기준치수의 기준이 되는 치수보조선을 새로 선택한다.

05 연속치수 기입 명령 〈OSNAP : 끝점(E), 교차점(I)〉

선형치수를 기준으로 하여 연속(C)치수를 기입한다.

① **명령(Command) :** dimcontinue Enter

② **툴바메뉴 (치수) :** ISO-25

- 두 번째 치수보조선 원점 지정 또는 [명령 취소(U)/선택(S)] 〈선택(S)〉 : P1 클릭
- 치수 문자 = 12
- 두 번째 치수보조선 원점 지정 또는 [명령 취소(U)/선택(S)] 〈선택(S)〉 : P2 클릭
- 치수 문자 = 41
- 두 번째 치수보조선 원점 지정 또는 [명령 취소(U)/선택(S)] 〈선택(S)〉 : P3 클릭
- 치수 문자 = 12
- 두 번째 치수보조선 원점 지정 또는 [명령 취소(U)/선택(S)] 〈선택(S)〉 : P4 클릭
- 치수 문자 = 13
- 두 번째 치수보조선 원점 지정 또는 [명령 취소(U)/선택(S)] 〈선택(S)〉 : Enter

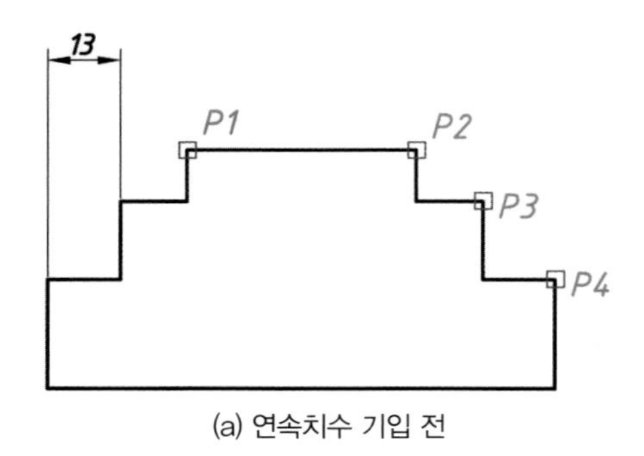

(a) 연속치수 기입 전

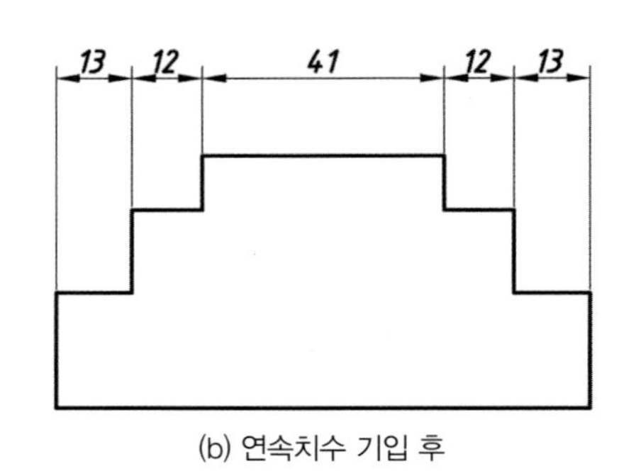

(b) 연속치수 기입 후

기능

1. 연속치수도 기준이 되는 치수가 먼저 기입되어 있어야 한다.
2. 〈선택(S)〉 : 연속치수의 기준이 되는 치수보조선을 새로 선택한다.

06 경사(정렬)치수 기입 명령 〈OSNAP : 끝점(E), 교차점(I)〉

경사도의 치수를 기입한다.

① **명령(Command) :** dimaligned Enter

② **툴바메뉴(치수) :**

- 첫 번째 치수보조선 원점 지정 또는 〈객체 선택〉 : P1 클릭(P2 클릭)
- 두 번째 치수보조선 원점 지정 : P2 클릭(P3 클릭)
- 치수선의 위치 지정 또는 [여러 줄 문자(M)/문자(T)/각도(A)] : 화면상 치수선 위치 점 클릭

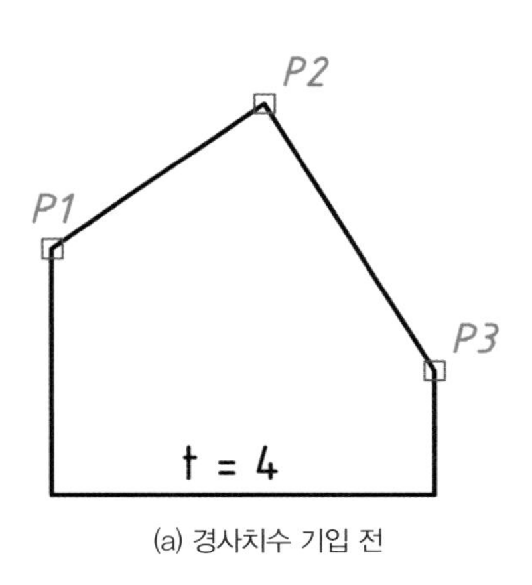

(a) 경사치수 기입 전

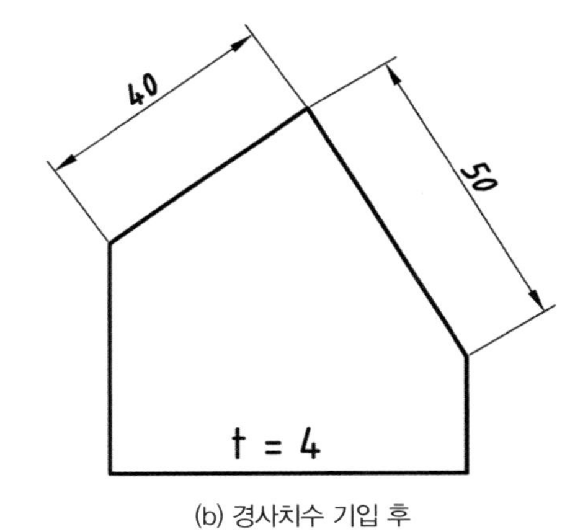

(b) 경사치수 기입 후

07 각도치수 기입 명령 〈OSNAP : OFF(F3)〉

각도(°) 치수를 기입한다.

① 명령(Command) : dimangular Enter

② 툴바메뉴(치수) :

- 호, 원, 선을 선택하거나 〈정점 지정〉 : P1 클릭(P3 클릭)
- 두 번째 선 선택 : P2 클릭(P4 클릭)
- 치수 호 선의 위치 지정 또는 [여러 줄 문자(M)/문자(T)/각도(A)/사분점(Q)] : 화면상 치수선 위치 점 클릭

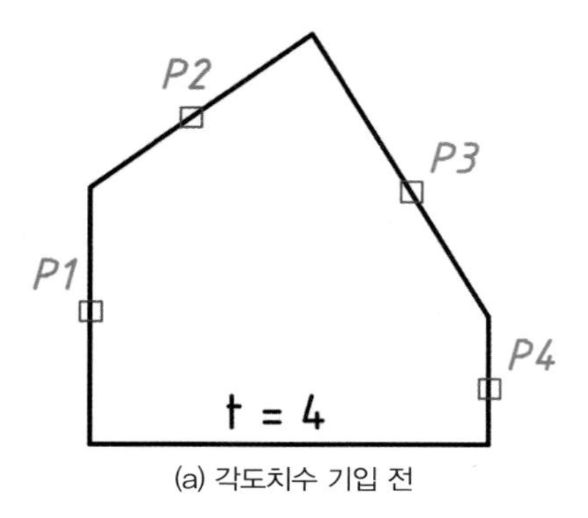

(a) 각도치수 기입 전

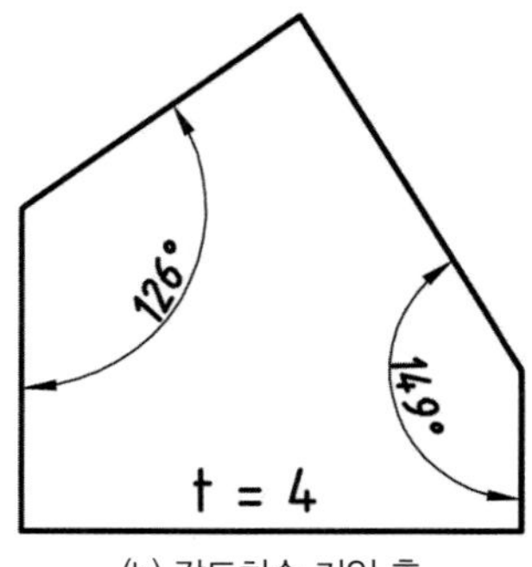

(b) 각도치수 기입 후

08 반지름(R) 치수 기입 명령

반지름(R) 치수를 기입한다.

① 명령(Command) : dimradius Enter

② 툴바메뉴(치수) :

- 호 또는 원 선택 : P1 클릭
- 치수 문자 = 27
- 치수선의 위치 지정 또는 [여러 줄 문자(M)/문자(T)/각도(A)] : 화면상 치수선 위치 점 클릭

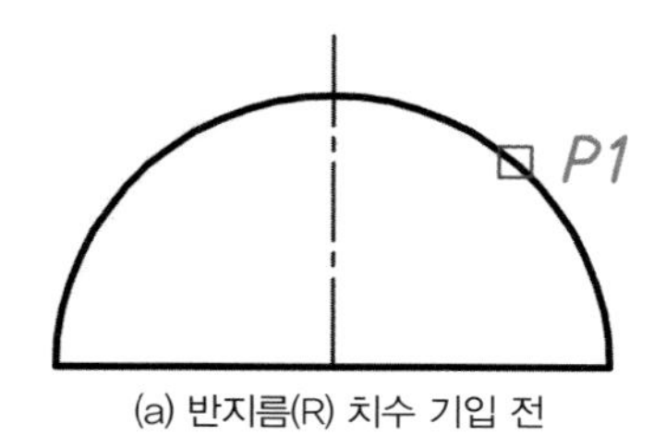

(a) 반지름(R) 치수 기입 전

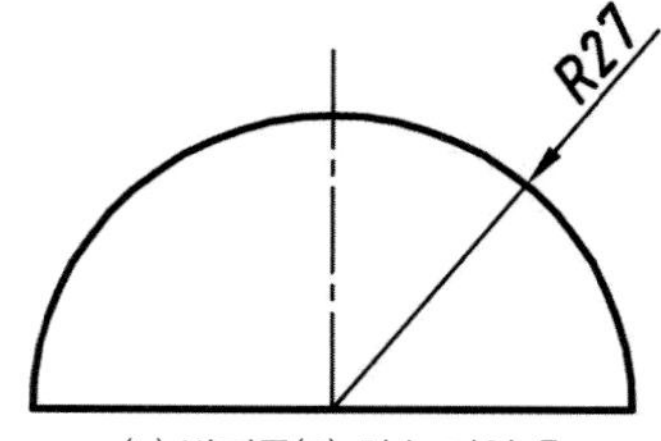

(b) 반지름(R) 치수 기입 후

기능

반지름(R) 치수는 180˚ 미만의 호에서만 적용하도록 KS에서 규정하고 있다. 그러나 중심선에 대칭기호가 있다면 지름(Ø) 치수를 기입해야 한다.

09 반지름(R) 꺾기 치수 기입 명령

반지름(R) 꺾기 치수를 기입한다.

① **명령(Command) :** dimjogged Enter

② **툴바메뉴(치수) :**

- 호 또는 원 선택 : P1 클릭
- 중심 위치 재지정 지정 : P2 클릭
- 치수 문자 = 63
- 치수선의 위치 지정 또는 [여러 줄 문자(M)/문자(T)/각도(A)] : P3 클릭
- 꺾기 위치 지정 : P4 클릭

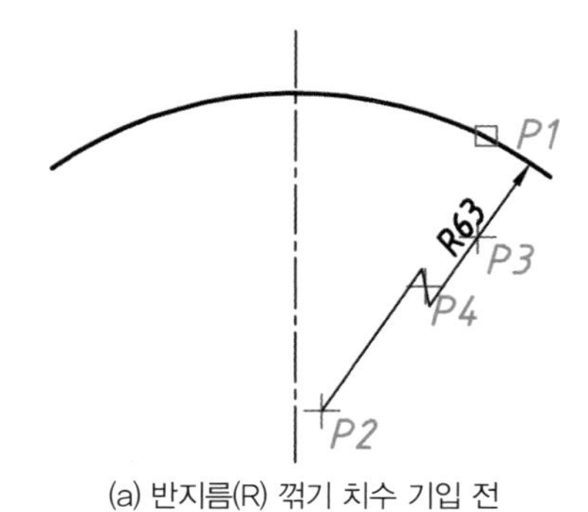

(a) 반지름(R) 꺾기 치수 기입 전

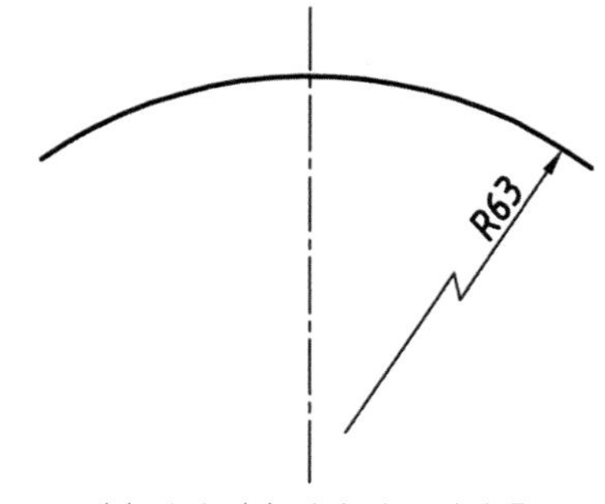

(b) 반지름(R) 꺾기 치수 기입 후

기능

1. 꺾인 반지름(R) 치수는 반지름이 큰 호일 경우 기입하는 기법이다. 이때 끝부분(P2)은 중심선이나 중심점을 향하도록 해야 한다.
2. 반지름 꺾기 각도는 "치수스타일 → 기호 및 화살표 → 반지름 꺾기 치수"에서 제어한다.

10 지름(Ø) 치수 기입 명령

지름(Ø) 치수를 기입한다.

① **명령(Command) :** dimdiameter Enter

② **툴바메뉴(치수) :**

- 호 또는 원 선택 : P1 클릭
- 치수 문자 = 54
- 치수선의 위치 지정 또는 [여러 줄 문자(M)/문자(T)/각도(A)] : 화면상 치수선 위치 점 클릭

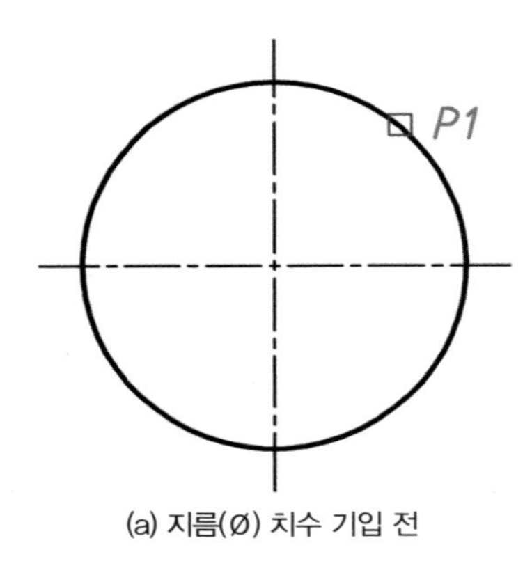

(a) 지름(Ø) 치수 기입 전

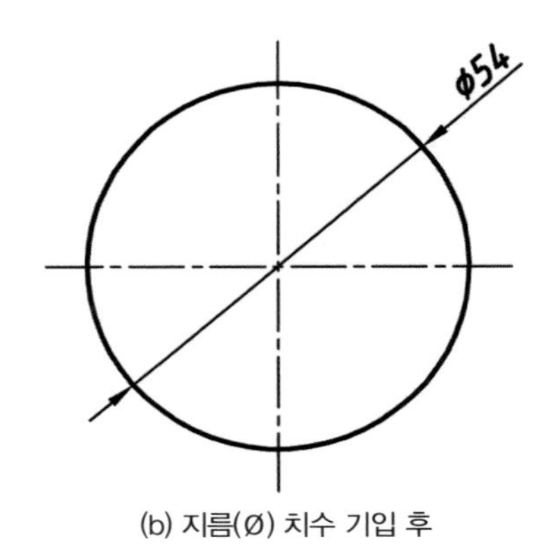

(b) 지름(Ø) 치수 기입 후

11 지시선 치수 설정값(S)

지시선 치수를 기입 전 설정값(S)을 제어한다.

① **명령(Command) :** LE Enter

② **툴바메뉴(치수) :**

- 첫 번째 지시선 지정 또는 [설정값(S)]〈설정값〉 : S Enter

③ 주석 유형 설정

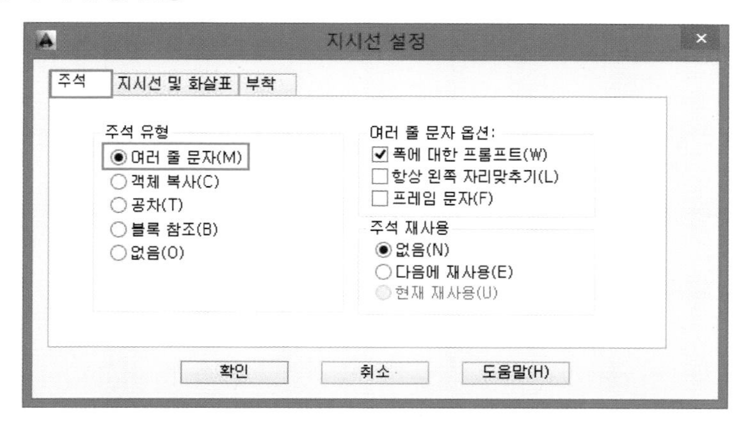

④ 지시선 및 화살표 설정

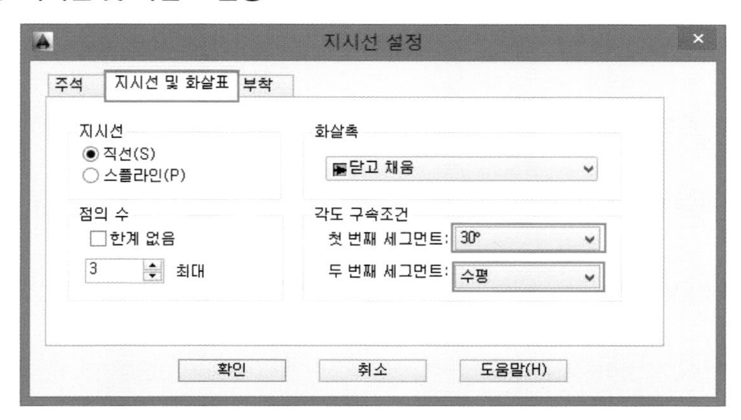

⑤ 부착위치 설정

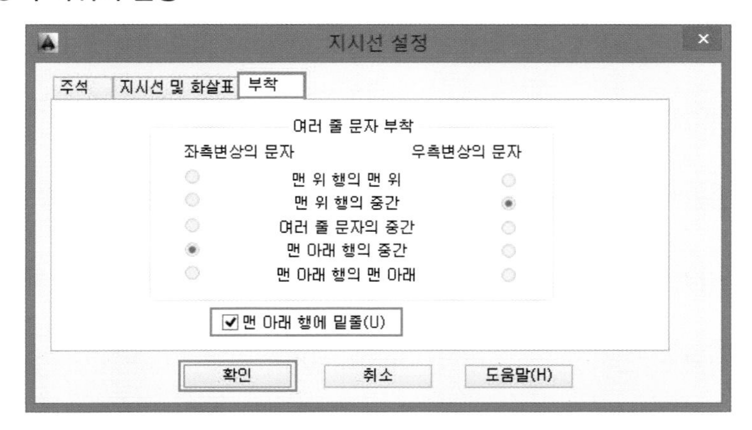

⑥ 주요설정 요약

주석 유형	지시선 및 화살표		부착
여러 줄 문자(M)	각도 구속조건 : 첫 번째 = 30°	두 번째 = 수평	맨 아래 행에 밑줄(U)

12 지시선 치수 기입 명령

지시선 치수를 기입한다.

① **명령(Command) :** LE Enter

② **툴바메뉴(치수) :**

- 첫 번째 지시선 지정, 또는 [설정값(S)]〈설정값〉 : P1 클릭 〈OSNAP : 교차점(I)〉
- 다음점 지정 : P2 클릭
- 다음점 지정 : P3 클릭
- 문자 폭 지정 〈0〉 : Enter
- 주석 문자의 첫 번째 행 입력 또는 〈여러 줄 문자〉 : %%C20 Enter
- 주석 문자의 다음 행을 입력 : Enter

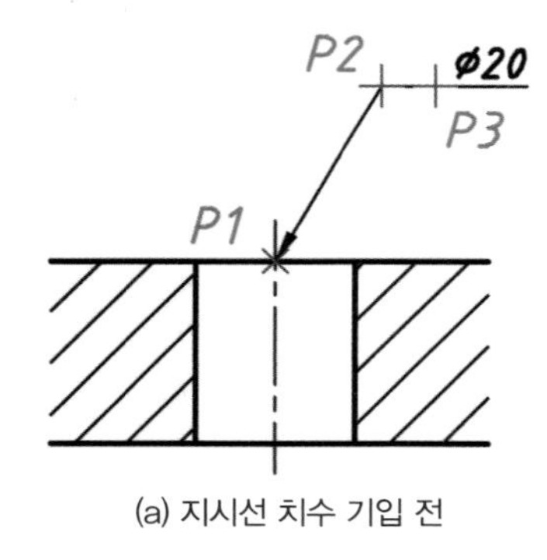

(a) 지시선 치수 기입 전

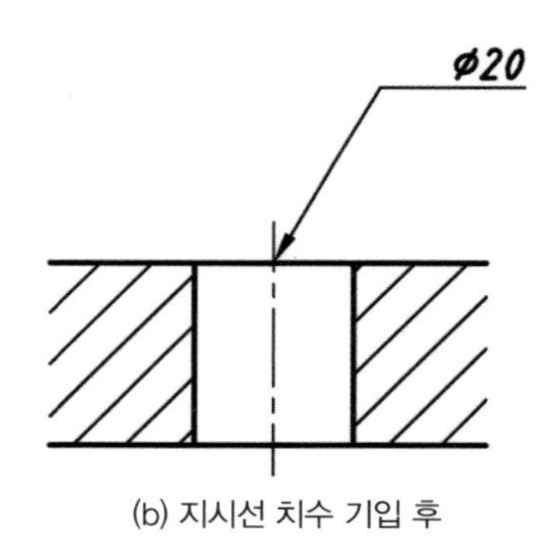

(b) 지시선 치수 기입 후

기능

지시선의 인출은 구멍의 중심선과 외형선이 만나는 지점에서 60°로 인출되어야 한다.

13 툴바 꺼내기(클래식 버전)

툴바 위에서 마우스 오른쪽 버튼을 눌러(드래그) 원하는 툴바를 체크한다.

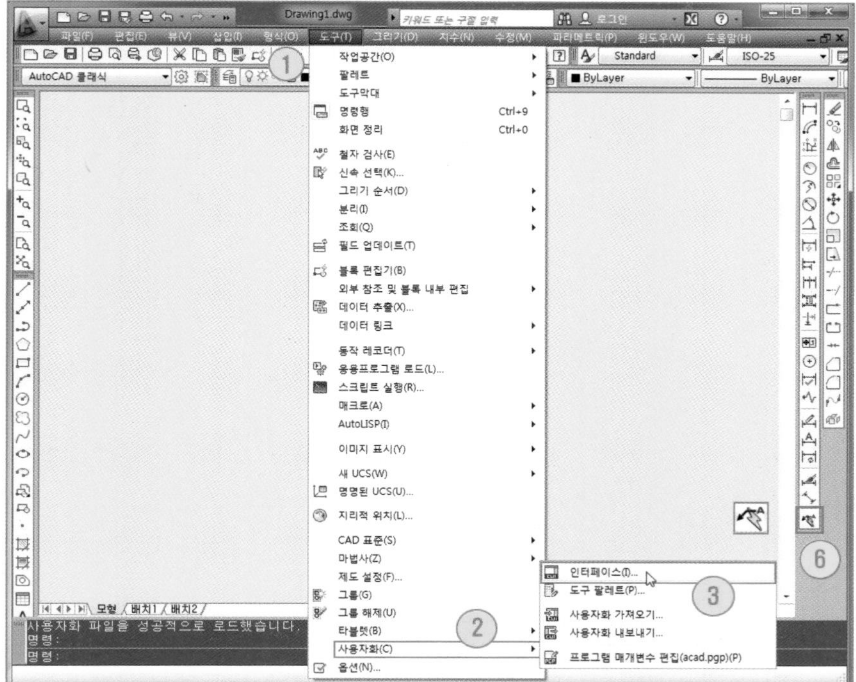

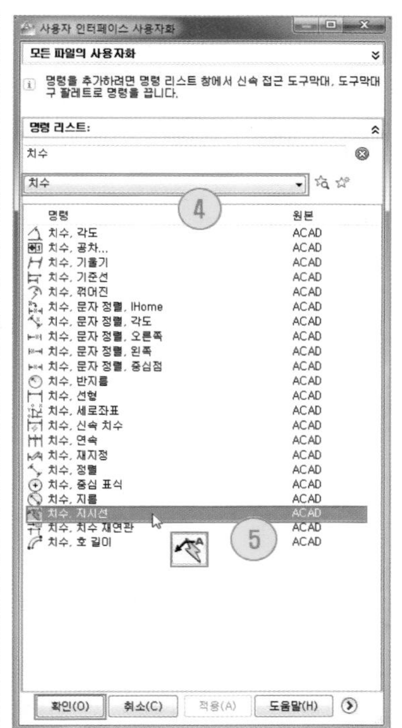

기능

1. 기본 툴바에서 빠져 있는 툴바는 "도구(T) → 사용자화(C) → 인터페이스(I) → 사용자 인터페이스 → 치수"를 펼쳐 원하는 툴바(예 치수, 지시선)를 드래그해 기본 툴바에 옮겨놓는다.
2. 지시선(LE : QLEADER)는 툴바는 나와 있지 않아 초보자들은 치수기입 시 불편하다.

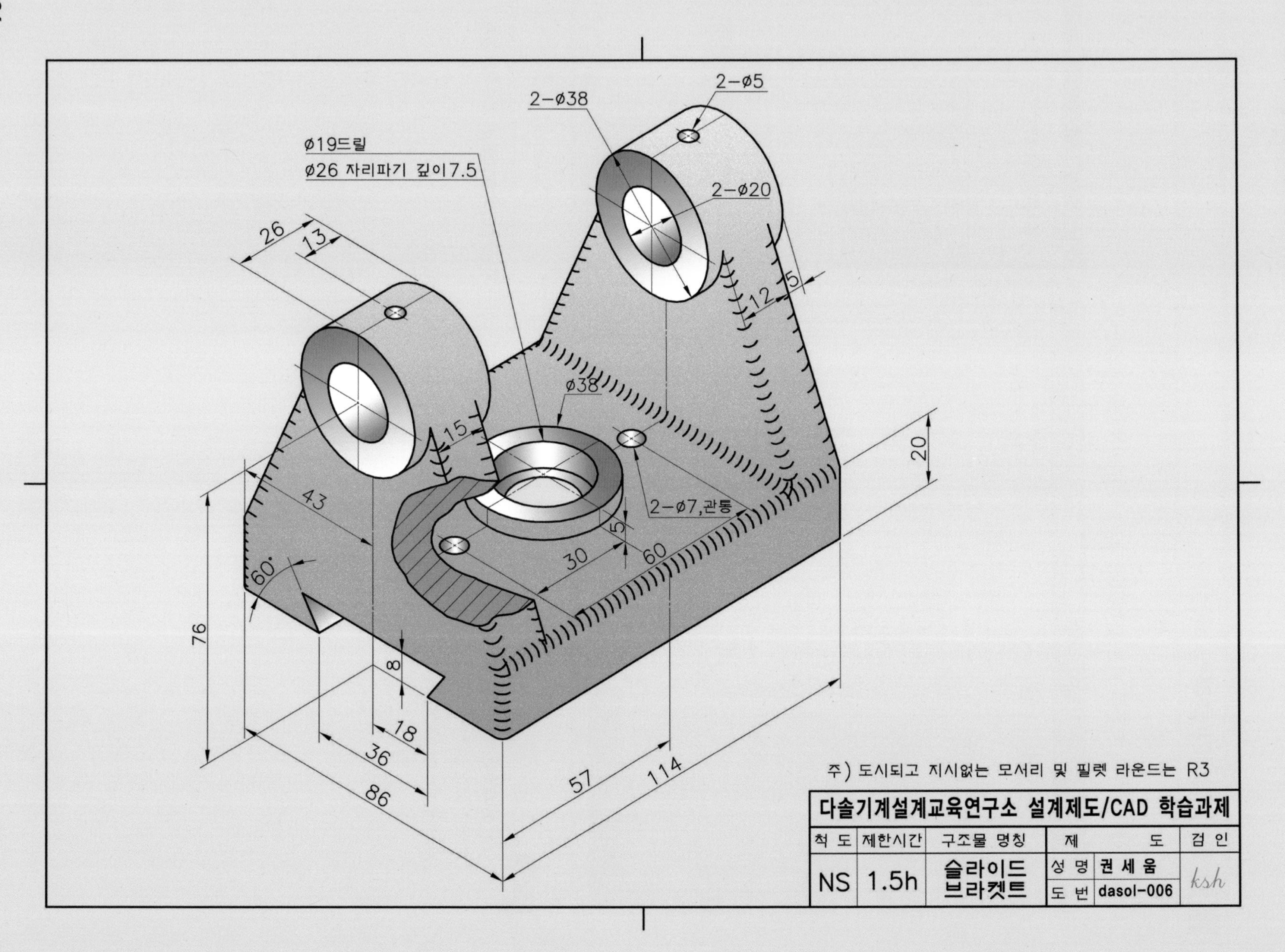
2-ø38
2-ø5
ø19드릴
ø26 자리파기 깊이7.5
2-ø20
26
13
12
5
ø38
15
20
43
2-ø7,관통
5
60°
30
60
76
8
18
36
86
57
114
주) 도시되고 지시없는 모서리 및 필렛 라운드는 R3
다솔기계설계교육연구소 설계제도/CAD 학습과제
척 도
제한시간
구조물 명칭
제 도
검 인
NS
1.5h
슬라이드 브라켓
성 명
권 세 웅
도 번
dasol-006
ksh

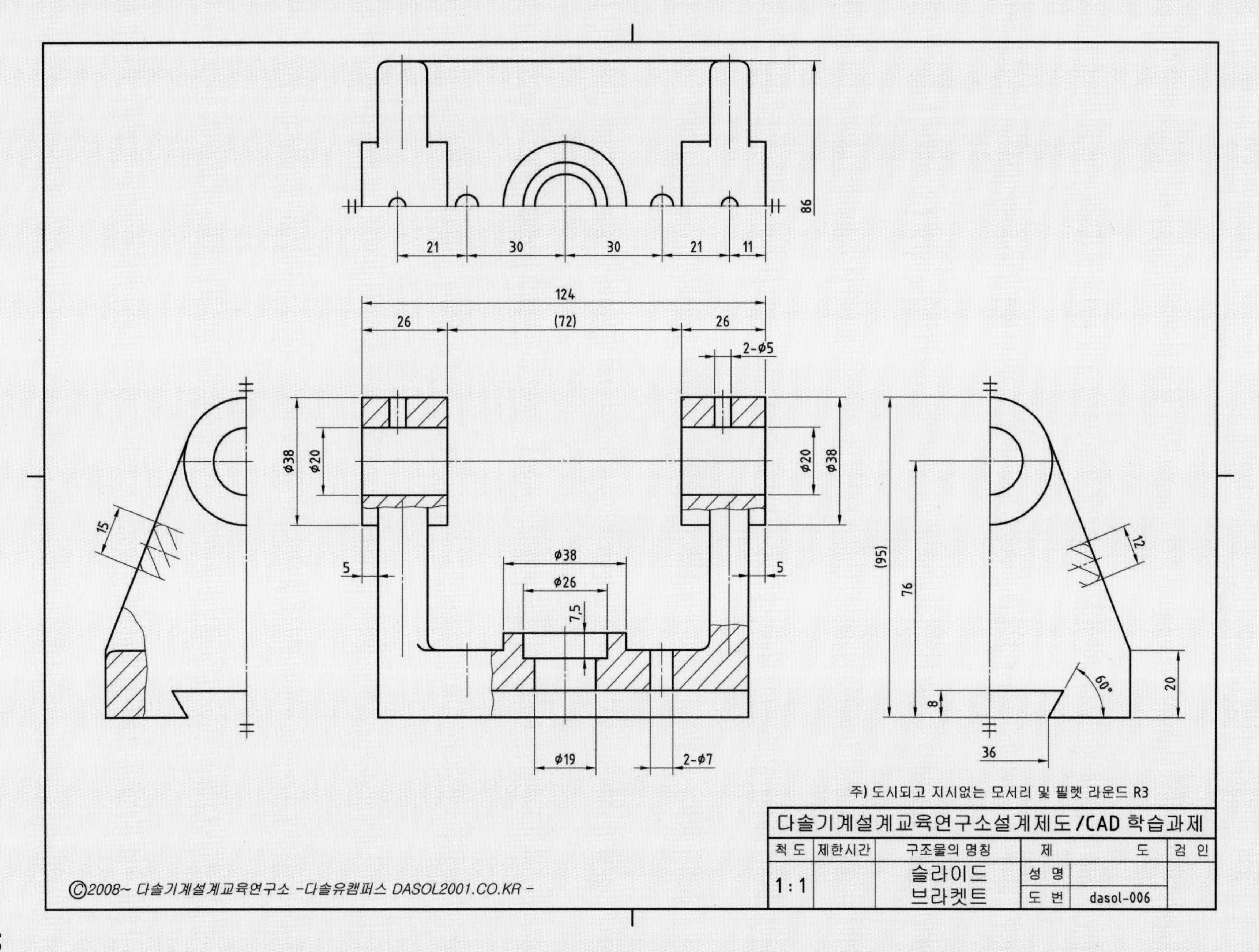
주) 도시되고 지시없는 모서리 및 필렛 라운드 R3
다솔기계설계교육연구소설계제도/CAD 학습과제
척도
제한시간
구조물의 명칭
제 도
검 인
1 : 1
슬라이드
브라켓트
성 명
도 번
dasol-006
©2008~ 다솔기계설계교육연구소 -다솔유캠퍼스 DASOL2001.CO.KR -

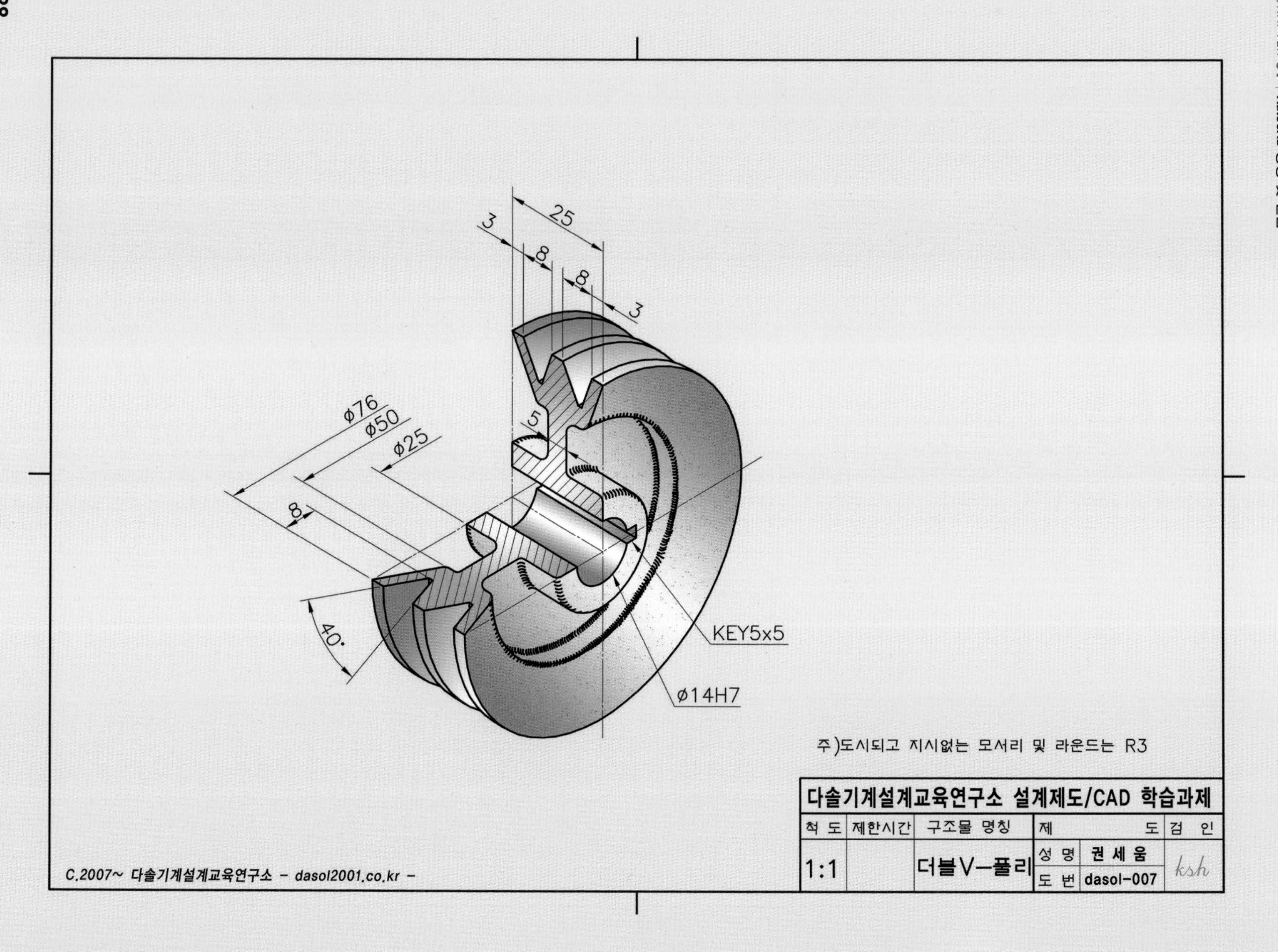
25
3
8
8
3
5
Ø76
Ø50
Ø25
8
40°
KEY5x5
Ø14H7
주)도시되고 지시없는 모서리 및 라운드는 R3
다솔기계설계교육연구소 설계제도/CAD 학습과제
척 도
제한시간
구조물 명칭
제
도
검 인
1:1
더블V—풀리
성 명
권 세 움
도 번
dasol-007
ksh
C.2007~ 다솔기계설계교육연구소 - dasol2001.co.kr -

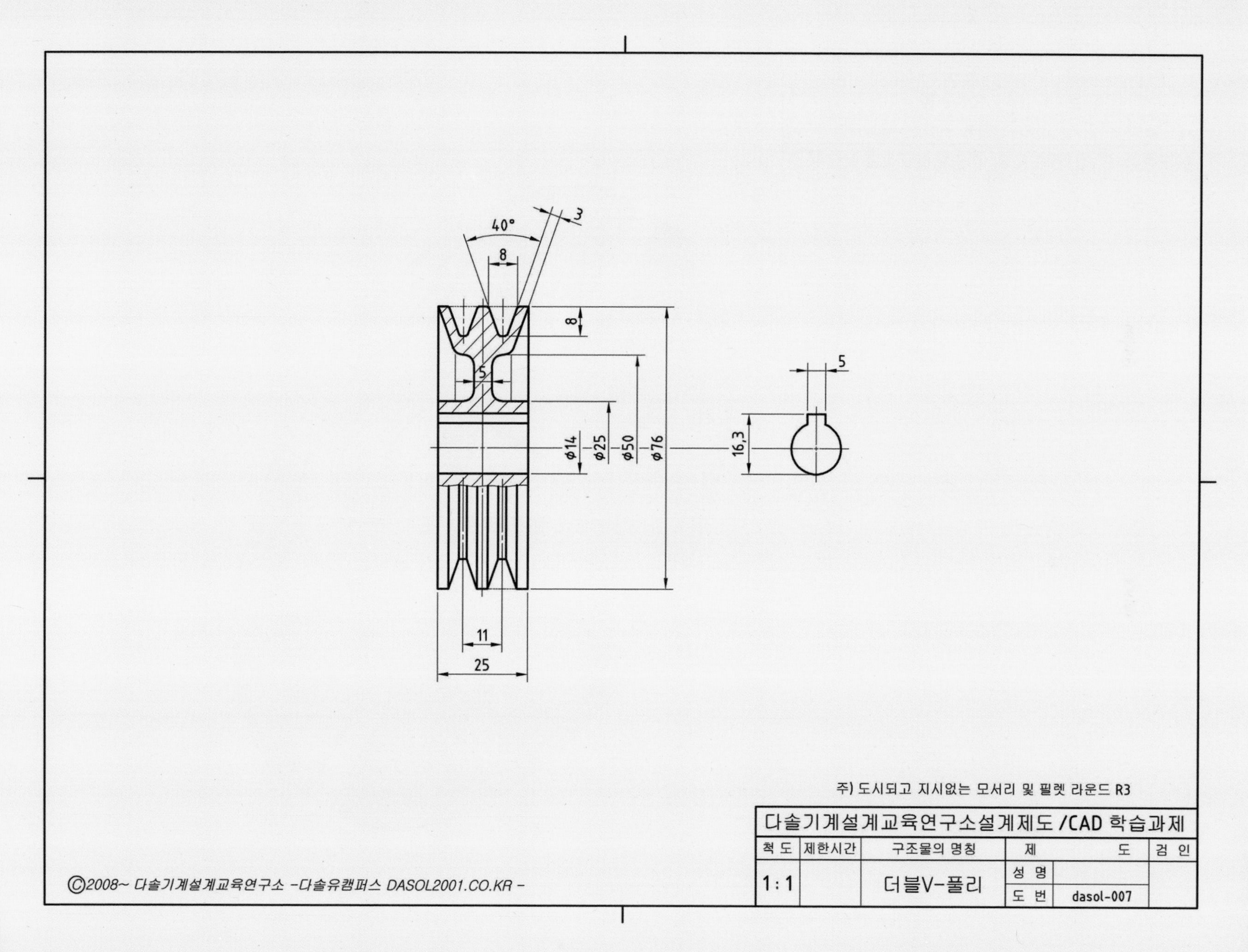
40°
3
8
8
5
5
16,3
φ14
φ25
φ50
φ76
11
25
주) 도시되고 지시없는 모서리 및 필렛 라운드 R3
다솔기계설계교육연구소설계제도 /CAD 학습과제
척 도
제한시간
구조물의 명칭
제
도
검 인
1 : 1
더블V-풀리
성 명
도 번
dasol-007
ⓒ2008~ 다솔기계설계교육연구소 -다솔유캠퍼스 DASOL2001.CO.KR -

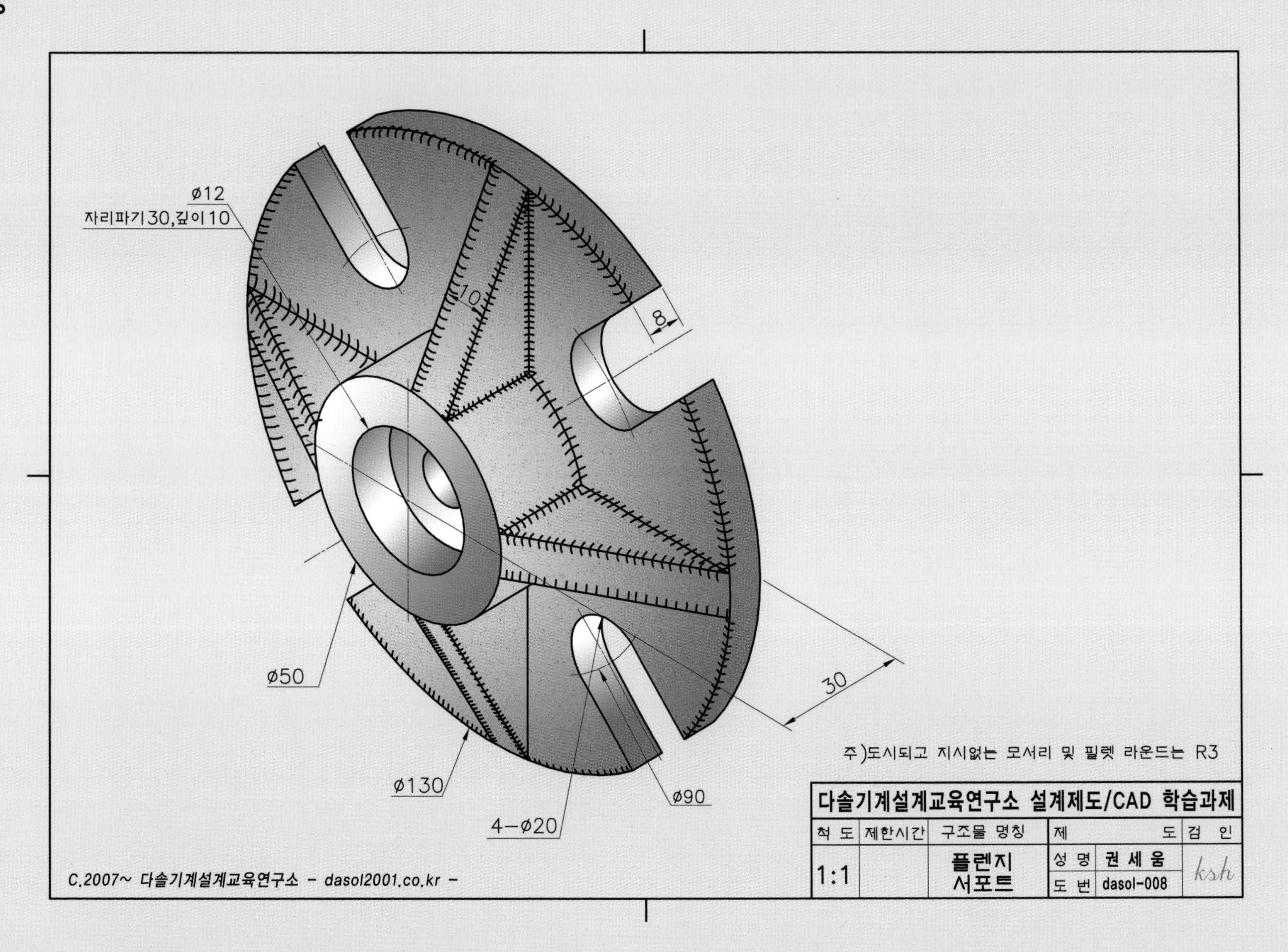

Ø12
자리파기30,깊이10
10
8
Ø50
30
Ø130
Ø90
4-Ø20
주)도시되고 지시없는 모서리 및 필렛 라운드는 R3
다솔기계설계교육연구소 설계제도/CAD 학습과제
척 도
제한시간
구조물 명칭
제
도
검 인
1:1
플랜지 서포트
성 명
권 세 움
도 번
dasol-008
ksh
C.2007~ 다솔기계설계교육연구소 - dasol2001.co.kr -

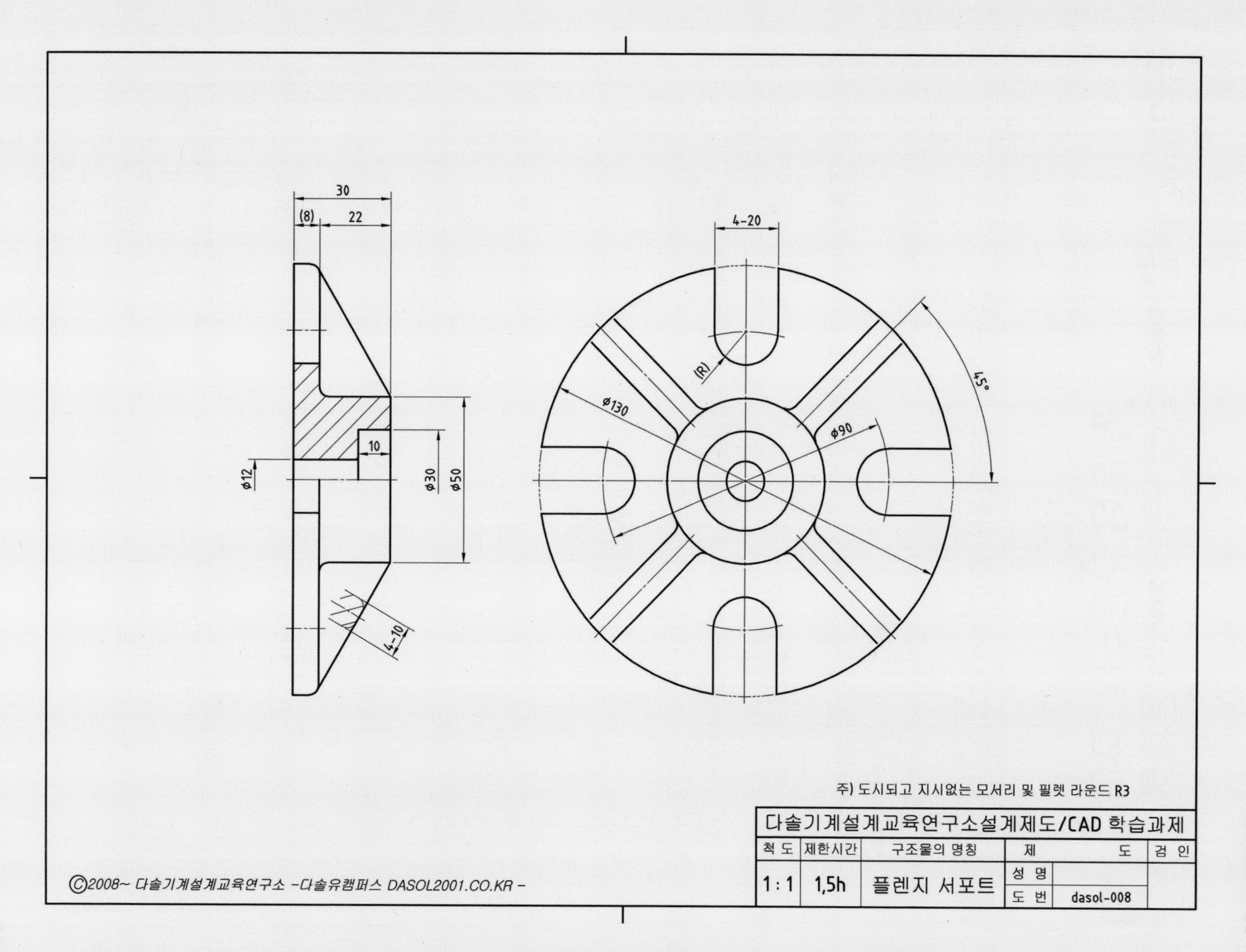

30
(8)
22
4-20
(R)
45°
φ130
φ90
10
φ12
φ30
φ50
4-10
주) 도시되고 지시없는 모서리 및 필렛 라운드 R3
다솔기계설계교육연구소설계제도/CAD 학습과제
척 도
제한시간
구조물의 명칭
제 도
검 인
1 : 1
1,5h
플렌지 서포트
성 명
도 번
dasol-008
©2008~ 다솔기계설계교육연구소 -다솔유캠퍼스 DASOL2001.CO.KR -

10 일반공차 기입하는 법 및 기하공차 기입하는 방법, 치수공간 명령 등

01 치수 편집 중 파이(Ø)를 일괄적으로 기입하는 법

도면에 기입된 치수를 편집한다.

① **명령(Command) :** dimedit Enter

② **툴바메뉴(치수) :**

- 치수 편집의 유형 입력 [처음(H)/신규(N)/회전(R)/기울기(O)] 〈처음(H)〉: N Enter → %%C0 → 확인

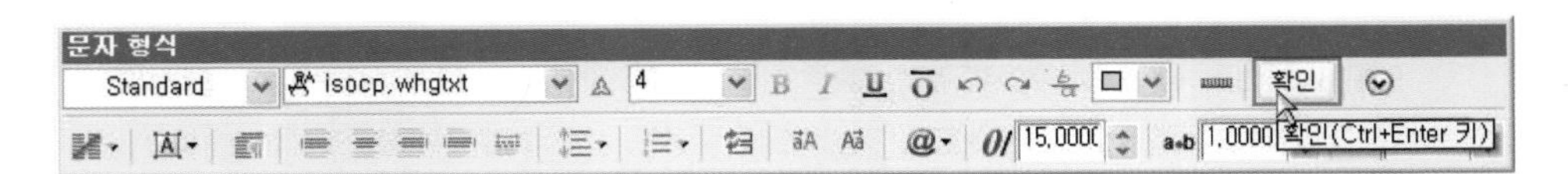

- 객체 선택 : 반대 구석 지정 : P1 클릭 → P2 클릭(Crossing 선택)
- 객체 선택 : 반대 구석 지정 : P3 클릭 → P4 클릭(Crossing 선택)
- 객체 선택 : Enter

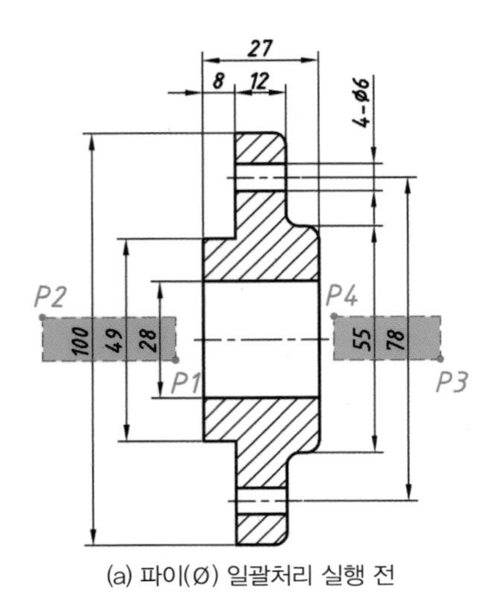

(a) 파이(Ø) 일괄처리 실행 전

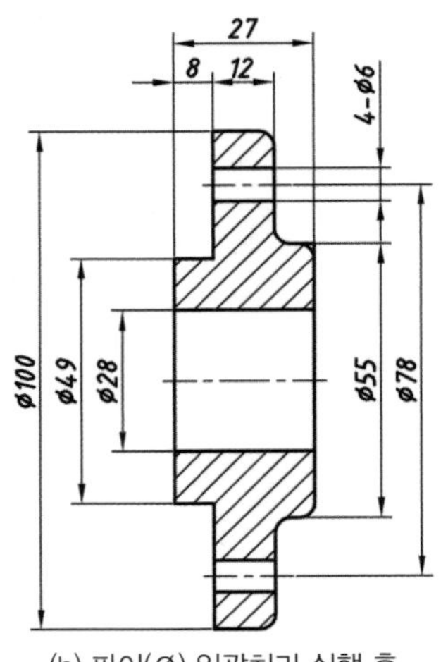

(b) 파이(Ø) 일괄처리 실행 후

기능

치수편집 문자형식 : %%C0 = Ø0으로 처리된다. 이때 숫자 "0"은 기입된 치수를 의미한다.

③ 치수편집 문자형식 요약

문자형식	처리 결과
%%C40	Ø40
%%C40H7	Ø40H7
%%C40g6	Ø40g6

02 일반공차 기입방법

문자편집 명령을 이용해서 일반공차를 기입해보자.

① **명령(Command) :** DDEDIT Enter

② **툴바메뉴(문자) :**

- 주석 객체 선택 또는 [명령 취소(U)] : P1 클릭(공차를 기입할 치수 선택)
- 주석 객체 선택 또는 [명령 취소(U)] : +0.1^ 0 → 공차만 드래그 → 빨간색 → 2.5 → 스택 → 확인
- 주석 객체 선택 또는 [명령 취소(U)] : Enter

22,8+0,1^ 0

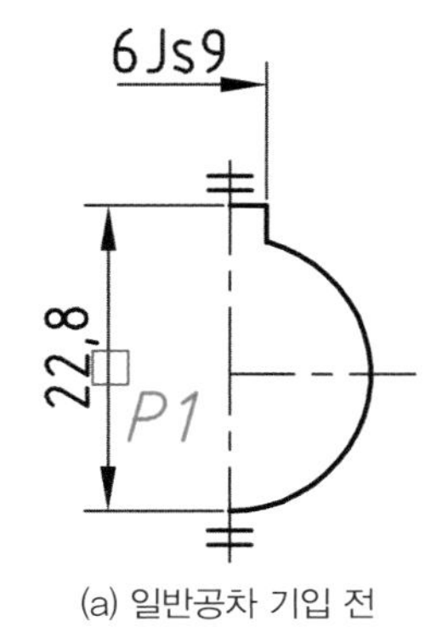

(a) 일반공차 기입 전

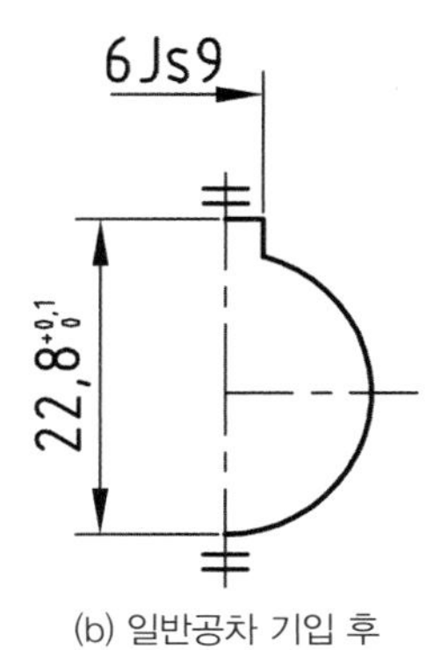

(b) 일반공차 기입 후

기능

"22.8+0.1^" 여기서 ^ 뒷부분은 한 칸 띄어야 한다. 단, +, − 공차라면 띄지 않는다.

③ 일반공차 설정 요약

일반공차 옵션	설명
일반공차 문자높이	약 2.5mm
일반공차 문자선(색상)	가는선(빨간색, 흰색)

03 데이텀 설정 및 데이텀 기입하는 방법

데이텀 삼각기호를 설정하고 데이텀을 기입해보자.

(1) 데이텀 설정

① 명령(Command) : D Enter

② 툴바메뉴(치수) : ISO-25

③ 신규(N)를 클릭한다.

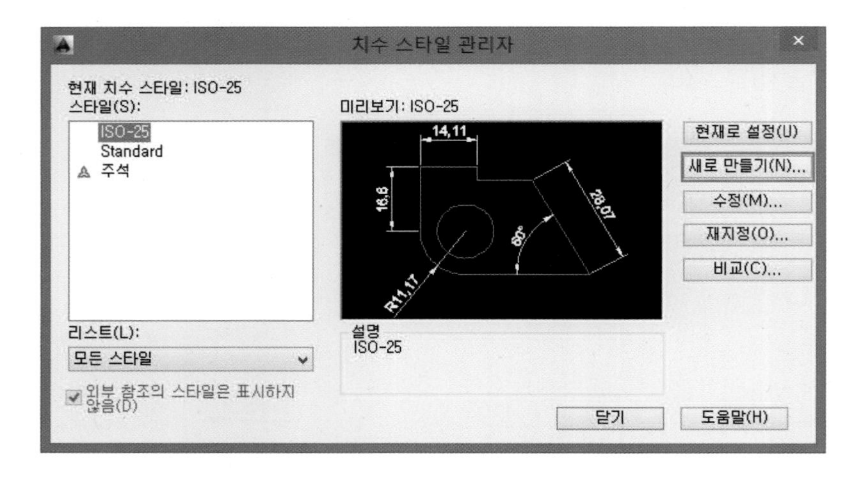

④ 새 스타일 이름(N) : 데이텀

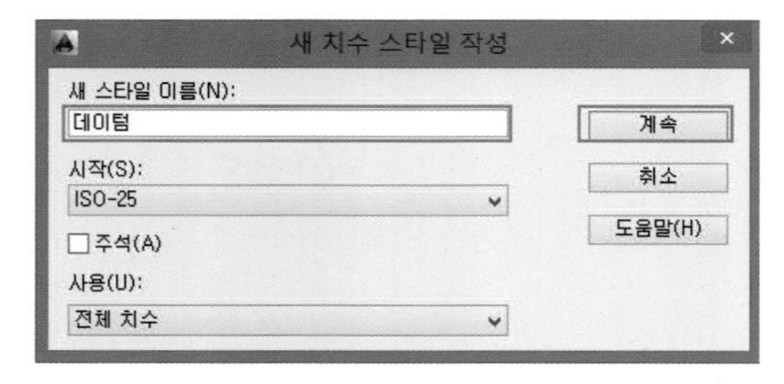

⑤ 기호 및 화살표 : 데이터 삼각형 채우기

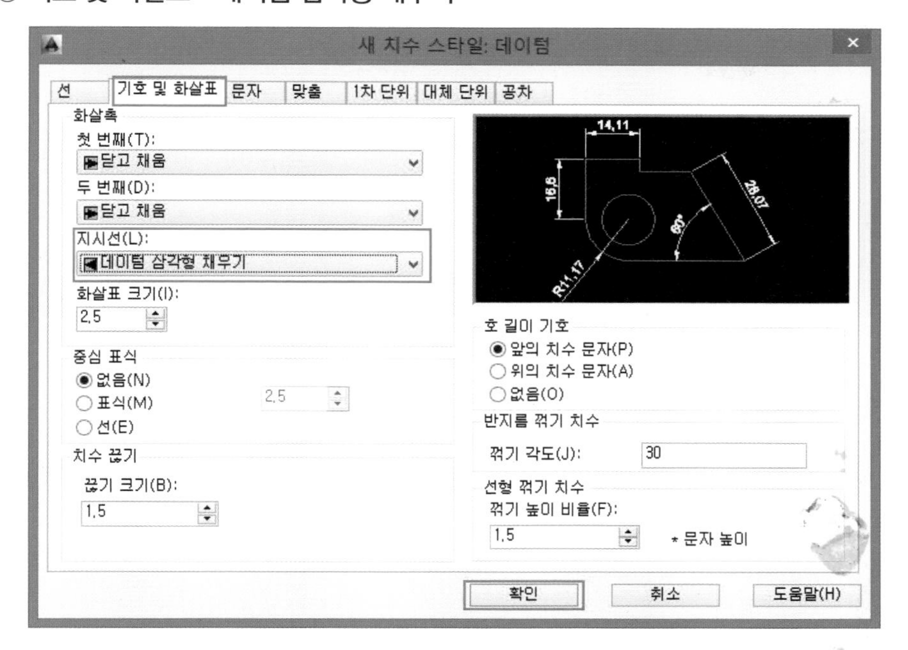

⑥ 스타일에서 설정된 데이텀 확인

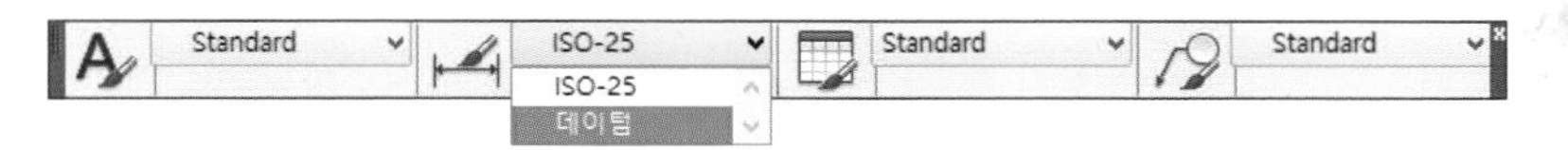

⑦ 주요설정 요약

새 스타일 이름(N)	기호 및 화살표	스타일 확인하기
데이텀	데이텀 삼각형 채우기	데이텀

(2) 데이텀 식별자(D) 기입

데이텀은 기입하고자 하는 도면의 가까운 임의의 화면에 위치해 놓는다.

① 명령(Command) : tolerance Enter

② 툴바메뉴(치수) :

③ 데이텀 식별자(D)를 표기한다.

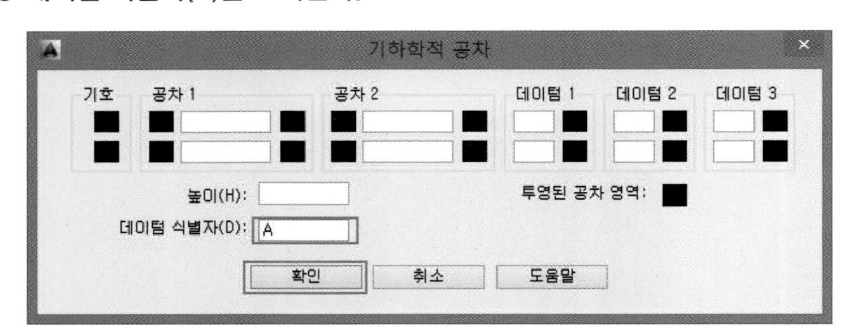

• 공차 위치 입력 : P1 클릭
(도면과 가까운 화면상 임의의 위치)

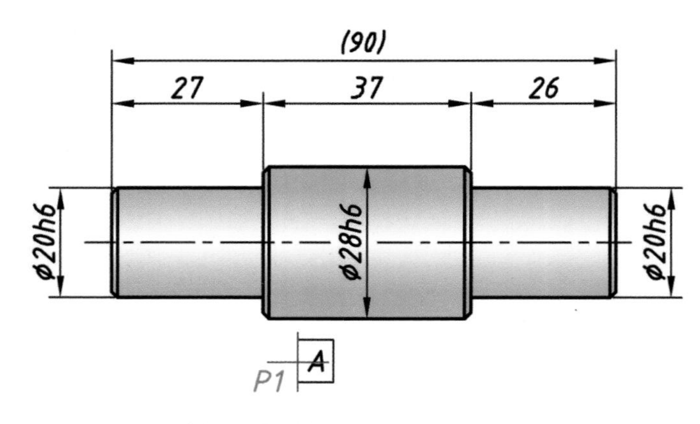

도면과 가까운 화면상에 데이텀 식별자를 위치

기타 치수변수 설정은 앞에서 설정한 값을 그대로 유지한다.

(3) 데이텀 삼각기호 및 식별자 기입(표기) 〈SONAP : 중간점(M), 끝점(E), 근처점(R)〉

스타일에서 설정해 놓은 데이텀 옵션으로 변경한 후 지시선(qleader)을 이용해 기입한다.

① 툴바메뉴(스타일) : Standard | ISO-25 (ISO-25, 데이텀) | Standard | Standard

② 명령(Command) : LE Enter

③ 툴바메뉴(치수) :

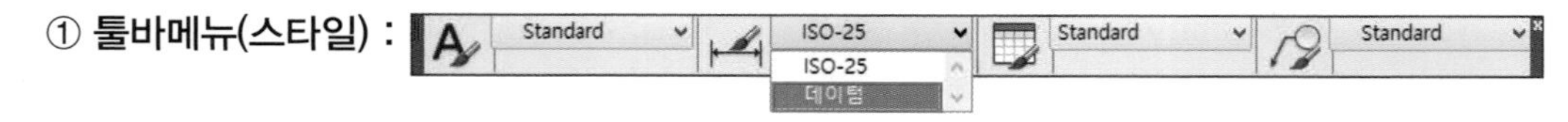

• 첫 번째 지시선 지정, 또는 [설정값(S)]〈설정값〉 : S Enter

④ 주석 유형 설정 : 없음(O)

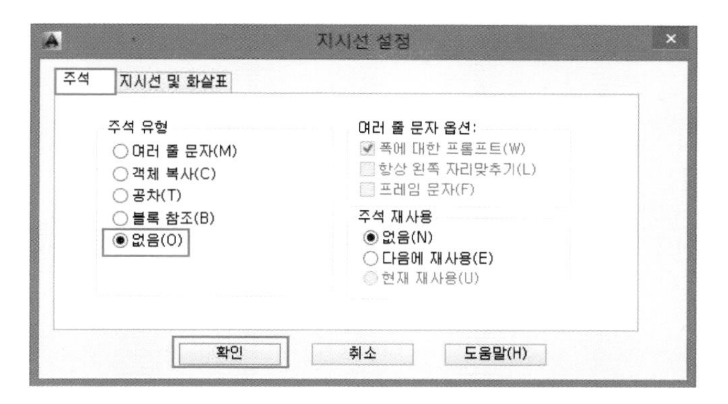

- 첫 번째 지시선 지정, 또는 [설정값(S)]〈설정값〉 : P1 클릭
- 다음점 지정 : P2 클릭(적당한 임의의 길이)
- 다음점 지정 : Enter

⑤ 명령(Command) : CO Enter (표기된 데이텀 복사하기)

⑥ 툴바메뉴(수정) :

- 객체 선택 : P3 클릭
- 객체 선택 : Enter
- 기본점 지정 또는 [변위(D)/모드(O)] 〈변위(D)〉 : P4 클릭 〈OSNAP : 중간점(M), 끝점(E)〉
- 두 번째 점 지정 또는 [종료(E)/명령취소(U)] 〈종료〉 : P2 클릭, P5 클릭
- 두 번째 점 지정 또는 [종료(E)/명령취소(U)] 〈종료〉 : Enter

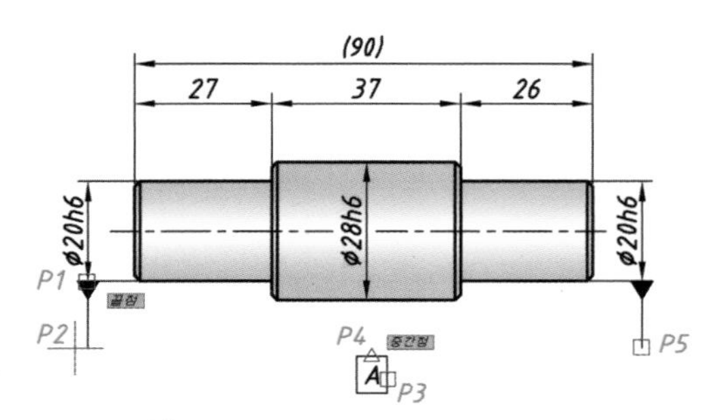

(a) 데이텀 삼각기호 및 식별자 기입 전

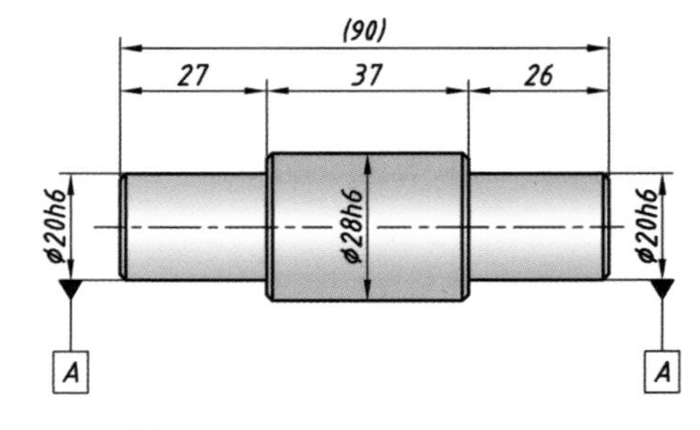

(b) 데이텀 삼각기호 및 식별자 기입 후

기능

1. 기타 치수변수 설정은 앞에서 설정한 값을 그대로 유지한다.
2. 데이텀 식별자는 복사(COPY) 명령을 이용해 최종 마무리한다.

04 기하공차 기입방법 〈OSNAP : 중간점(M), 끝점(E), 근처점(R)〉

스타일에서 설정해놓은 ISO-25 옵션으로 변경한 후 지시선(Qleader)을 이용해 기입한다.

① **툴바메뉴(스타일) :** 

② **명령(Command) :** LE Enter

③ **툴바메뉴(치수) :** ISO-25

• 첫 번째 지시선 지정 또는 [설정값(S)]〈설정값〉 : S Enter

④ **주석유형 설정 : 공차(T)**

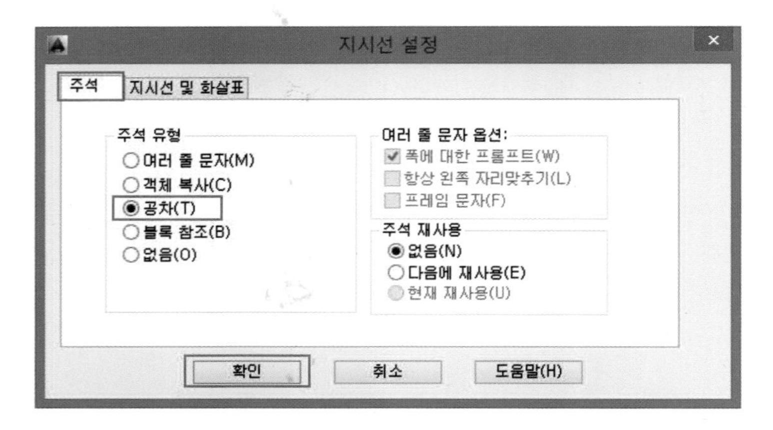

• 첫 번째 지시선 지정 또는 [설정값(S)]〈설정값〉 : P1 클릭
• 다음 점 지정 : P2 클릭(적당한 임의의 길이)
• 다음 점 지정 : P3 클릭(좌우 임의의 방향 및 적당한 임의의 길이)

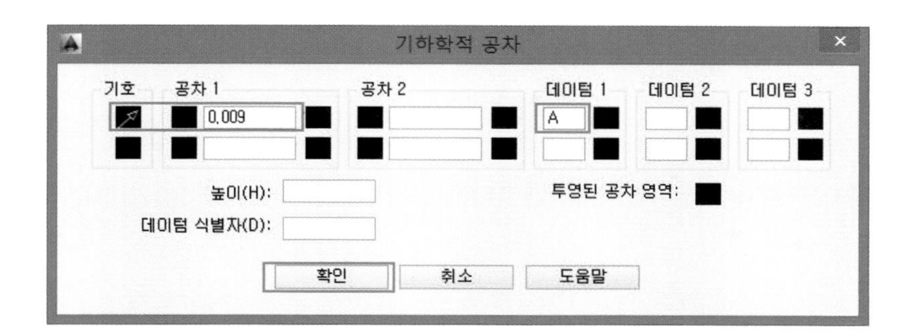

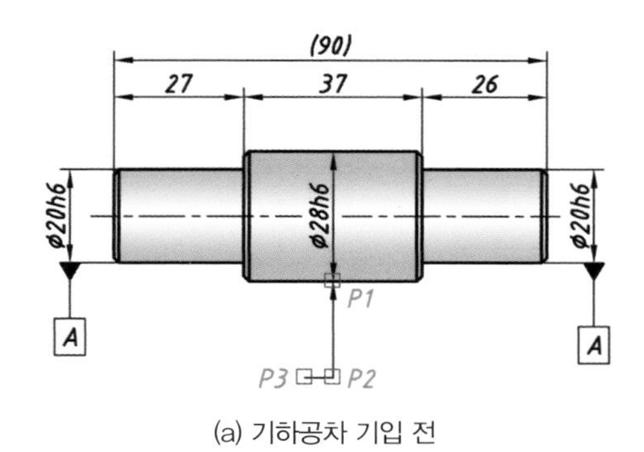

(a) 기하공차 기입 전

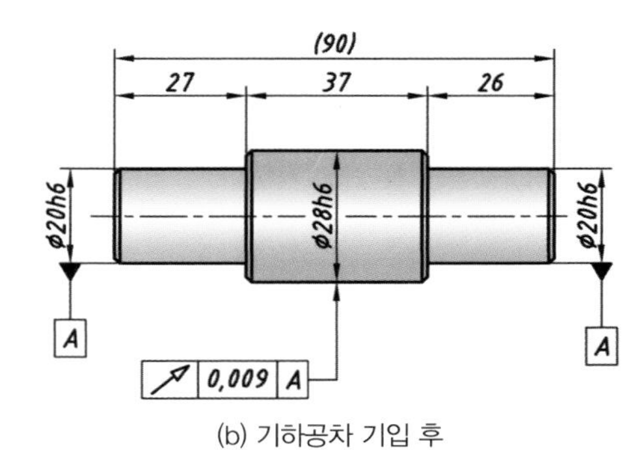

(b) 기하공차 기입 후

기능

1. 기타 치수변수 설정은 앞에서 설정한 값을 그대로 유지한다.
2. 지시선의 길이와 방향은 투상선이나 치수선 등을 피한 적당한 위치에 기입한다.
3. 기하공차나 데이텀 수정: " , 명령(Command) : ddedit"에서 편집한다.
4. 기하공차 해석 및 적용법은 다솔유캠퍼스의 「CED 전산응용기계제도 실기 · 실무」 책을 참조한다.

05 치수간격 명령

기준 치수선을 지정하여 치수선과 치수선 간의 간격을 조정한다.

① 명령(Command) : DIMSPACE Enter

② 툴바메뉴(치수) :

- 기본 치수 선택 : P1 클릭(기준 치수선)
- 간격을 둘 치수 선택 : P2 클릭
- 간격을 둘 치수 선택 : P3 클릭(또는 Crossing P2 → P3를 선택한다.)
- 간격을 둘 치수 선택 : Enter
- 값 또는 [자동(A)] 입력 〈자동(A)〉 : Enter (또는 간격값을 입력한다.)

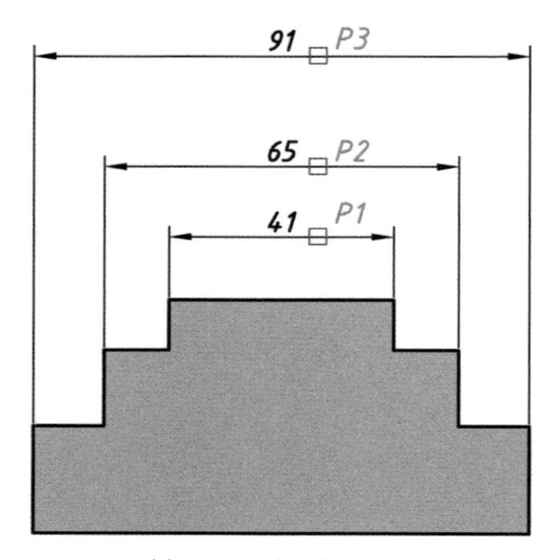

(a) 치수공간(간격) 실행 전

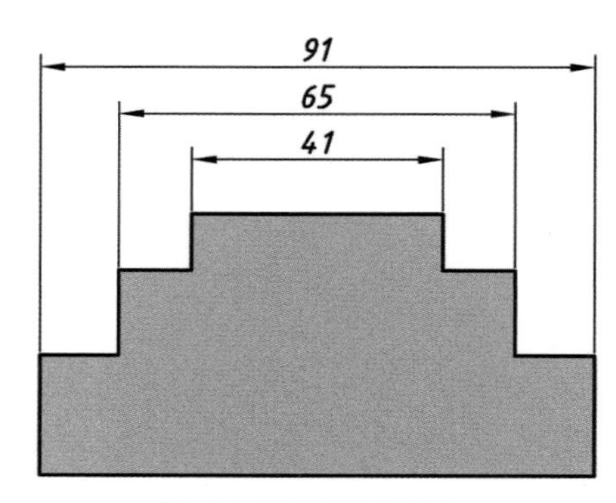

(b) 치수공간(간격) 실행 후

기능

〈자동(A)〉는 기본간격 8mm가 적용된다.

06 치수선 및 치수보조선 끊기 명령

치수선과 치수보조선을 치수스타일에서 지정한 값(간격)만큼 끊는다.

① 명령(Command) : DIMBREAK Enter

② 툴바메뉴(치수) :

- 치수 선택 또는 [다중(M)] : P1 클릭(끊을 치수를 선택)
- 치수를 끊을 객체 또는 [자동(A)/복원(R)/수동(M)] 선택 〈자동(A)〉 : Enter

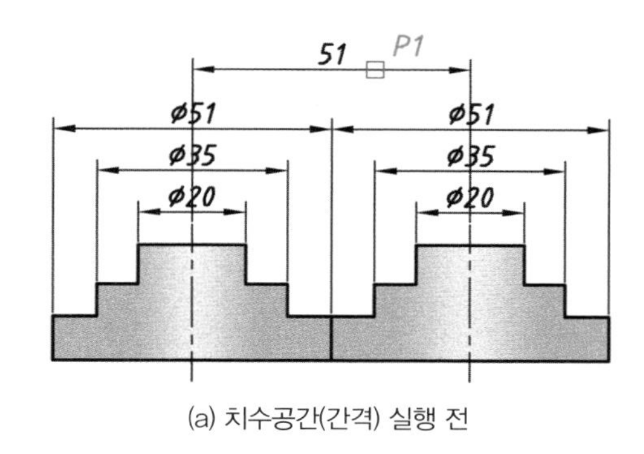

(a) 치수공간(간격) 실행 전

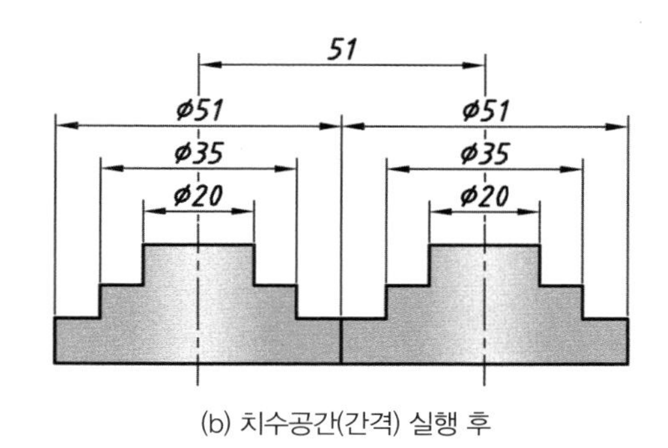

(b) 치수공간(간격) 실행 후

③ 기타 명령옵션 요약

명령옵션	설 명
자동(A)	치수 스타일 → 기호 및 화살표 → 치수 끊기에서 지정한 값을 적용한다.
복원(R)	치수 끊기 명령으로 끊긴 치수선이나 치수보조선을 복원시킨다.
수동(M)	끊기 값(간격)을 입력한다.

기능

치수 끊기 명령은 AutoCAD 2008 버전부터 지원된다.

07 AutoLISP를 이용한 쉬운 치수 편집

AutoCAD에서 지원하는 자동화 프로그램 LISP를 이용해 치수들을 쉽게 편집해 보자.

① 메모장을 열어 아래와 같이 작성한다.

제목 없음 - 메모장

파일(F) 편집(E) 서식(O) 보기(V) 도움말(H)

```
(defun C:11()(command "dim1" "n" "%%c<>"))
(defun C:111()(command "dim1" "n" "P.C.D%%c<>"))
(defun C:22()(command "dim1" "n" "%%c<>H7"))
(defun C:23()(command "dim1" "n" "%%c<>H8"))
(defun C:33()(command "dim1" "n" "%%c<>h6"))
(defun C:4()(command "dim1" "n" "M<>"))
(defun C:44()(command "dim1" "n" "M<>x1"))
(defun C:444()(command "dim1" "n" "M<>x2"))
(defun C:55()(command "dim1" "n" "(<>)"))
(defun C:66()(command "dim1" "n" "(R)"))
(defun C:666()(command "dim1" "n" "(R<>)"))
(defun C:77()(command "dim1" "n" "<>N9"))
(defun C:88()(command "dim1" "n" "<>Js9"))
(defun C:99()(command "dim1" "n" "%%c<>k5"))
(defun C:999()(command "dim1" "n" "%%c<>j6"))
(defun C:00()(command "dim1" "n" "4-M<>"))
(defun C:10()(command "dim1" "n" "<>x45%%d"))

(defun C:h()(command "-bhatch" "p" "u" "45" "3" "n"))
(defun C:v()(command "lengthen" "de" "2"))
(defun C:vv()(command "lengthen" "de" "3"))
(defun C:ff()(command "fillet" "r" "3" "fillet"))
(defun C:fff()(command "fillet" "r" "0" "fillet"))
(defun C:cc()(command "chamfer" "d" "1" "1" "chamfer"))
```

LISP 명령

```
(defun C:11()(command "dim1" "n" "%%c<>"))
(defun C:111()(command "dim1" "n" "P.C.D%%c<>"))
(defun C:22()(command "dim1" "n" "%%c<>H7"))
(defun C:23()(command "dim1" "n" "%%c<>H8"))
(defun C:33()(command "dim1" "n" "%%c<>h6"))
(defun C:4()(command "dim1" "n" "M<>"))
(defun C:44()(command "dim1" "n" "M<>x1"))
(defun C:444()(command "dim1" "n" "M<>x2"))
(defun C:55()(command "dim1" "n" "(<>)"))
(defun C:66()(command "dim1" "n" "(R)"))
(defun C:666()(command "dim1" "n" "(R<>)"))
(defun C:77()(command "dim1" "n" "<>N9"))
(defun C:88()(command "dim1" "n" "<>Js9"))
(defun C:99()(command "dim1" "n" "%%c<>k5"))
(defun C:999()(command "dim1" "n" "%%c<>j6"))
(defun C:00()(command "dim1" "n" "4-M<>"))
(defun C:10()(command "dim1" "n" "<>x45%%d"))
(defun C:h()(command "-bhatch" "p" "u" "45" "3" "n"))
(defun C:v()(command "lengthen" "de" "2"))
(defun C:vv()(command "lengthen" "de" "3"))
(defun C:ff()(command "fillet" "r" "3" "fillet"))
(defun C:fff()(command "fillet" "r" "0" "fillet"))
(defun C:cc()(command "chamfer" "d" "1" "1" "chamfer"))
```

② 파일(F) → 다른 이름으로 저장(A) → .... → AutoCAD → Support → acad.lsp로 저장 한다.

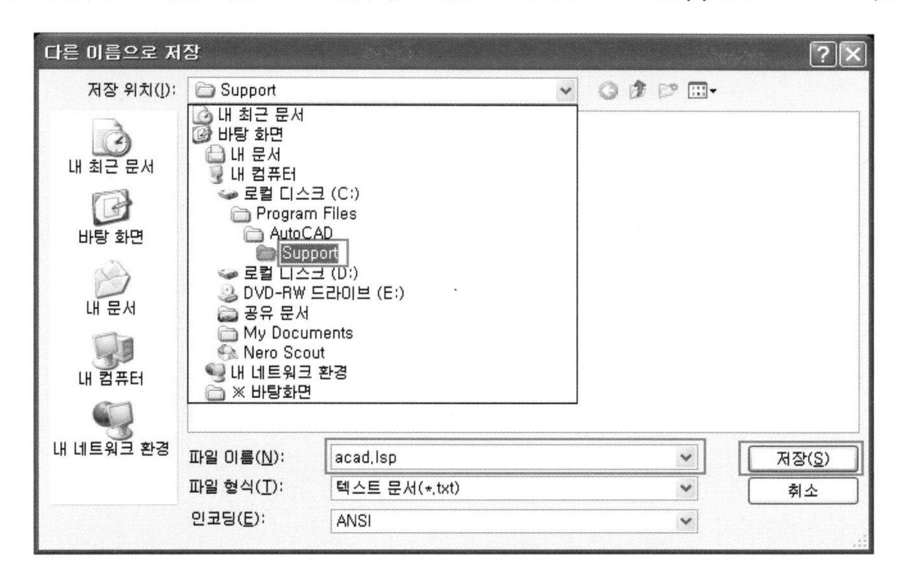

기능

acad.lsp가 아닌 다른 이름으로 저장해도 된다.(단, 확장자는 *.lsp로 해야 한다.)

③ AutoCAD 실행 → 명령(Command) : AP Enter (APPLOAD)

- ... → AutoCAD → Support → acad.lsp 선택 → 로드(L) → 닫기(C)

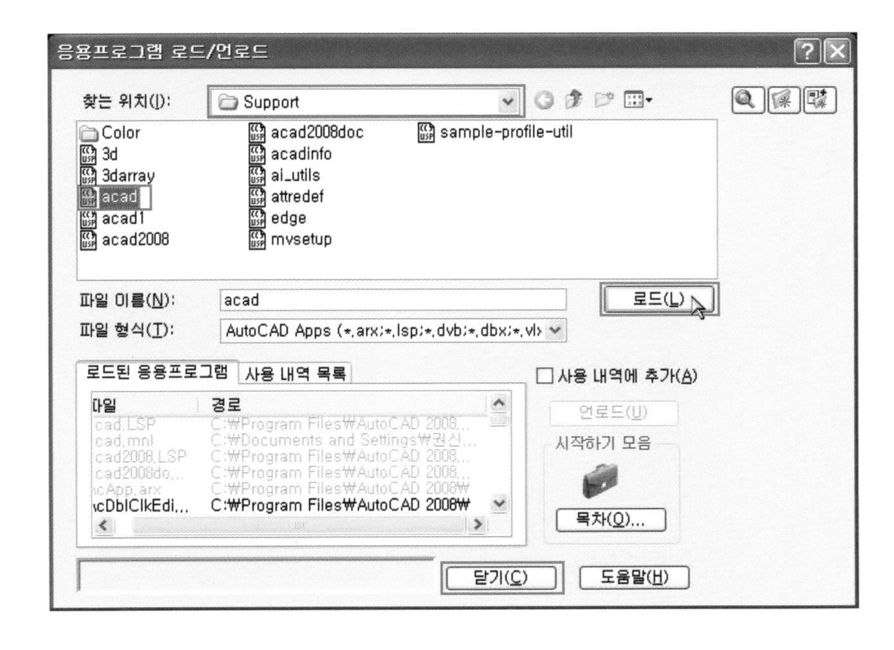

④ 실행 단축명령 및 프로그램 설명

단축명령	치수예제	실행결과	LISP 명령
11	40	Ø40	(defun C:11( )(command "dim1" "n" "%%c〈 〉"))
111	40	P.C.DØ40	(defun C:111( )(command "dim1" "n" "P.C.D%%c〈 〉"))
22	40	Ø40H7	(defun C:22( )(command "dim1" "n" "%%c〈 〉H7"))
23	40	Ø40H8	(defun C:23( )(command "dim1" "n" "%%c〈 〉H8"))
33	40	Ø40h6	(defun C:33( )(command "dim1" "n" "%%c〈 〉h6"))
4	4	M4	(defun C:4( )(command "dim1" "n" "M〈 〉"))
44	14	M14×1	(defun C:44( )(command "dim1" "n" "M〈 〉x1"))
444	16	M16×2	(defun C:444( )(command "dim1" "n" "M〈 〉x2"))
55	120	(120)	(defun C:55( )(command "dim1" "n" "(〈 〉)"))
66	R10	(R)	(defun C:66( )(command "dim1" "n" "(R)"))
666	R10	(R10)	(defun C:666( )(command "dim1" "n" "(R〈 〉)"))
77	5	5N9	(defun C:77( )(command "dim1" "n" "〈 〉N9"))
88	5	5Js9	(defun C:88( )(command "dim1" "n" "〈 〉Js9"))
99	15	Ø15k5	(defun C:99( )(command "dim1" "n" "%%c〈 〉k5"))
999	25	Ø25j6	(defun C:999( )(command "dim1" "n" "%%c〈 〉j6"))
00	4	4–M4	(defun C:00( )(command "dim1" "n" "4–M〈 〉"))
10	4	4×45°	(defun C:10( )(command "dim1" "n" "〈 〉x45%%d"))

단축명령	명령	실행결과	LISP 명령
h	bhatch	45°, 3mm	(defun C:h( )(command "–bhatch" "p" "u" "45" "3" "n"))
v	lengthen	2mm 증분	(defun C:v( )(command "lengthen" "de" "2"))
vv	lengthen	3mm 증분	(defun C:vv( )(command "lengthen" "de" "3"))
ff	fillet	fillet : 3	(defun C:ff( )(command "fillet" "r" "3" "fillet"))
fff	fillet	fillet : 0	(defun C:fff( )(command "fillet" "r" "0" "fillet"))
cc	chamfer	chamfer : 1	(defun C:cc( )(command "chamfer" "d" "1" "1" "chamfer"))

기능

1. 단축 명령 실행 (예) 명령 : 11 Enter → 변경할 치수 클릭
2. 단축명령은 바꿀 수 있다.
3. 기타 자주 사용하는 명령들도 이와 같이 편집해서 사용하도록 한다.

MEMO

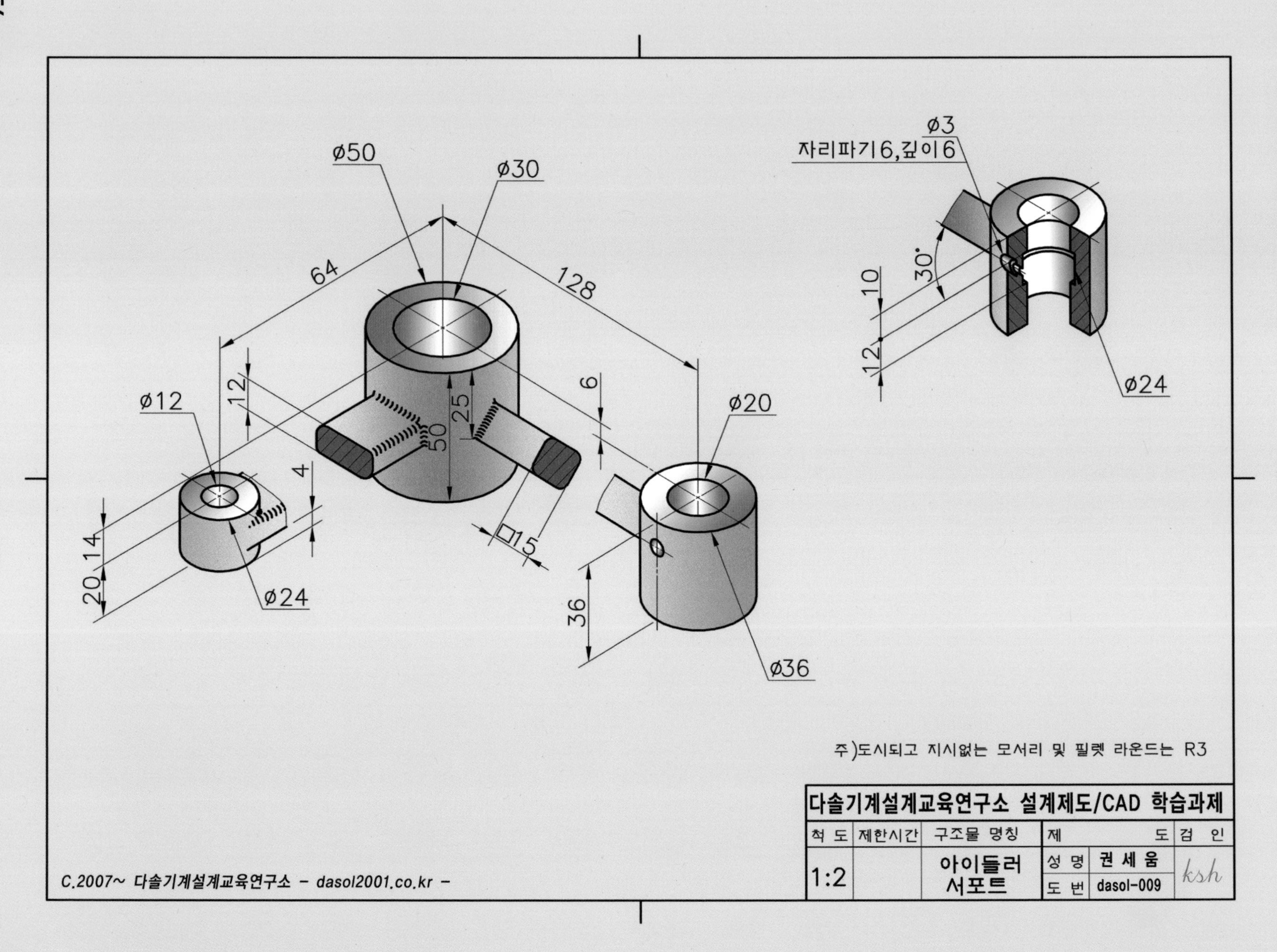
Ø50
Ø30
64
128
Ø3
자리파기6,깊이6
30°
10
12
Ø24
Ø12
12
25
50
6
Ø20
4
20
14
□15
Ø24
36
Ø36
주)도시되고 지시없는 모서리 및 필렛 라운드는 R3
다솔기계설계교육연구소 설계제도/CAD 학습과제
척 도
제한시간
구조물 명칭
제
도
검 인
1:2
아이들러 서포트
성 명
권 세 움
도 번
dasol-009
ksh
C.2007~ 다솔기계설계교육연구소 - dasol2001.co.kr -

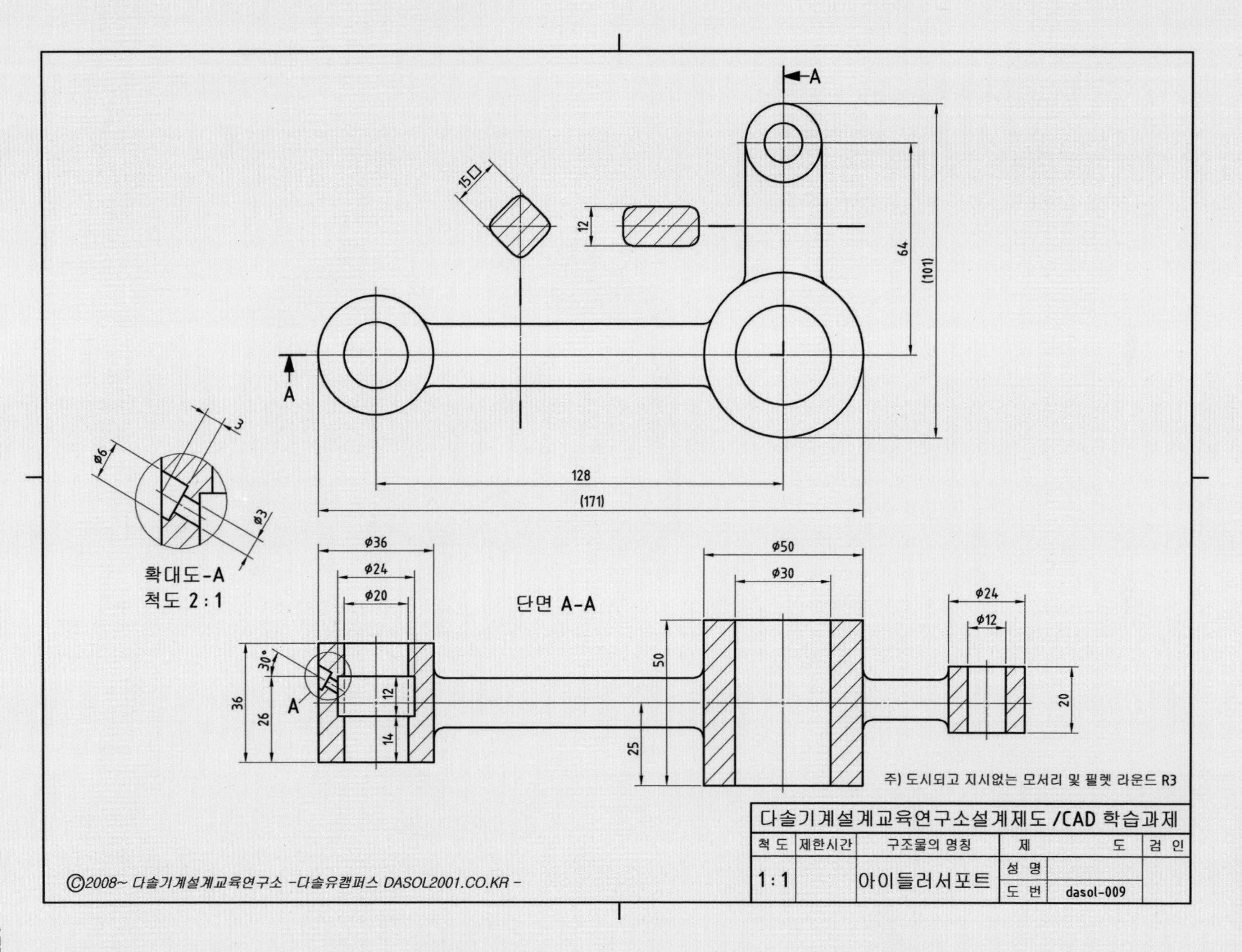
15□
12
64
(101)
A
128
(171)
확대도-A
척도 2 : 1
단면 A-A
φ36
φ24
φ20
φ50
φ30
φ24
φ12
20
50
25
36
26
12
14
30°
주) 도시되고 지시없는 모서리 및 필렛 라운드 R3
다솔기계설계교육연구소설계제도 /CAD 학습과제
척 도
제한시간
구조물의 명칭
제
도
검 인
1 : 1
아이들러서포트
성 명
도 번
dasol-009
©2008~ 다솔기계설계교육연구소 -다솔유캠퍼스 DASOL2001.CO.KR -

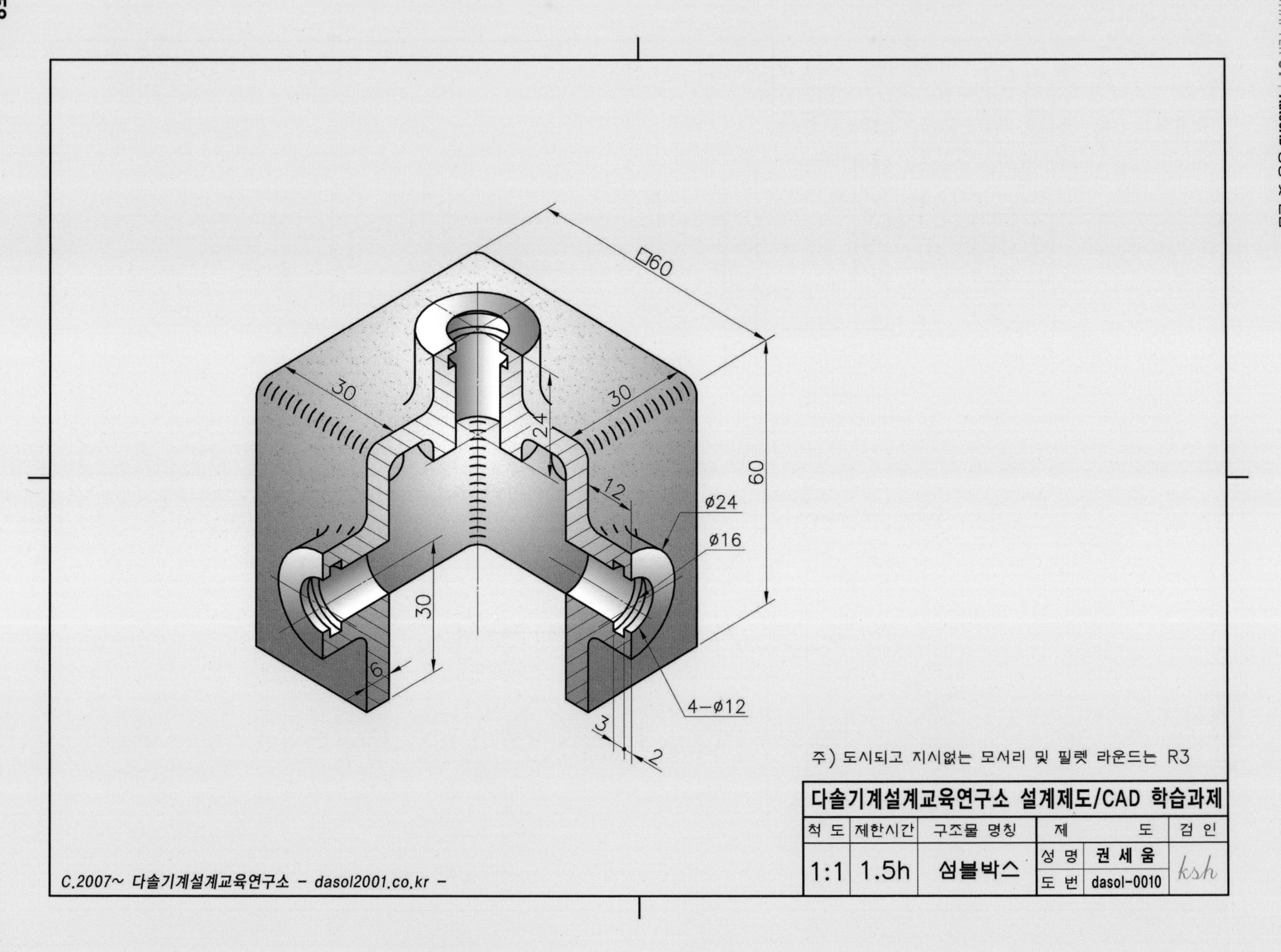
□60
30
30
24
60
12
Ø24
Ø16
30
6
4-Ø12
3
2
주) 도시되고 지시없는 모서리 및 필렛 라운드는 R3
다솔기계설계교육연구소 설계제도/CAD 학습과제
척 도
제한시간
구조물 명칭
제 도
검 인
1:1
1.5h
섬블박스
성 명
권 세 움
도 번
dasol-0010
ksh
C.2007~ 다솔기계설계교육연구소 - dasol2001.co.kr -

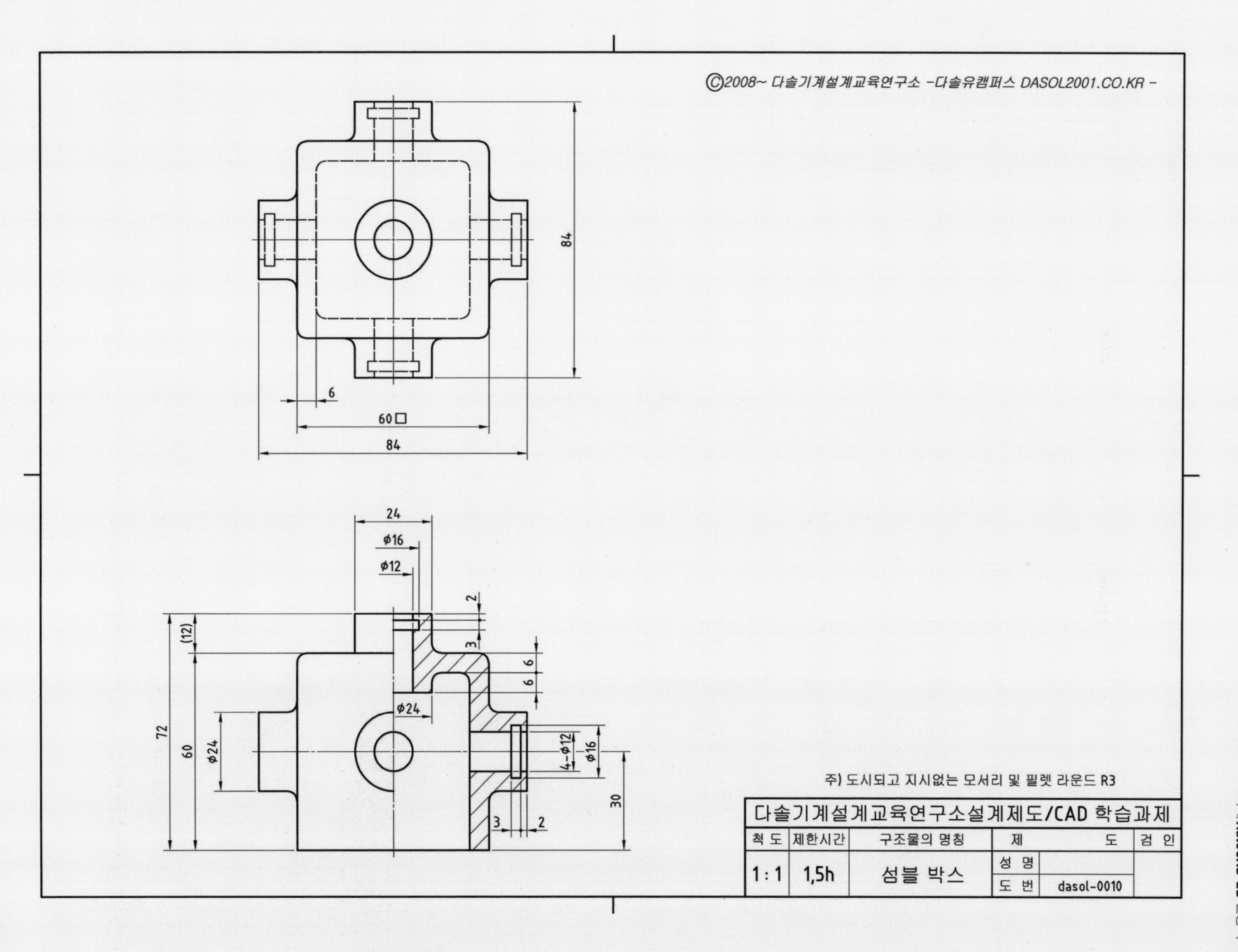
ⓒ2008~ 다솔기계설계교육연구소 -다솔유캠퍼스 DASOL2001.CO.KR -
84
6
60□
84
24
ϕ16
ϕ12
2
3
(12)
6
6
ϕ24
72
60
ϕ24
4-ϕ12
ϕ16
30
3
2
주) 도시되고 지시없는 모서리 및 필렛 라운드 R3
다솔기계설계교육연구소설계제도/CAD 학습과제
척 도
제한시간
구조물의 명칭
제
도
검 인
1 : 1
1,5h
섬블 박스
성 명
도 번
dasol-0010

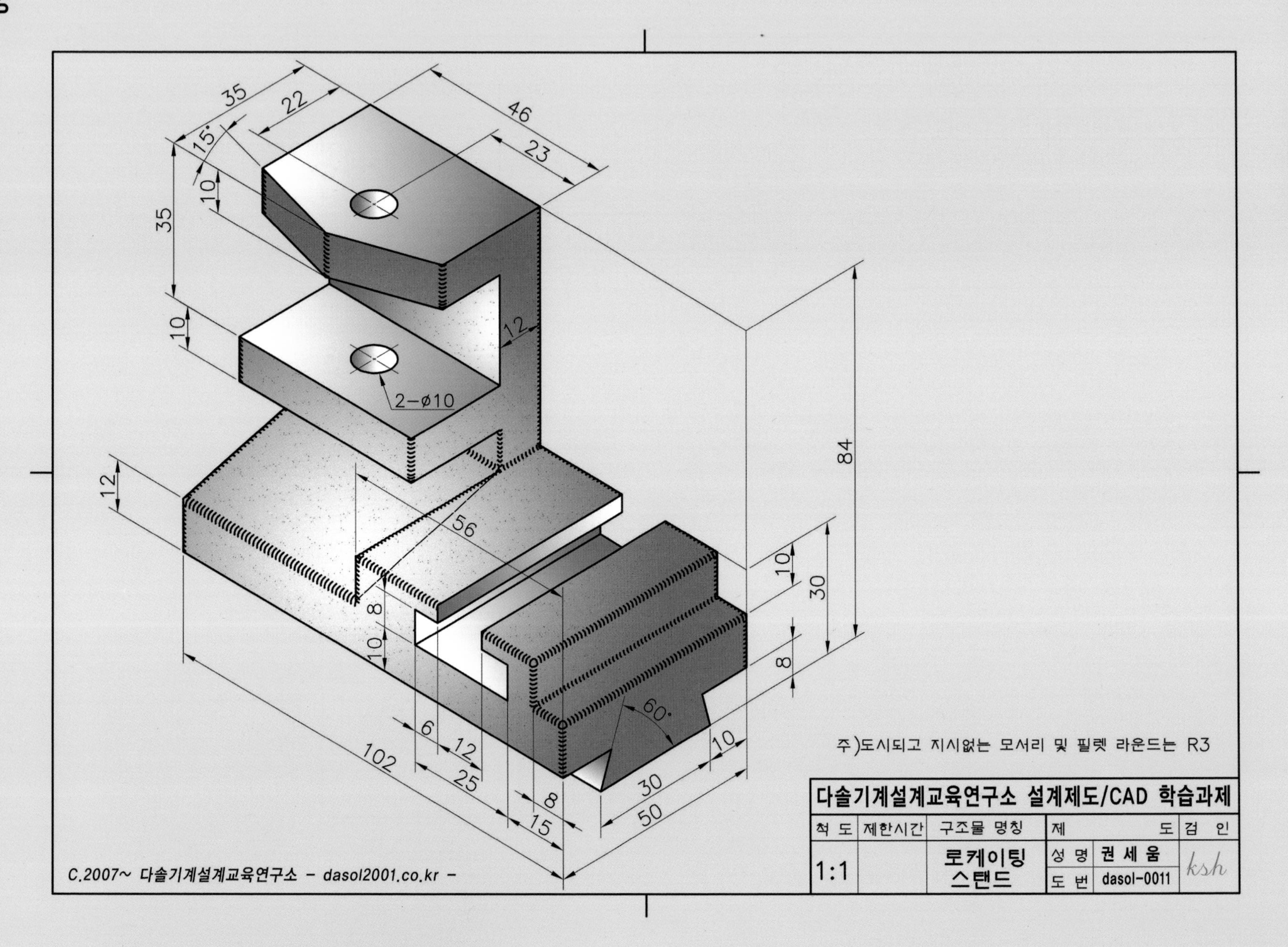
35
22
46
23
15°
10
35
10
12
2-ø10
12
84
56
10
30
8
10
8
60°
6
12
102
25
10
30
8
15
50
주)도시되고 지시없는 모서리 및 필렛 라운드는 R3
다솔기계설계교육연구소 설계제도/CAD 학습과제
척 도
제한시간
구조물 명칭
제
도
검 인
1:1
로케이팅 스탠드
성 명
권 세 움
도 번
dasol-0011
ksh
C.2007~ 다솔기계설계교육연구소 - dasol2001.co.kr -

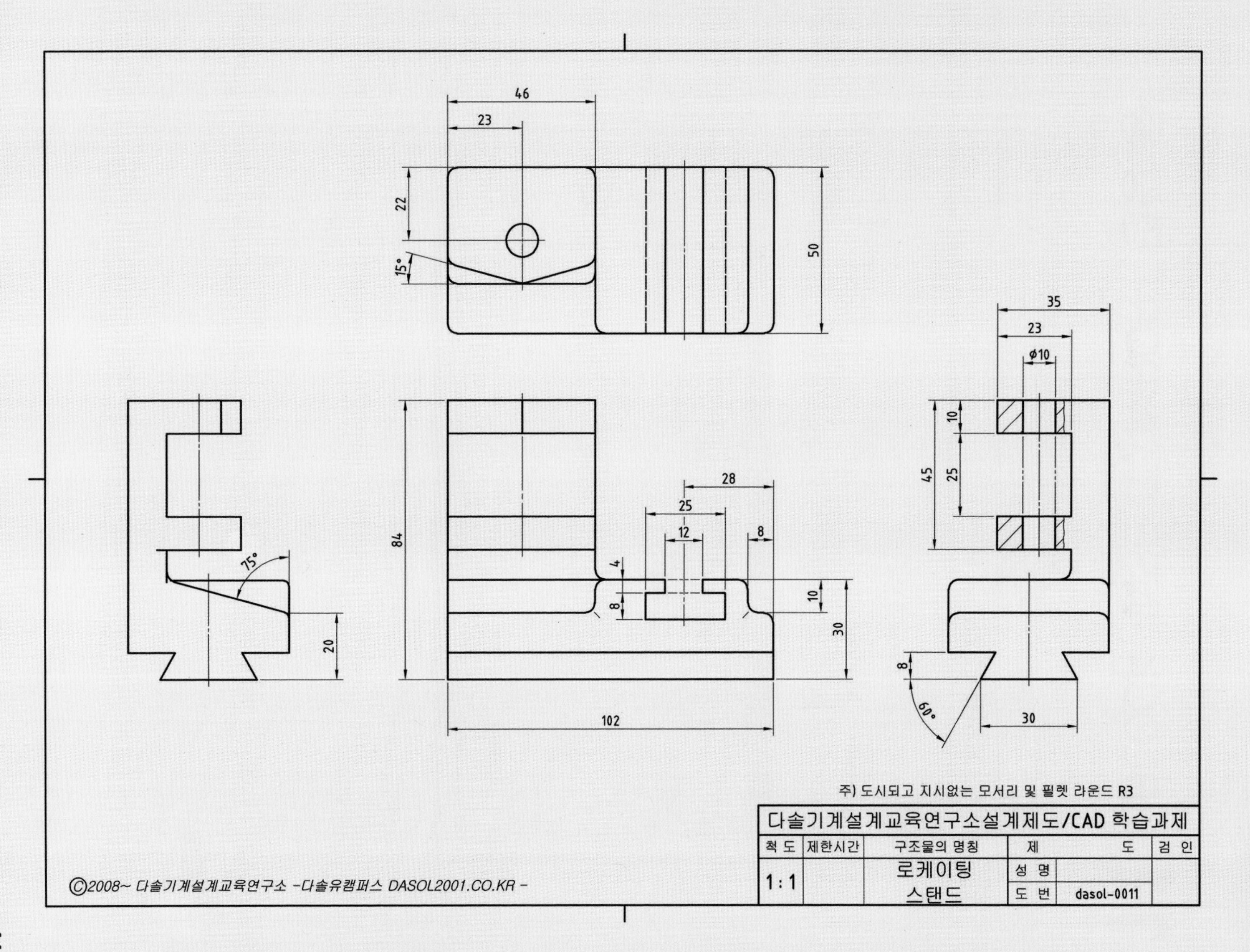
46
23
22
15°
50
35
23
φ10
10
25
45
28
25
12
8
4
8
10
30
84
75°
20
102
8
60°
30
주) 도시되고 지시없는 모서리 및 필렛 라운드 R3
다솔기계설계교육연구소설계제도/CAD 학습과제
척 도
제한시간
구조물의 명칭
제
도
검 인
1 : 1
로케이팅
스탠드
성 명
도 번
dasol-0011
ⓒ2008~ 다솔기계설계교육연구소 -다솔유캠퍼스 DASOL2001.CO.KR -

11 BLOCK, INSERT, IMPORT 명령 등

01 BLOCK(블록) 명령

현재의 도면(*.dwg) 내에 블록을 생성시킨다.

① 명령(Command) : block Enter

② 툴바메뉴(그리기) :

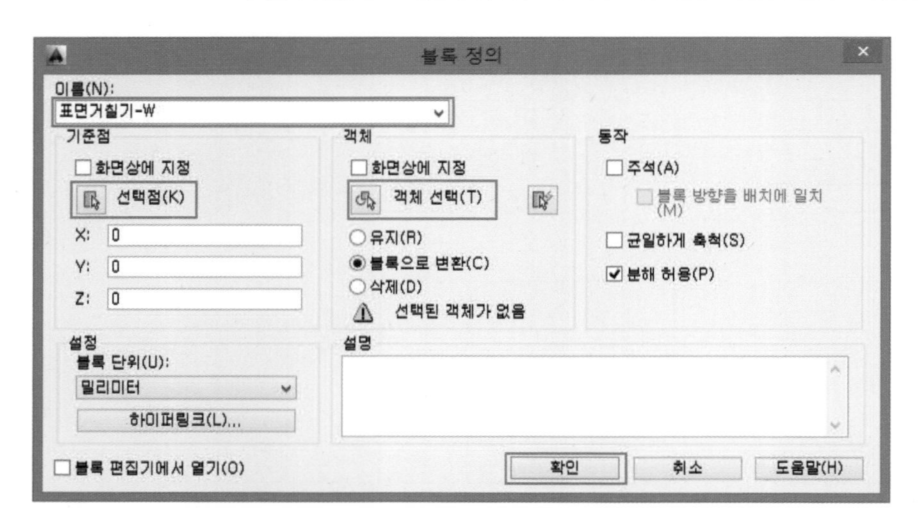

③ 기타 명령옵션 요약

명령옵션	설 명
이름(N)	Block 이름을 지정한다.
객체 선택(T)	Block화시킬 객체(요소)를 선택한다.
선택점(K)	Block화시킬 객체(요소)의 기준점을 선택한다.

기능

1. “선택점(K)”은 도면에 삽입할 때의 기준점이 된다.
2. Block은 현재 도면에서만 사용되고 다른 도면에서는 사용할 수 없다.

02 WBLOCK 명령

현재의 도면(*.dwg) 외부로 블록을 생성시킨다.

① **명령(Command) :** wblock Enter

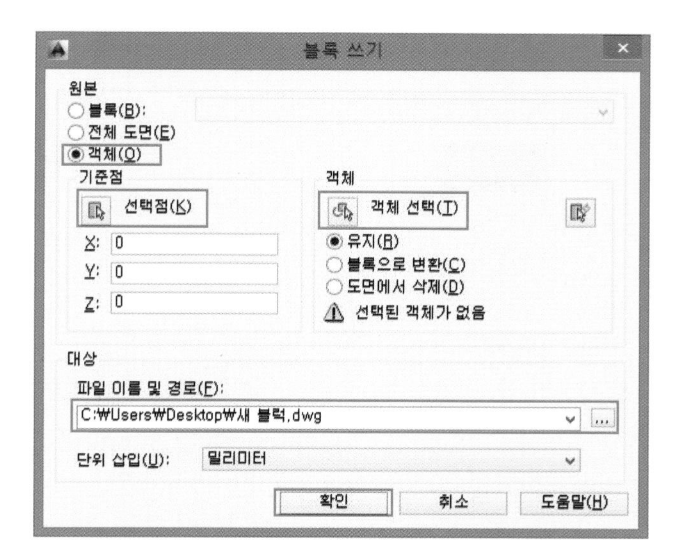

② **기타 명령옵션 요약**

명령옵션	설 명
객체 선택(T)	Wblock시킬 객체(요소)를 선택한다.
선택점(K)	Wblock시킬 객체(요소)의 기준점을 선택한다.
파일 이름 및 경로(F)	Wblock시킬 객체(요소)의 저장경로를 지정한다.

기능

1. "선택점(K)"은 도면에 삽입할 때의 기준점이 된다.
2. 현재의 도면 내에서 필요한 부분만 외부로 도면(*.dwg) 파일로 저장하는 것이다.
3. Wblock은 현재 도면뿐만 아니라 다른 도면에서도 사용할 수 있다.

03 INSERT(블록 삽입) 명령

블록 또는 도면(*.dwg) 등을 현재의 도면에 삽입한다.

① **명령(Command) :** insert Enter

② **툴바메뉴(그리기) :**

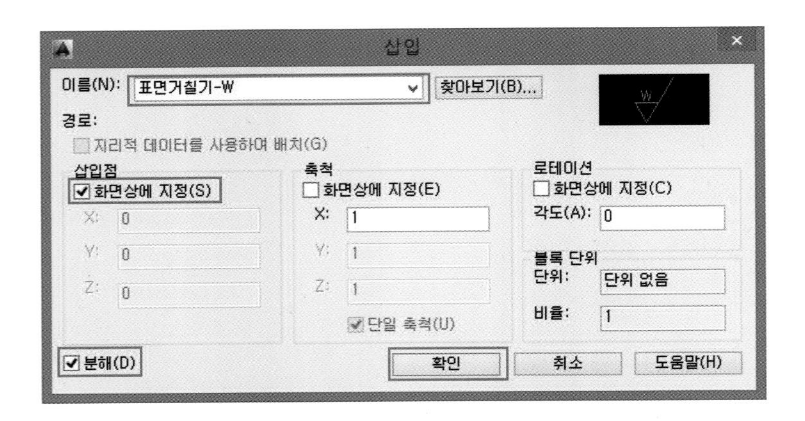

③ 기타 명령옵션 요약

명령옵션	설 명
이름(N)	Block, Wblock(*dwg) 또는 외부 도면(*dwg)을 선택한다.
축척	체크하면 화면상에서 크기를 지정한다.
삽입점	화면상에서 삽입점을 지정한다.
분해(D)	분해(Explode)해서 삽입한다.

기능

1. 만일 insert로 도면파일(*.dwg)을 삽입하게 되면, 갖고 있던 도면특성(block, layer. 등)을 함께 가져오게 되므로 현재의 도면용량 크기가 증가하게 된다. 또한 삽입된 도면을 삭제하더라도 특성들은 그대로 남는다.
2. 삭제 명령(Command) : PURGE

04 EXPLODE(분해) 명령

Pline, 다각형, 해치, 치수, 블록 등과 같은 복합 객체를 분해시킨다.

① 명령(Command) : XP Enter

② 툴바메뉴(수정) :

- 객체 선택 : 분해할 객체 클릭(또는 Crossing를 선택한다.)
- 객체 선택 : Enter

05 PURGE(항목 제거) 명령

도면에서 블록, 도면층, 스타일, 치수스타일 등과 같은 사용되지 않은 항목을 제거한다.

① 명령(Command) : PURGE Enter

② 파일(F) → 도면 유틸리티(U) → 소거(P) → 모두 소거(A)

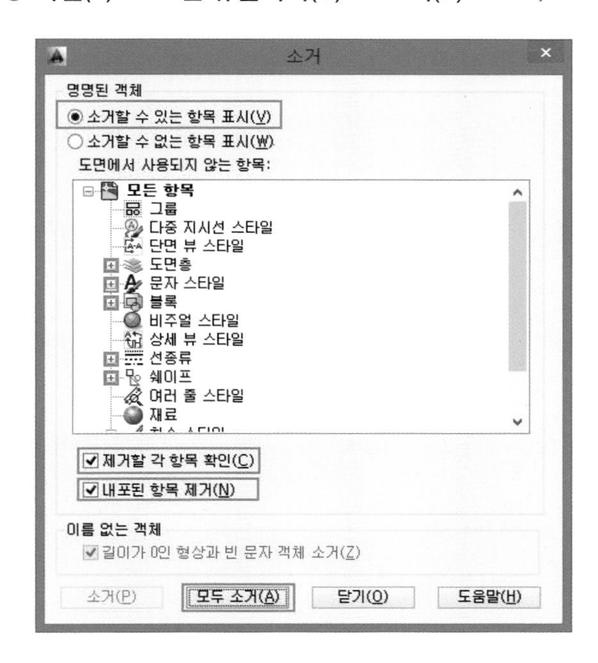

기능

소거할 수 있는 항목은 "+" 로 표시된다.

06 외부 참조 도면(*.dwg) 부착

현재의 도면에 새로운 도면(*.dwg)을 삽입한다.

① 명령(Command) : xattach Enter

② 툴바메뉴(그리기) :

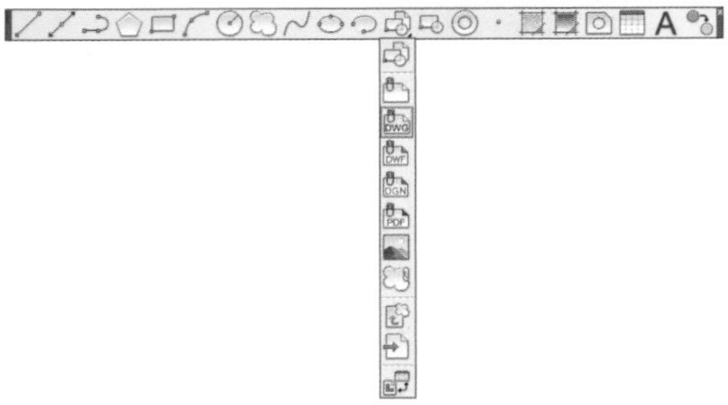

기능

도면특성을 제외한 도면(*.dwg)만 삽입하고 삭제하면 정보가 남지 않는다.

07 이미지 부착 명령

현재의 도면에 *.jpeg, *.gif, *.tga, *.bmp, *.png, *.tif 등과 같은 형식의 이미지 파일을 삽입한다.

① 명령(Command) : imageattach Enter

② 툴바메뉴(그리기) :

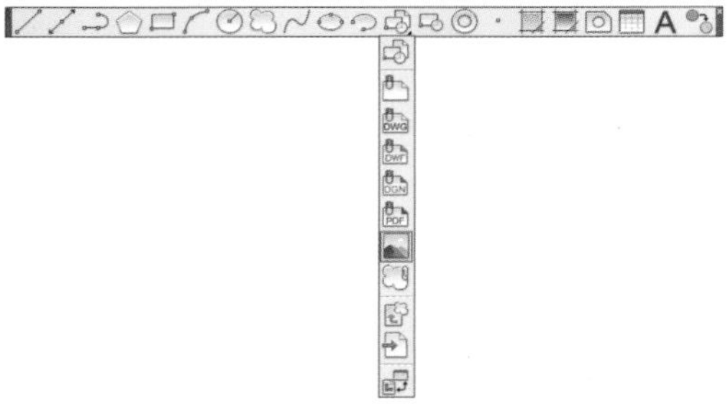

08 IMPORT(가져오기) 명령

*.sat, *.wmf , *.3ds 등과 같은 다양한 형식의 외부파일을 삽입한다.

① 명령(Command) : import Enter

② 툴바메뉴(그리기) :

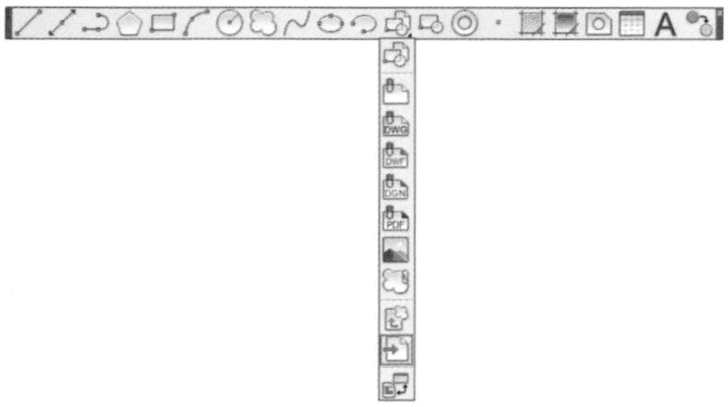

MEMO

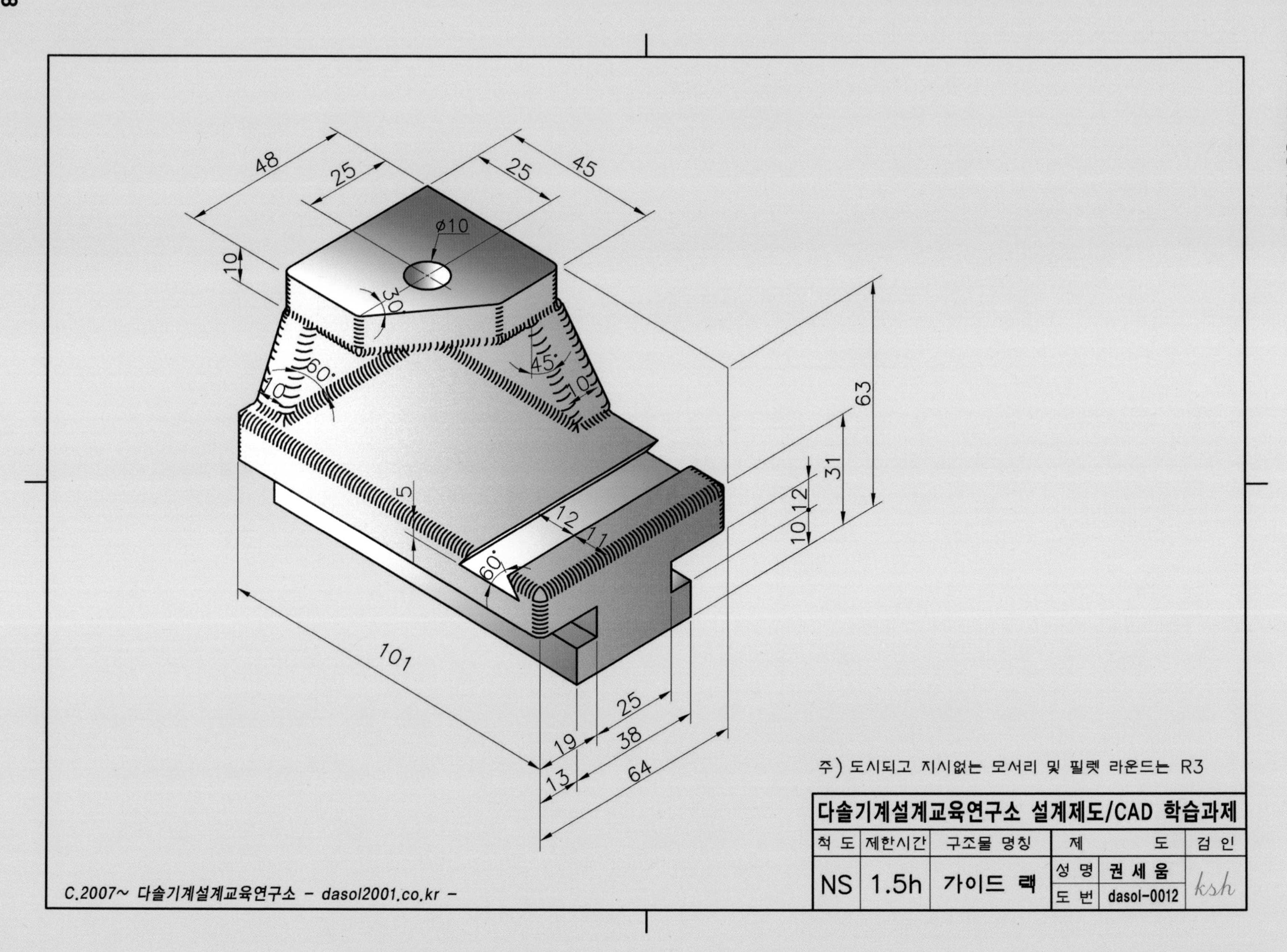
48
25
25
45
ø10
10
30°
60°
10
45°
10
63
31
10 12
5
12
11
60°
101
25
19
38
13
64
주) 도시되고 지시없는 모서리 및 필렛 라운드는 R3
다솔기계설계교육연구소 설계제도/CAD 학습과제
척 도
제한시간
구조물 명칭
제 도
검 인
NS
1.5h
가이드 랙
성 명
권 세 웅
도 번
dasol-0012
ksh
C.2007~ 다솔기계설계교육연구소 - dasol2001.co.kr -

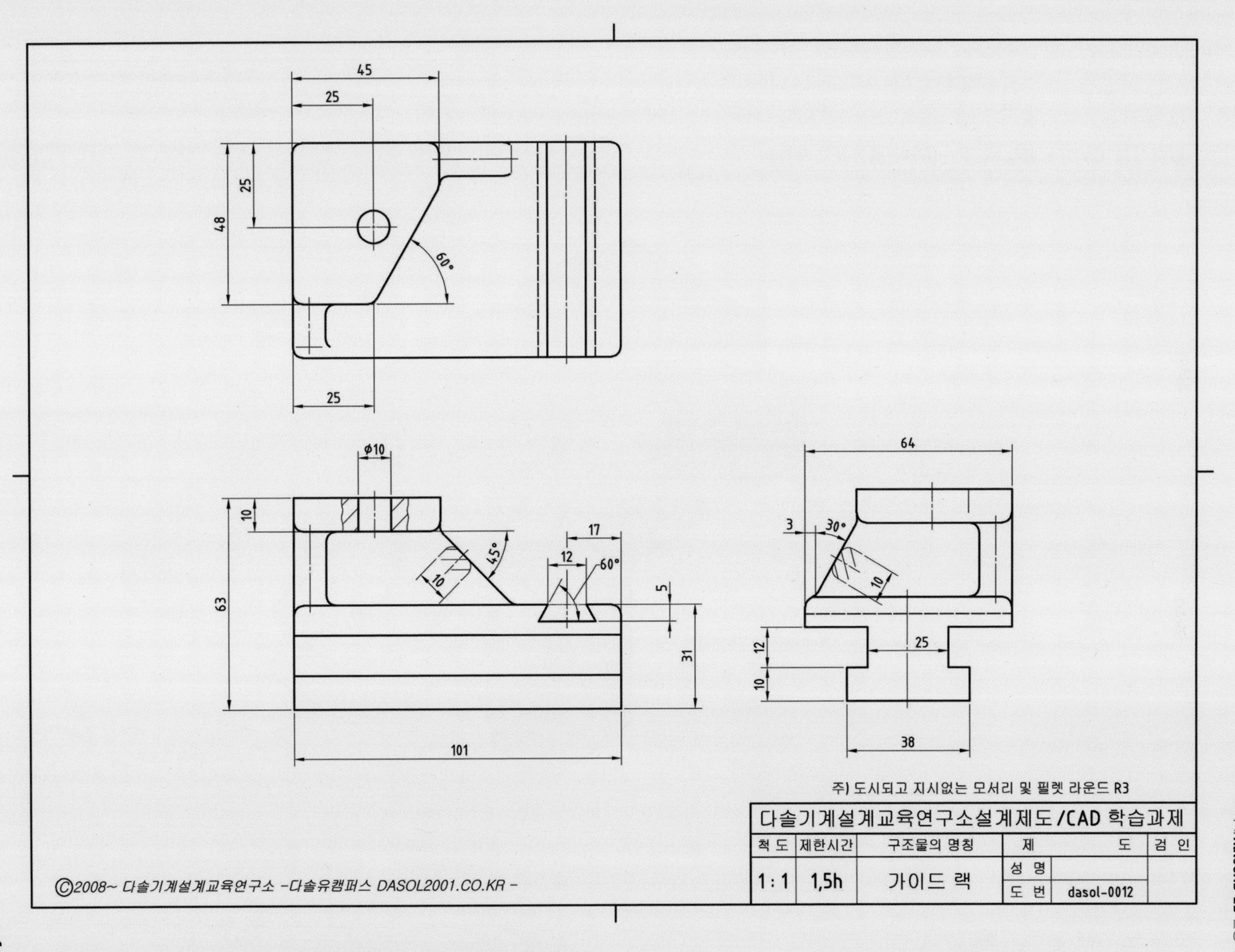

45
25
25
48
60°
25
ø10
10
17
12
60°
45°
10
5
63
31
101
64
3
30°
10
25
12
10
38
주) 도시되고 지시없는 모서리 및 필렛 라운드 R3
다솔기계설계교육연구소설계제도/CAD 학습과제
척 도
제한시간
구조물의 명칭
제
도
검 인
1:1
1,5h
가이드 랙
성 명
도 번
dasol-0012
©2008~ 다솔기계설계교육연구소 -다솔유캠퍼스 DASOL2001.CO.KR -

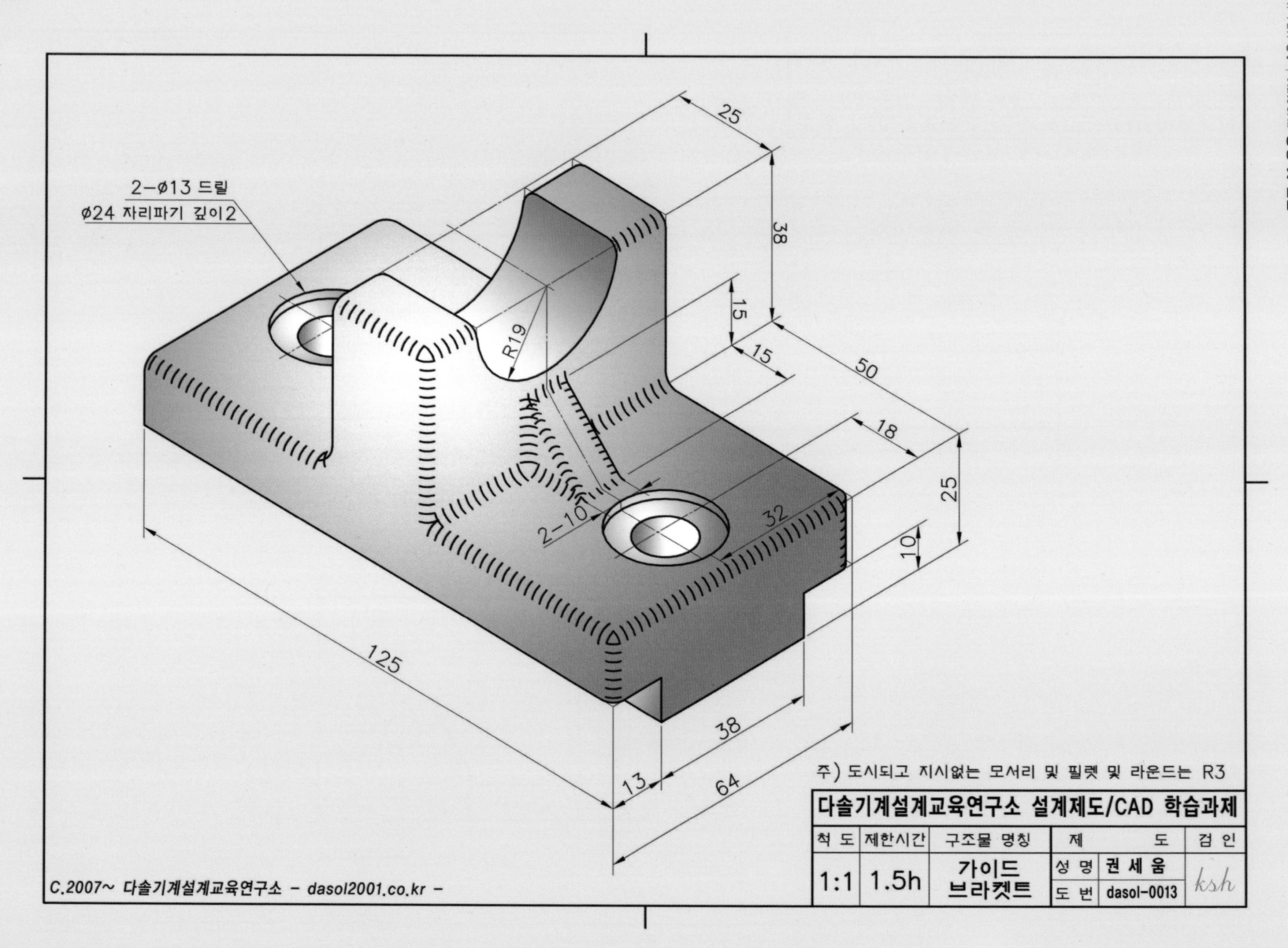
2-Ø13 드릴
Ø24 자리파기 깊이2
25
38
R19
15
15
50
18
25
10
32
2-10
125
38
13
64
주) 도시되고 지시없는 모서리 및 필렛 및 라운드는 R3
다솔기계설계교육연구소 설계제도/CAD 학습과제
척 도
제한시간
구조물 명칭
제 도
검 인
1:1
1.5h
가이드 브라켓트
성 명
권 세 움
도 번
dasol-0013
ksh
C.2007~ 다솔기계설계교육연구소 - dasol2001.co.kr -

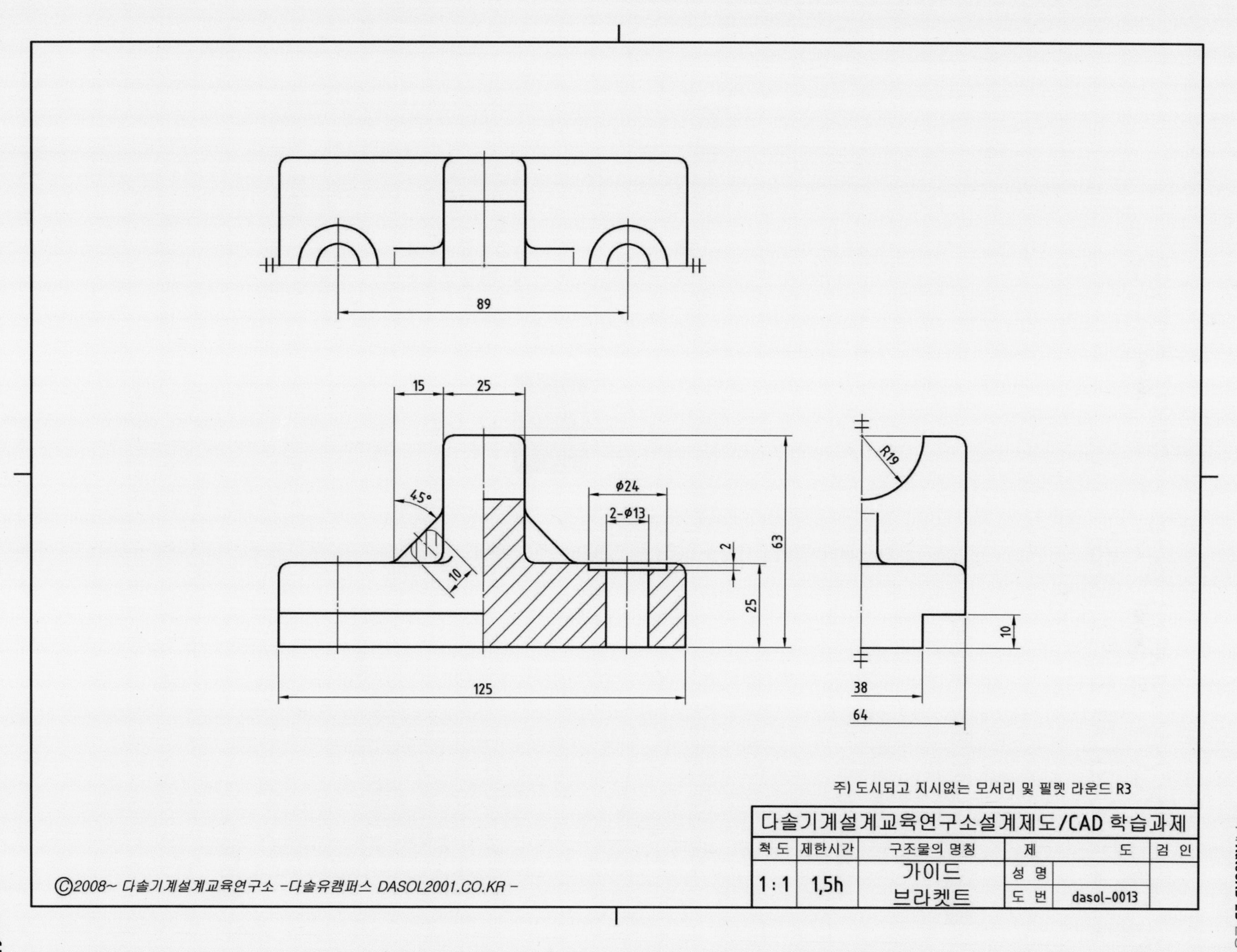

89
15
25
45°
10
ϕ24
2-ϕ13
2
63
25
125
R19
10
38
64
주) 도시되고 지시없는 모서리 및 필렛 라운드 R3
다솔기계설계교육연구소설계제도/CAD 학습과제
척 도
제한시간
구조물의 명칭
제
도
검 인
1 : 1
1,5h
가이드 브라켓트
성 명
도 번
dasol-0013
©2008~ 다솔기계설계교육연구소 -다솔유캠퍼스 DASOL2001.CO.KR -

12 PLOT 설정과 PDF 파일 및 출판용 이미지 파일 출력

01 PLOT(플롯) 설정법

① 명령(Command) : PLOT Enter

② 툴바 메뉴(표준) :

③ 다음과 같이 설정한다. 〈플롯 기본〉

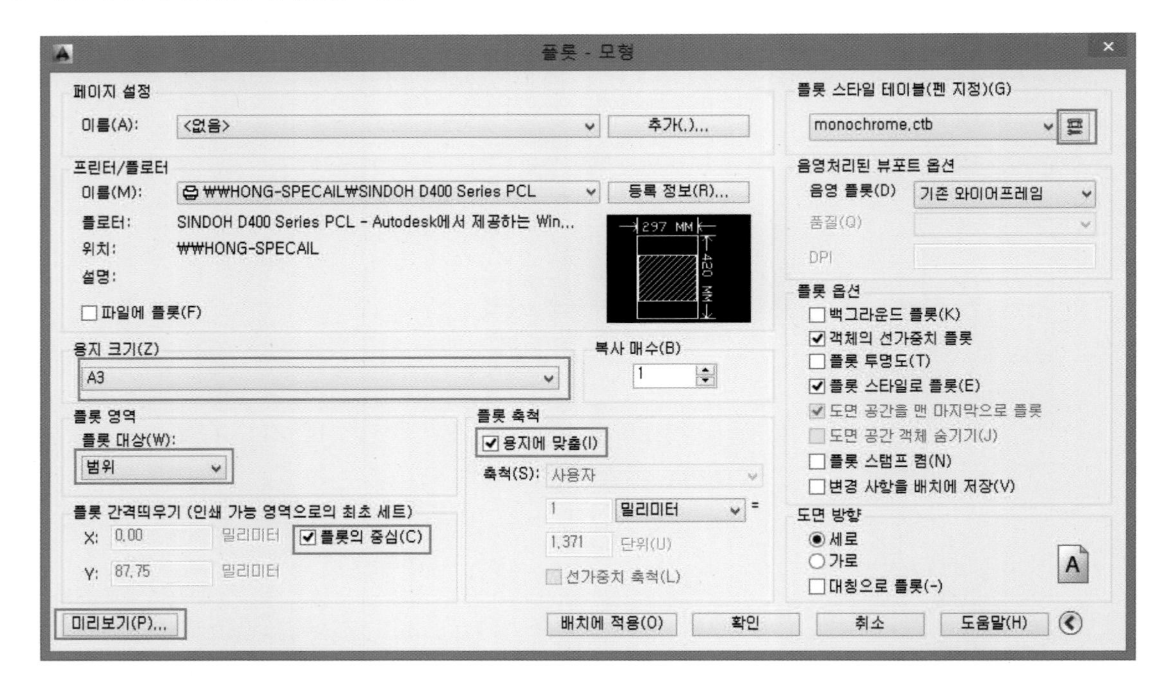

기능

1. 1:1 도면 출력방법 : 플롯 축척 → 용지에 맞춤(I) 해제 → 추척(S) : 1:1로 지정한다.
2. 3D 도면 출력방법 : 음영처리된 뷰포트 옵션 → 음영 플롯(D) → 숨김, 3D 숨김으로 지정한다.
3. 한 도면을 여러 장 출력하고 싶으면 "복사매수(B)"에 수량을 체크한다.

④ 시험용 주요설정 요약 〈플롯 기본〉

프린터/플로터	용지크기	플롯 대상	플롯 간격 띄우기	플롯 축척	플롯 스타일 테이블(펜지정)	미리보기
시험장소 기종 선택	A3 또는 A2	범위	플롯의 중심	용지에 맞춤	monochrome.ctb (설정 ⑤)	확인 후 플롯(설정 ⑦)

⑤ 다음과 같이 설정한다. 〈출력색상 및 굵기/펜 지정〉

⑥ 주요설정 요약 〈출력색상 및 굵기/펜 지정〉

플롯 스타일(P)	색상(C)	선가중치(A3, A2)
빨간색(1)	검은색	0.18 ~ 0.25
노란색(2)	검은색	0.3 ~ 0.35
초록색(3)	검은색	0.5 ~ 0.6
하늘색(4)	검은색	0.7 ~ 0.8
흰색(7)	검은색	0.18 ~ 0.25

기능

1. “플롯 스타일(P)”은 화면상에 보이는 도면요소들의 색상이고, “특성 → 색상(C), 선가중치(W)”는 플롯 용지에 출력할 색상과 선 굵기이다.
2. 출력 시 선가중치는 다소 차이가 있을 수 있다.

⑦ **다음과 같이 설정한다.**

미리보기 화면에서 확인 → 마우스 오른쪽 버튼 → 플롯

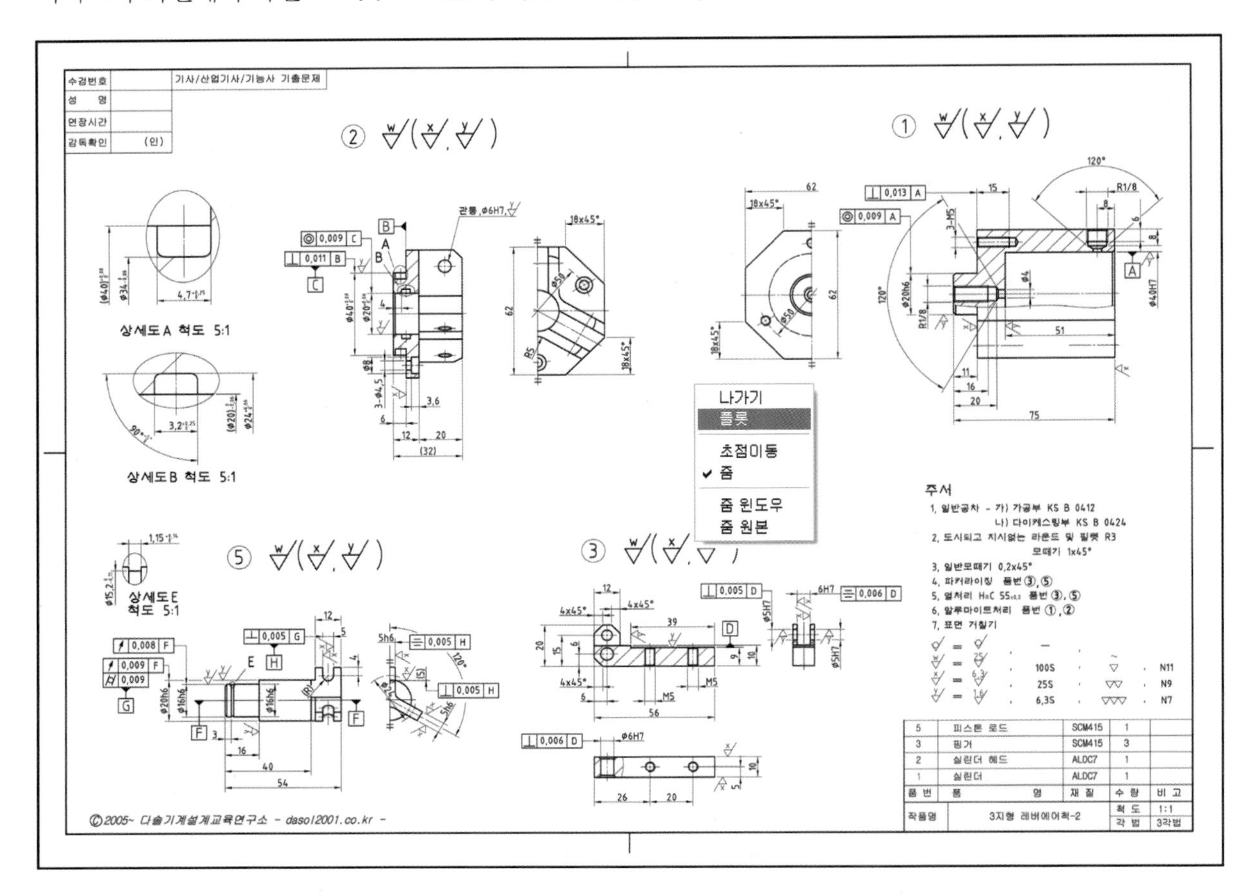

02 PDF 파일 및 출판용 이미지 파일 출력

PDF 파일은 도면을 웹문서로 출력하여 다양하게 쓰이고 도면을 출판용 또는 문서 삽입용으로 활용할 때 알아두면 유용하게 사용할 수 있는 활용팁이다.(photoshop, Acrobat가 설치되어 있어야 함)

(1) 환경설정

PDF 환경설정법과 출판용 이미지 EPS 환경설정법은 플로터 모델 부분만 다르고 모두 동일하다.

① 경로 : AutoCAD에서 → 파일(F) → 플로터 관리자(M) 클릭 → 플로터 추가 마법사 더블클릭

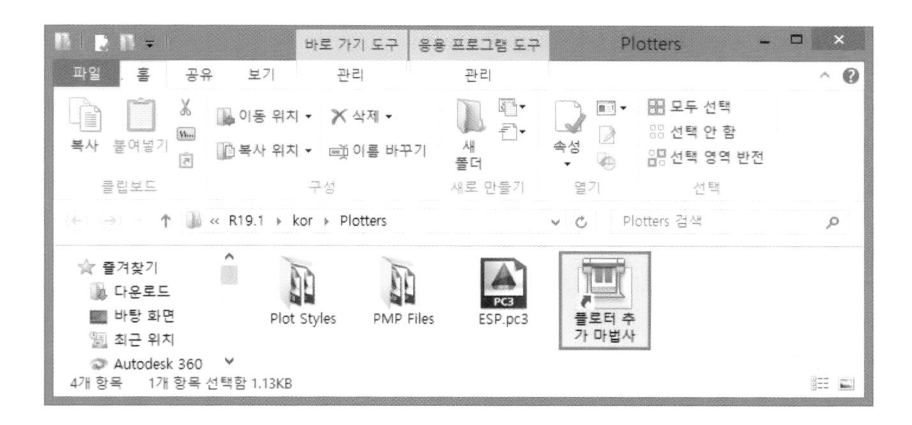

② **개요페이지 :** 다음

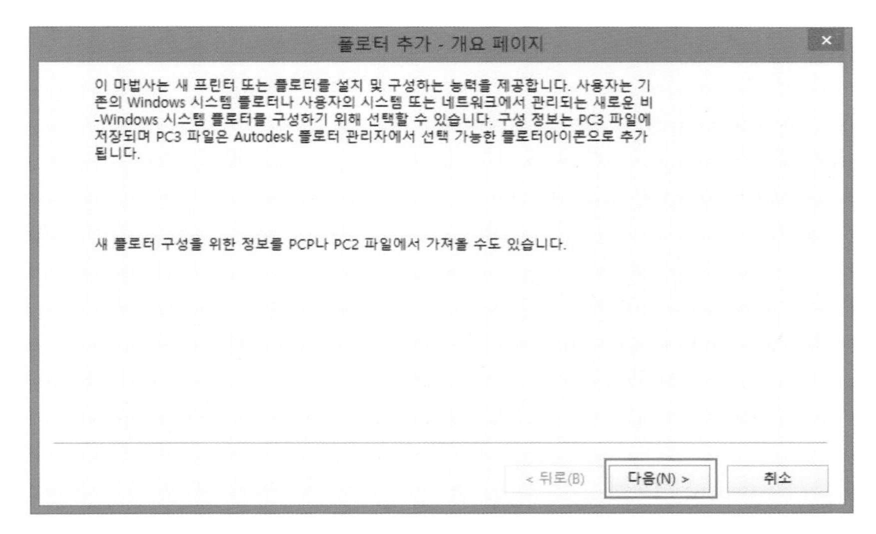

③ **시작 :** 내 컴퓨터(M) 선택 → 다음

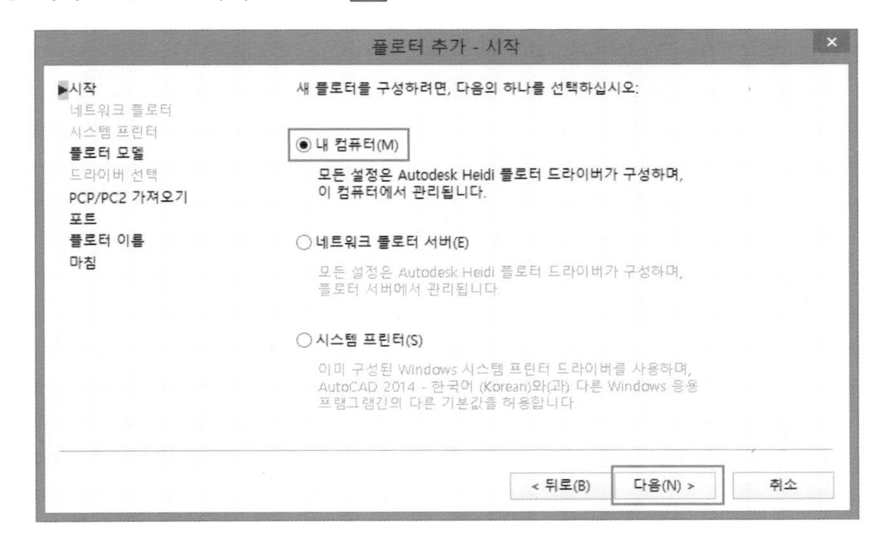

④ **플로터 모델(PDF 출력) :** Autodesk ePlot(PDF) 선택 → PDF 선택 → 다음

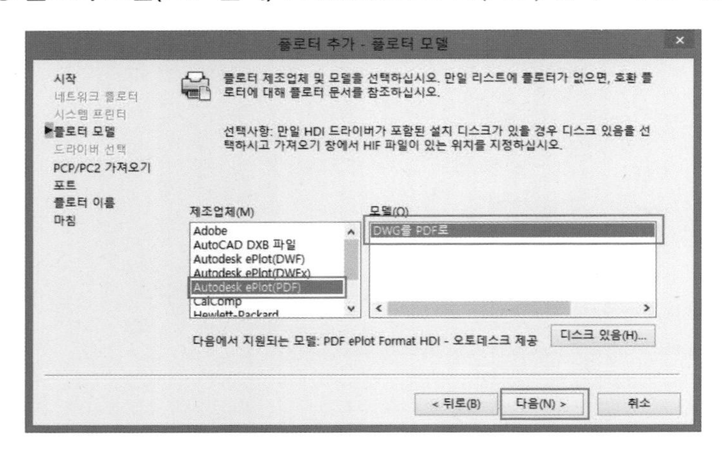

⑤ **플로터 모델(EPS 출력) :** Adobe 선택 → PostScript Level 1 선택 → 다음

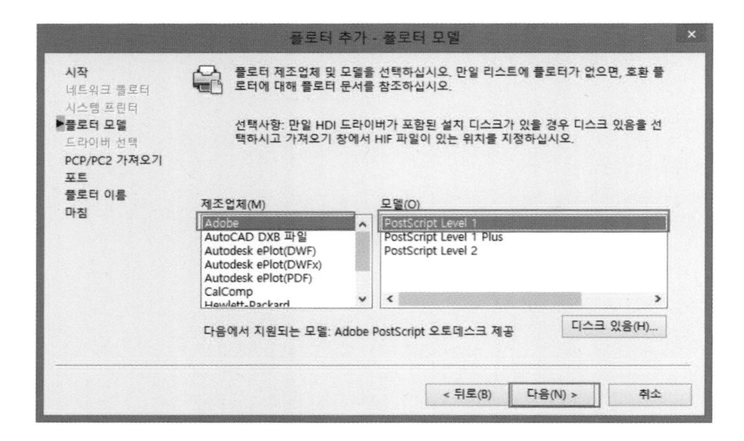

⑥ **PCP/PC2 가져오기 :** 다음

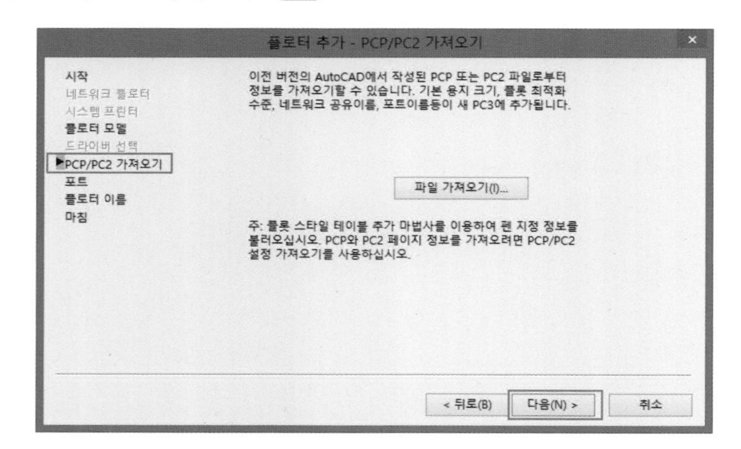

⑦ **포트 :** 파일에 플롯(F) 선택 → 다음

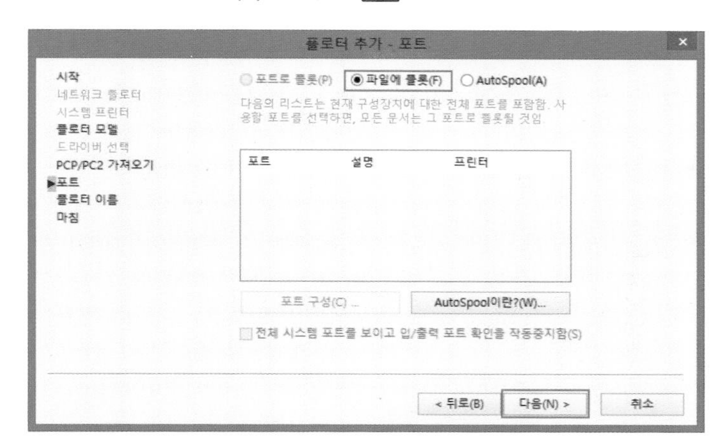

⑧ **플로터 이름(PDF 출력) :** PDF 출력 → 다음 → 마침 → Plotters 윈도창을 닫는다.

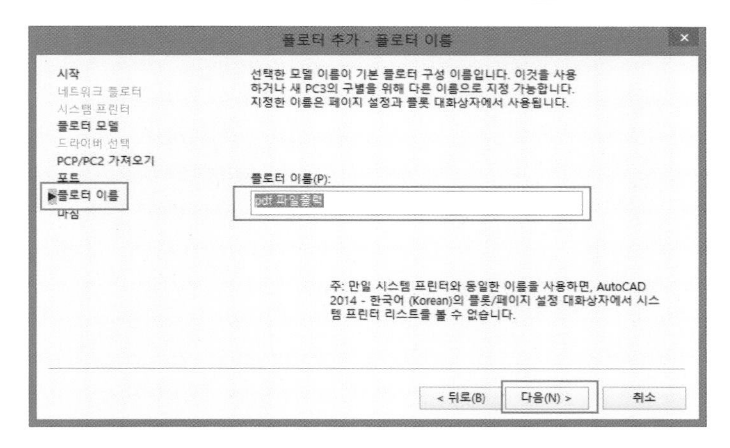

⑨ **플로터 이름(EPS출력) :** EPS 출력 → 다음 → 마침 → Plotters 윈도창을 닫는다.

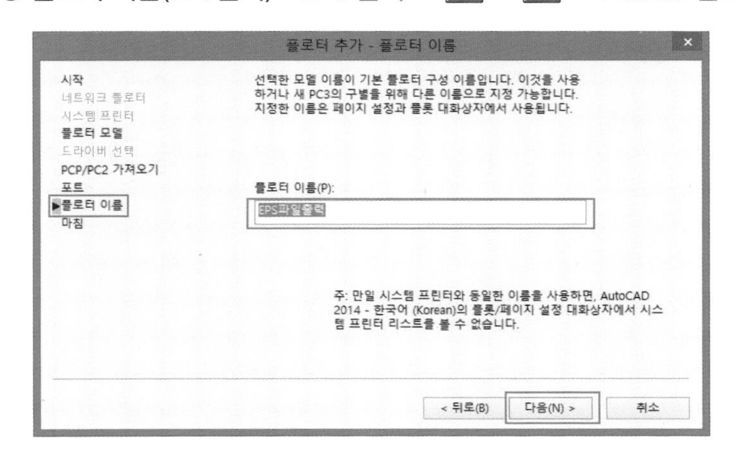

기능

"플로터 이름(P) :"은 사용자가 임의로 정한다.

(1) PDF 파일 출력

① 명령(Command) : PLOT Enter

② 툴바메뉴 :

③ 다음과 같이 설정한다. 〈프린터/플로터 이름(M) : PDF 출력 .pc3 선택〉

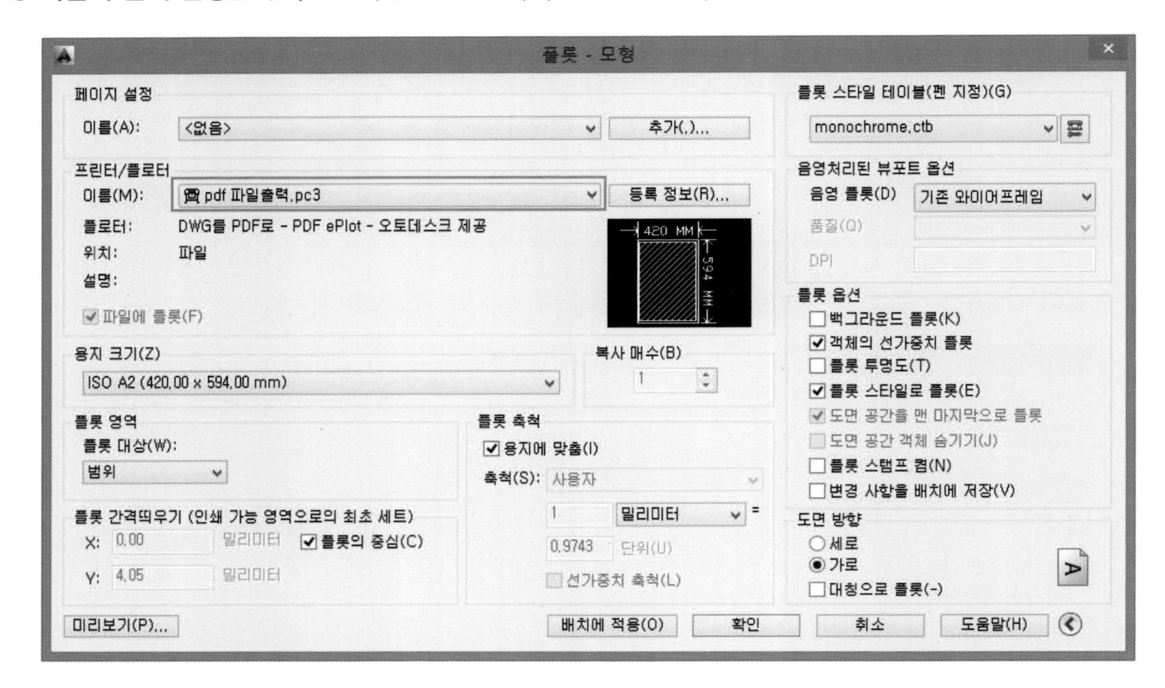

기능

1. 나머지 설정법은 모두 동일하다.
2. 출력파일 이름은 사용자가 정한다.
3. PDF로 출력 및 파일을 오픈하려면 "Adobe Acrobat"이 설치되어 있어야 한다.

(2) 출판용 이미지(EPS) 파일 출력

① 명령(Command) : PLOT Enter

② 툴바메뉴 :

③ 다음과 같이 설정한다. 〈프린터/플로터 이름(M) : EPS 출력 .pc3 선택〉

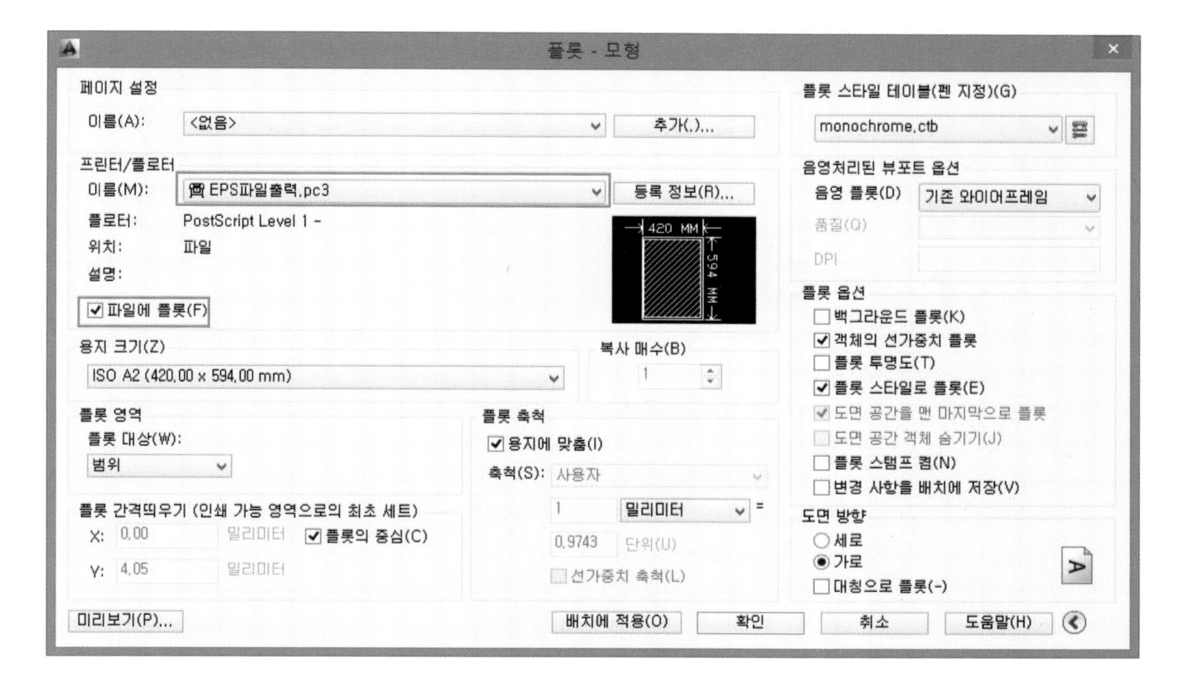

기능

1. 나머지 설정법은 모두 동일하다.
2. "파일에 플롯(F)"이 체크되어 있지 않으면 체크한다.
3. 출력파일 이름은 사용자가 정한다.
4. EPS로 출력 및 파일을 오픈하려면 " Adobe Photoshop"이 설치되어 있어야 한다.

④ Adobe Photoshop 실행 : 파일(F) → 열기(O) → EPS 파일 선택 → 열기

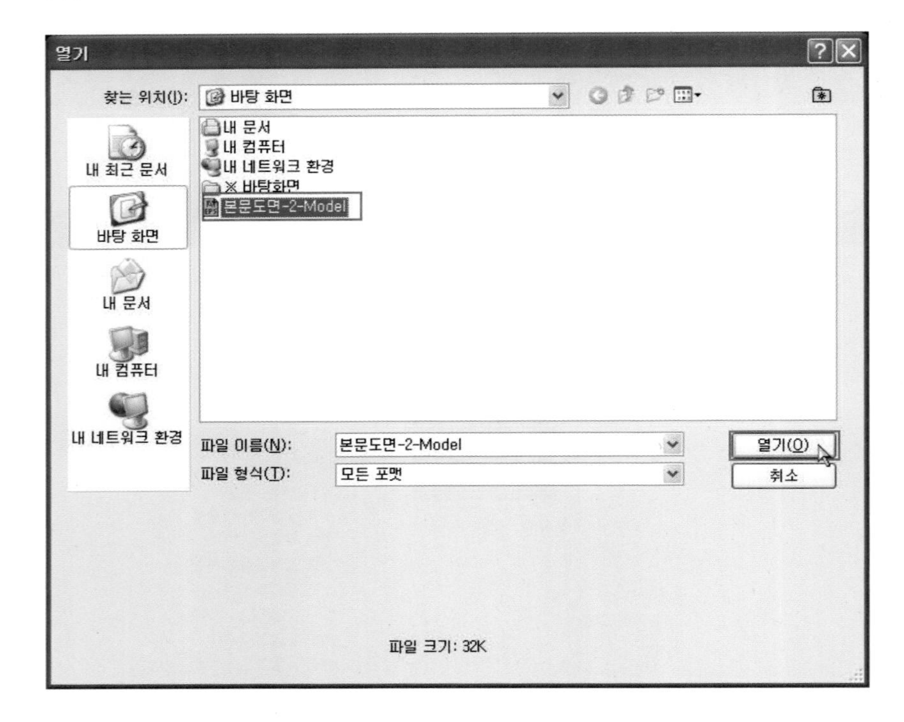

⑤ EPS 포맷 : 해상도, 모드 설정 → 승인

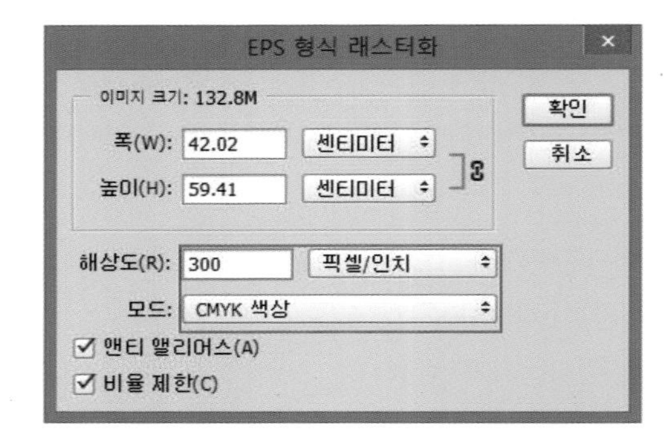

⑥ 기타 명령옵션 요약

명령옵션	설 명
해상도(R)	• 출판용 해상도 : 300픽셀/인치 • 일반문서용 해상도 : 100 –150픽셀/인치
모드	• 출판용 모드 : CMYK 색상 • 일반문서 용 모드 : RGB 색상

기능

1. 오픈된 파일은 편집을 통해 *.jpeg, *.gif, *.png, *.eps 등과 같은 다양한 형식의 이미지 파일로 저장할 수 있다.
2. 일반 문서 삽입용 : *.jpeg 추천
3. 파워포인트 삽입용 : *.png, *.jpeg 추천

13 기타 AutoCAD 옵션 설정

01 도면 자동저장 시간 설정

도면작업 시 시스템오류 때문에 작업했던 파일이 손실되는 것을 방지하기 위해 자동저장시간을 정해놓는 것이 바람직하다.

① 명령(Command) : OP Enter (파일 → 자동저장파일 위치)

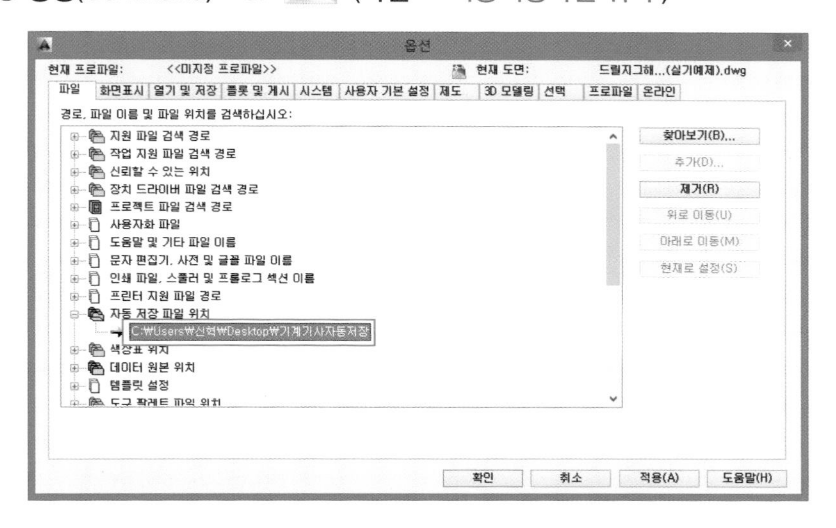

② 열기 및 저장

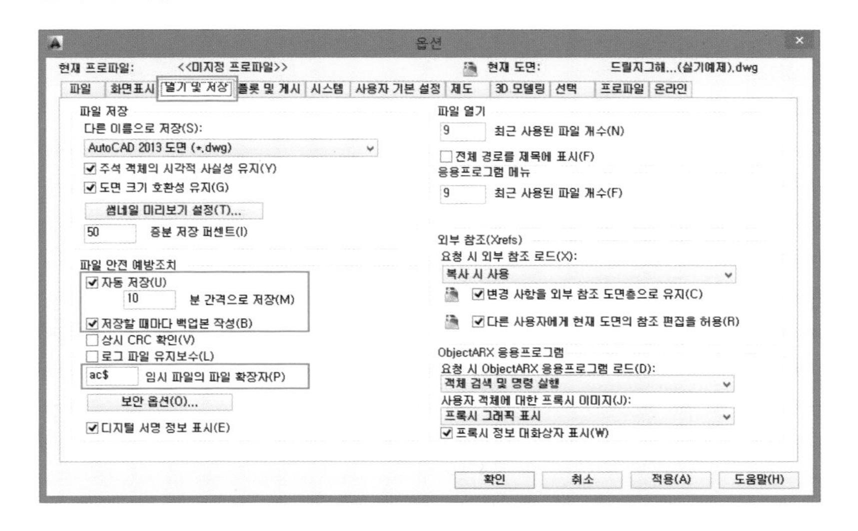

③ 기타 명령옵션 요약

명령위치	명령옵션	설 명
파일	자동저장파일 위치	자동저장파일 위치를 설정해 놓는다.
열기 및 저장	자동저장(U)	자동저장시간을 분 단위로 정해 놓는다.
	저장할 때마다 백업본 작성(B)	자동저장 때마다 백업파일(*bak)을 함께 작성한다.
	임시 파일의 파일 확장자(P)	자동저장 파일 확장자를 임시 파일(ac$)로 작성한다.

02 마우스 오른쪽 버튼을 Enter 로 설정하는 방법

ACAD에서 마우스 오른쪽 버튼을 엔터로 사용하는 환경설정법이다.

① 명령(Command) : OP Enter

② 폴더옵션 : 사용자 기본 설정 → 도면씁역의 바로가기 메뉴 **체크 해제** → 적용

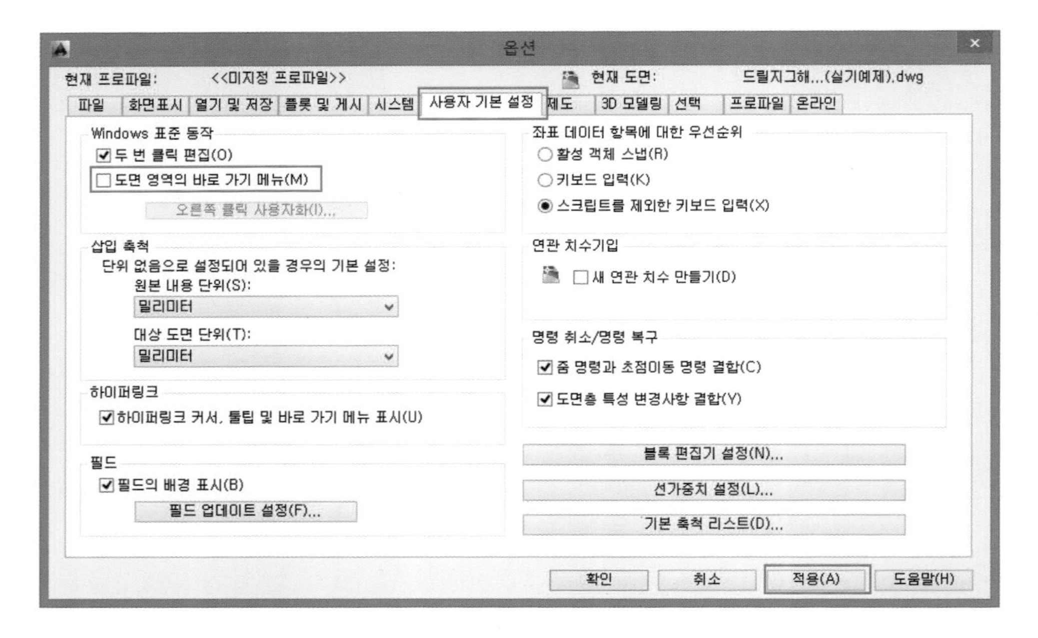

03 임시파일(ac$, su$) 확장자 표시방법

① **명령위치 :** 내 컴퓨터 → 자동저장파일 폴더

② **폴더옵션 :** 보기 → 파일 확장명 체크

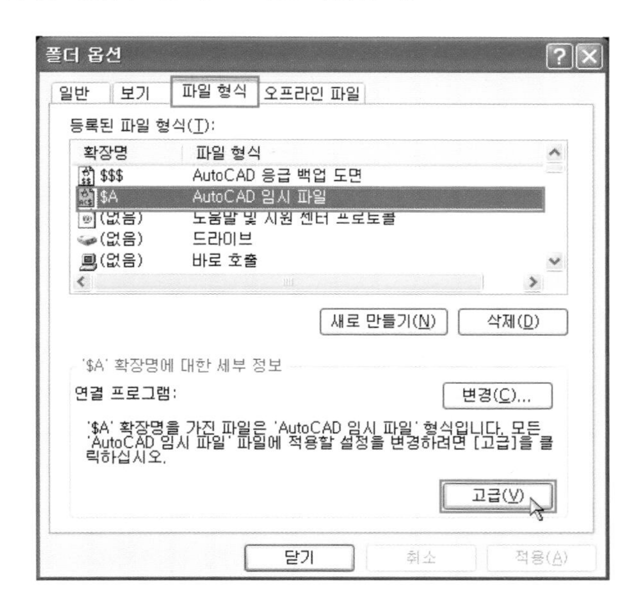

기능

1. 다른 파일들도 확장자가 보이지 않으면 이와 같이 처리한다.
2. 임시 파일(ac$, su$)은 *.dwg 확장자로 바꾸면 된다.(예 dasol.ac$ 또는 dasl.su$ → dasol.dwg)
3. *.bak도 *.dwg 파일로 변경할 수 있다.

14 | 기계기사/산업기사/기능사 실기시험용 환경설정 요약

01 도면규격(LIMITS) 설정하기

시험에서는 A2 사이즈로 도면을 작성하고 출력할 때는 A2, A3 용지로 출력한다.

① 명령(Command) : LIMITS Enter

② 다른 경로 : 형식(O) → 도면한계(I) Enter

- 왼쪽 아래 구석 지정 또는 [켜기(ON)/끄기(OFF)] 〈0.0000,0.0000〉 : Enter (왼쪽 하단의 좌표)
- 오른쪽 위 구석 지정 〈12.0000,9.0000〉 : 594,420 Enter (오른쪽 상단의 좌표)

③ KS 규격 도면사이즈

용지크기	A0	A1	A2	A3	A4
A×B	1189×841	841×594	594×420	420×297	297×210

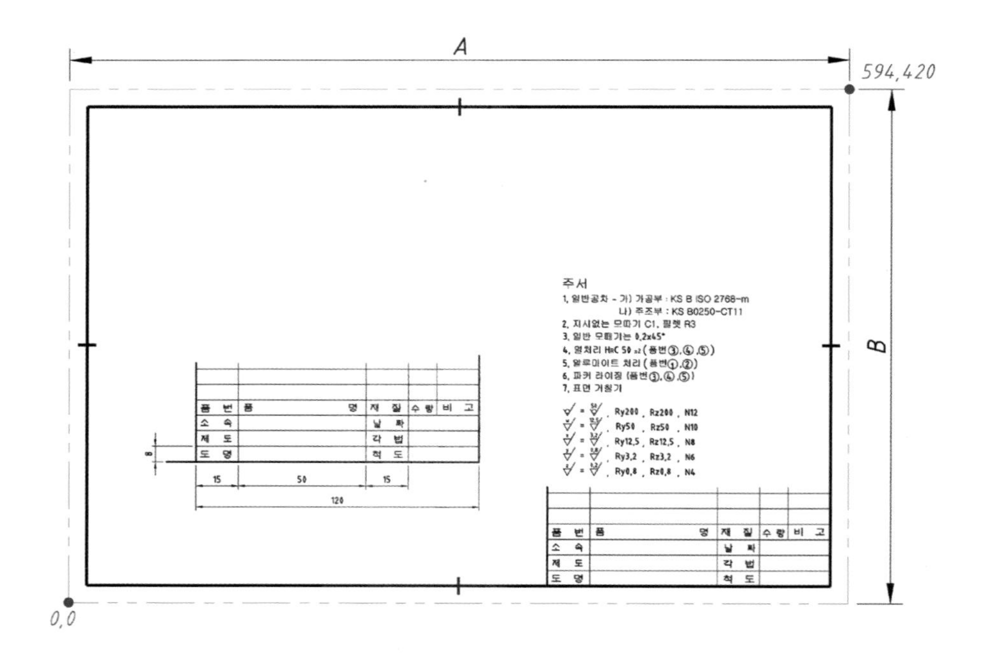

02 ZOOM 명령

① 명령(Command) : Z Enter

• [전체(A)/중심(C)/동적(D)/범위(E)/이전(P)/축척(S)/윈도(W)/객체(O)] 〈실시간〉: A Enter

03 RECTANG(직사각형) 명령

① 명령 : REC Enter

② 툴바메뉴(그리기) :

• 첫 번째 구석점 지정 또는 [모따기(C)/고도(E)/모깎기(F)/두께(T)/폭(W)] : 10,10 Enter

• 다른 구석점 지정 또는 [영역(A)/치수(D)/회전(R)] : 584,410 Enter

③ KS 규격에 따른 직사각형(Rectang) 작도 사이즈

A0	A1	A2	A3	A4
1179×831	831×584	584×410	410×287	287×200

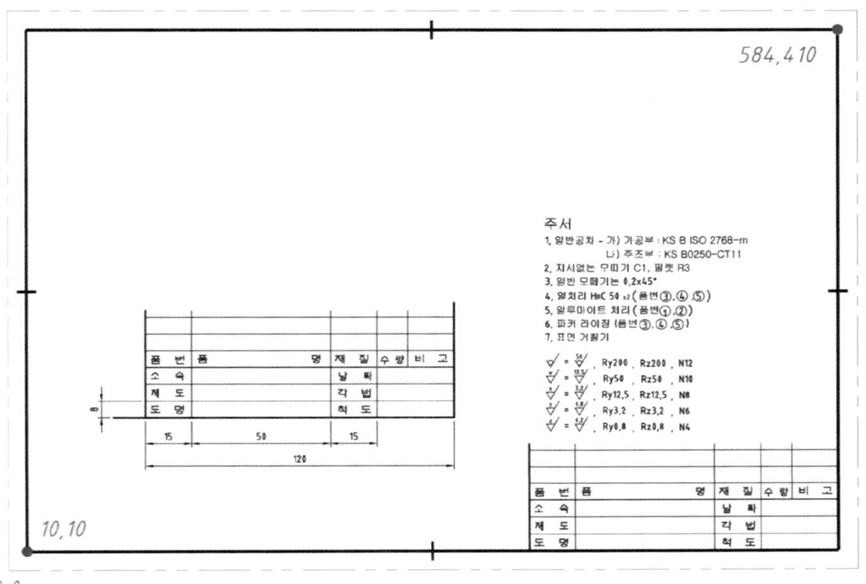

④ 기타 명령옵션 요약

명령옵션	설 명
켜기(ON)	규정된 도면영역 밖으로 도면 작도를 통제한다.
끄기(OFF)	규정된 도면영역 밖으로 도면 작도를 허용한다.

기능

테두리선의 굵기 0.7mm(하늘색)

04 LAYER 설정

① 명령(Command) : LA Enter

② 툴바메뉴(도면층) :

③ 아래와 같이 설정한다.

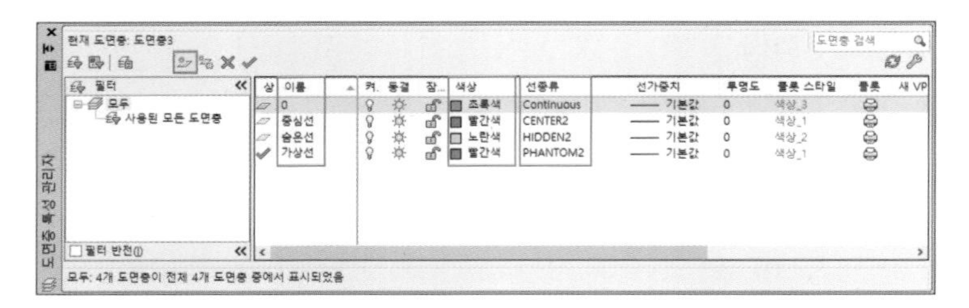

④ 주요설정 요약

Layer(이름)	선 색상	종류
외형선(0)	초록색(3)	Continuous
중심선	빨간색(1) 또는 흰색(7)	CENTER2
숨은선	노란색(2)	HIDDEN2
가상선	빨간색(1) 또는 흰색(7)	PHANTOM2

05 STYLE(문자 스타일) 명령

① 명령(Command) : ST Enter

② 툴바메뉴(문자) :

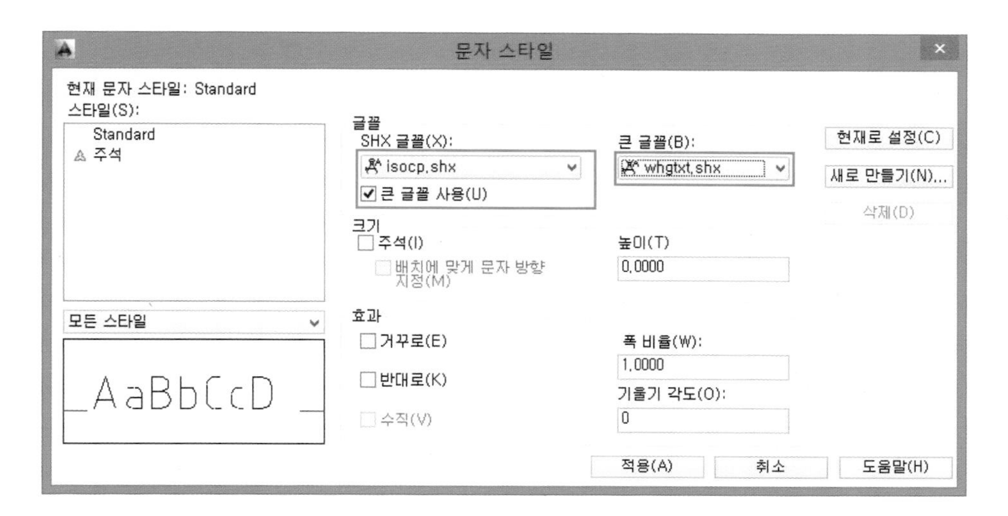

③ KS 규격에 맞는 STYLE 설정

스타일 이름	영문 글꼴	한글 글꼴	높이
Standard	isocp.shx, romans.shx	Whgtxt.shx, 굴림체	0

KS 규격에 맞는 문자는 고딕체이면서 단선체여야 한다.

06 치수 스타일 명령

① 명령(Command) : D Enter

② 툴바메뉴(치수) :

(1) 실기시험 규격(A1, A2, A3)에 맞는 치수 스타일 설정

① 다음과 같이 설정한다. 〈선〉

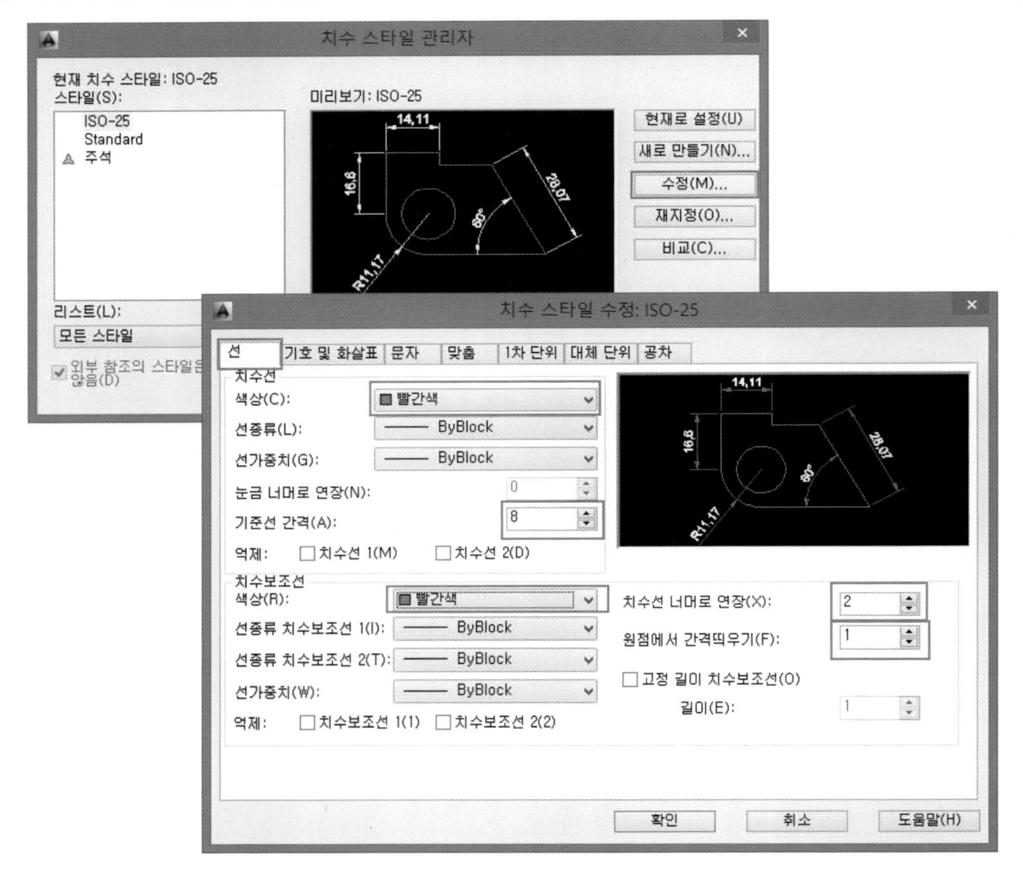

② 주요설정 요약 〈선〉

치수선 및 치수보조선 색상(R)	기준선 간격(A)	치수선 너머로 연장(X)	원점에서 간격 띄우기(F)
빨간색 또는 흰색	8mm	2mm	1mm

③ 다음과 같이 설정한다. 〈기호 및 화살표〉

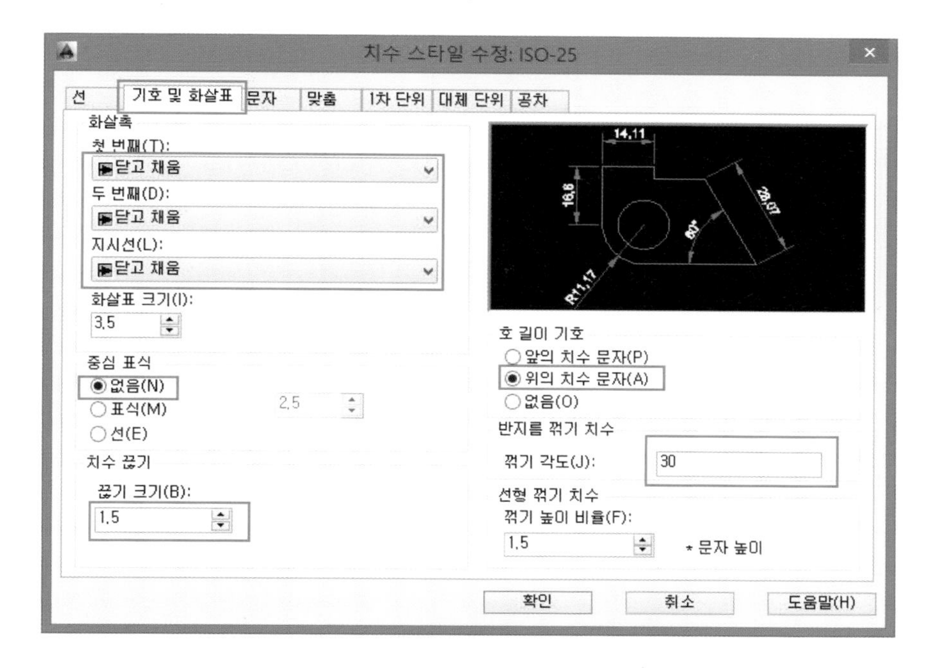

④ 주요설정 요약 〈기호 및 화살표〉

화살표 크기(I)	중심 표식	치수 끊기	호 길이 기호	반지름 꺾기 치수
3.5mm	없음	1.5mm	위의 치수 문자	30°

⑤ 다음과 같이 설정한다. 〈문자〉

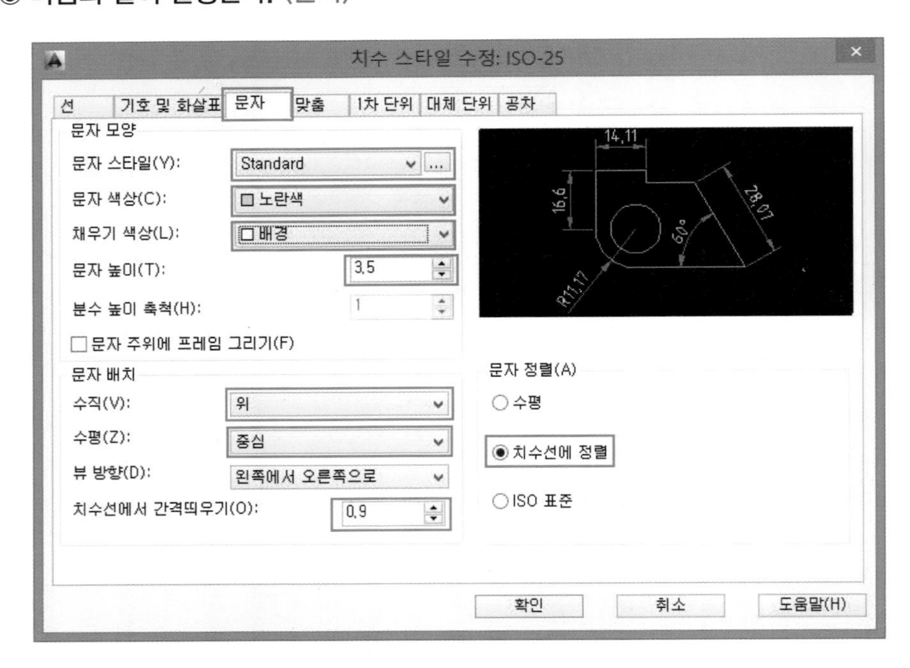

⑥ 주요설정 요약 〈문자〉

문자 스타일(Y)	문자 색상(C)	채우기색상(L)	문자 높이(T)	문자 배치(수직)	문자 배치(수평)	치수선에서 간격 띄우기(O)	문자 정렬(A)
Standard	노란색(2)	배경	3.5mm	위	중심	0.8~1mm	치수선에 정렬

⑦ KS규격에 맞는 문자스타일(Y) 설정

스타일 이름	영문 글꼴	한글 글꼴
Standard	isocp.shx, romans.shx	Whgtxt.shx, 굴림체

⑧ 다음과 같이 설정한다. 〈맞춤〉

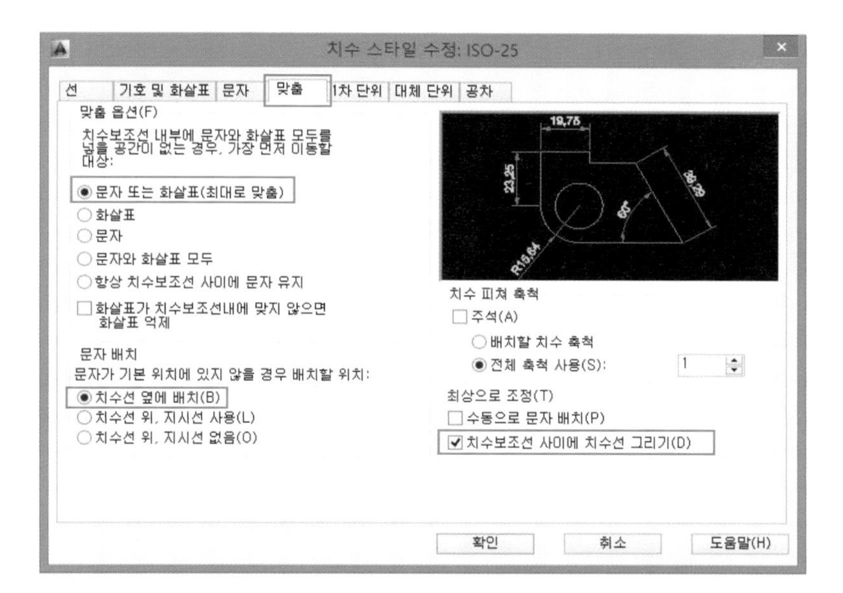

⑨ 다음과 같이 설정한다. 〈1차 단위〉

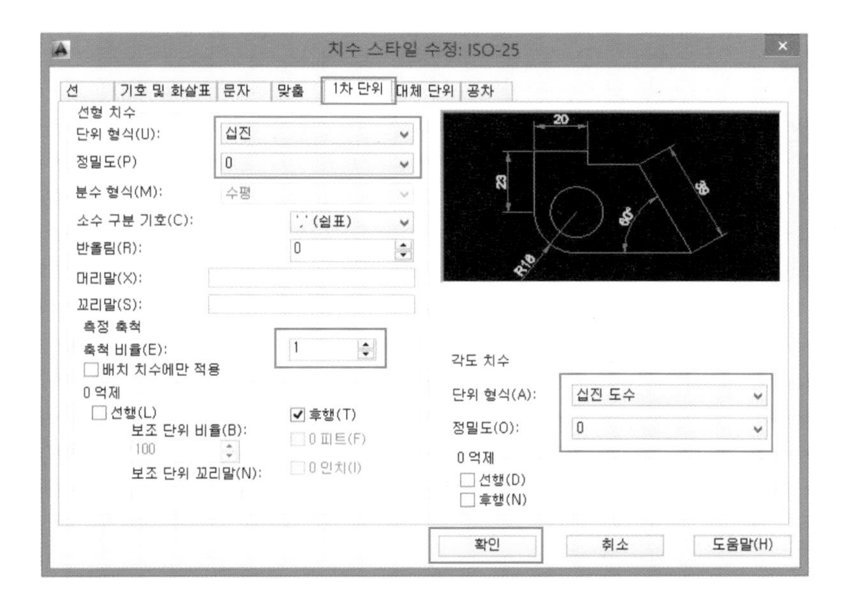

⑩ 주요설정 요약 〈1차 단위〉

단위 형식	정밀도(P)	반올림(R)	소수 구분 기호(C)	측정 축척(1:1)	측정 축척(1:2)	측정 축척(2:1)
십진	0	0.5	' , '(쉼표)	1	0.5	2

(2) 그 밖의 치수(Dim) 변수들

■ Dim : TOFL Enter

- Current value 〈off〉 New value : 1(on) Enter

7 7

off(0) on(1)

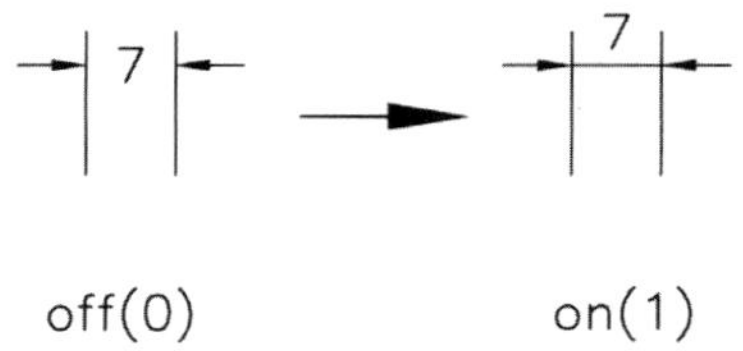

■ Dim : TIX Enter

- Current value 〈off〉 New value : 1(on) Enter

4 4

off(0) on(1)

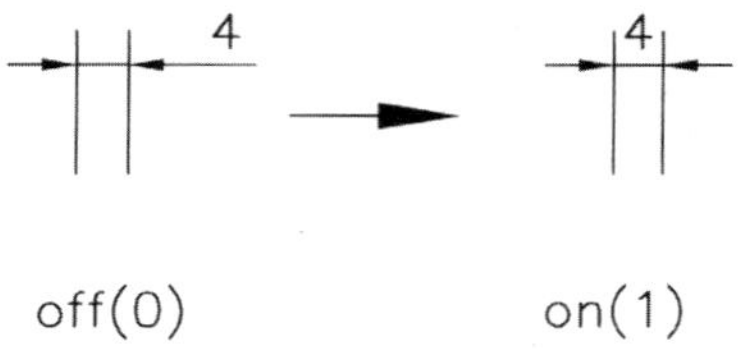

■ Dim : TOH Enter

- Current value 〈on〉 New value : 0(off) Enter

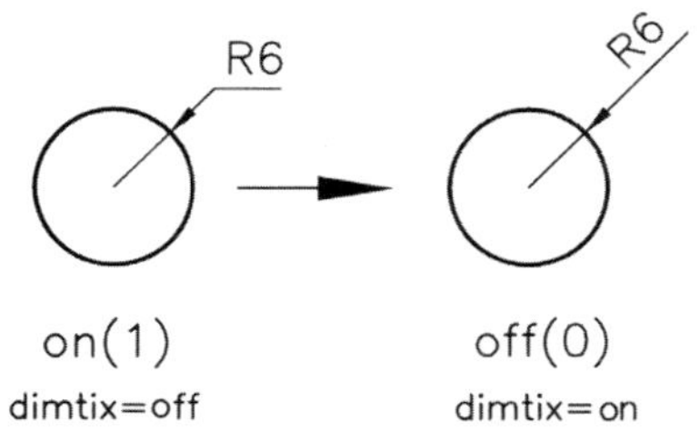

R6 R6

on(1) off(0)

dimtix=off dimtix=on

07 PLOT 설정(시험규격 : A1, A2, A3) 방법

① 명령(Command) : PLOT Enter

② 툴바메뉴(표준) :

③ 다음과 같이 설정한다. 〈플롯 기본〉

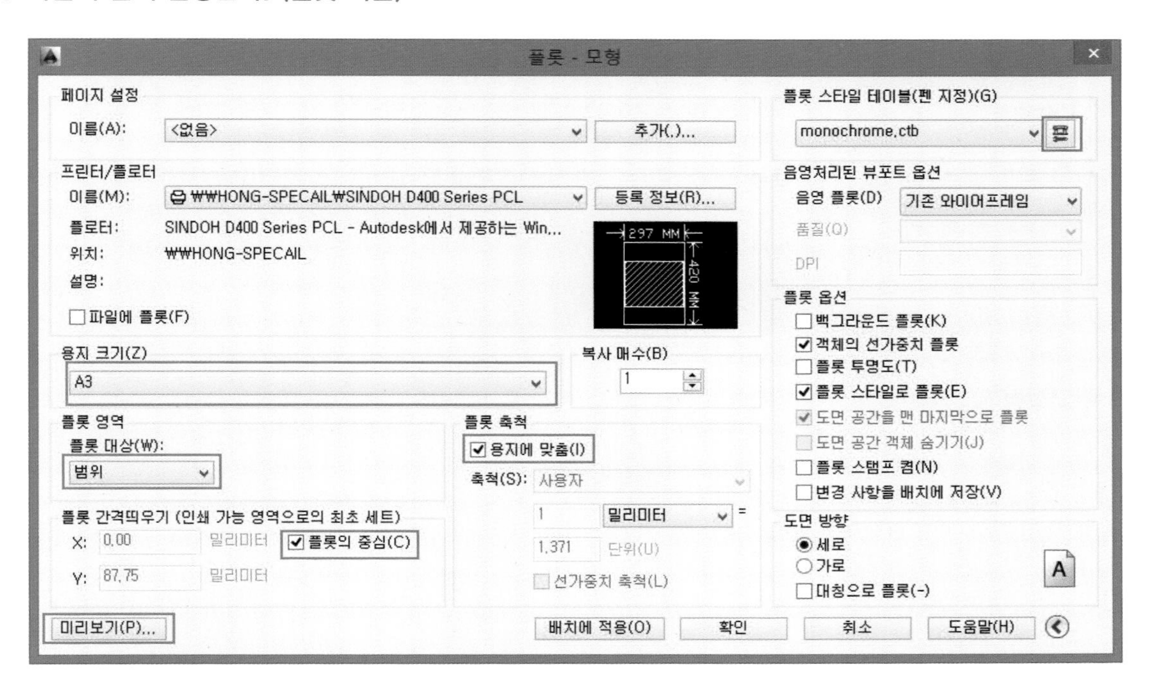

④ 시험용 주요설정 요약 〈플롯 기본〉

프린터/플로터	용지 크기	플롯 대상	플롯 간격 띄우기	플롯 축척	플롯 스타일 테이블 (펜 지정)	미리보기
시험장소 기종 선택	A3 또는 A2	범위	플롯의 중심	용지에 맞춤	monochrome.ctb (설정 ⑤)	확인 후 플롯 (설정 ⑦)

⑤ 다음과 같이 설정한다. 〈출력색상 및 굵기/펜 지정〉

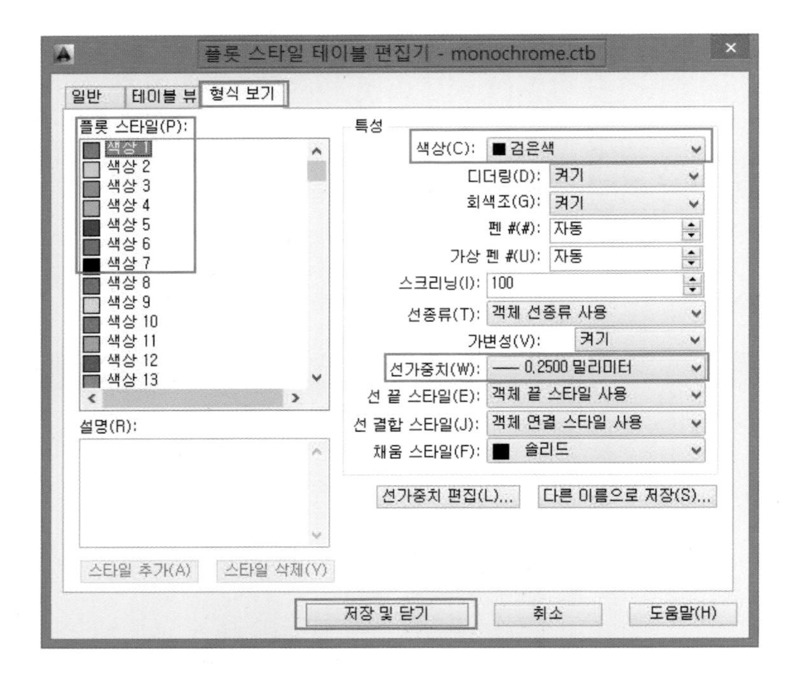

⑥ 주요설정 요약 〈출력색상 및 굵기/펜 지정〉

플롯 스타일(P)	색상(C)	선가중치 (A3, A2)
빨간색(1)	검은색	0.18 ~ 0.25
노란색(2)	검은색	0.3 ~ 0.35
초록색(3)	검은색	0.5 ~ 0.6
하늘색(4)	검은색	0.7 ~ 0.8
흰색(7)	검은색	0.18 ~ 0.25

기능

출력 시 선가중치(굵기)는 약간의 차이가 있으므로 환경에 따라 결정토록 한다.

⑦ 다음과 같이 설정한다.

미리보기 화면에서 확인 → 마우스 오른쪽 버튼 → 플롯

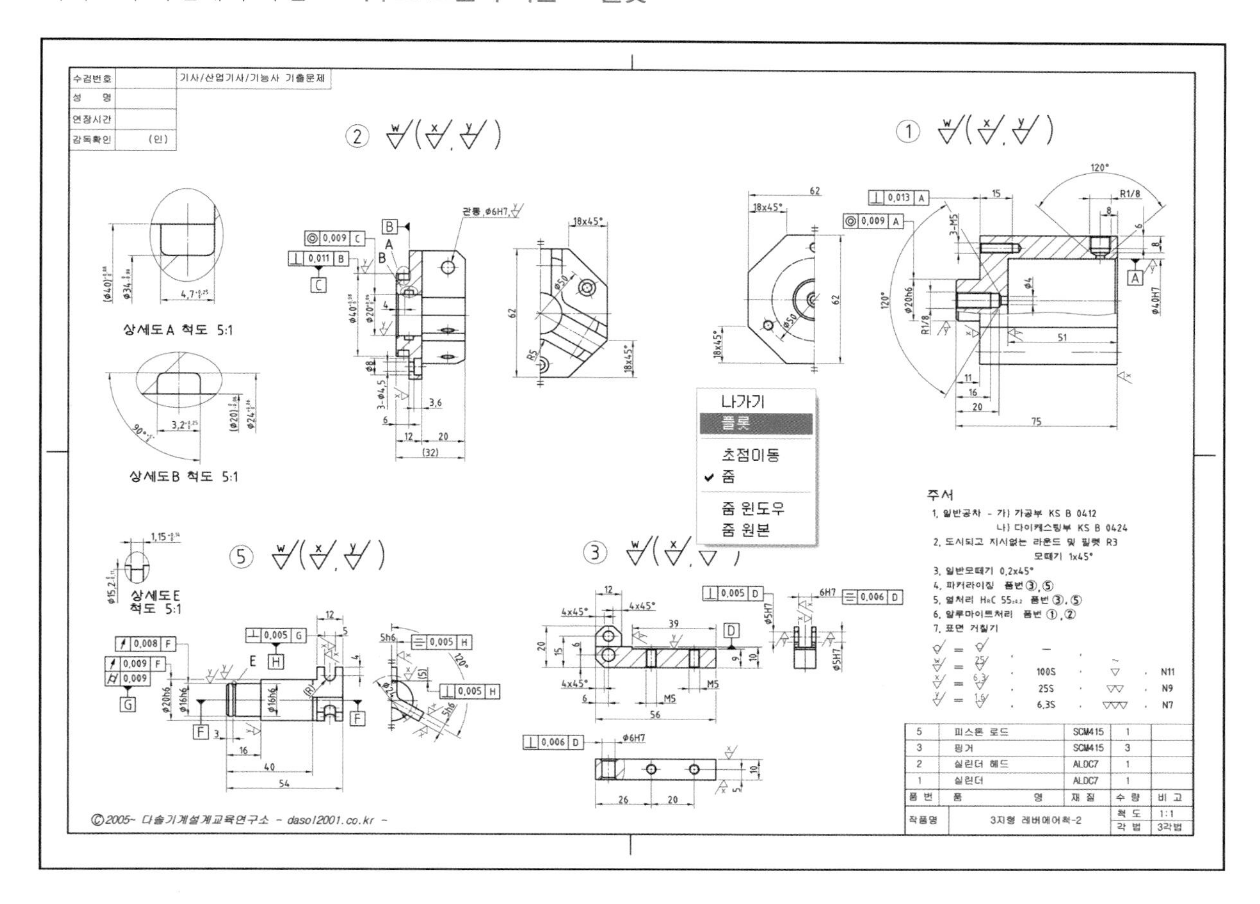

15 AutoCAD 단축키

01 작도(DRAWING) 명령

단축키	명령어	내 용	비 고
L	LINE	선 그리기	
A	ARC	호(원호) 그리기	
C	CIRCLE	원 그리기	
REC	RECTANG	사각형 그리기	
POL	POLYGON	정다각형 그리기	
EL	ELLIPSE	타원 그리기	
XL	XLINE	무한선 그리기	
PL	PLINE	연결선 그리기	
SPL	SPLINE	자유곡선 그리기	
ML	MLINE	다중선 그리기	
DO	DONUT	도넛 그리기	
PO	POINT	점 찍기	

02 편집(EDIT) 명령

단축키	명령어	내 용	비 고
Ctrl + Z	UNDO	이전 명령 취소	
Ctrl + Y	MREDO	UNDO 취소	다중복구
E	ERASE	지우기	
EX	EXTEND	선분 연장	
TR	TRIM	선분 자르기	
O	OFFSET	등간격 및 평행선 복사	
CO	COPY	객체 복사	
M	MOVE	객체 이동	
AR	ARRAY	배열 복사	
MI	MIRROR	대칭 복사	

F	FILLET	모깎기	라운드
CHA	CHAMFER	모따기	
RO	ROTATE	객체회전	
SC	SCALE	객체축척 변경	
S	STRETCH	선분 신축(늘리고 줄이기)	점 이동

03 문자쓰기 및 편집 명령

단축키	명령어	내 용	비 고
T, MT	MTEXT	다중문자 쓰기	문서작성
DT	DTEXT	다이내믹문자 쓰기	도면문자
ST	STYLE	문자 스타일 변경	
ED	DDEDIT	문자, 치수문자 수정	

04 치수기입 및 편집 명령

단축키	명령어	내 용	비 고
QDIM	QDIM	빠른 치수 기입	
DLI	DIMLINEAR	선형 치수 기입	
DAL	DIMALIGNED	사선 치수 기입	
DAR	DIMARC	호길이 치수 기입	
DOR	DIMORDINATE	좌표 치수 기입	
DRA	DIMRADIUS	반지름 치수 기입	
DJO	DIMJOGGED	꺾기 반지름 치수 기입	
DDI	DIMDIAMETER	지름 치수 기입	
DAN	DIMANGULAR	각도 치수 기입	
DBA	DIMBASELINE	첫점 연속치수 기입	
DCO	DIMCONTINUE	끝점 연속치수 기입	
MLD	MLEADER	다중 치수보조선 작성	인출선 작성
MLE	MLEADEREDIT	다중 치수보조선 수정	인출선 수정
LEAD	LEADER	치수보조선 기입	인출선 작성
DCE	DIMCENTER	중심선 작성	원, 호
DED	DIMEDIT	치수형태 편집	
D	DIMSTYLE, DDIM	치수스타일 편집	

05 도면패턴 명령

단축키	명령어	내 용	비 고
H	HATCH	도면 해치패턴 넣기	
BH	BHATCH	도면 해치패턴 넣기	
HE	HATCHEDIT	해치 편집	
GD	GRADIENT	그라디언트 패턴 넣기	

06 도면 특성 변경 명령

단축키	명령어	내 용	비 고
LA	LAYER	도면층 관리	
LT	LINETYPE	도면선분 특성관리	
LTS	LTSCALE	선분 특성 크기 변경	
COL	COLOR	기본 색상 변경	
MA	MATCHPROP	객체속동 맞추기	
MO, CH	PROPERTIES	객체속성 변경	

07 블록 및 삽입 명령

단축키	명령어	내 용	비 고
B	BLOCK	객체 블록 지정	
W	WBLOCK	객체 블록화 도면 저장	
I	INSERT	도면 삽입	
BE	BEDIT	블록 객체 수정	
XR	XREF	참조도면 관리	

08 드로잉 환경설정 및 화면 환경설정 명령

단축키	명령어	내 용	비 고
OS, SE	OSNAP	오브젝트 스냅 설정	
Z	ZOOM	도면 부분 축소 확대	
P	PAN	화면 이동	
RE	REGEN	화면 재생성	
R	REDRAW	화면 다시 그리기	
OP	OPTION	AutoCAD 환경설정	
UN	UNITS	도면 단위 변경	

09 도면특성 및 객체정보 명령

단축키	명령어	내 용	비 고
DI	DIST	길이 체크	
LI	LIST	객체 속성 정보	
AA	AREA	면적 산출	

10 기능키 세팅값

단축키	명령어	내 용	비 고
F1	HELP	도움말 보기	
F2	TEXT WINDOW	커멘드 창 띄우기	
F3	OSNAP ON/OFF	객체스냅 사용유무	
F4	TABLET ON/OFF	태블릿 사용유무	
F5	ISOPLANE	2.5차원 방향 변경	
F6	DYNAMIC UCS ON/OFF	자동 UCS 변경 사용유무	
F7	GRID ON/OFF	그리드 사용유무	
F8	ORTHO ON/OFF	직교모드 사용유무	
F9	SNAP ON/OFF	도면 스냅 사용유무	
F10	POLAR ON/OFF	폴라 트레킹 사용유무	
F11	OSNAP TRACKING ON/OFF	객체스냅 트레킹 사용유무	
F12	DYNAMIC INPUT ON/OFF	다이내믹 입력 사용유무	

11 Ctrl + 숫자 단축값

단축키	명령어	내 용	비 고
Ctrl +1	PROPERTIES/ PROPERTIESCLOSE	속성창 On/Off	
Ctrl +2	ADCENTER/ADCLOSE	디자인센터 On/Off	
Ctrl +3	TOOLPALETTES/ TOOLPALETTESCLOSE	툴팔레트 On/Off	
Ctrl +4	SHEETSET/SHEETSETHIDE	스트셋 메니저 On/Off	
Ctrl +5	–	–	기능 없음
Ctrl +6	DBCONNECT/DBCCLOSE	DB 접속 메니저 On/Off	
Ctrl +7	MARKUP/MARKUPCLOSE	마크업 세트 메니저 On/Off	
Ctrl +8	QUICKCALC/QCCLOSE	계산기 On/Off	
Ctrl +9	COMMANDLINE	커멘드 영역 On/Off	
Ctrl +0	CLENASCREENOFF	화면툴바 On/Off	

CHAPTER

02

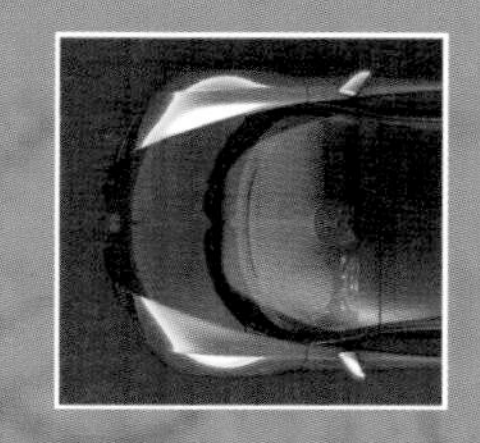

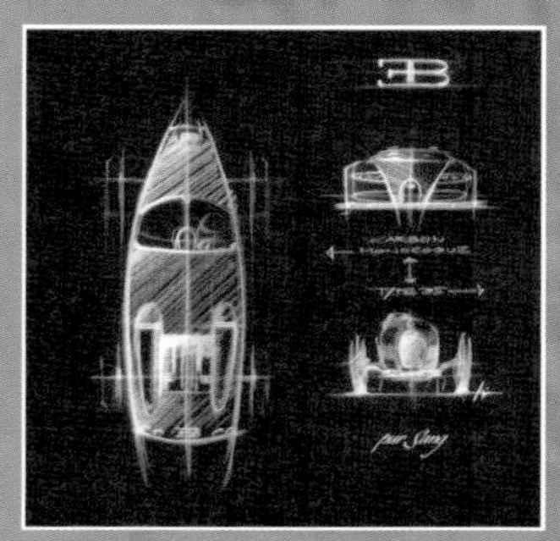

기초 투상도 학습도면

BRIEF SUMMARY

이 장은 다솔『CED 전산응용기계제도 실기 · 실무』책을 통해 익힌 기초투상도법, 단면도법, 보조투상도법 등을 AutoCAD를 이용해 작도해 볼 수 있는 응용과제로 구성하였다.

실습방법(CAD가 아니라 도면을 알아야 한다.)

해답도면을 그대로 따라 그리는 것이 아니라 과제 입체도를 보고 작도하는 것임을 명심해야 한다.

만일, 해답도면을 보고 그대로 따라 그리기 학습만 반복한다면 그것은 설계에 전혀 도움이 되지 않는 것으로 그저 남이 그린 도면을 옮겨그리는 오퍼레이터에 불과한 것이다.

실무에서는 신입사원 또는 면접자에게 현장에 있는 물건(공작물)을 프리핸드로 스케치해서 CAD로 도면화시킬 수 있는 능력을 요구한다.

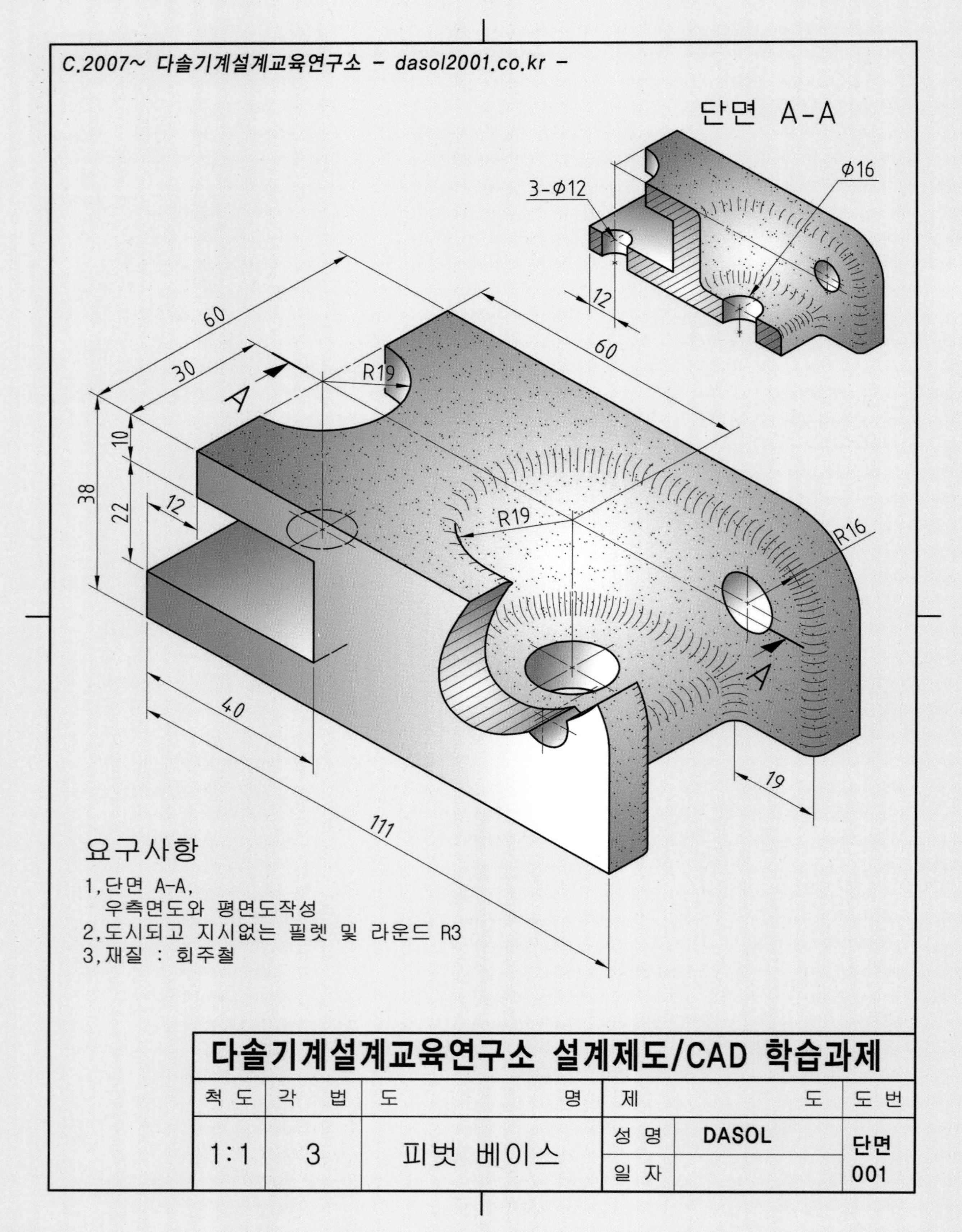
C.2007~ 다솔기계설계교육연구소 - dasol2001.co.kr -
단면 A-A
3-Ø12
Ø16
12
60
60
30
R19
A
10
38
22
12
R19
R16
A
40
19
111
요구사항
1,단면 A-A,
우측면도와 평면도작성
2,도시되고 지시없는 필렛 및 라운드 R3
3,재질 : 회주철
다솔기계설계교육연구소 설계제도/CAD 학습과제
척 도
각 법
도 명
제 도
도 번
1:1
3
피벗 베이스
성 명
DASOL
일 자
단면
001

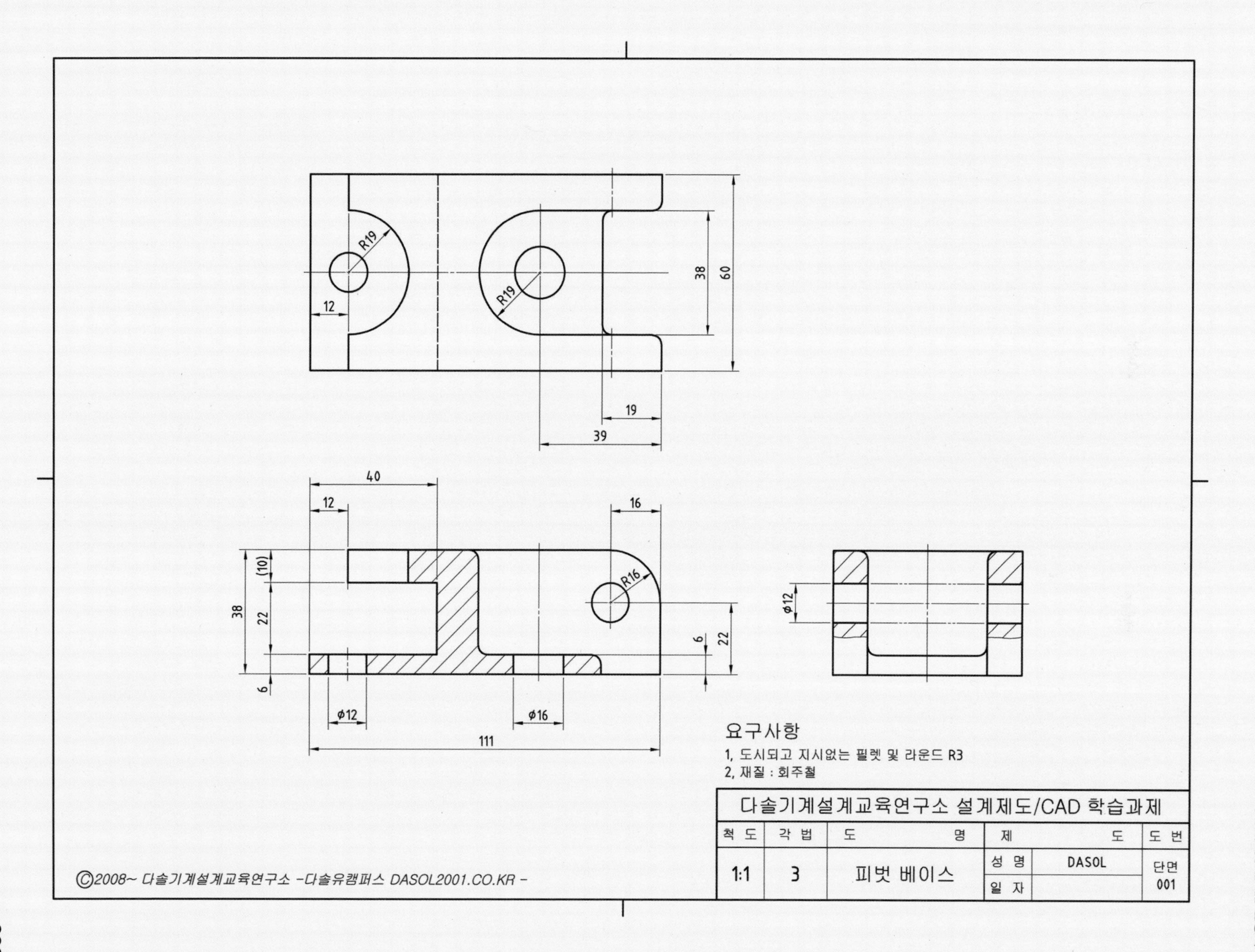
R19
12
R19
38
60
19
39
40
12
16
(10)
38
22
6
R16
6
22
ϕ12
ϕ12
ϕ16
111
요구사항
1, 도시되고 지시없는 필렛 및 라운드 R3
2, 재질 : 회주철
다솔기계설계교육연구소 설계제도/CAD 학습과제
척 도
각 법
도 명
제 도
도 번
1:1
3
피벗 베이스
성 명
DASOL
일 자
단면 001
©2008~ 다솔기계설계교육연구소 -다솔유캠퍼스 DASOL2001.CO.KR -

C.2007~ 다솔기계설계교육연구소 - dasol2001.co.kr -

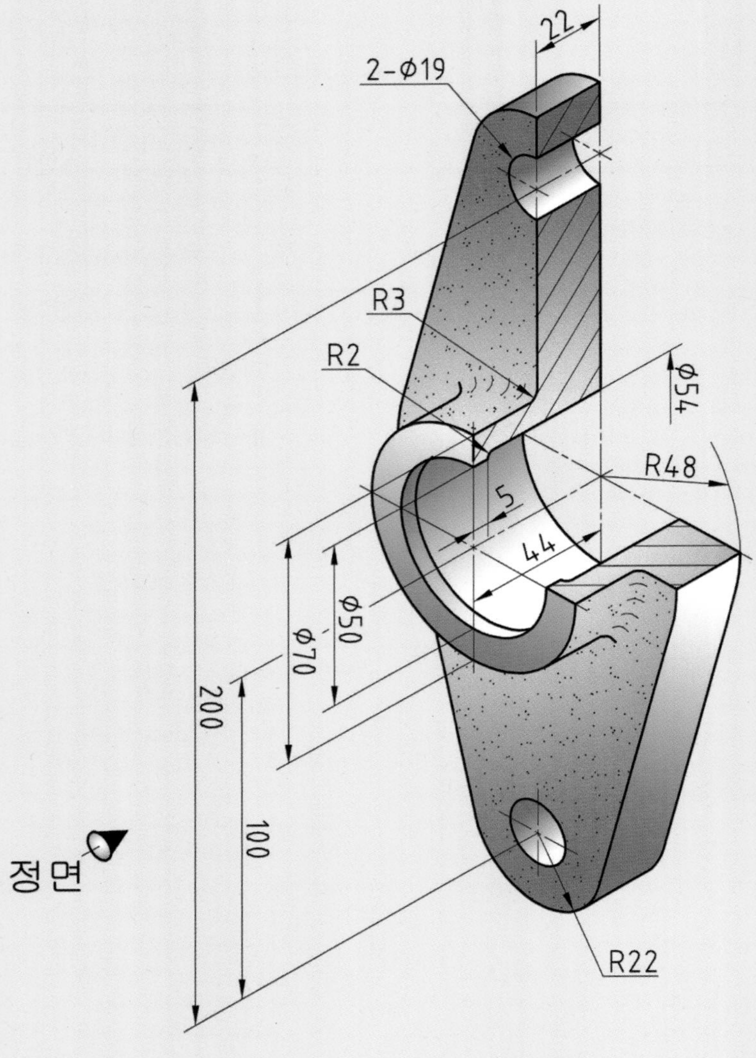

2-Ø19
22
R3
R2
Ø54
R48
5
44
Ø50
Ø70
200
100
R22
정면

요구사항

1,정면도,우측반단면도
2,재질 : 회주철

다솔기계설계교육연구소 설계제도/CAD 학습과제					
척 도	각 법	도 명	제 도		도 번
1:2	3	패킹 그랜드	성 명	DASOL	단면 002
			일 자		

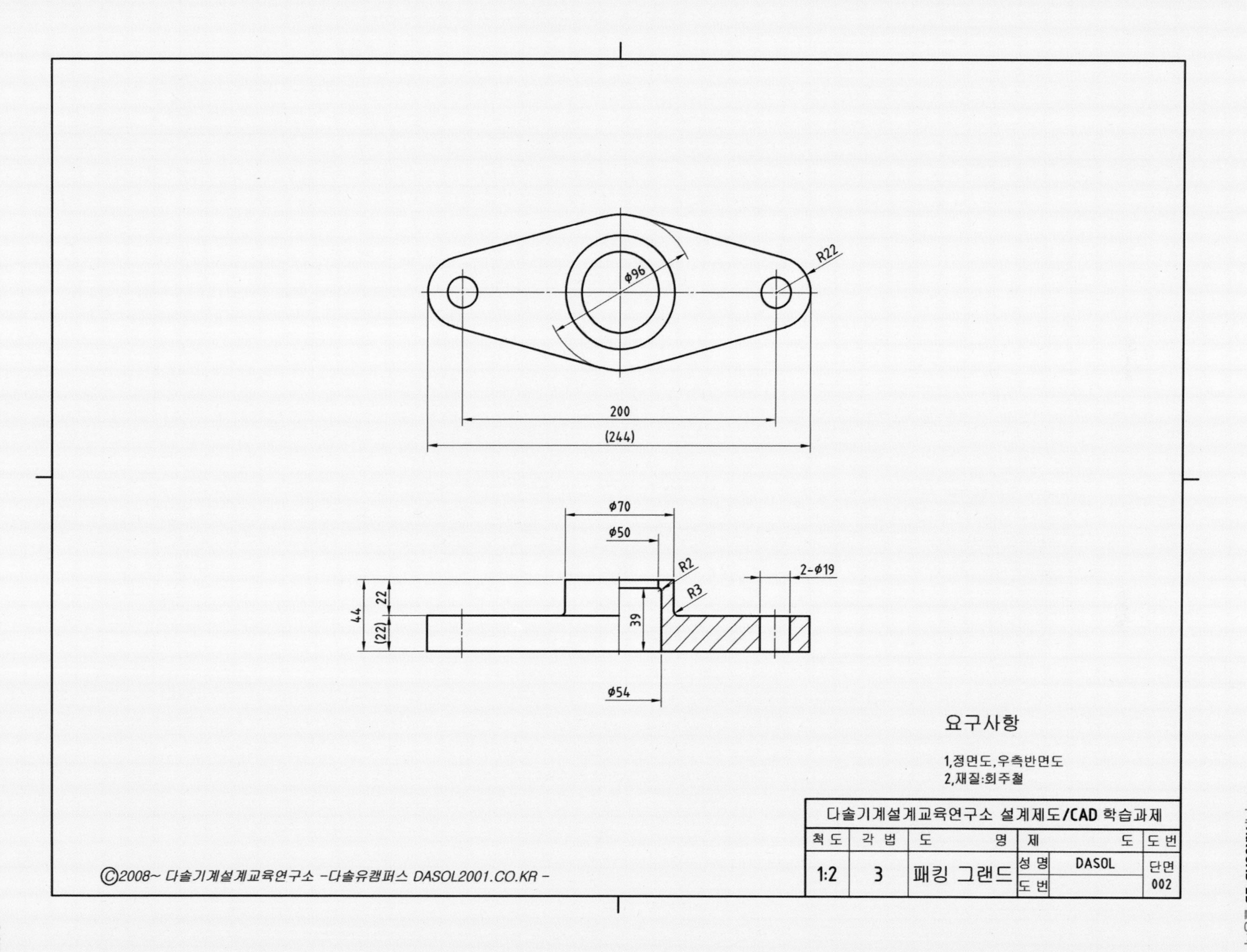
φ96
R22
200
(244)
φ70
φ50
R2
R3
2-φ19
44
22
(22)
39
φ54
요구사항
1,정면도,우측반면도
2,재질:회주철
다솔기계설계교육연구소 설계제도/CAD 학습과제
척도
각법
도명
제도
도번
1:2
3
패킹 그랜드
성명
DASOL
도번
단면
002
ⓒ2008~ 다솔기계설계교육연구소 -다솔유캠퍼스 DASOL2001.CO.KR -

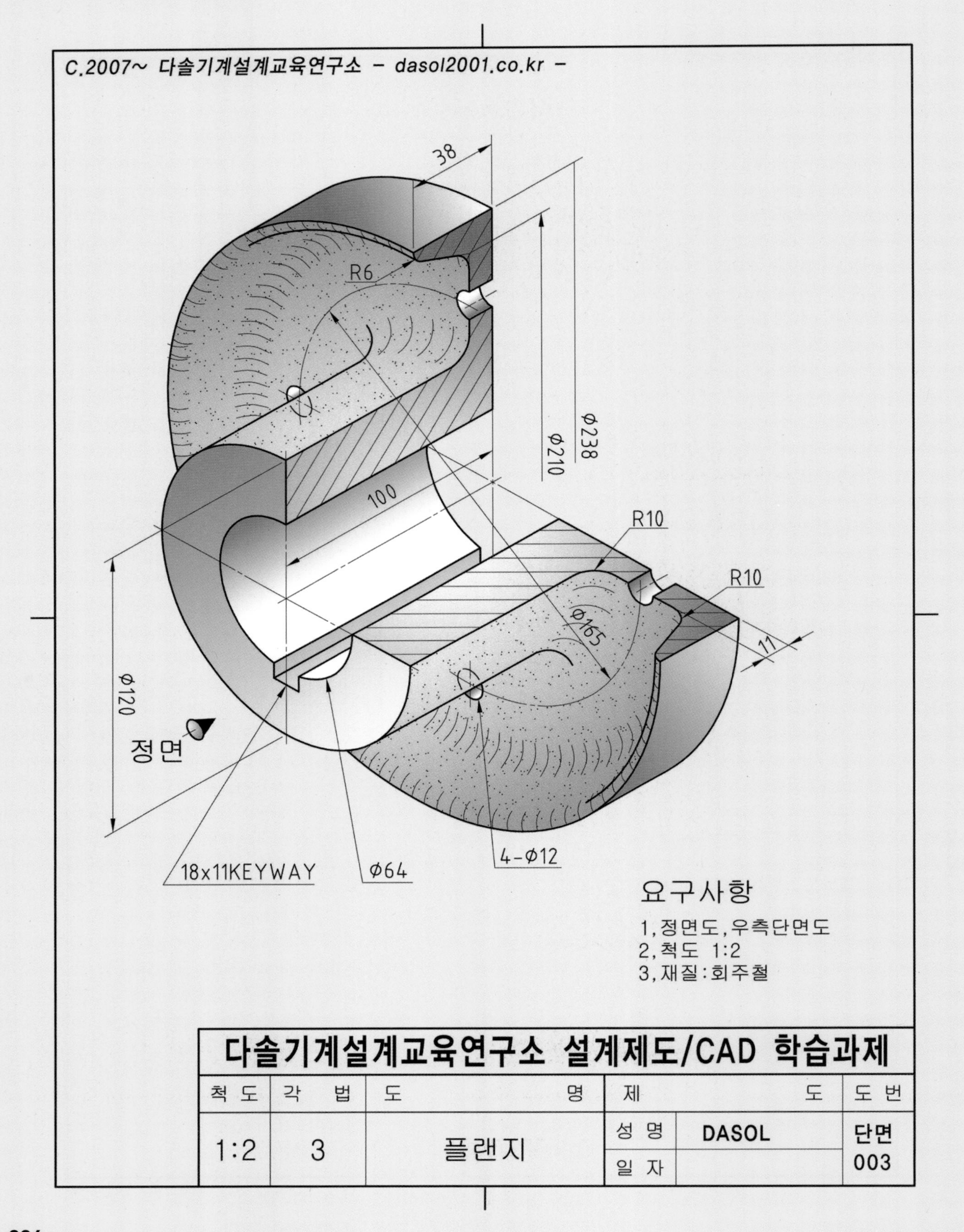
C.2007~ 다솔기계설계교육연구소 - dasol2001.co.kr -
38
R6
Φ238
Φ210
100
R10
R10
Φ165
11
Φ120
정면
18x11KEYWAY
Φ64
4-Φ12
요구사항
1,정면도,우측단면도
2,척도 1:2
3,재질:회주철
다솔기계설계교육연구소 설계제도/CAD 학습과제
척도
각법
도명
제도
도번
1:2
3
플랜지
성명
DASOL
일자
단면 003

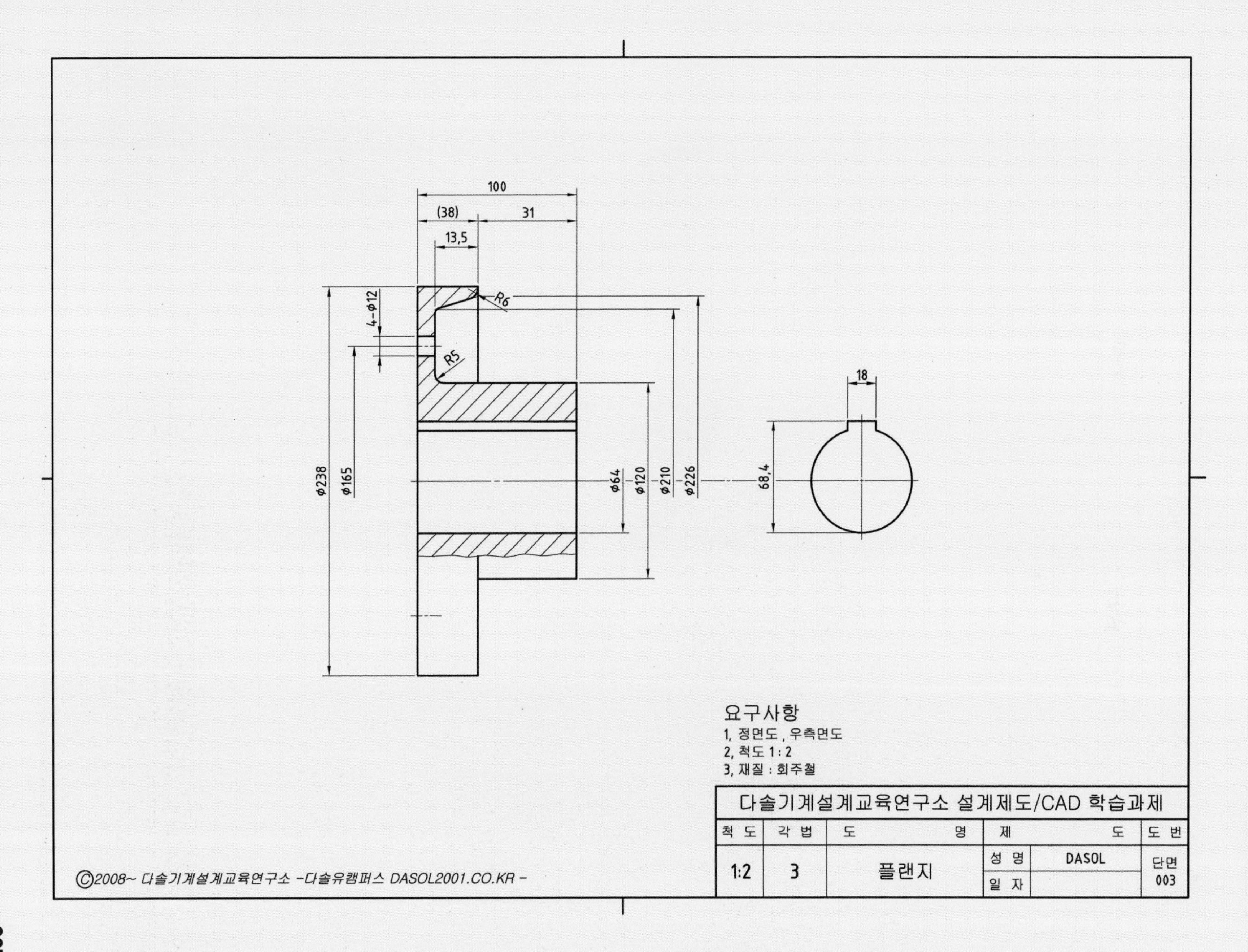

100
(38)
31
13,5
R6
4-φ12
R5
18
φ238
φ165
φ64
φ120
φ210
φ226
68,4
요구사항
1, 정면도 , 우측면도
2, 척도 1 : 2
3, 재질 : 회주철
다솔기계설계교육연구소 설계제도/CAD 학습과제
척 도
각 법
도 명
제 도
도 번
1:2
3
플랜지
성 명
DASOL
일 자
단면 003
ⓒ2008~ 다솔기계설계교육연구소 -다솔유캠퍼스 DASOL2001.CO.KR -

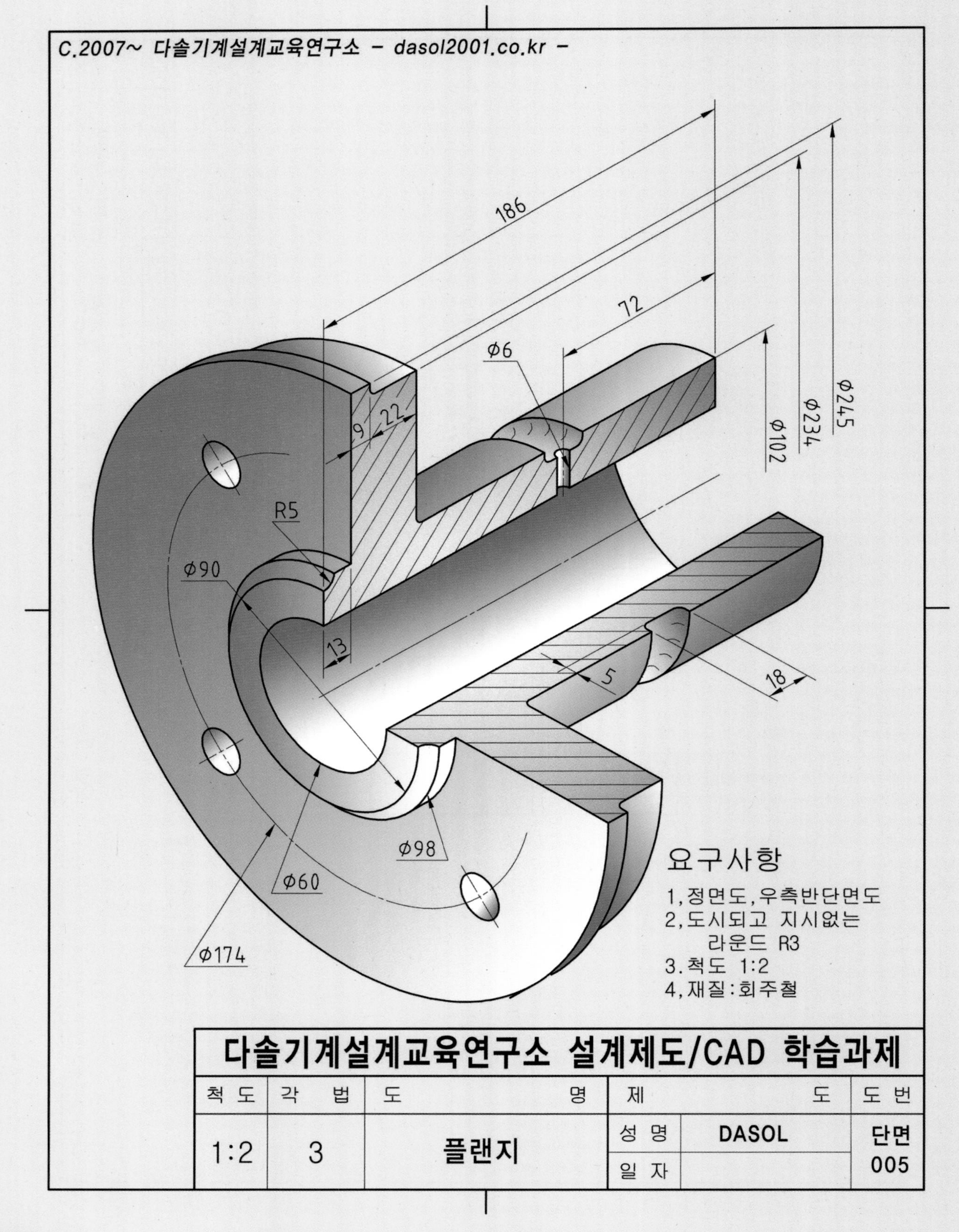
C.2007~ 다솔기계설계교육연구소 - dasol2001.co.kr -
186
72
Ø6
Ø245
Ø234
Ø102
9
22
R5
Ø90
13
5
18
Ø98
Ø60
Ø174
요구사항
1,정면도,우측반단면도
2,도시되고 지시없는
라운드 R3
3.척도 1:2
4,재질:회주철
다솔기계설계교육연구소 설계제도/CAD 학습과제
척 도
각 법
도 명
제 도
도 번
1:2
3
플랜지
성 명
DASOL
일 자
단면
005

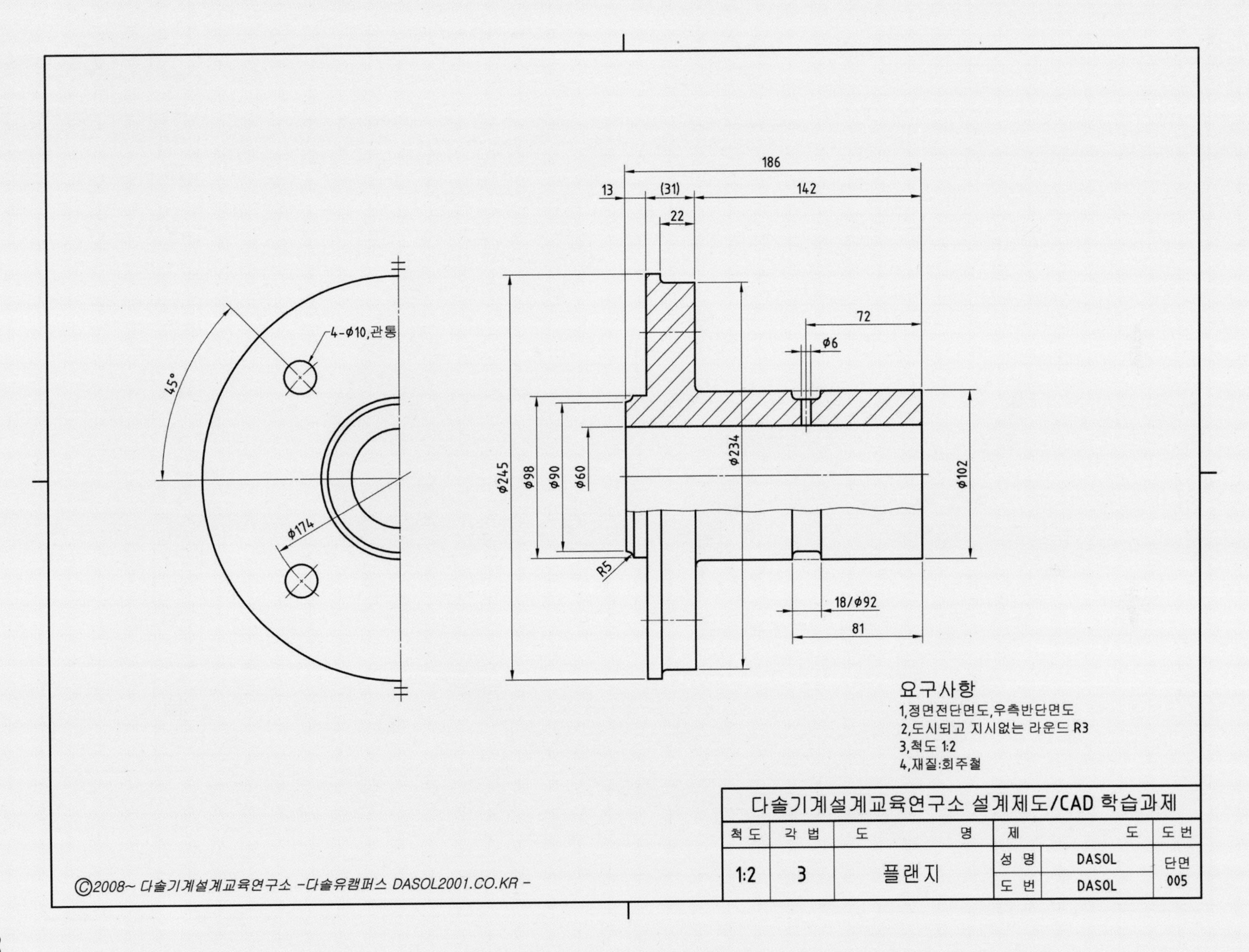
186
13
(31)
142
22
72
φ6
4-φ10,관통
45°
φ174
φ245
φ98
φ90
φ60
φ234
φ102
R5
18/φ92
81
요구사항
1,정면전단면도,우측반단면도
2,도시되고 지시없는 라운드 R3
3,척도 1:2
4,재질:회주철
다솔기계설계교육연구소 설계제도/CAD 학습과제
척도
각법
도명
제도
도번
1:2
3
플랜지
성명
DASOL
도번
DASOL
단면
005
ⓒ2008~ 다솔기계설계교육연구소 -다솔유캠퍼스 DASOL2001.CO.KR -

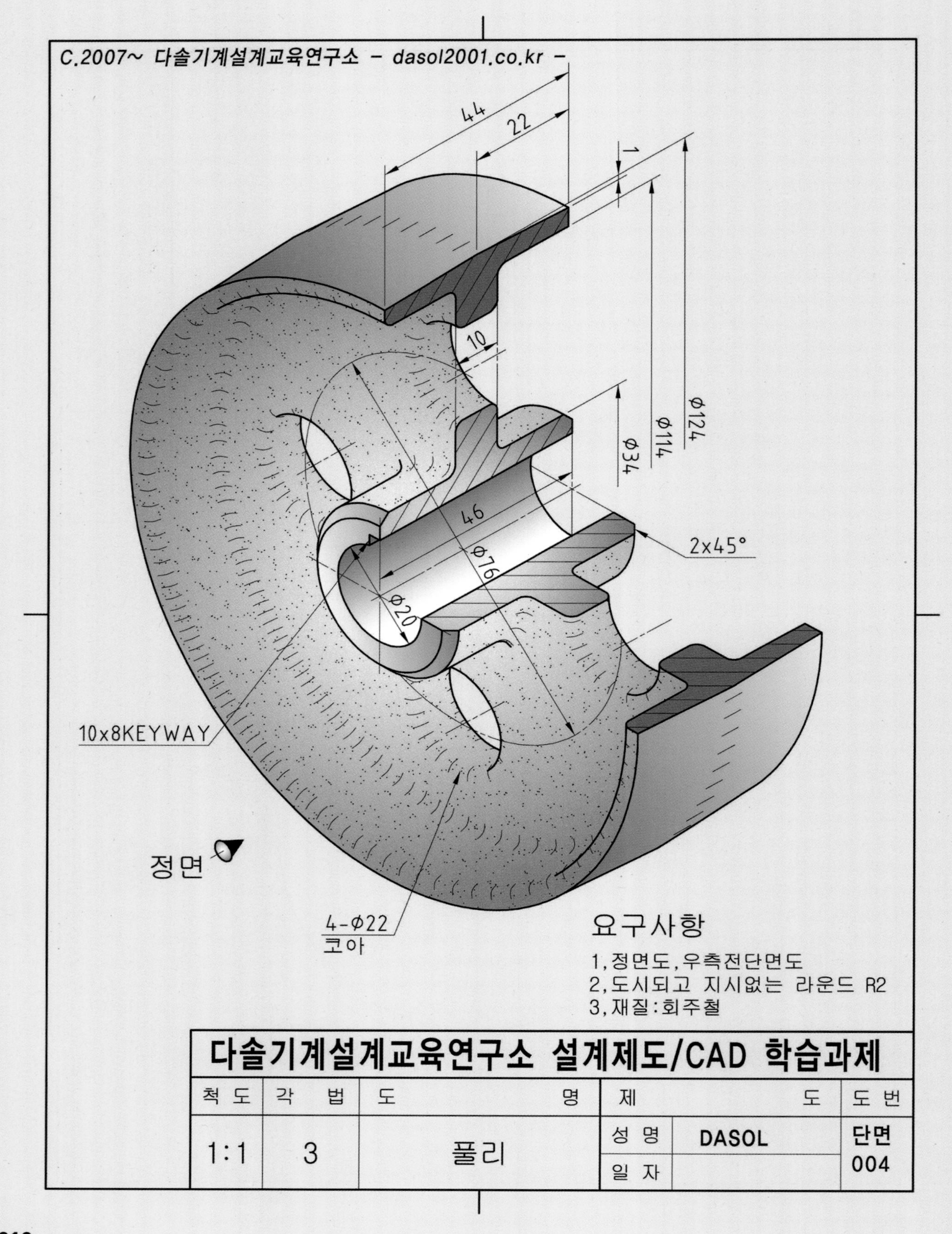
C.2007~ 다솔기계설계교육연구소 - dasol2001.co.kr -
44
22
1
10
ϕ124
ϕ114
ϕ34
46
ϕ76
ϕ20
2x45°
10x8KEYWAY
정면
4-ϕ22
코아
요구사항
1,정면도,우측전단면도
2,도시되고 지시없는 라운드 R2
3,재질:회주철
다솔기계설계교육연구소 설계제도/CAD 학습과제
척도
각법
도명
제도
도번
1:1
3
풀리
성명
DASOL
일자
단면
004

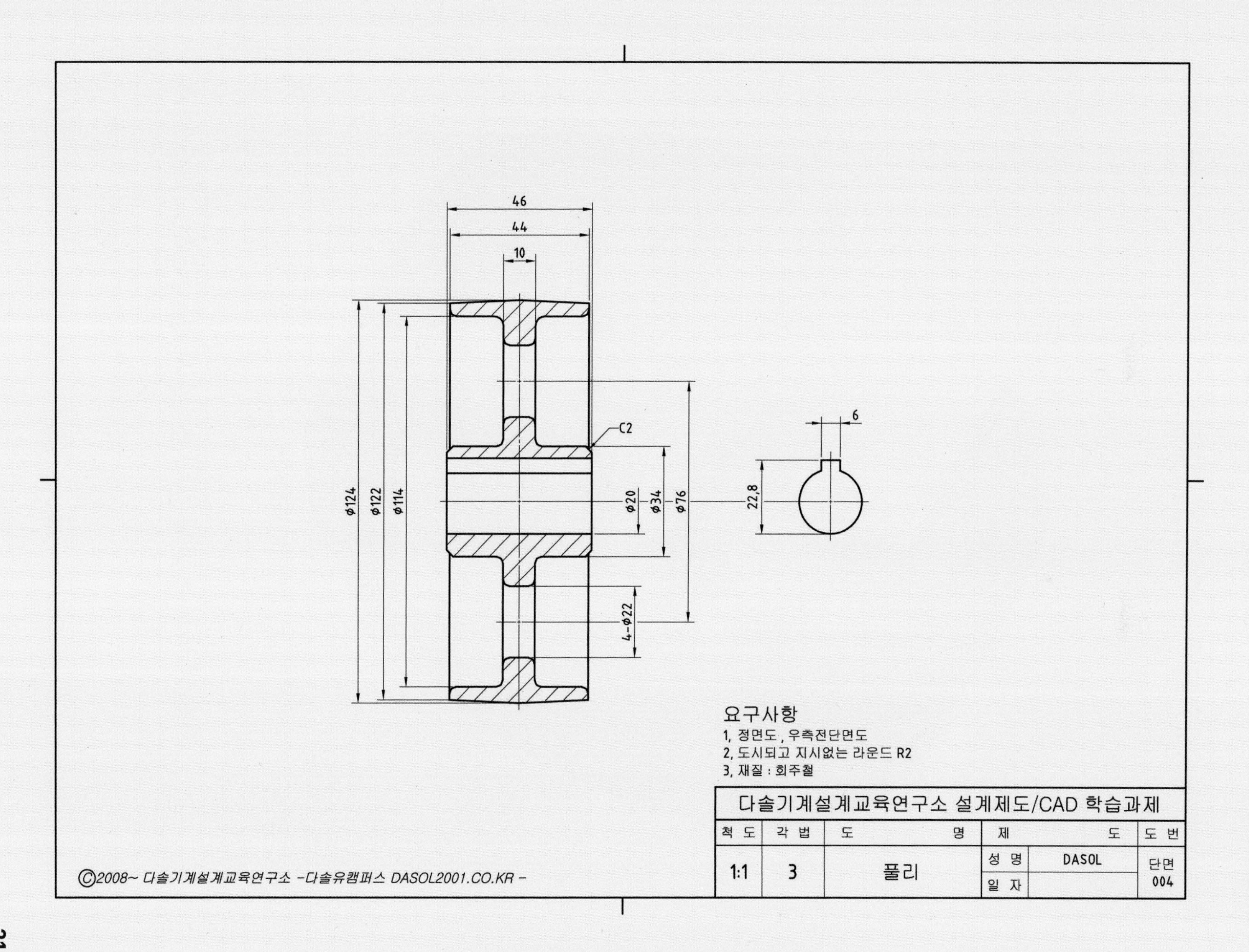
46
44
10
C2
φ124
φ122
φ114
φ20
φ34
φ76
22,8
6
4-φ22
요구사항
1, 정면도, 우측전단면도
2, 도시되고 지시없는 라운드 R2
3, 재질 : 회주철
다솔기계설계교육연구소 설계제도/CAD 학습과제
척 도
각 법
도 명
제 도
도 번
1:1
3
풀리
성 명
DASOL
일 자
단면
004
©2008~ 다솔기계설계교육연구소 -다솔유캠퍼스 DASOL2001.CO.KR -

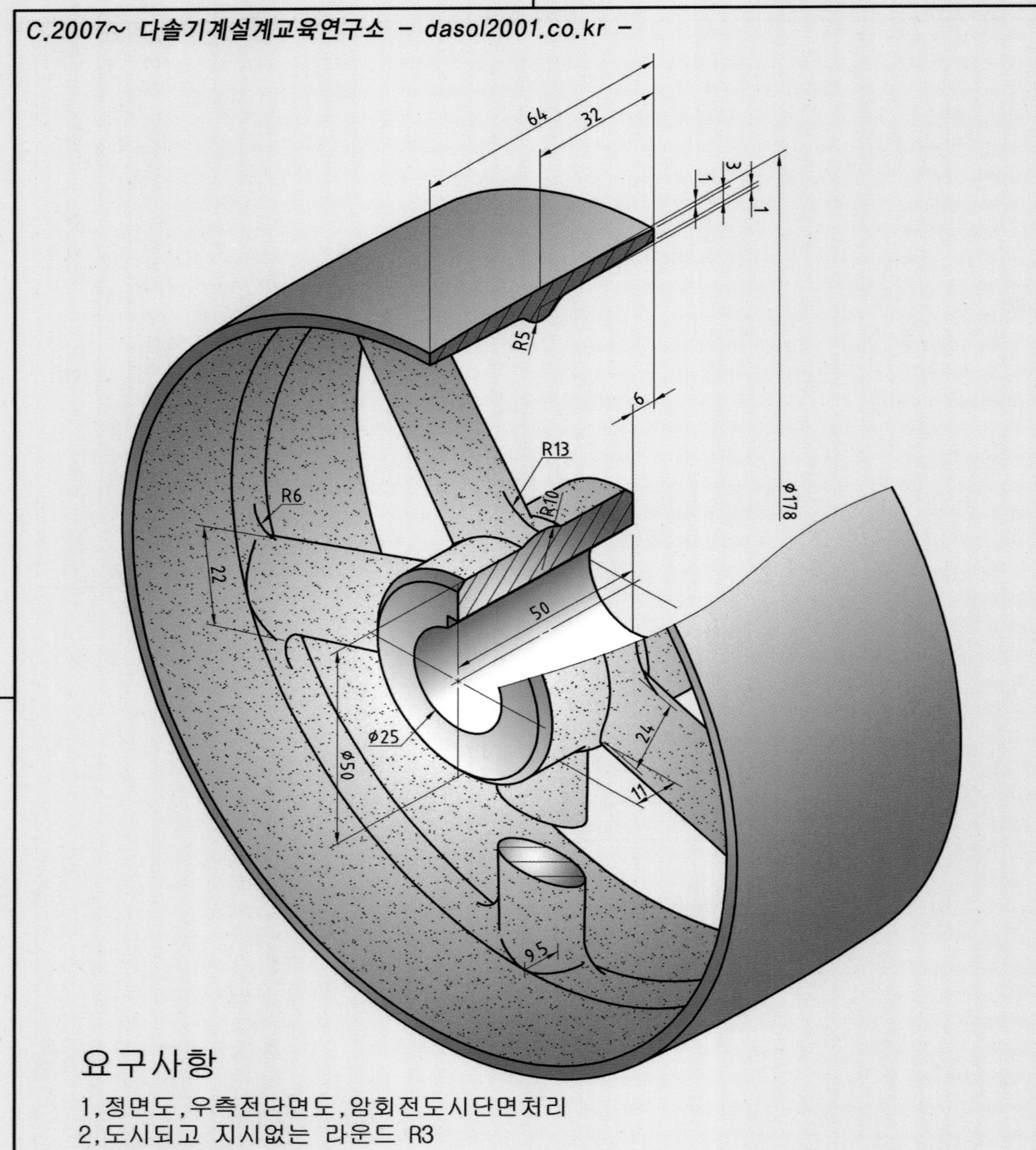

요구사항

1, 정면도, 우측전단면도, 암회전도시단면처리
2, 도시되고 지시없는 라운드 R3
3, 재질 : 회주철

다솔기계설계교육연구소 설계제도/CAD 학습과제					
척 도	각 법	도 명	제 도		도 번
NS	3	풀리	성 명	DASOL	단면 006
			일 자		

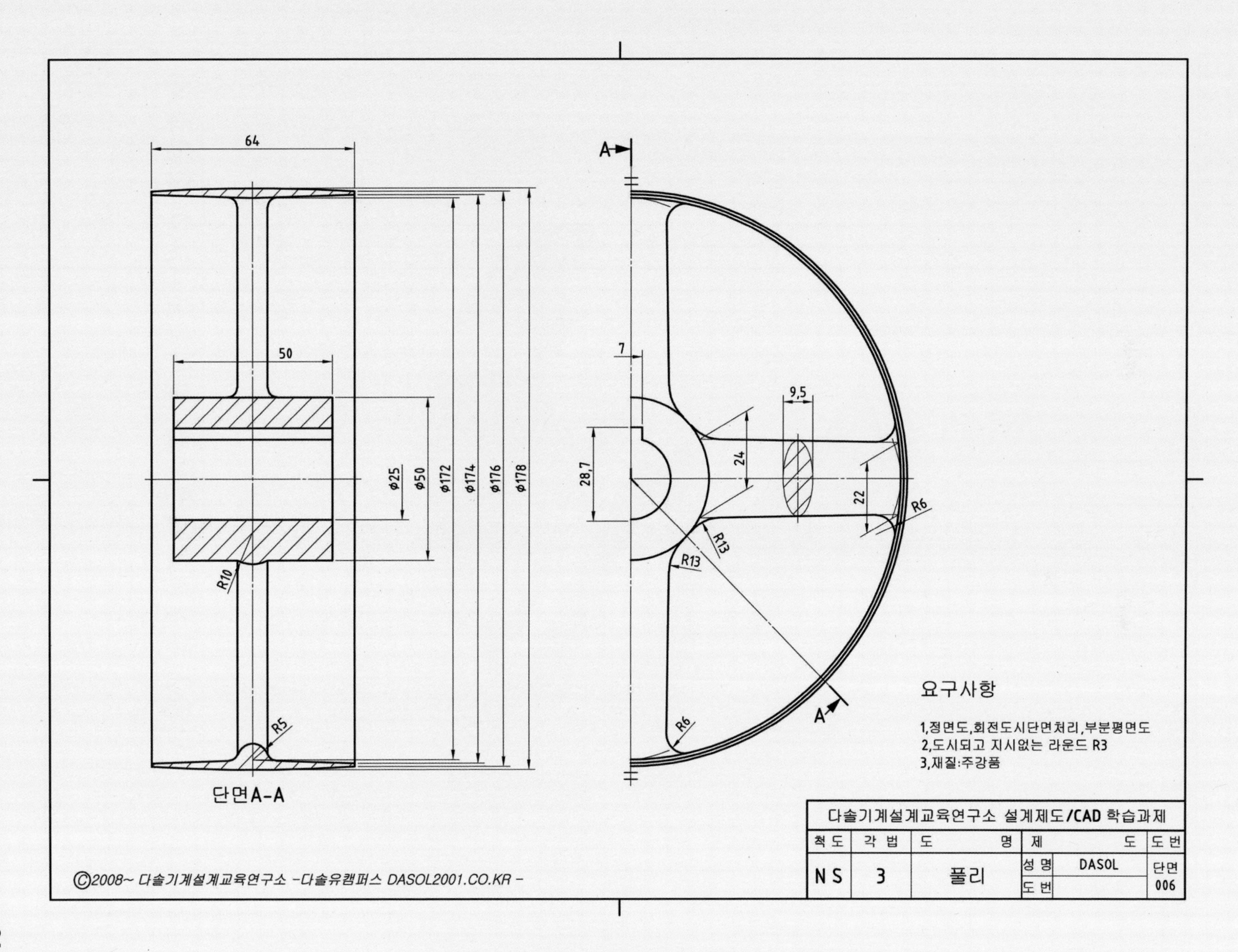
64
50
φ25
φ50
φ172
φ174
φ176
φ178
R10
R5
단면A-A
A
7
28,7
9,5
24
22
R6
R13
R13
R6
요구사항
1,정면도,회전도시단면처리,부분평면도
2,도시되고 지시없는 라운드 R3
3,재질:주강품
다솔기계설계교육연구소 설계제도/CAD 학습과제
척도
각법
도명
제도
도번
NS
3
풀리
성명
DASOL
도번
단면
006
©2008~ 다솔기계설계교육연구소 -다솔유캠퍼스 DASOL2001.CO.KR -

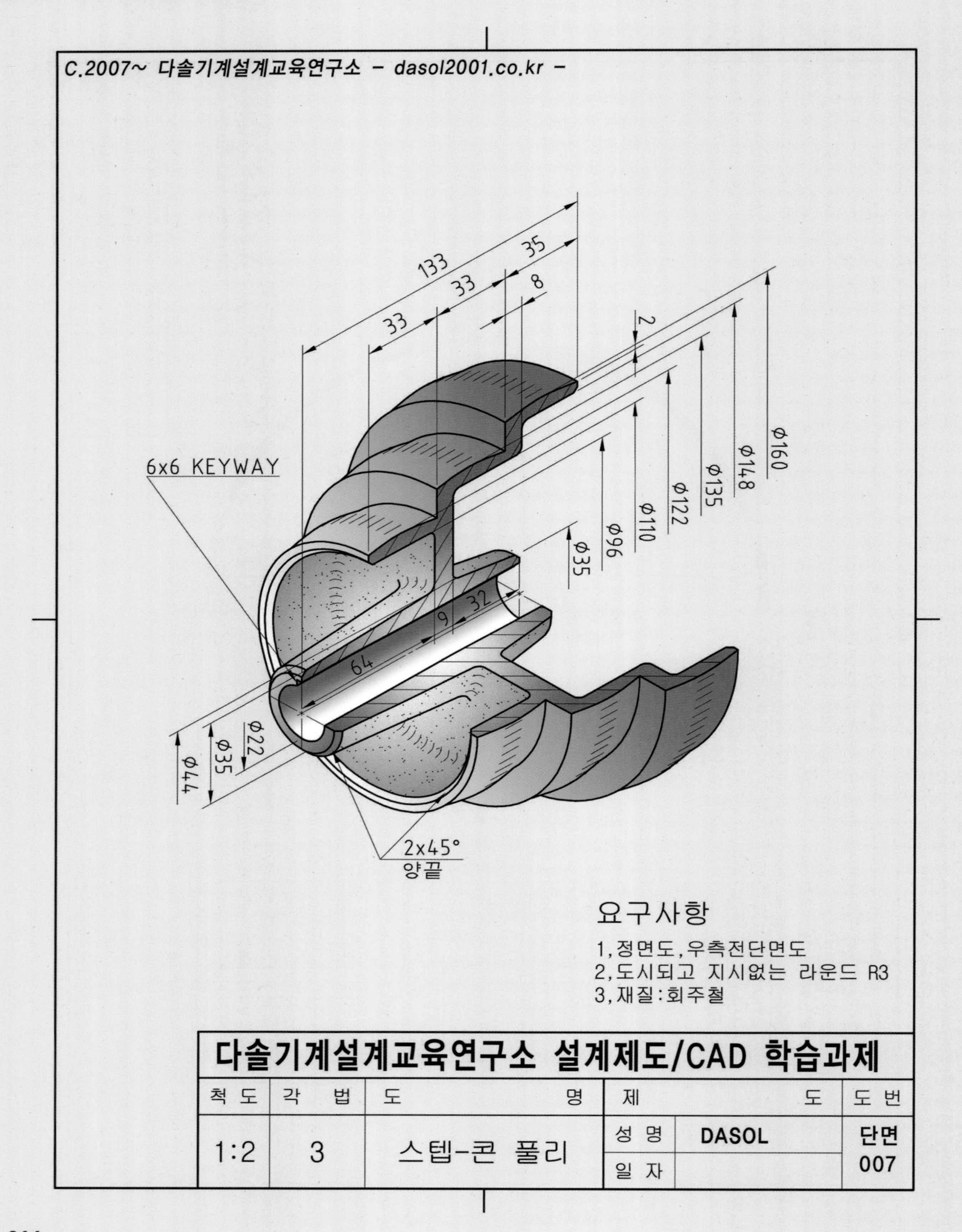
C.2007~ 다솔기계설계교육연구소 - dasol2001.co.kr -
133
33
33
35
8
2
6x6 KEYWAY
Ø160
Ø148
Ø135
Ø122
Ø110
Ø96
Ø35
32
9
64
Ø22
Ø35
Ø44
2x45°
양끝
요구사항
1,정면도,우측전단면도
2,도시되고 지시없는 라운드 R3
3,재질:회주철
다솔기계설계교육연구소 설계제도/CAD 학습과제
척도
각법
도명
제도
도번
1:2
3
스텝-콘 풀리
성명
DASOL
일자
단면
007

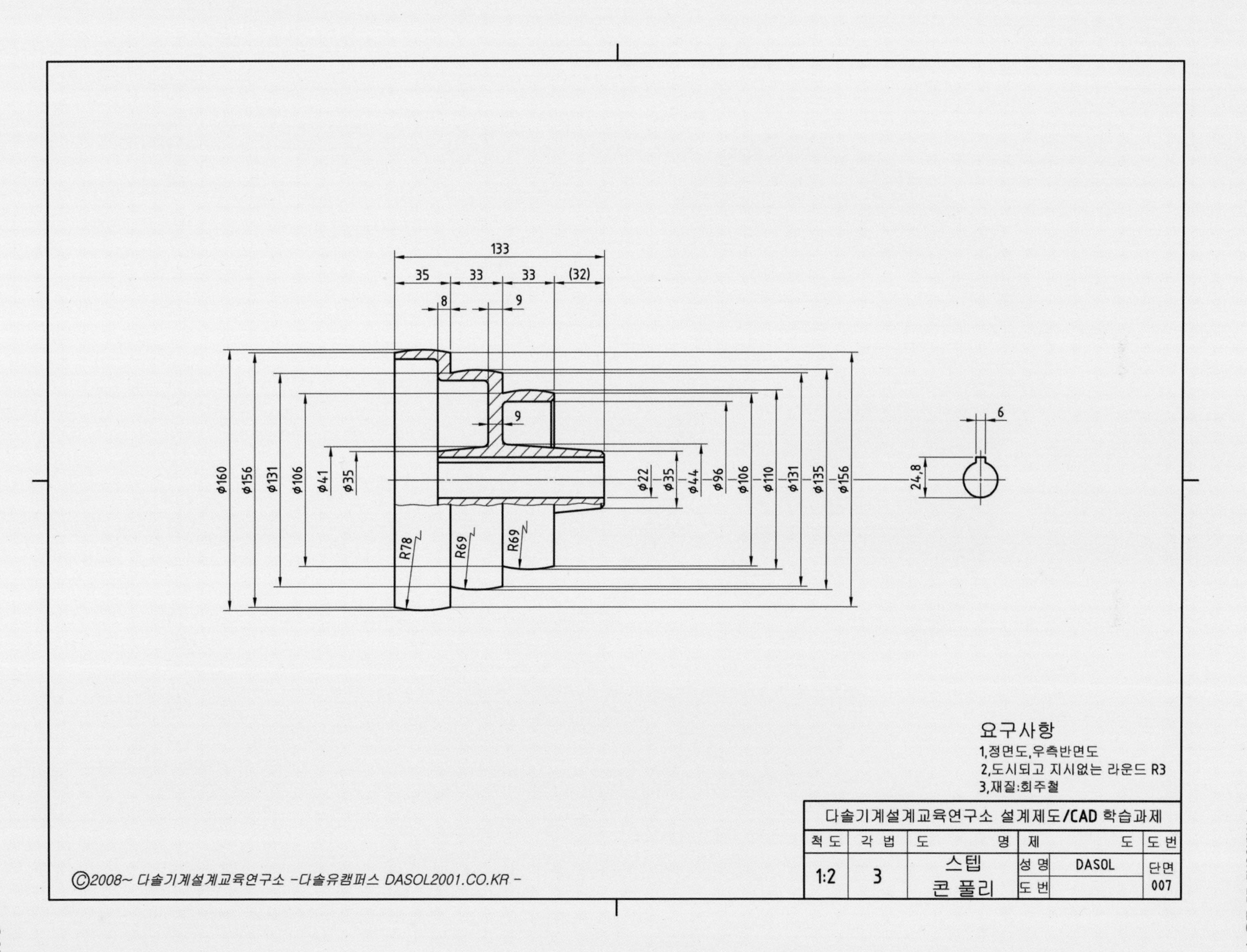
133
35
33
33
(32)
8
9
9
6
φ160
φ156
φ131
φ106
φ41
φ35
φ22
φ35
φ44
φ96
φ106
φ110
φ131
φ135
φ156
24.8
R78
R69
R69
요구사항
1,정면도,우측반면도
2,도시되고 지시없는 라운드 R3
3,재질:회주철
다솔기계설계교육연구소 설계제도/CAD 학습과제
척도
각법
도명
제도
도번
1:2
3
스텝
콘 풀리
성명
DASOL
도번
단면
007
©2008~ 다솔기계설계교육연구소 -다솔유캠퍼스 DASOL2001.CO.KR -

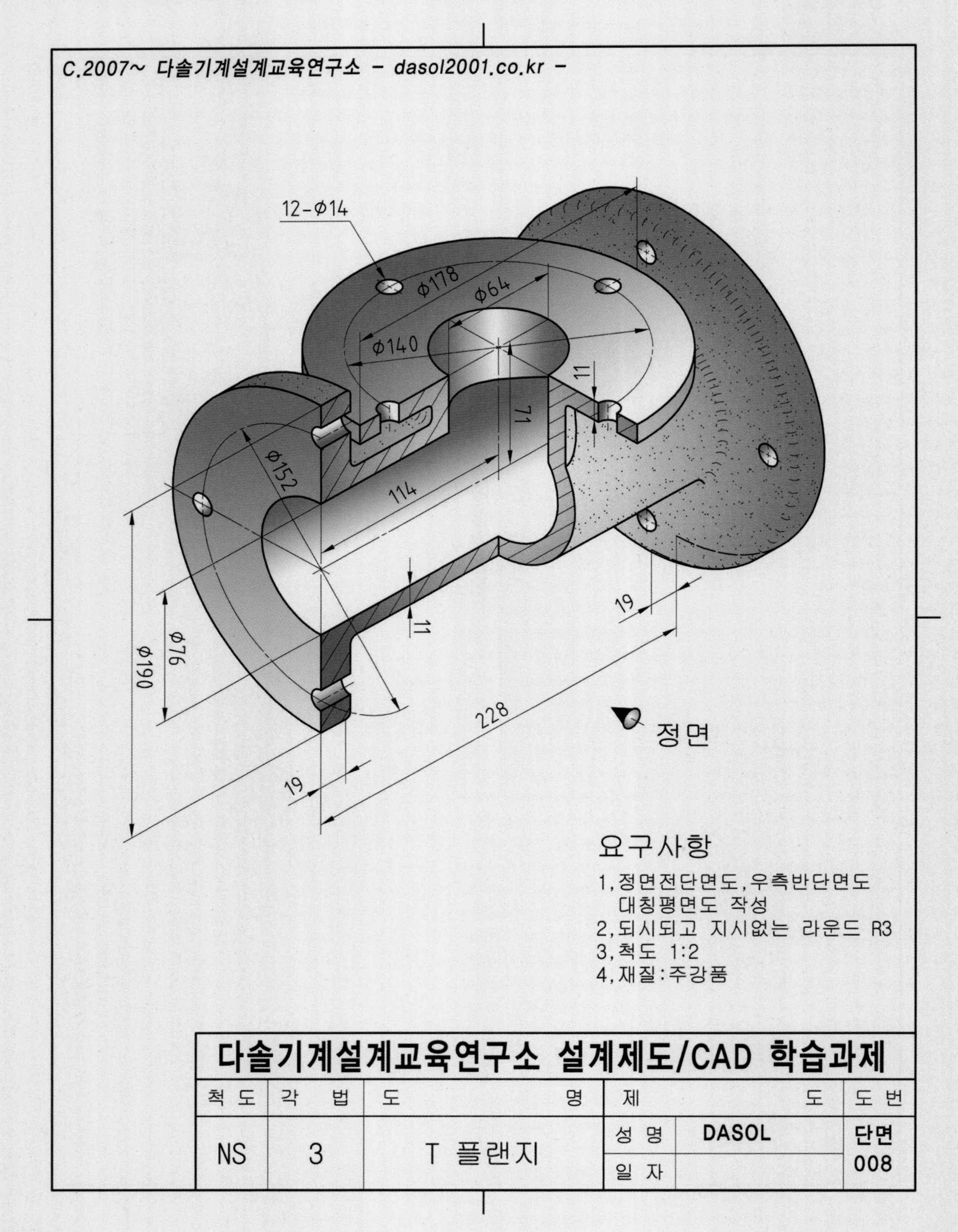

다솔기계설계교육연구소 설계제도/CAD 학습과제					
척 도	각 법	도 명	제 도		도 번
NS	3	T 플랜지	성 명	DASOL	단면 008
			일 자		

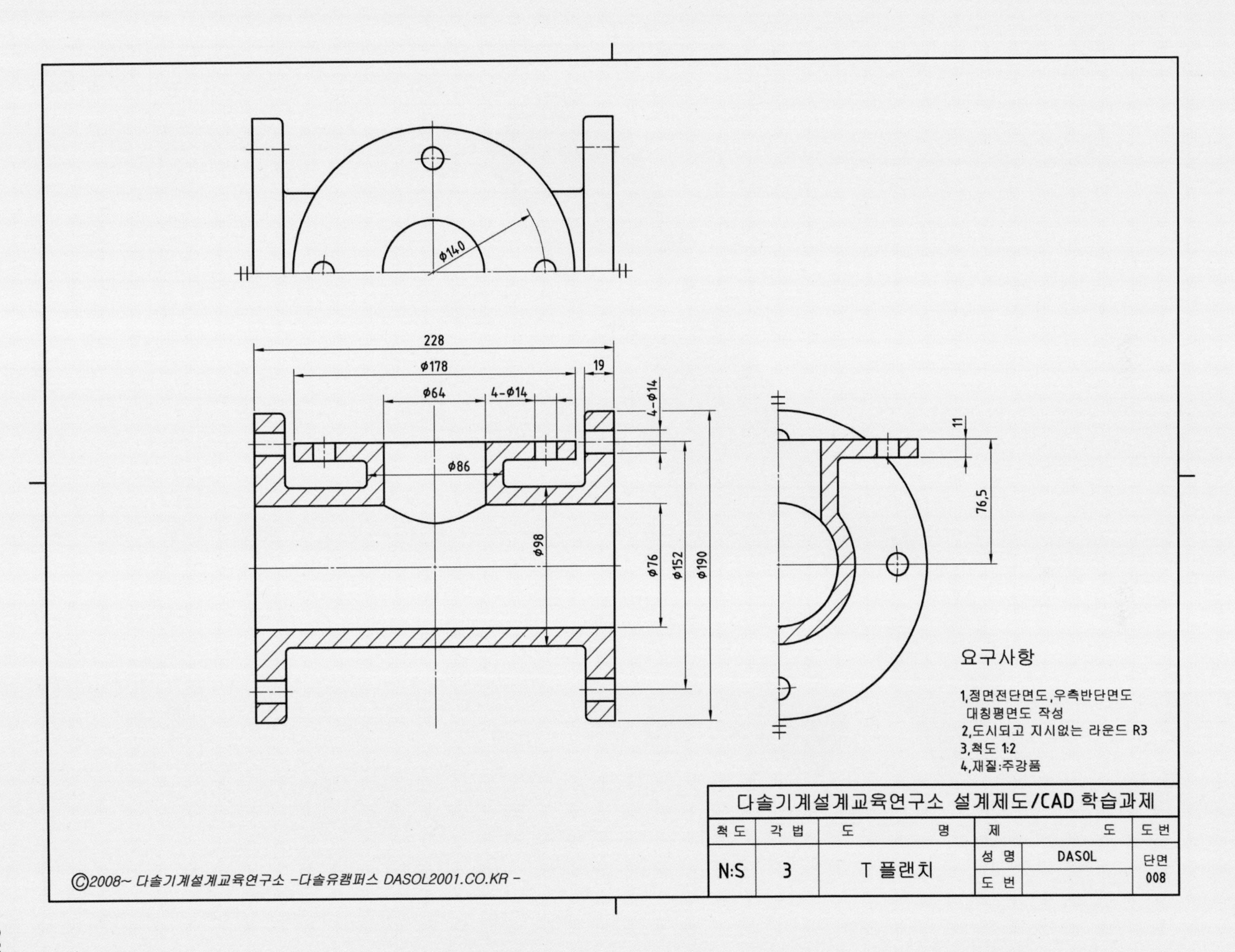
ø140
228
ø178
19
ø64
4-ø14
4-ø14
ø86
ø98
ø76
ø152
ø190
11
76.5
요구사항
1.정면전단면도,우측반단면도
대칭평면도 작성
2.도시되고 지시없는 라운드 R3
3.척도 1:2
4.재질:주강품
다솔기계설계교육연구소 설계제도/CAD 학습과제
척도
각법
도명
제도
도번
N:S
3
T 플랜치
성명
DASOL
도번
단면 008
©2008~ 다솔기계설계교육연구소 -다솔유캠퍼스 DASOL2001.CO.KR -

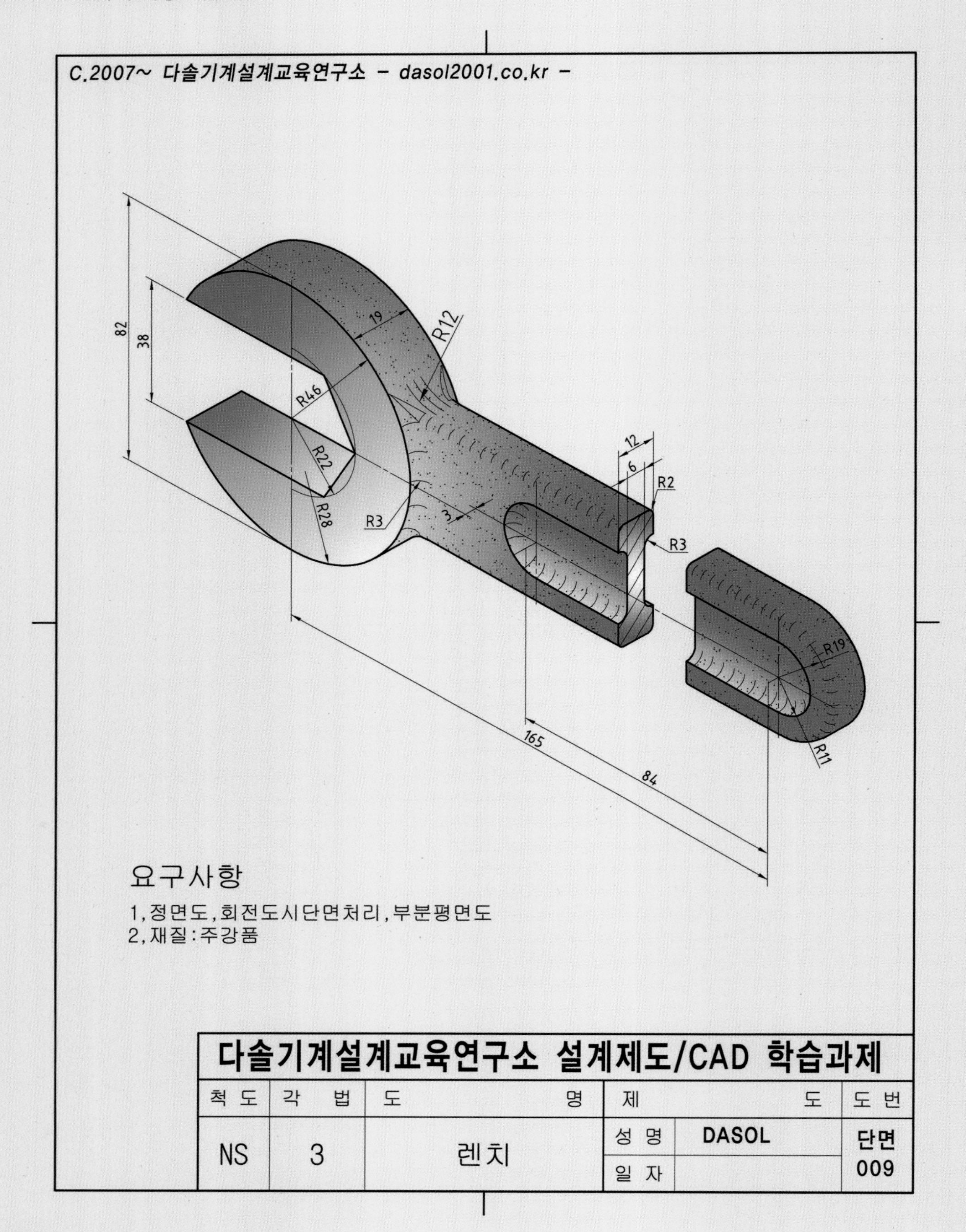
C.2007~ 다솔기계설계교육연구소 - dasol2001.co.kr -
82
38
19
R12
R46
R22
R28
R3
3
12
6
R2
R3
R19
R11
165
84
요구사항
1,정면도,회전도시단면처리,부분평면도
2,재질:주강품
다솔기계설계교육연구소 설계제도/CAD 학습과제
척도
각법
도명
제도
도번
NS
3
렌치
성명
DASOL
일자
단면
009

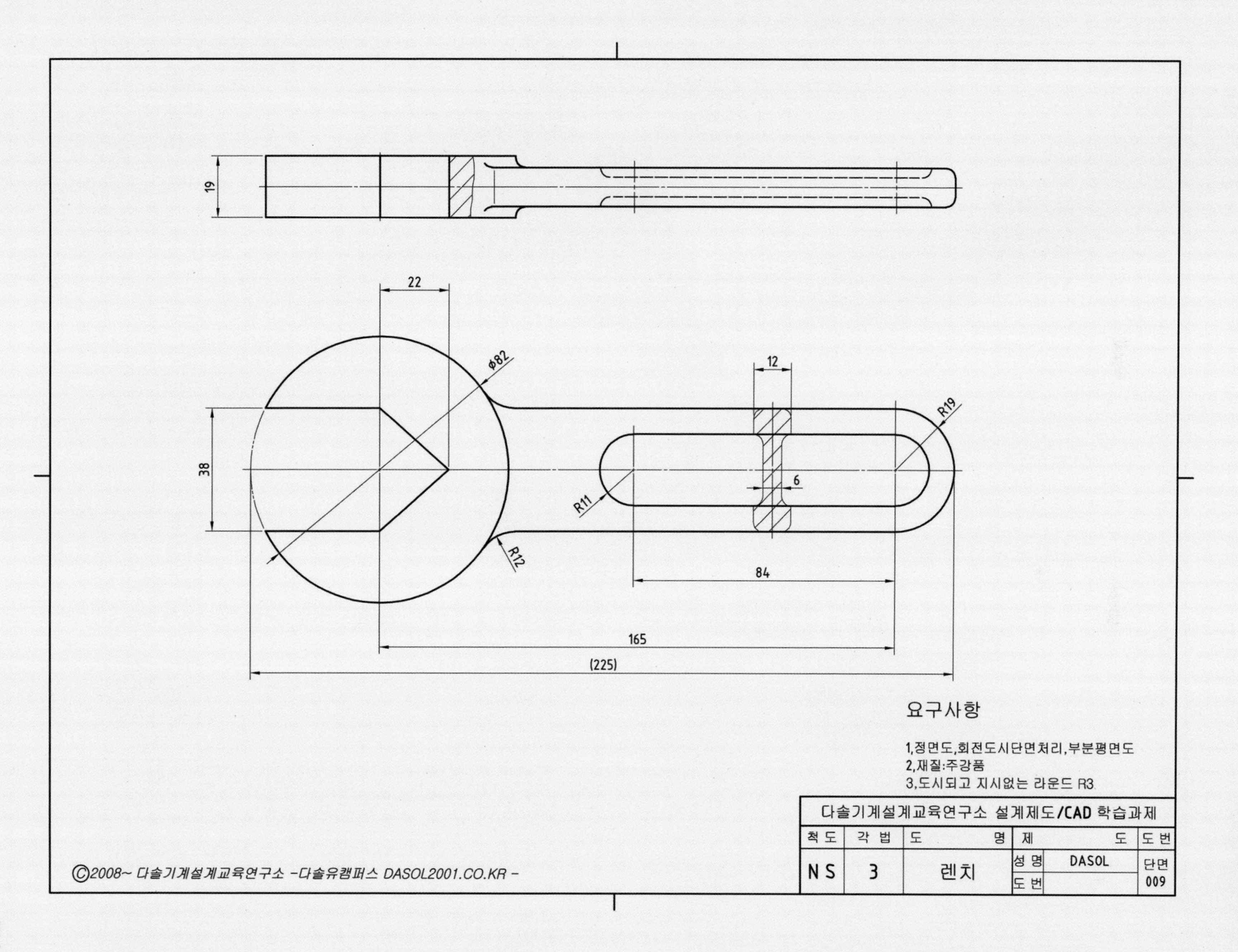
19
22
ø82
12
R19
38
6
R11
R12
84
165
(225)
요구사항
1,정면도,회전도시단면처리,부분평면도
2,재질:주강품
3,도시되고 지시없는 라운드 R3
다솔기계설계교육연구소 설계제도/CAD 학습과제
척도
각법
도명
제도
도번
NS
3
렌치
성명
DASOL
도번
단면
009
ⓒ2008~ 다솔기계설계교육연구소 -다솔유캠퍼스 DASOL2001.CO.KR -

C.2007~ 다솔기계설계교육연구소 - dasol2001.co.kr -

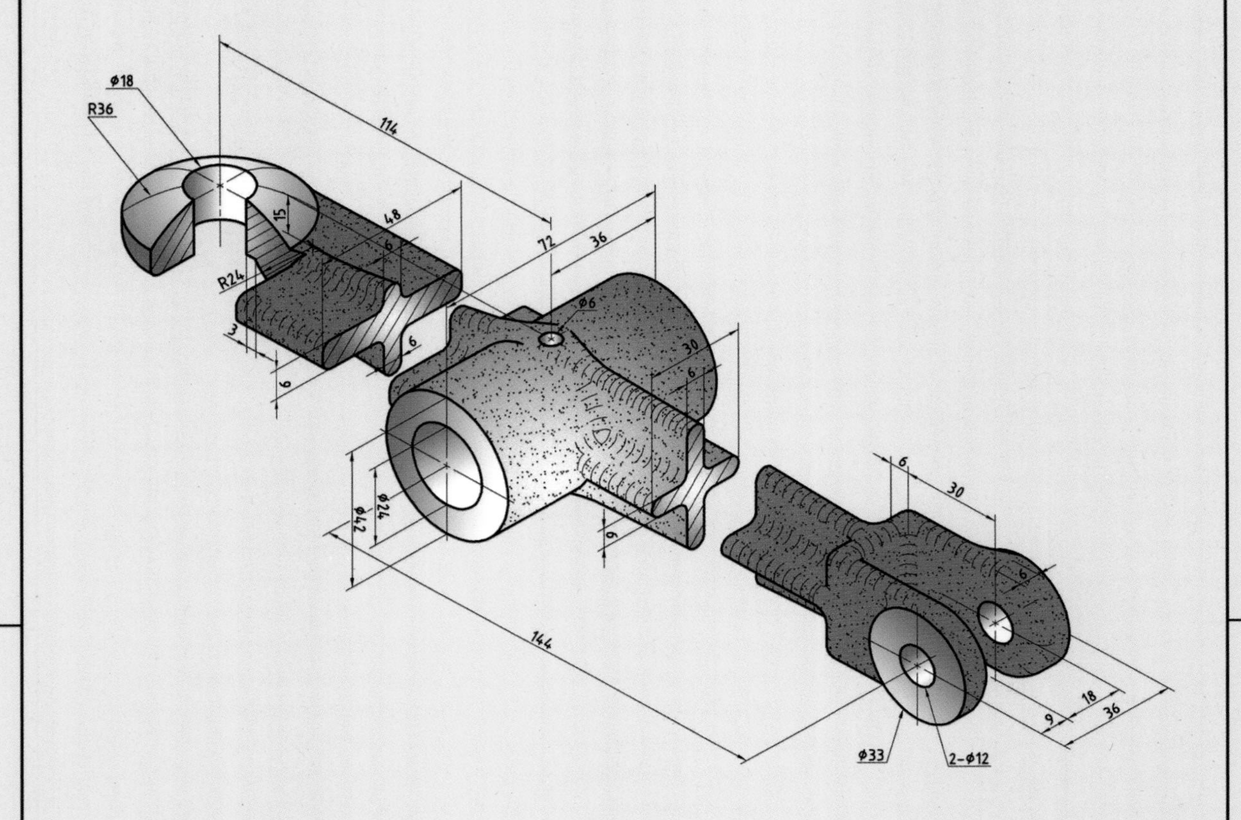

요구사항

1,회전도시단면 포함아여 필요하다고 생각되는투상을 완성하시오
2,도시되고 지시없는 라운드 R3
3,척도 1:2
4,재질:주강품

다솔기계설계교육연구소 설계제도/CAD 학습과제					
척 도	각 법	도 명	제 도		도 번
1:2	3	로크 암	성 명	DASOL	단면 010
			일 자		

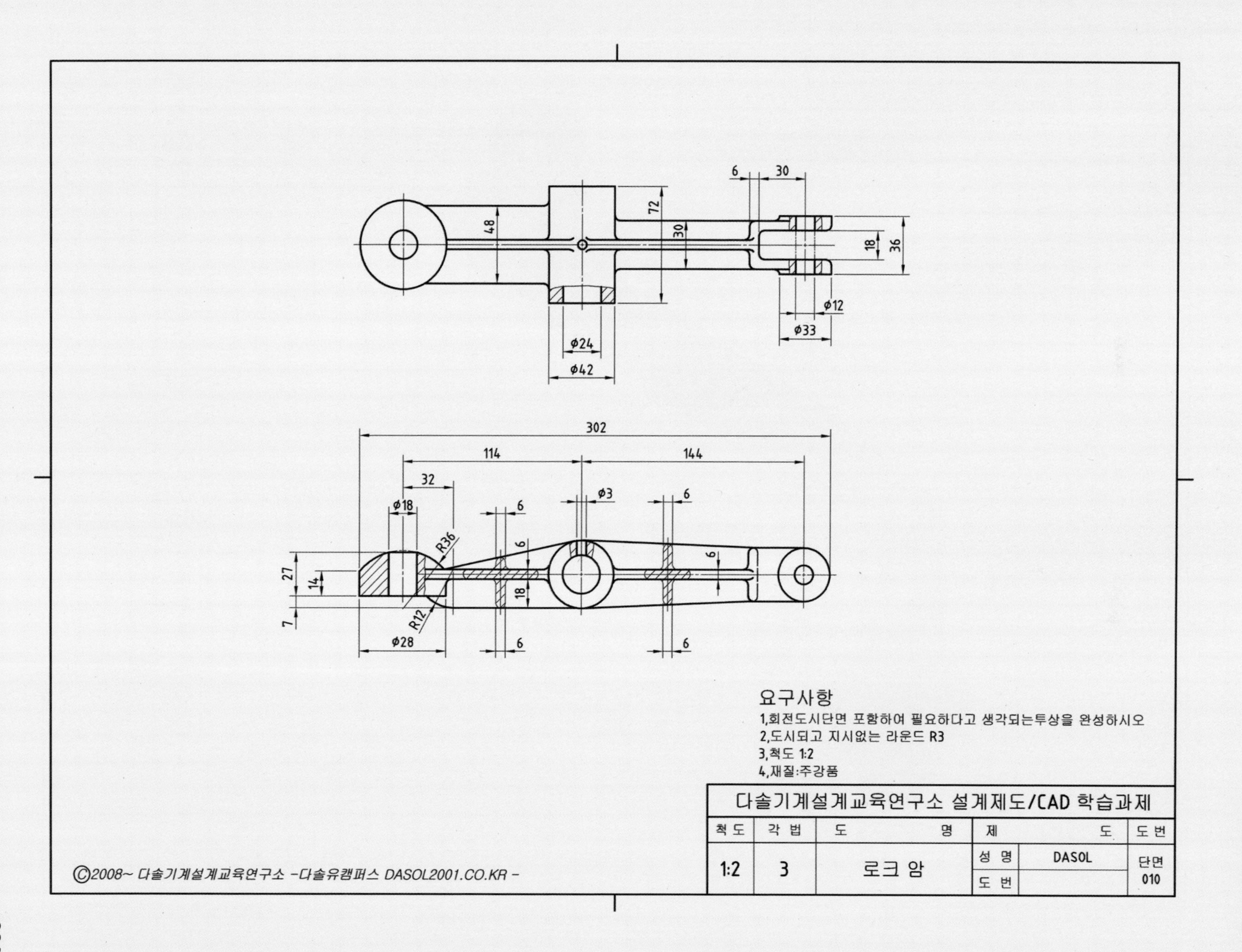
6
30
72
48
30
18
36
ϕ12
ϕ33
ϕ24
ϕ42
302
114
144
32
ϕ18
ϕ3
6
R36
27
14
7
18
R12
ϕ28
요구사항
1,회전도시단면 포함하여 필요하다고 생각되는투상을 완성하시오
2,도시되고 지시없는 라운드 R3
3,척도 1:2
4,재질:주강품
다솔기계설계교육연구소 설계제도/CAD 학습과제
척도
각법
도명
제도
도번
1:2
3
로크 암
성명
DASOL
도번
단면
010
ⓒ2008~ 다솔기계설계교육연구소 -다솔유캠퍼스 DASOL2001.CO.KR -

C.2007~ 다솔기계설계교육연구소 - dasol2001.co.kr -

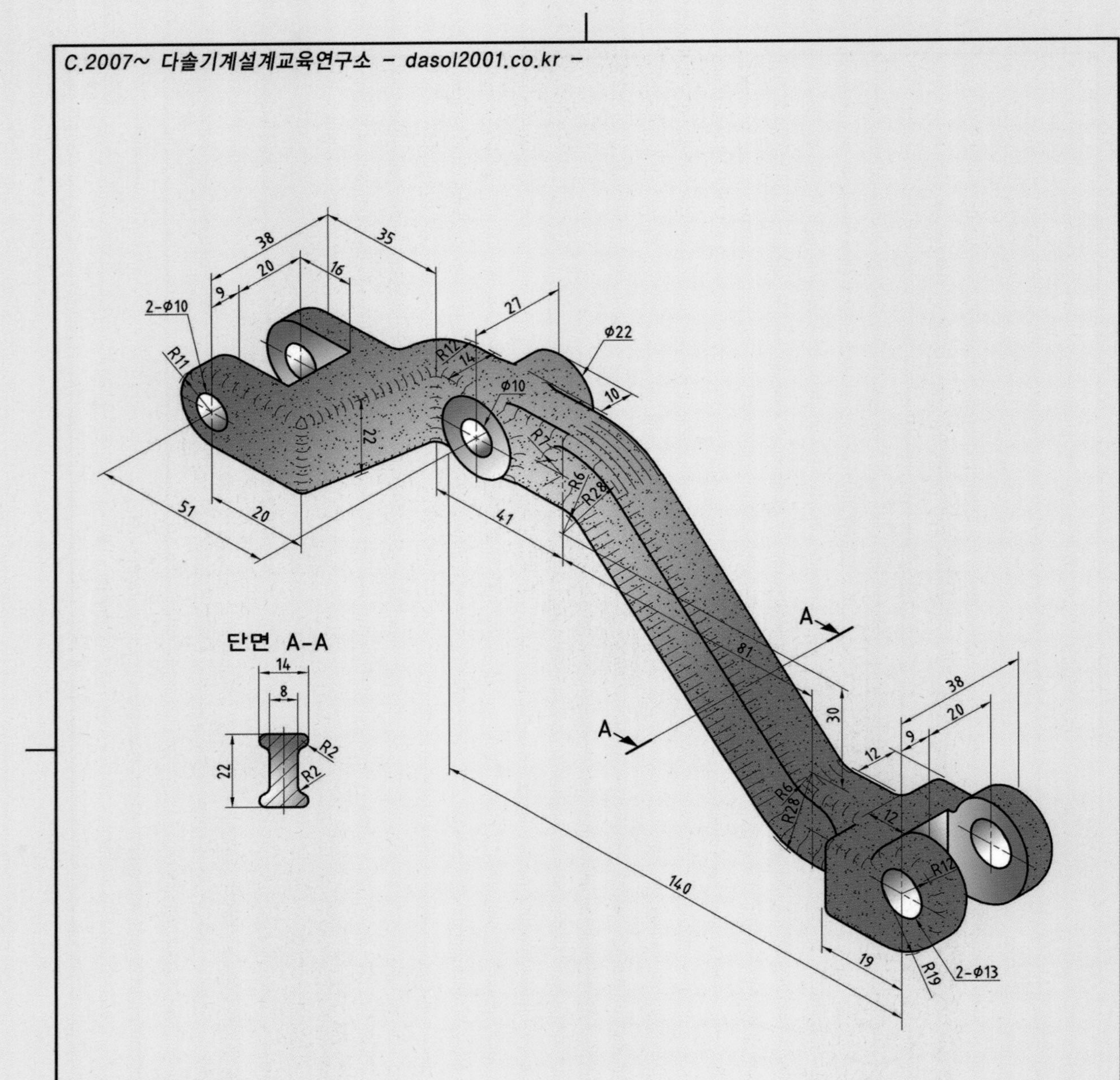

요구사항

1,회전도시단면 포함하여 필요하다고 생각되는 투상을 완성하시오
2,도시되고 지시없는 라운드 R2
3,재질:회주철

<table>
<tr><td colspan="6">다솔기계설계교육연구소 설계제도/CAD 학습과제</td></tr>
<tr><td>척 도</td><td>각 법</td><td>도 명</td><td colspan="2">제 도</td><td>도 번</td></tr>
<tr><td rowspan="2">NS</td><td rowspan="2">3</td><td rowspan="2">리프터</td><td>성 명</td><td>DASOL</td><td rowspan="2">단면
011</td></tr>
<tr><td>일 자</td><td></td></tr>
</table>

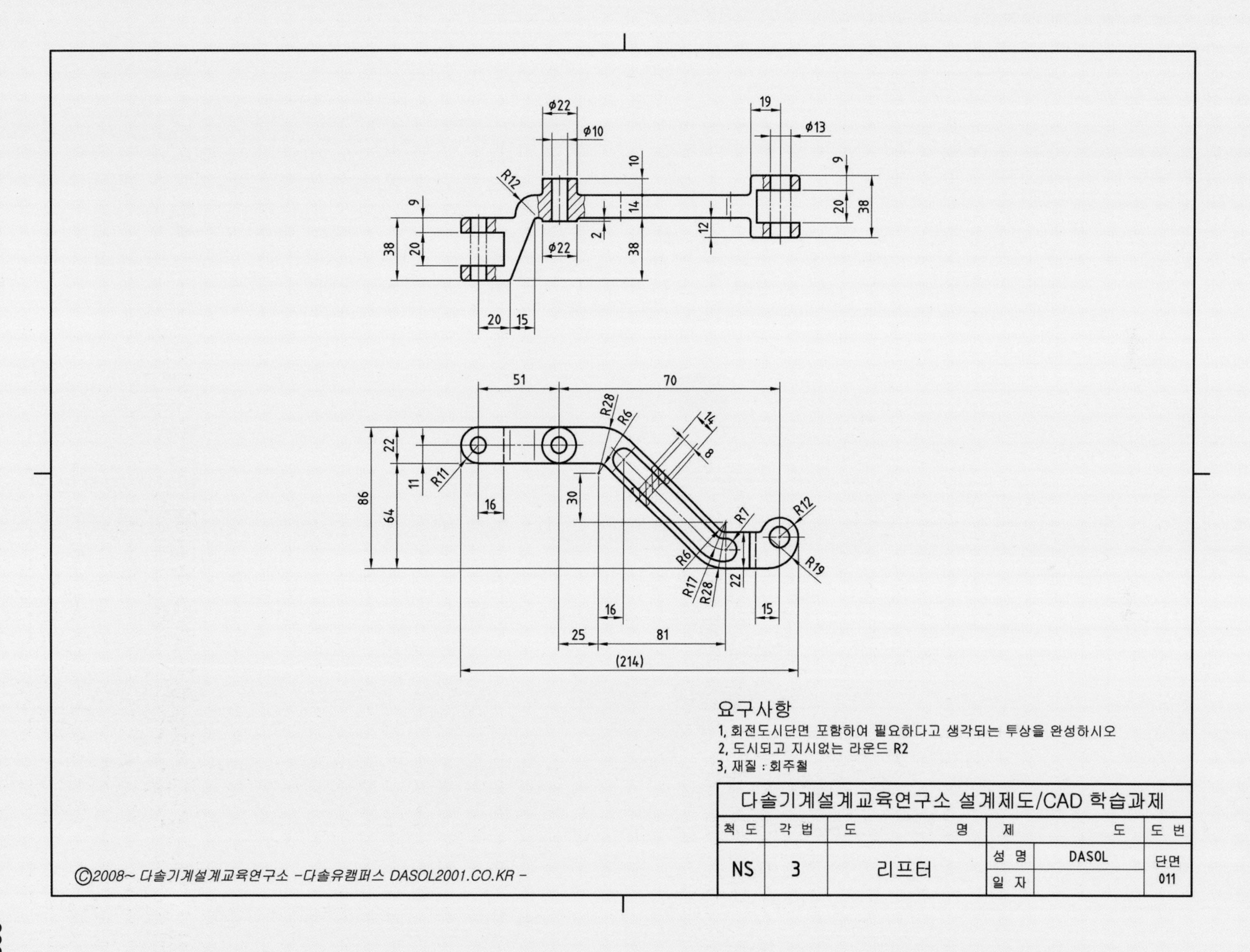
요구사항
1, 회전도시단면 포함하여 필요하다고 생각되는 투상을 완성하시오
2, 도시되고 지시없는 라운드 R2
3, 재질 : 회주철
다솔기계설계교육연구소 설계제도/CAD 학습과제
척 도
각 법
도 명
제 도
도 번
NS
3
리프터
성 명
DASOL
일 자
단면 011
©2008~ 다솔기계설계교육연구소 -다솔유캠퍼스 DASOL2001.CO.KR -

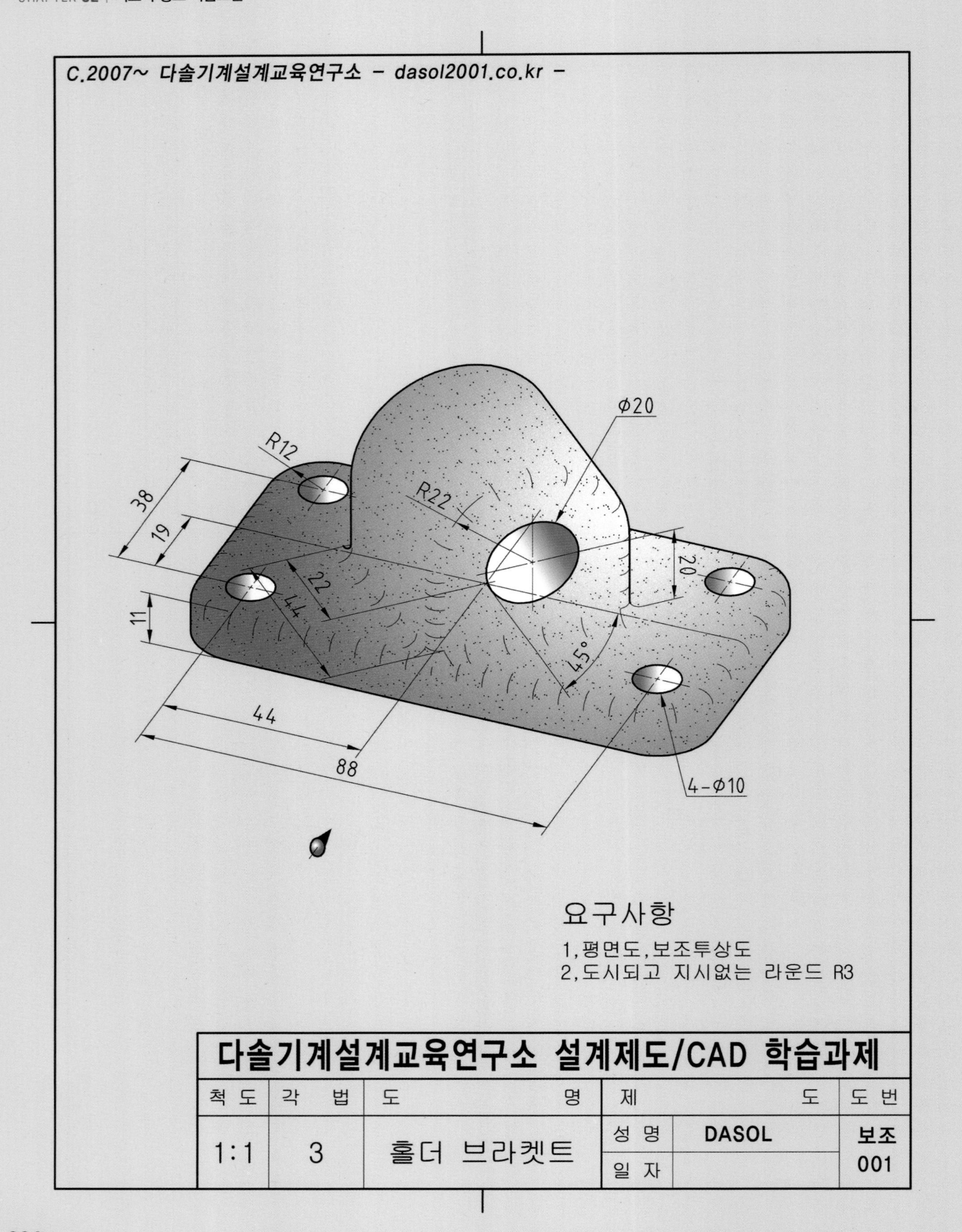
C.2007~ 다솔기계설계교육연구소 - dasol2001.co.kr -
Φ20
R12
38
19
R22
20
22
44
11
45°
44
88
4-Φ10
요구사항
1,평면도,보조투상도
2,도시되고 지시없는 라운드 R3
다솔기계설계교육연구소 설계제도/CAD 학습과제
척 도
각 법
도 명
제 도
도 번
1:1
3
홀더 브라켓트
성 명
DASOL
일 자
보조
001

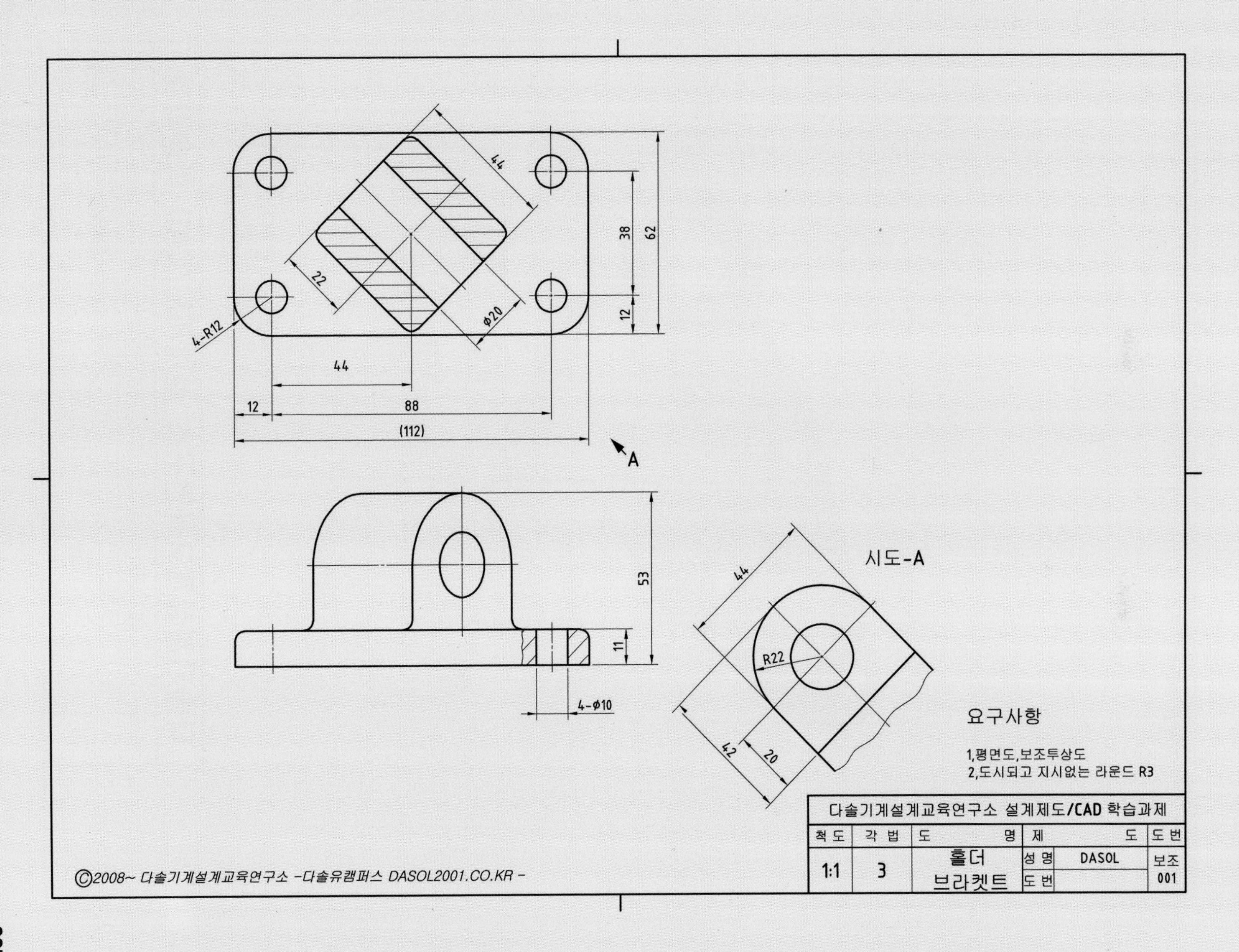
44
38
62
22
φ20
12
4-R12
44
12
88
(112)
A
53
11
4-φ10
시도-A
44
R22
42
20
요구사항
1,평면도,보조투상도
2,도시되고 지시없는 라운드 R3
다솔기계설계교육연구소 설계제도/CAD 학습과제
척도
각법
도명
제도
도번
1:1
3
홀더
브라켓트
성명
DASOL
도번
보조
001
©2008~ 다솔기계설계교육연구소 -다솔유캠퍼스 DASOL2001.CO.KR -

C.2007~ 다솔기계설계교육연구소 - dasol2001.co.kr -

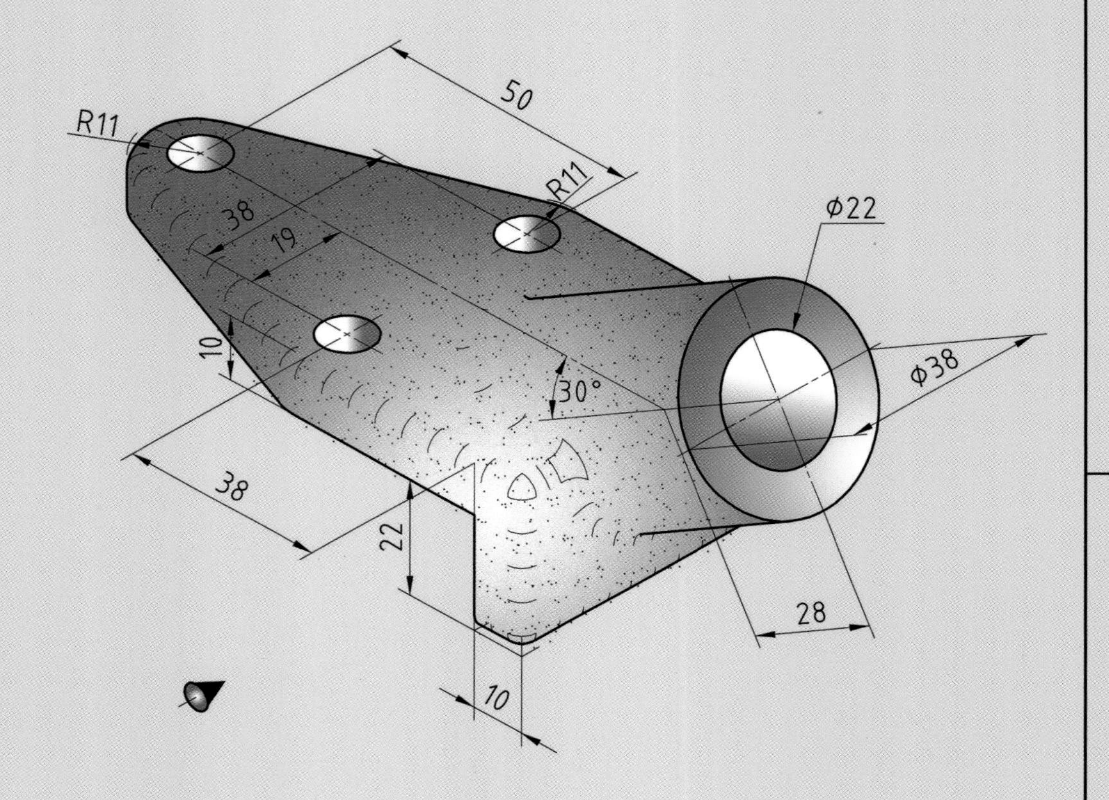

요구사항

1,정면도,평면도,보조투상도
2,도시되고 지시없는 필렛 및 라운드 R2

다솔기계설계교육연구소 설계제도/CAD 학습과제					
척 도	각 법	도 명	제 도		도 번
1:1	3	홀더 브라켓트	성 명	DASOL	보조 002
			일 자		

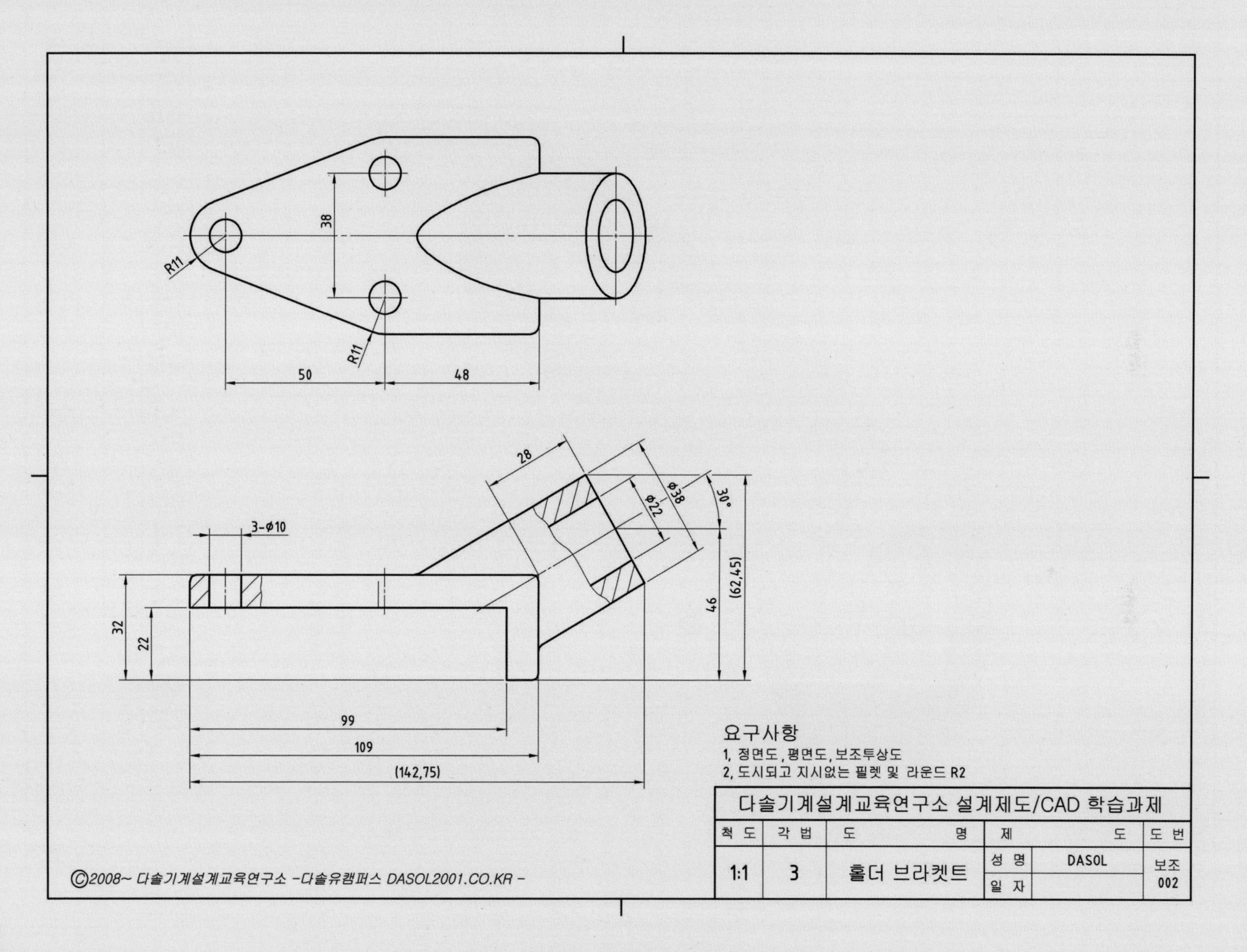
R11
38
R11
50
48
28
Φ38
Φ22
30°
3-Φ10
(62,45)
46
32
22
99
109
(142,75)
요구사항
1, 정면도, 평면도, 보조투상도
2, 도시되고 지시없는 필렛 및 라운드 R2
다솔기계설계교육연구소 설계제도/CAD 학습과제
척 도
각 법
도 명
제 도
도 번
1:1
3
홀더 브라켓트
성 명
DASOL
일 자
보조 002
ⓒ2008~ 다솔기계설계교육연구소 -다솔유캠퍼스 DASOL2001.CO.KR -

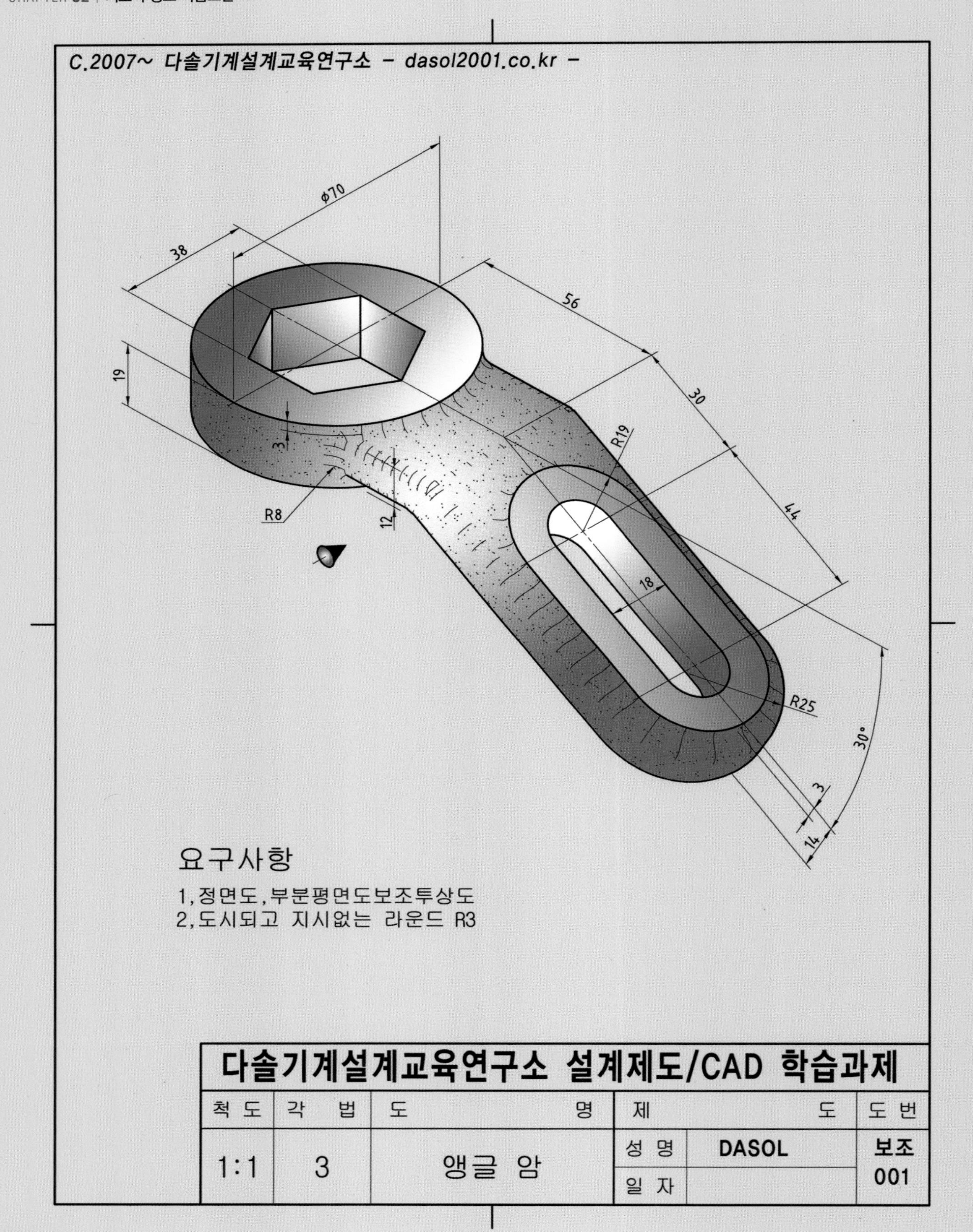
C.2007~ 다솔기계설계교육연구소 - dasol2001.co.kr -
ϕ70
38
56
19
30
3
R19
R8
12
44
18
R25
30°
3
14
요구사항
1,정면도,부분평면도보조투상도
2,도시되고 지시없는 라운드 R3
다솔기계설계교육연구소 설계제도/CAD 학습과제
척도
각법
도명
제도
도번
1:1
3
앵글 암
성명
DASOL
보조 001
일자

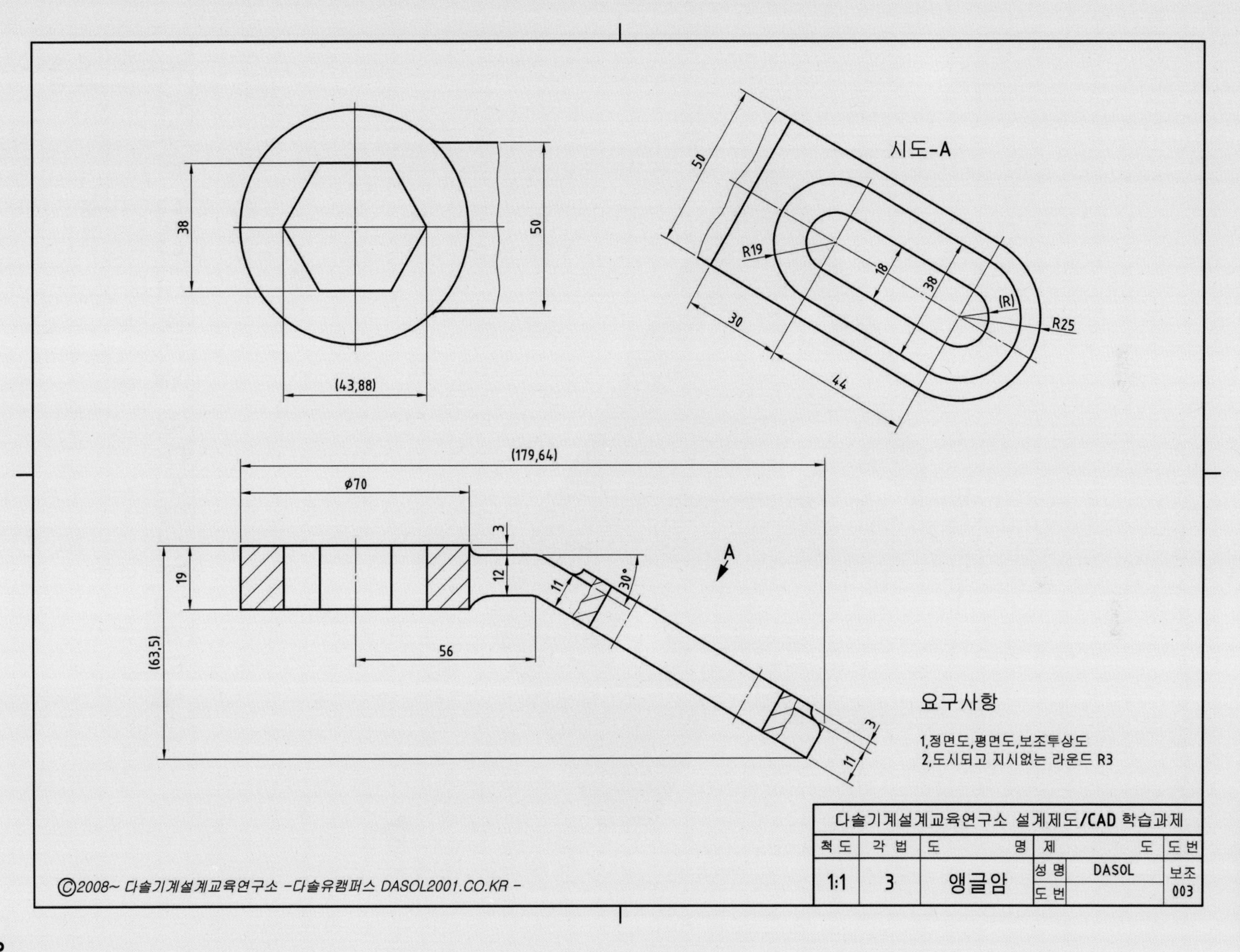
시도-A
R19
R25
(R)
18
38
50
30
44
(43,88)
(179,64)
φ70
19
12
3
56
(63,5)
11
30°
A
요구사항
1,정면도,평면도,보조투상도
2,도시되고 지시없는 라운드 R3
다솔기계설계교육연구소 설계제도/CAD 학습과제
척도
각법
도명
제도
도번
1:1
3
앵글암
성명
DASOL
보조 003
©2008~ 다솔기계설계교육연구소 -다솔유캠퍼스 DASOL2001.CO.KR -

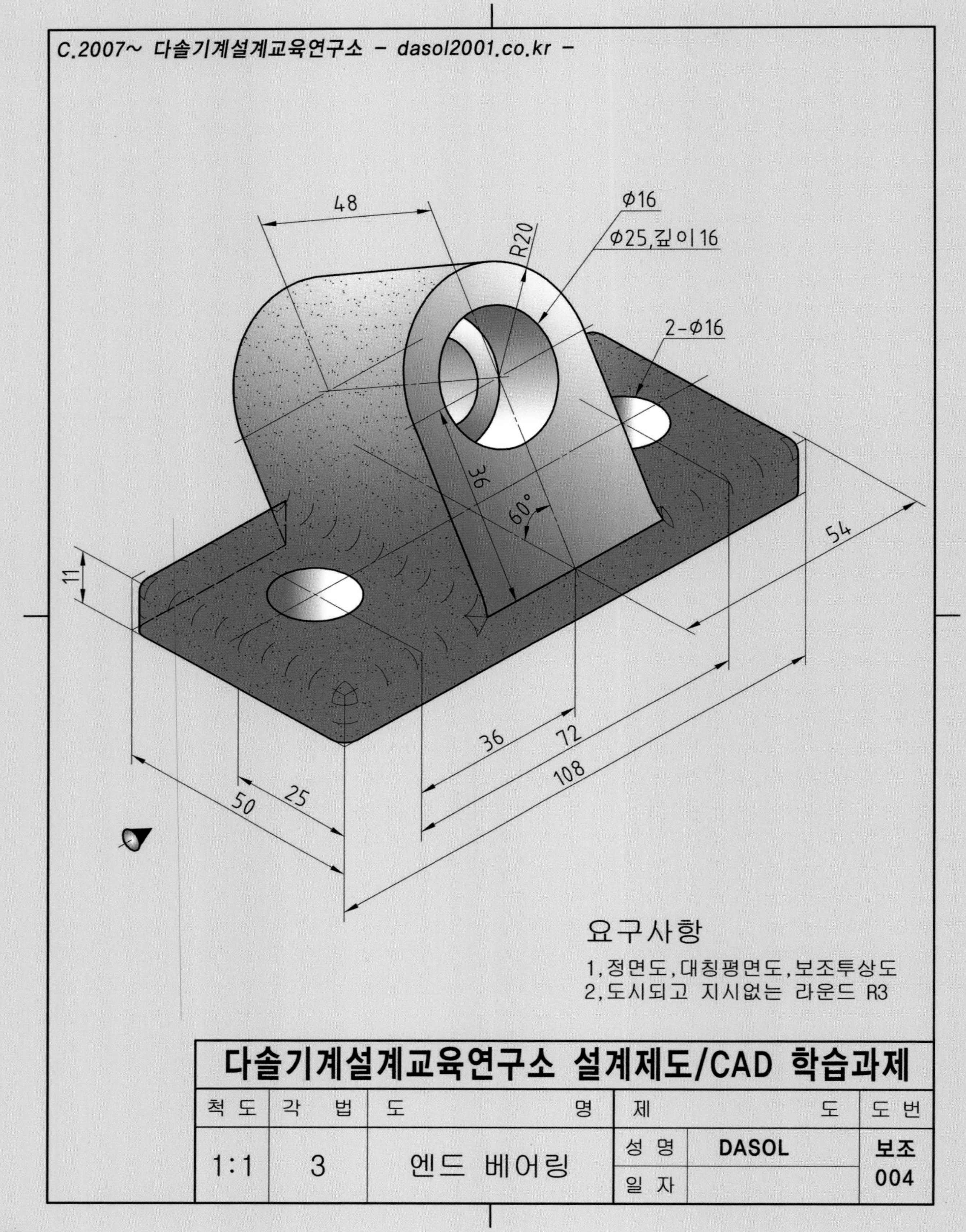
C.2007~ 다솔기계설계교육연구소 - dasol2001.co.kr -
48
R20
Φ16
Φ25,깊이16
2-Φ16
36
60°
54
11
36
72
108
25
50
요구사항
1,정면도,대칭평면도,보조투상도
2,도시되고 지시없는 라운드 R3
다솔기계설계교육연구소 설계제도/CAD 학습과제
척도
각법
도명
제도
도번
1:1
3
엔드 베어링
성명
DASOL
일자
보조
004

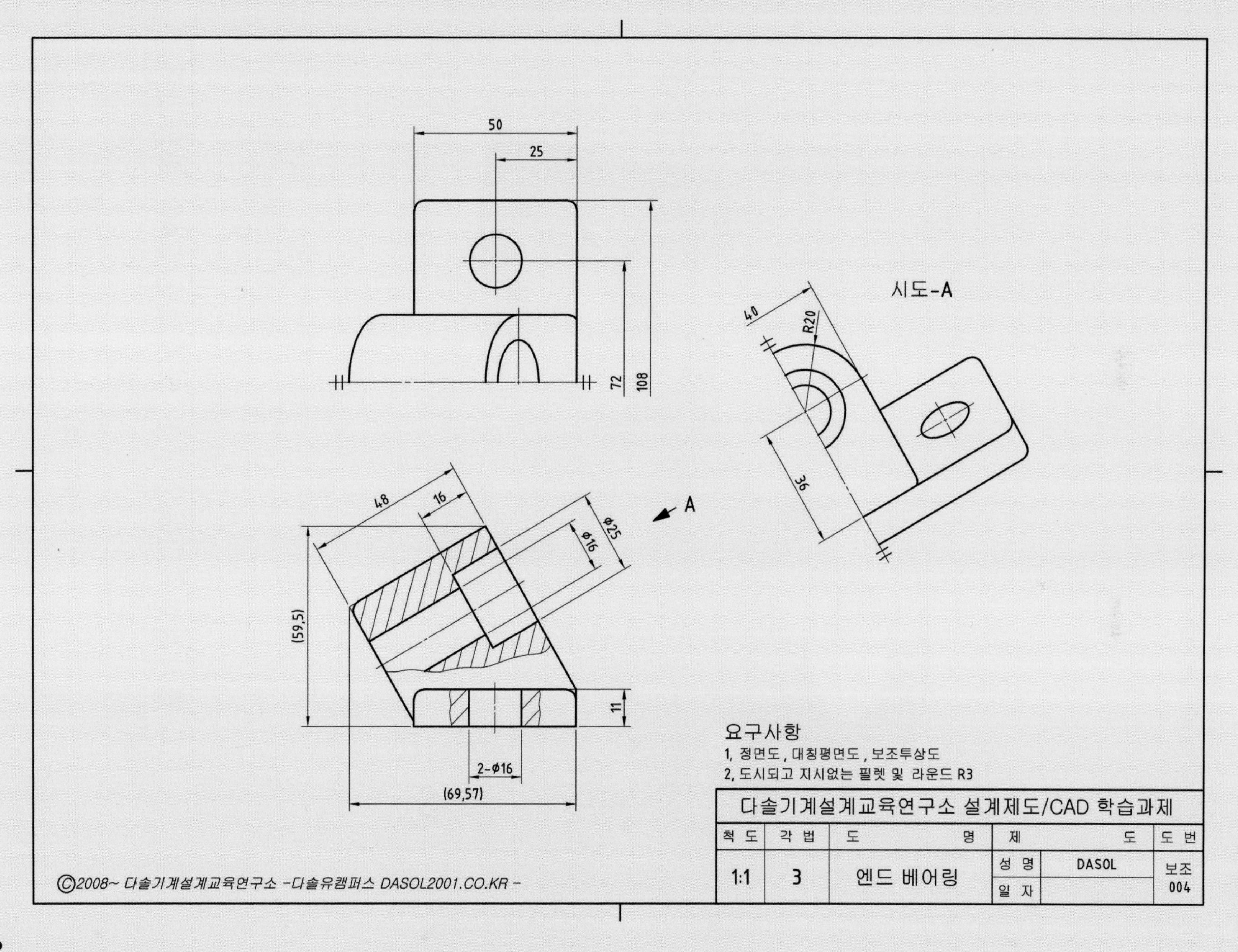
50
25
72
108
시도-A
40
R20
36
48
16
Φ16
Φ25
A
(59,5)
11
2-Φ16
(69,57)
요구사항
1, 정면도, 대칭평면도, 보조투상도
2, 도시되고 지시없는 필렛 및 라운드 R3
다솔기계설계교육연구소 설계제도/CAD 학습과제
척 도
각 법
도 명
제 도
도 번
1:1
3
엔드 베어링
성 명
DASOL
일 자
보조
004
ⓒ2008~ 다솔기계설계교육연구소 -다솔유캠퍼스 DASOL2001.CO.KR -

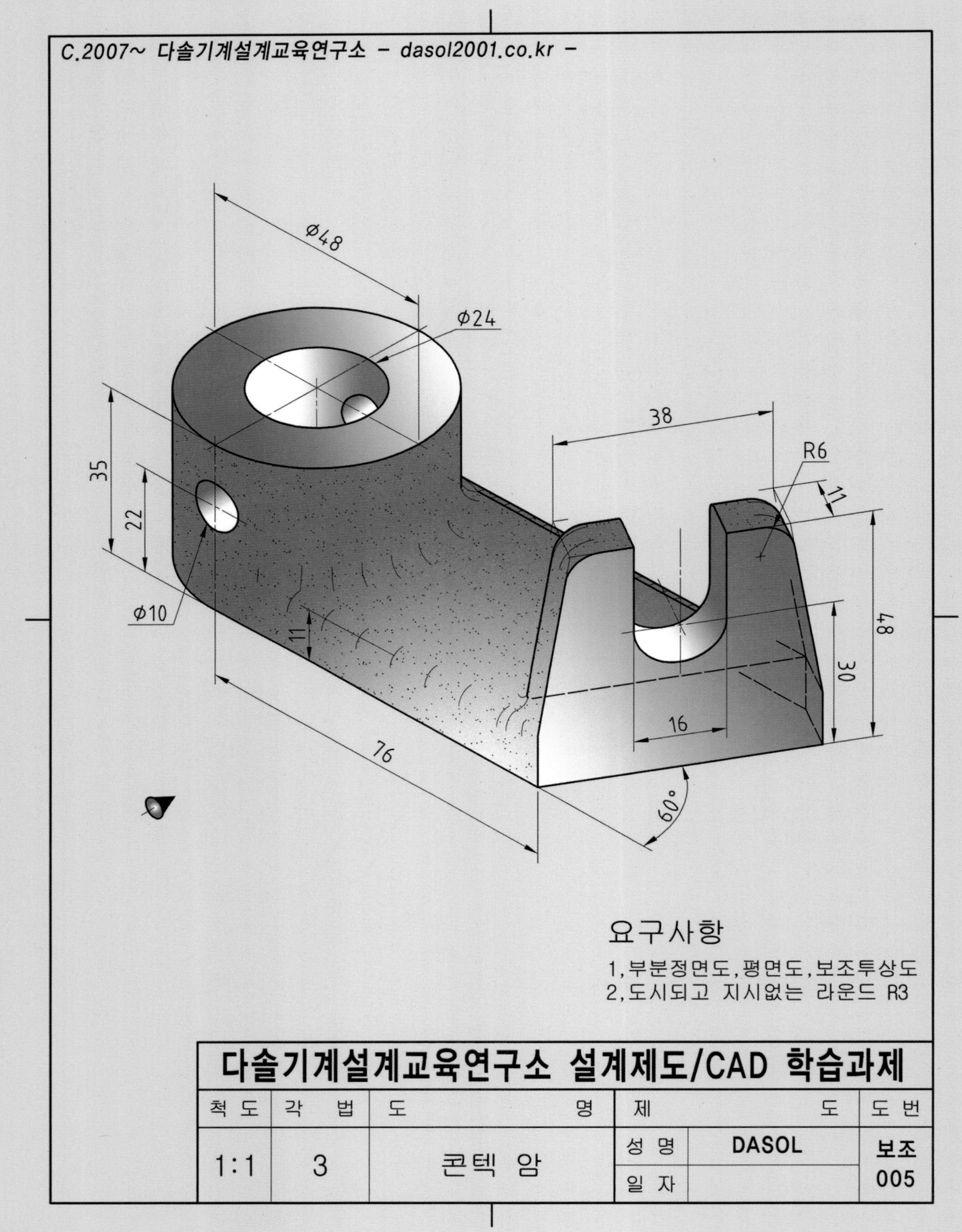
C.2007~ 다솔기계설계교육연구소 - dasol2001.co.kr -
Ø48
Ø24
38
R6
11
35
22
Ø10
11
48
30
16
76
60°
요구사항
1,부분정면도,평면도,보조투상도
2,도시되고 지시없는 라운드 R3
다솔기계설계교육연구소 설계제도/CAD 학습과제
척도
각법
도명
제도
도번
1:1
3
콘텍 암
성명
DASOL
일자
보조 005

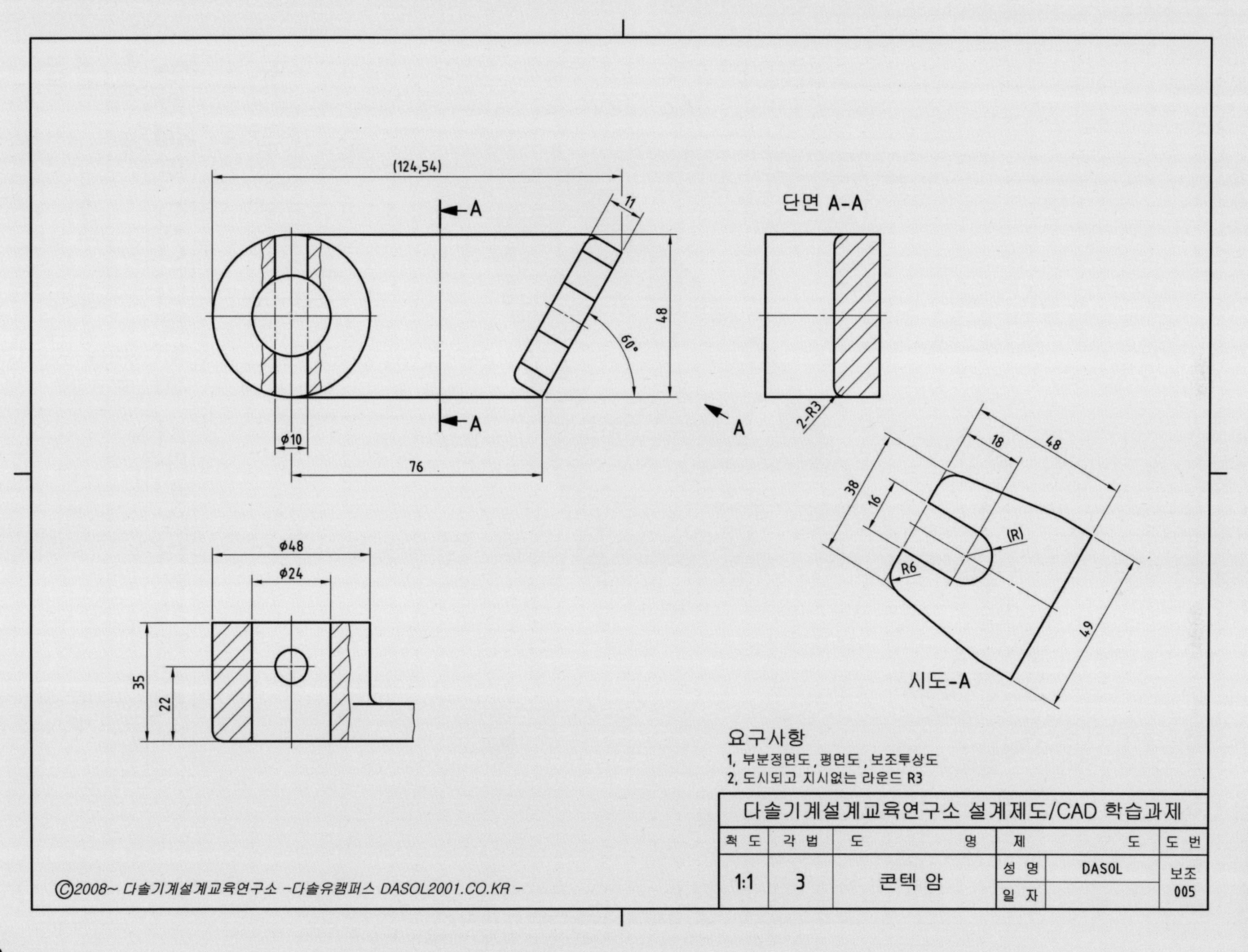
(124,54)
11
A
단면 A-A
48
60°
2-R3
A
ϕ10
76
18
48
38
16
(R)
R6
49
시도-A
ϕ48
ϕ24
35
22
요구사항
1, 부분정면도, 평면도, 보조투상도
2, 도시되고 지시없는 라운드 R3
다솔기계설계교육연구소 설계제도/CAD 학습과제
척 도
각 법
도 명
제 도
도 번
1:1
3
콘텍 암
성 명
DASOL
일 자
보조
005
©2008~ 다솔기계설계교육연구소 -다솔유캠퍼스 DASOL2001.CO.KR -

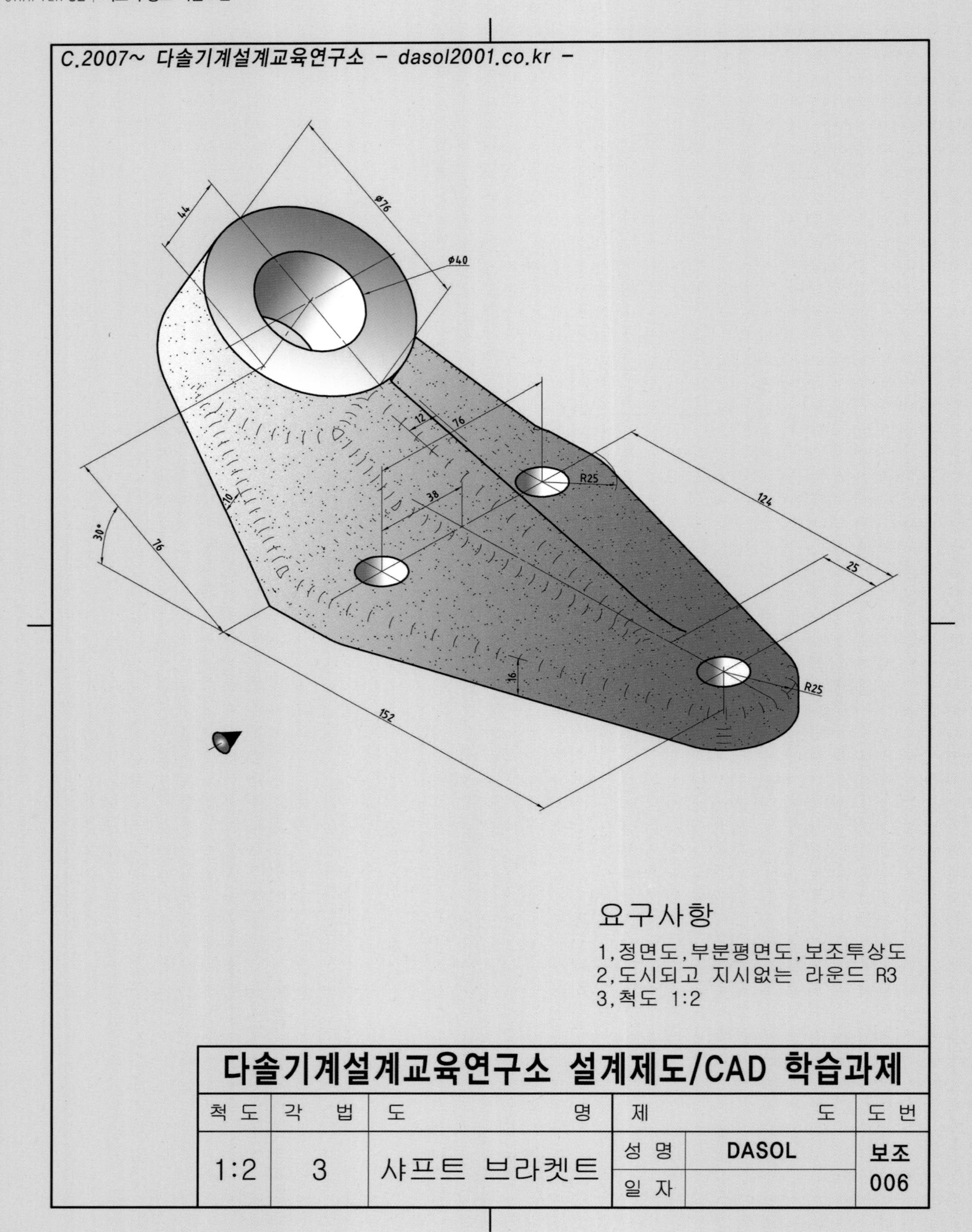
C.2007~ 다솔기계설계교육연구소 - dasol2001.co.kr -
ø76
44
ø40
12
76
R25
124
38
10
30°
76
25
16
R25
152
요구사항
1,정면도,부분평면도,보조투상도
2,도시되고 지시없는 라운드 R3
3,척도 1:2
다솔기계설계교육연구소 설계제도/CAD 학습과제
척도
각법
도명
제도
도번
1:2
3
샤프트 브라켓트
성명
DASOL
일자
보조
006

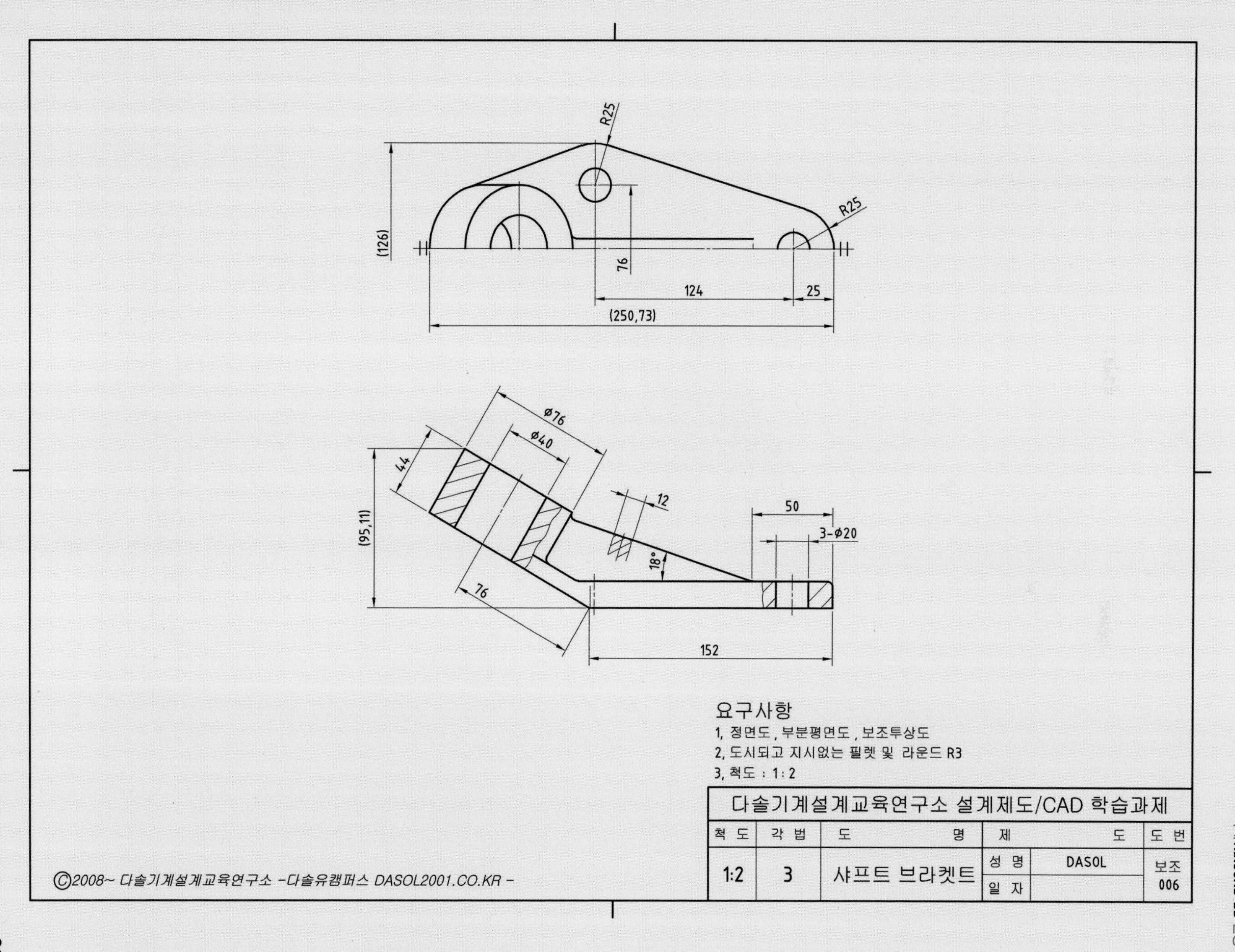

R25
R25
(126)
76
124
25
(250,73)
Φ76
Φ40
44
12
50
3-Φ20
(95,11)
18°
76
152
요구사항
1, 정면도 , 부분평면도 , 보조투상도
2, 도시되고 지시없는 필렛 및 라운드 R3
3, 척도 : 1 : 2
다솔기계설계교육연구소 설계제도/CAD 학습과제
척 도
각 법
도 명
제 도
도 번
1:2
3
샤프트 브라켓트
성 명
DASOL
일 자
보조 006
ⓒ2008~ 다솔기계설계교육연구소 -다솔유캠퍼스 DASOL2001.CO.KR -

C.2007~ 다솔기계설계교육연구소 - dasol2001.co.kr -

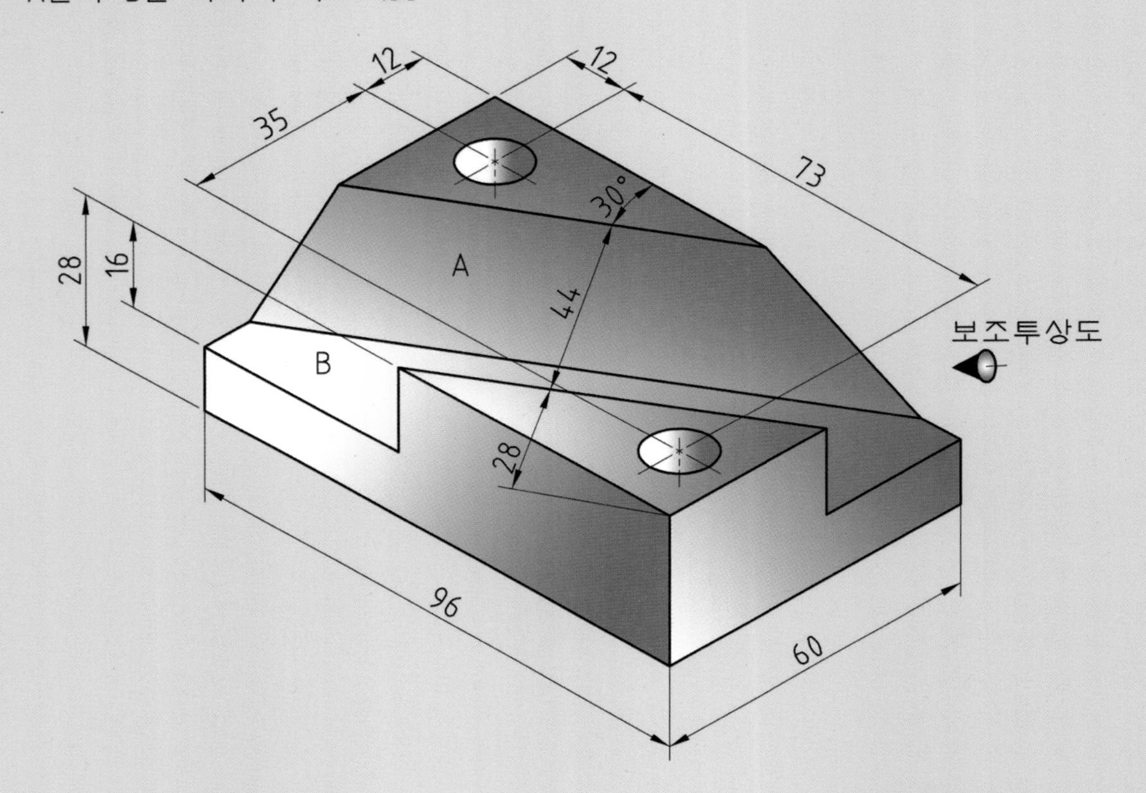

요구사항

1,정면도,보조투상도

다솔기계설계교육연구소 설계제도/CAD 학습과제					
척 도	각 법	도 명	제	도	도 번
1:1	3	앵글 베이스	성 명	DASOL	보조 007
			일 자		

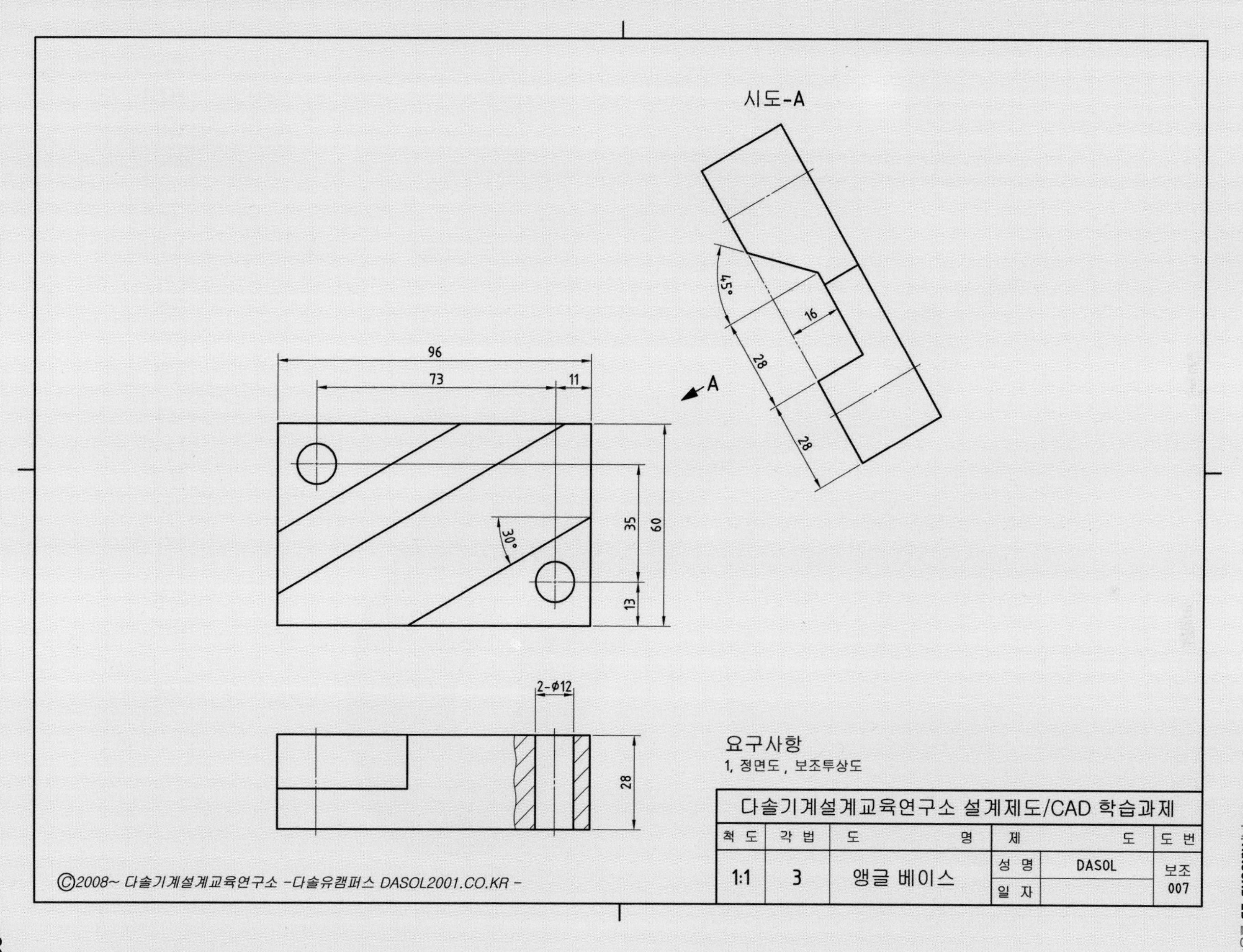
시도-A
45°
16
28
28
A
96
73
11
30°
35
60
13
2-ϕ12
28
요구사항
1, 정면도 , 보조투상도
다솔기계설계교육연구소 설계제도/CAD 학습과제
척 도
각 법
도 명
제 도
도 번
1:1
3
앵글 베이스
성 명
DASOL
일 자
보조 007
ⓒ2008~ 다솔기계설계교육연구소 -다솔유캠퍼스 DASOL2001.CO.KR -

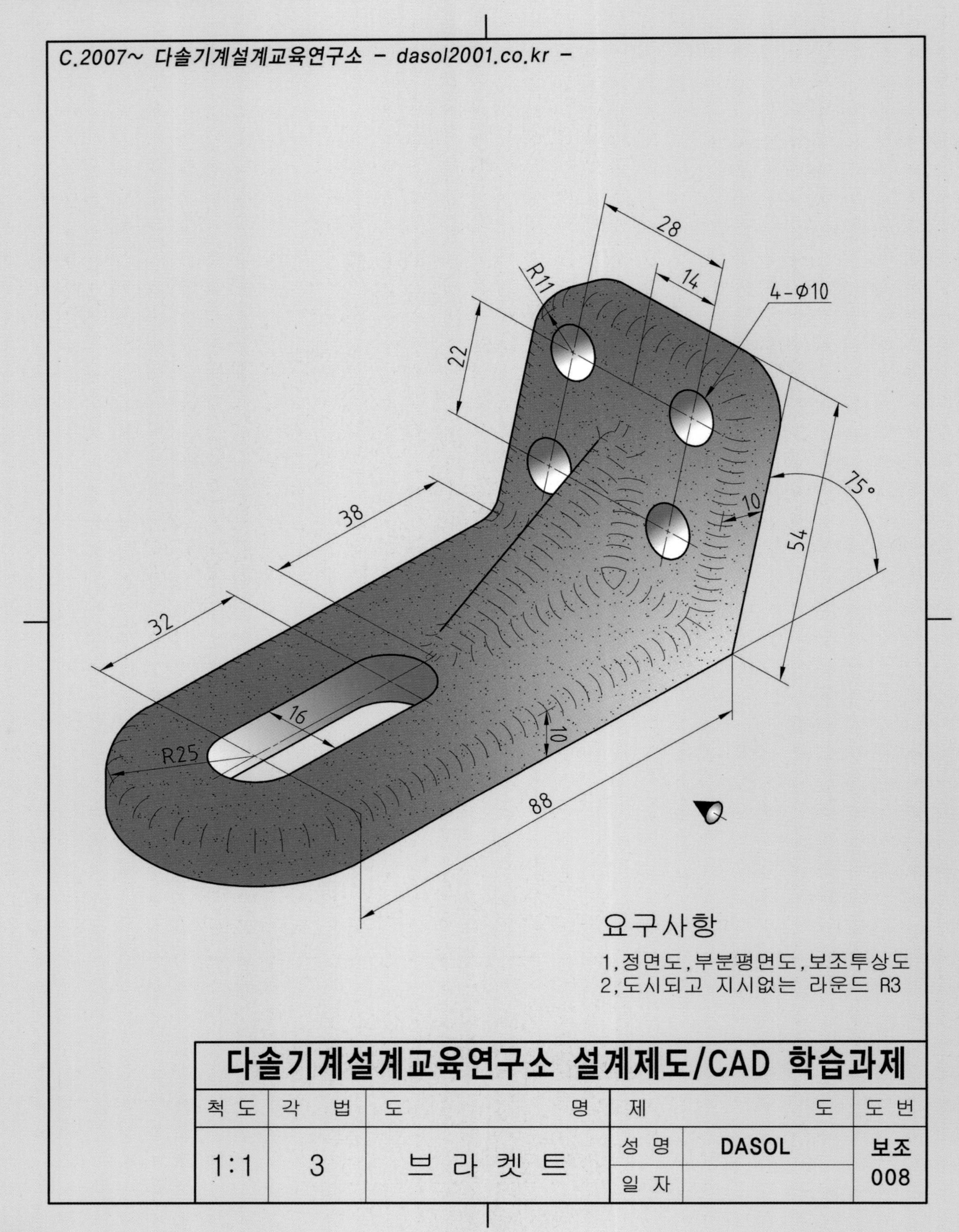
C.2007~ 다솔기계설계교육연구소 - dasol2001.co.kr -
28
14
R11
4-Ø10
22
75°
10
38
54
32
16
R25
10
88
요구사항
1,정면도,부분평면도,보조투상도
2,도시되고 지시없는 라운드 R3
다솔기계설계교육연구소 설계제도/CAD 학습과제
척도
각법
도명
제도
도번
1:1
3
브라켓트
성명
DASOL
일자
보조
008

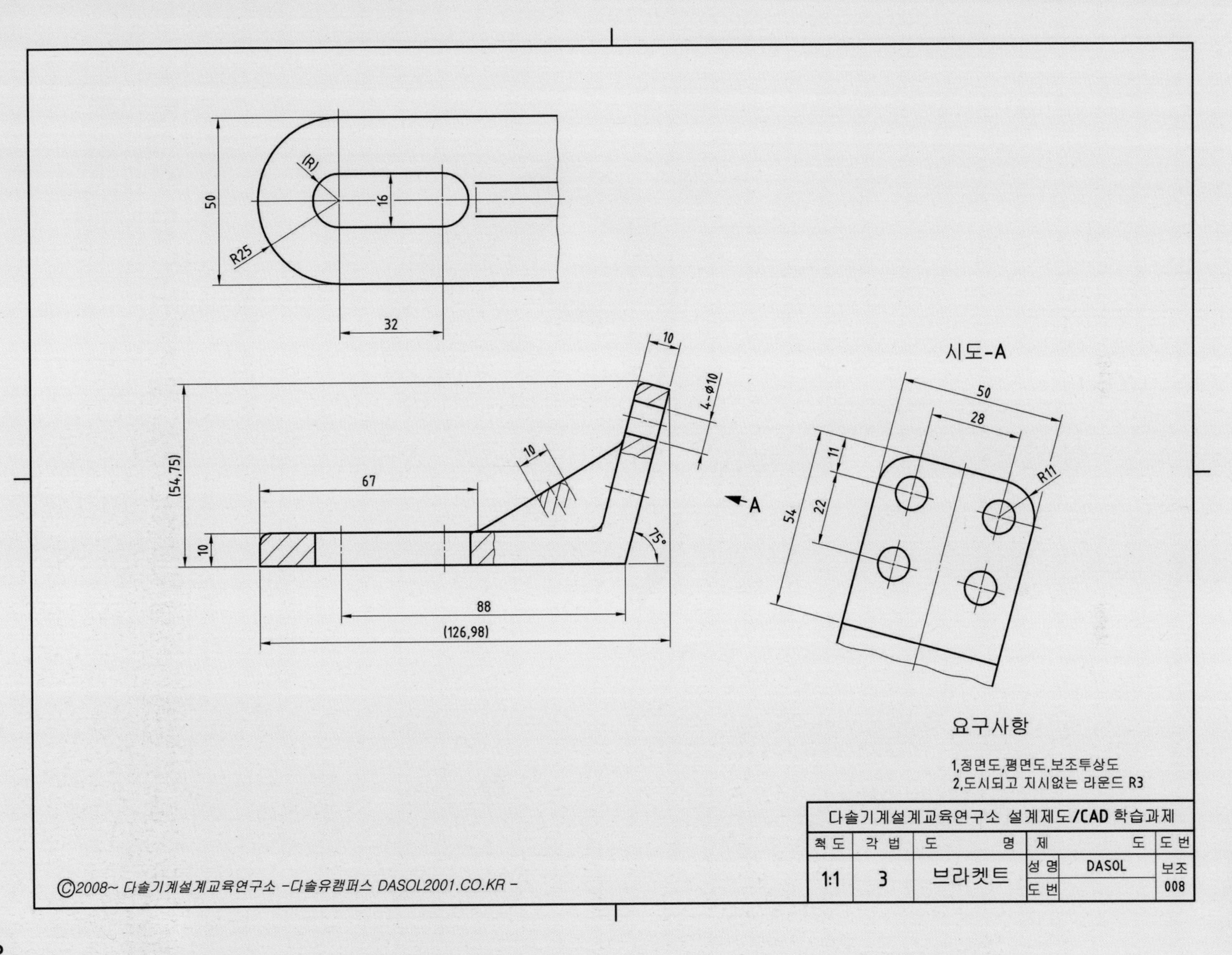
50
(R)
16
R25
32
10
4-Ø10
10
(54,75)
67
10
75°
88
(126,98)
A
시도-A
50
28
11
22
54
R11
요구사항
1,정면도,평면도,보조투상도
2,도시되고 지시없는 라운드 R3
다솔기계설계교육연구소 설계제도/CAD 학습과제
척도
각법
도명
제도
도번
1:1
3
브라켓트
성명
DASOL
도번
보조
008
ⓒ2008~ 다솔기계설계교육연구소 -다솔유캠퍼스 DASOL2001.CO.KR -

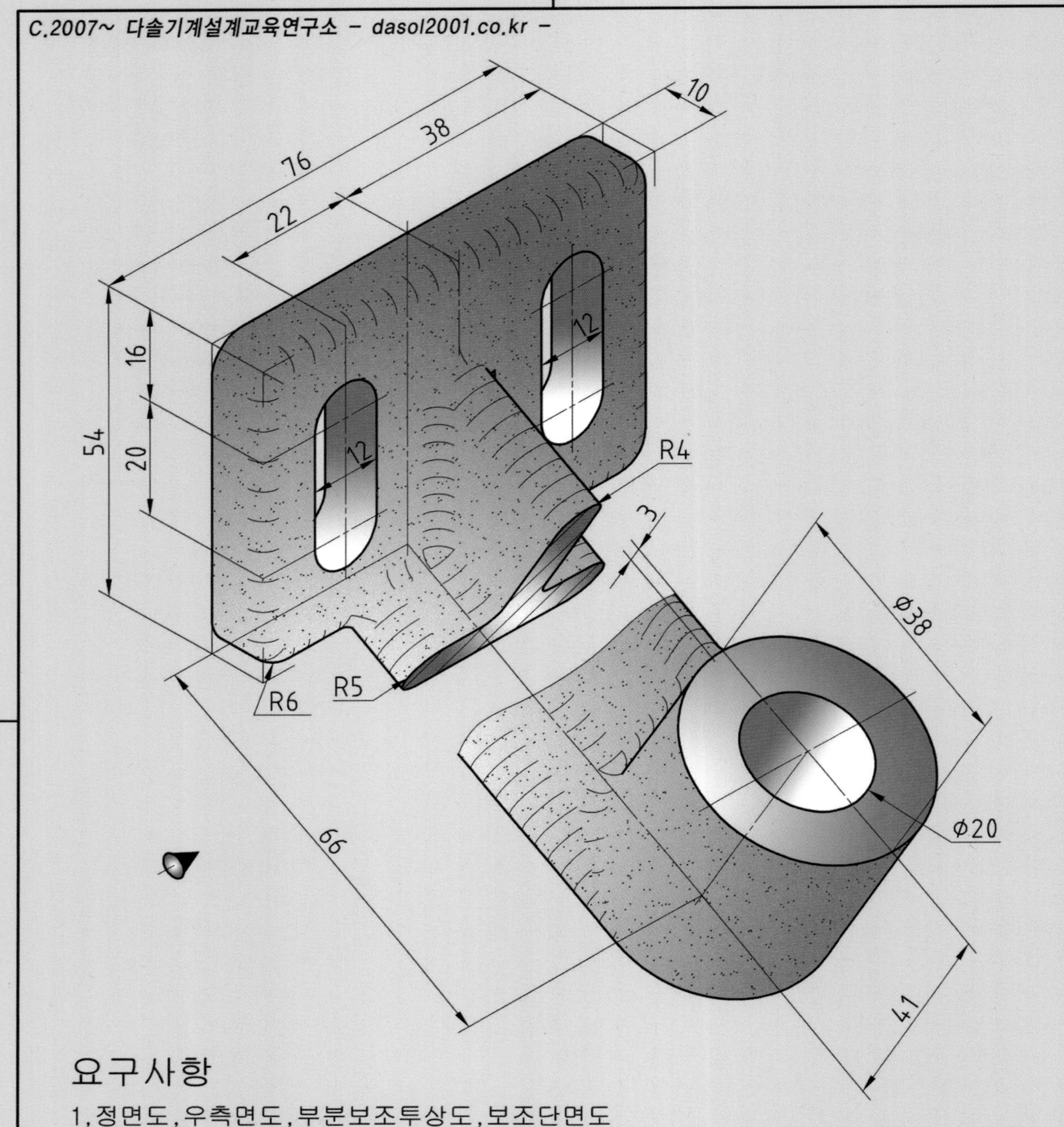

요구사항

1, 정면도, 우측면도, 부분보조투상도, 보조단면도
2, 도시되고 지시없는 라운드 R3

다솔기계설계교육연구소 설계제도/CAD 학습과제					
척 도	각 법	도 명	제	도	도 번
1:1	3	로드 가이드	성 명	DASOL	보조 009
			일 자		

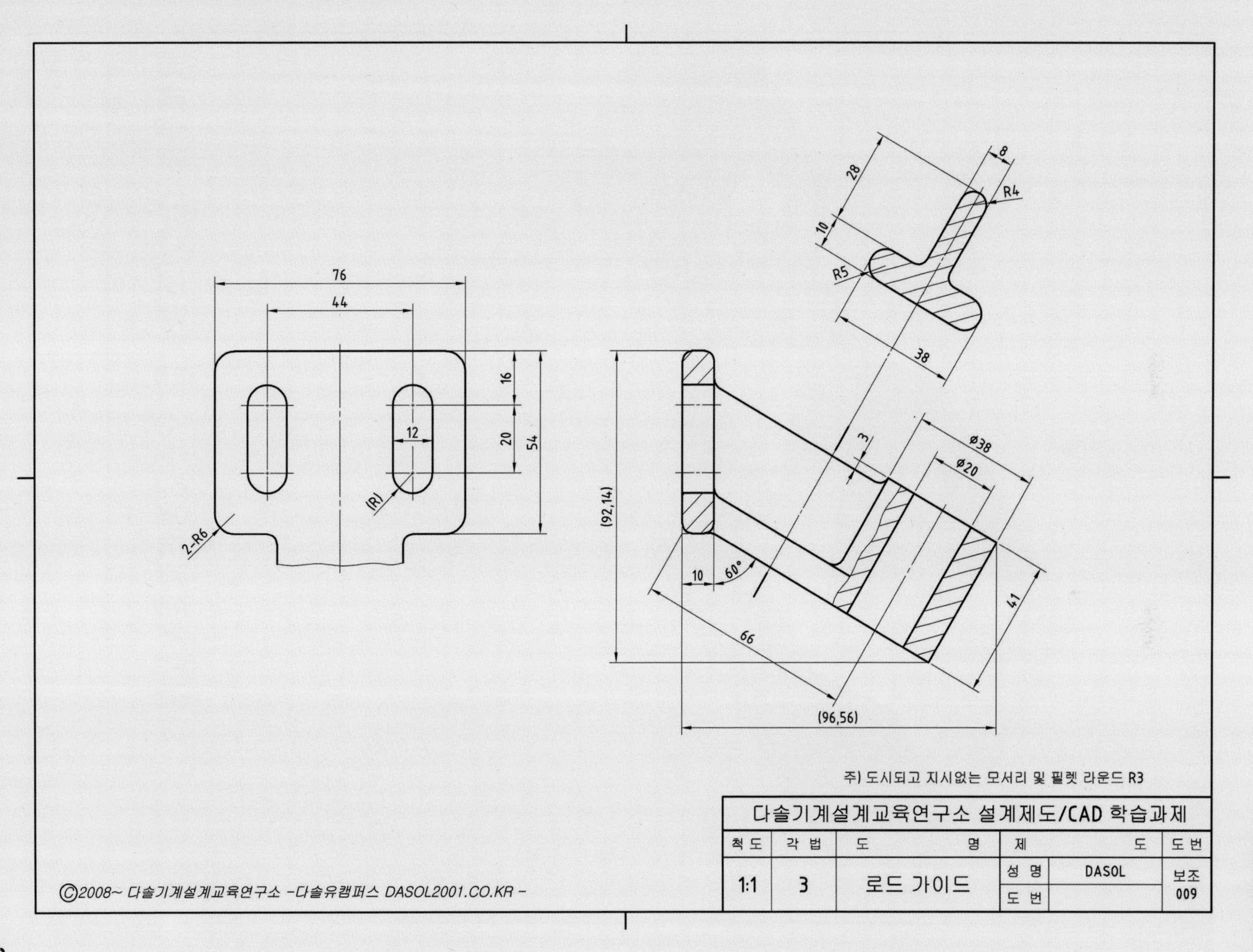

76
44
16
20
54
12
(R)
2-R6
8
R4
28
10
R5
38
3
ø38
ø20
(92,14)
10
60°
66
41
(96,56)
주) 도시되고 지시없는 모서리 및 필렛 라운드 R3
다솔기계설계교육연구소 설계제도/CAD 학습과제
척도
각법
도명
제도
도번
1:1
3
로드 가이드
성명
DASOL
도번
보조
009
ⓒ2008~ 다솔기계설계교육연구소 -다솔유캠퍼스 DASOL2001.CO.KR -

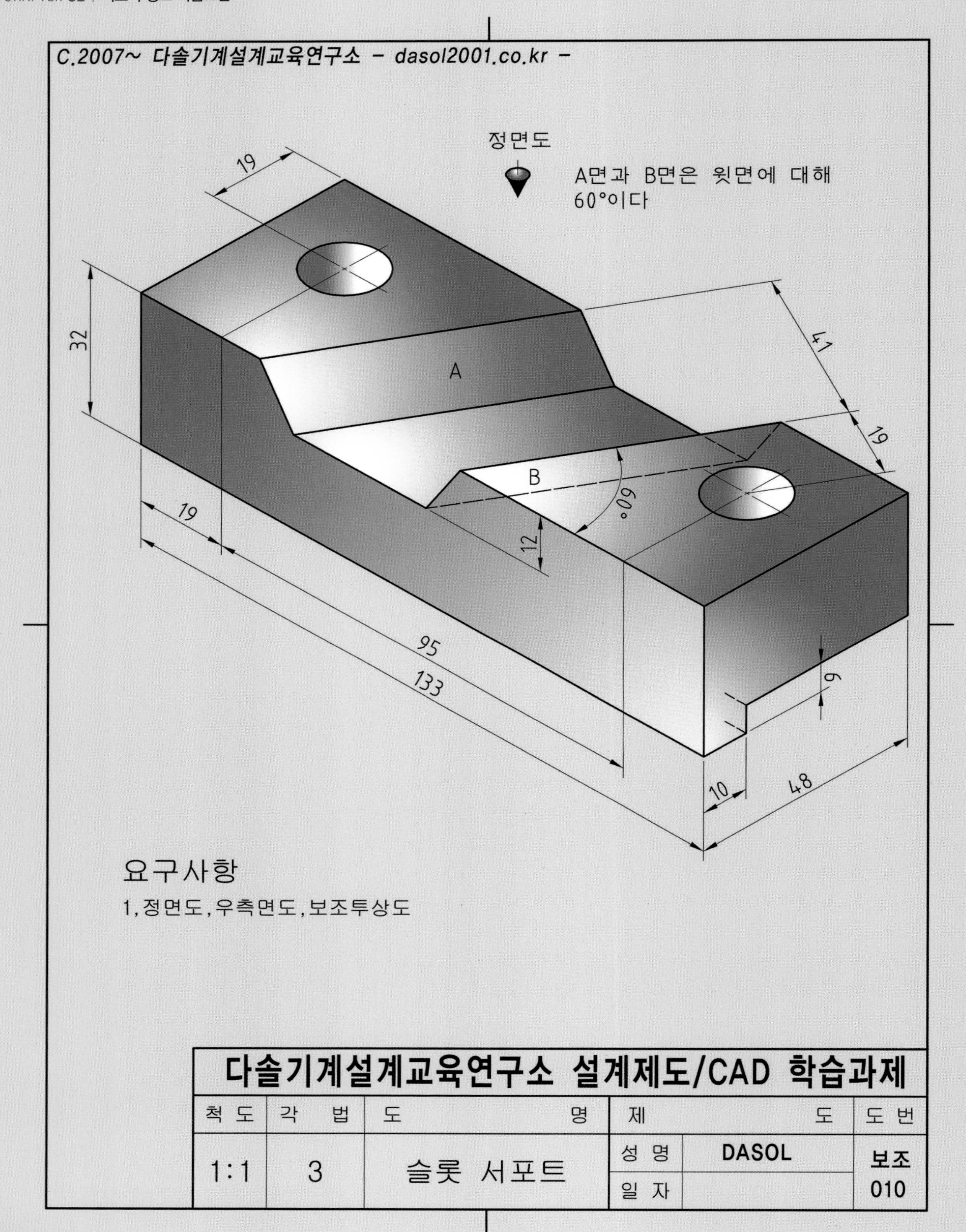
C.2007~ 다솔기계설계교육연구소 - dasol2001.co.kr -
정면도
A면과 B면은 윗면에 대해 60°이다
19
32
41
A
19
B
60°
12
19
95
133
9
10
48
요구사항
1,정면도,우측면도,보조투상도
다솔기계설계교육연구소 설계제도/CAD 학습과제
척도
각법
도명
제도
도번
1:1
3
슬롯 서포트
성명
DASOL
일자
보조
010

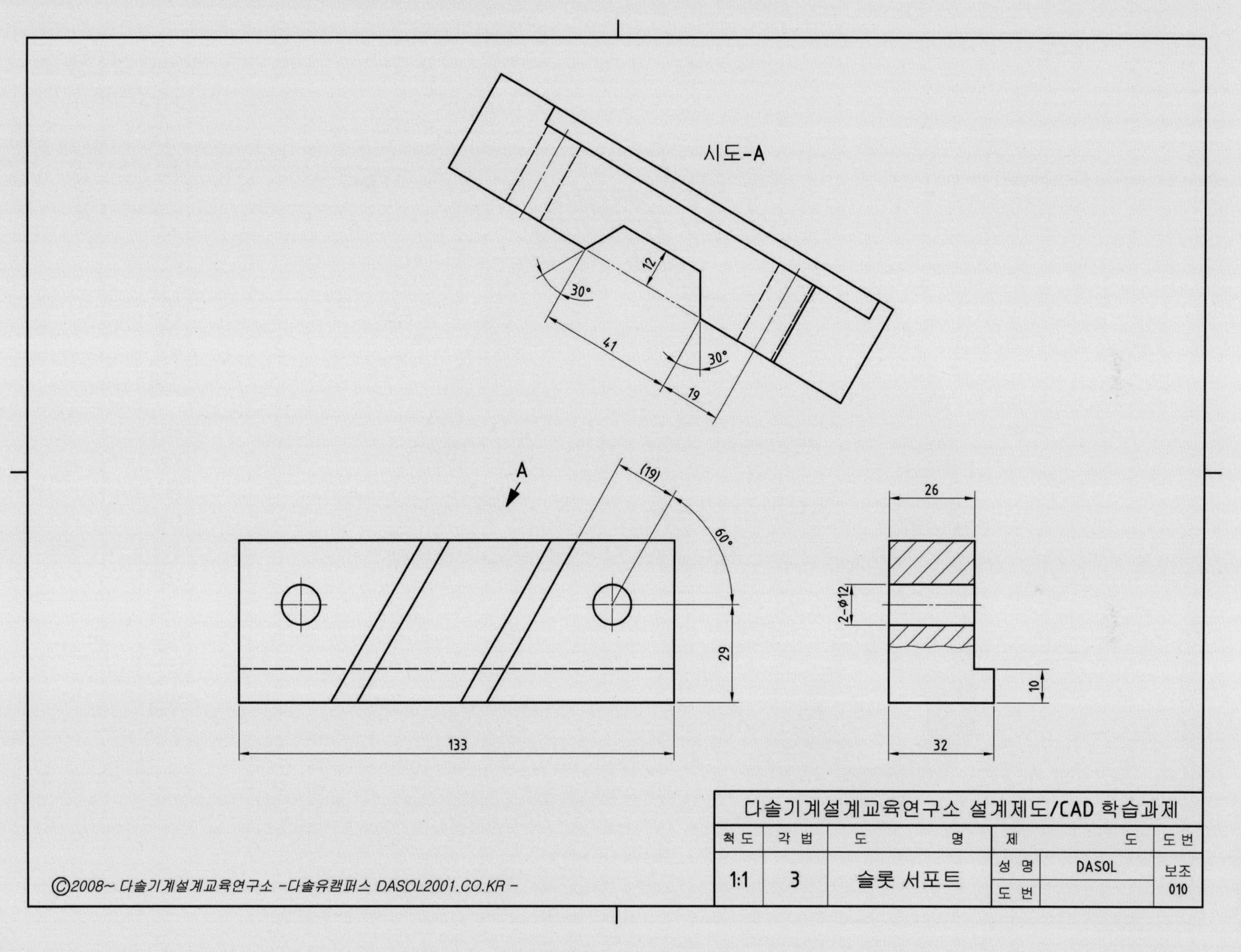
시도-A
12
30°
41
30°
19
A
(19)
60°
29
133
26
2-φ12
10
32
다솔기계설계교육연구소 설계제도/CAD 학습과제
척 도
각 법
도 명
제 도
도 번
1:1
3
슬롯 서포트
성 명
DASOL
도 번
보조 010
ⓒ2008~ 다솔기계설계교육연구소 -다솔유캠퍼스 DASOL2001.CO.KR -

C.2007~ 다솔기계설계교육연구소 - dasol2001.co.kr -

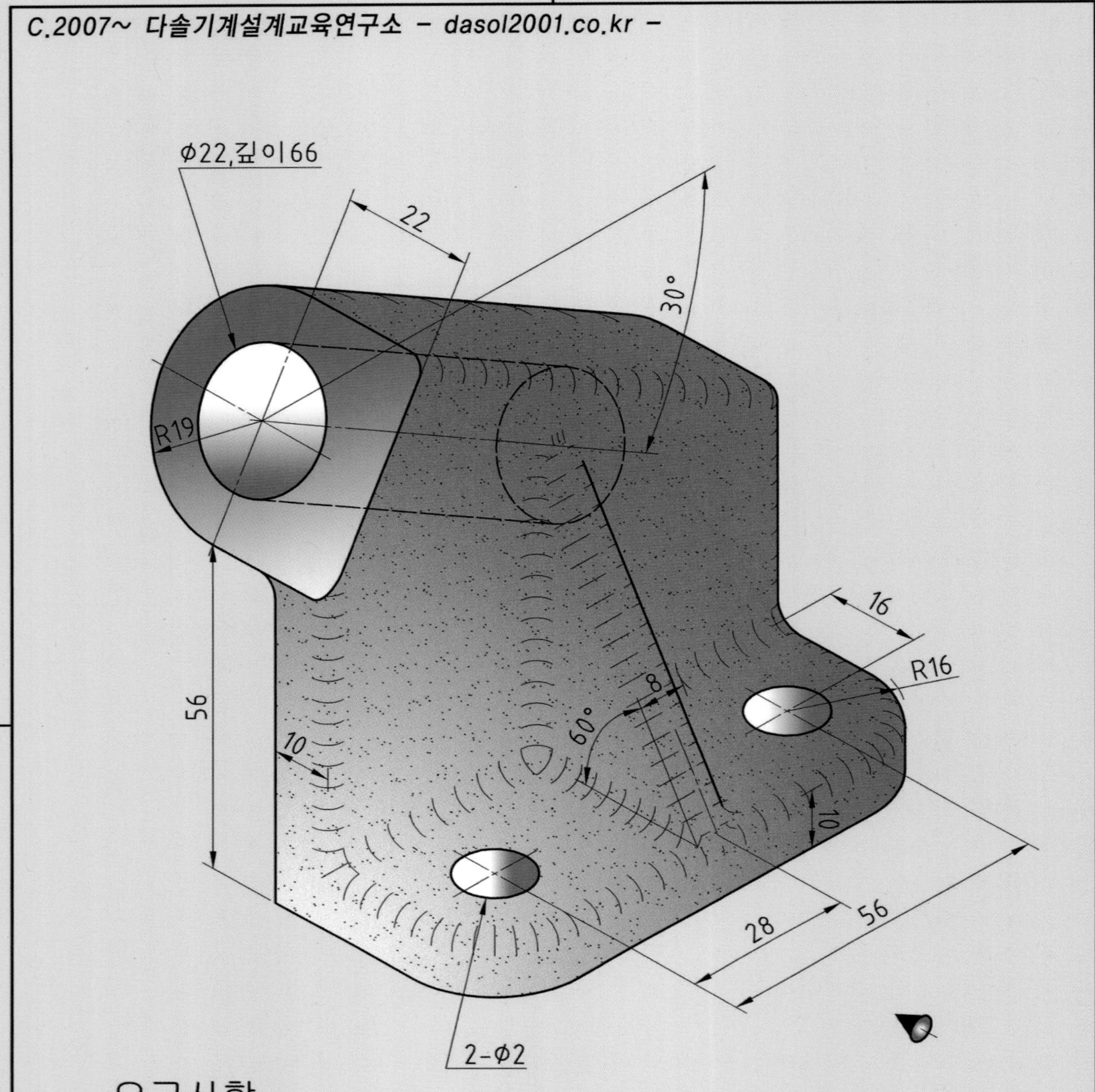

요구사항

1,정면도,좌측면도,부분평면도,보조투상도
2,도시되고 지시없는 라운드 R3

다솔기계설계교육연구소 설계제도/CAD 학습과제					
척 도	각 법	도 명	제 도		도 번
1:1	3	앵글 베어링	성 명	DASOL	보조 011
			일 자		

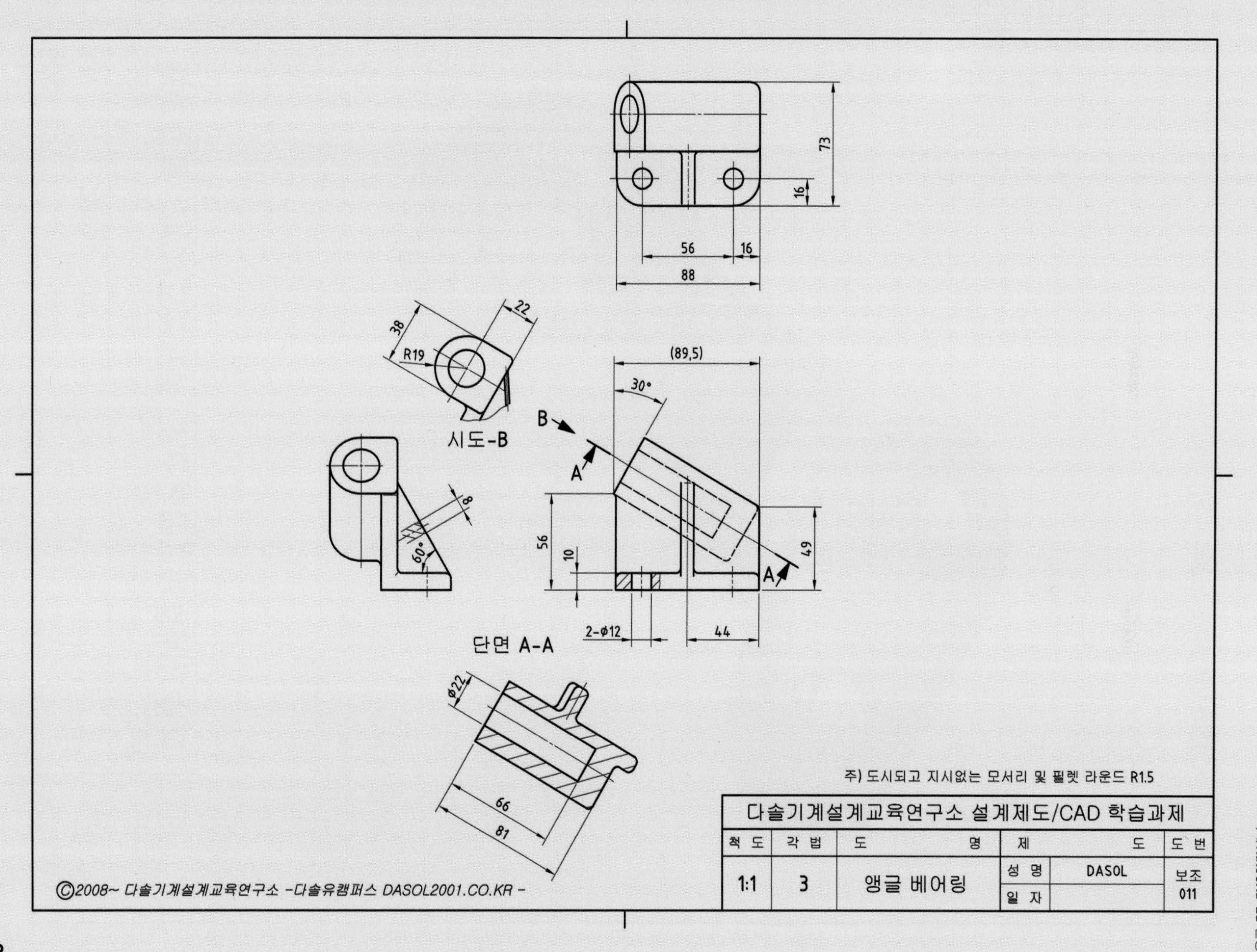

73
16
56
16
88
38
22
R19
시도-B
(89,5)
30°
B
A
8
60°
56
10
49
A
2-ø12
44
단면 A-A
ø22
66
81
주) 도시되고 지시없는 모서리 및 필렛 라운드 R1.5
다솔기계설계교육연구소 설계제도/CAD 학습과제
척도
각법
도명
제도
도번
1:1
3
앵글 베어링
성명
DASOL
일자
보조 011
©2008~ 다솔기계설계교육연구소 -다솔유캠퍼스 DASOL2001.CO.KR -

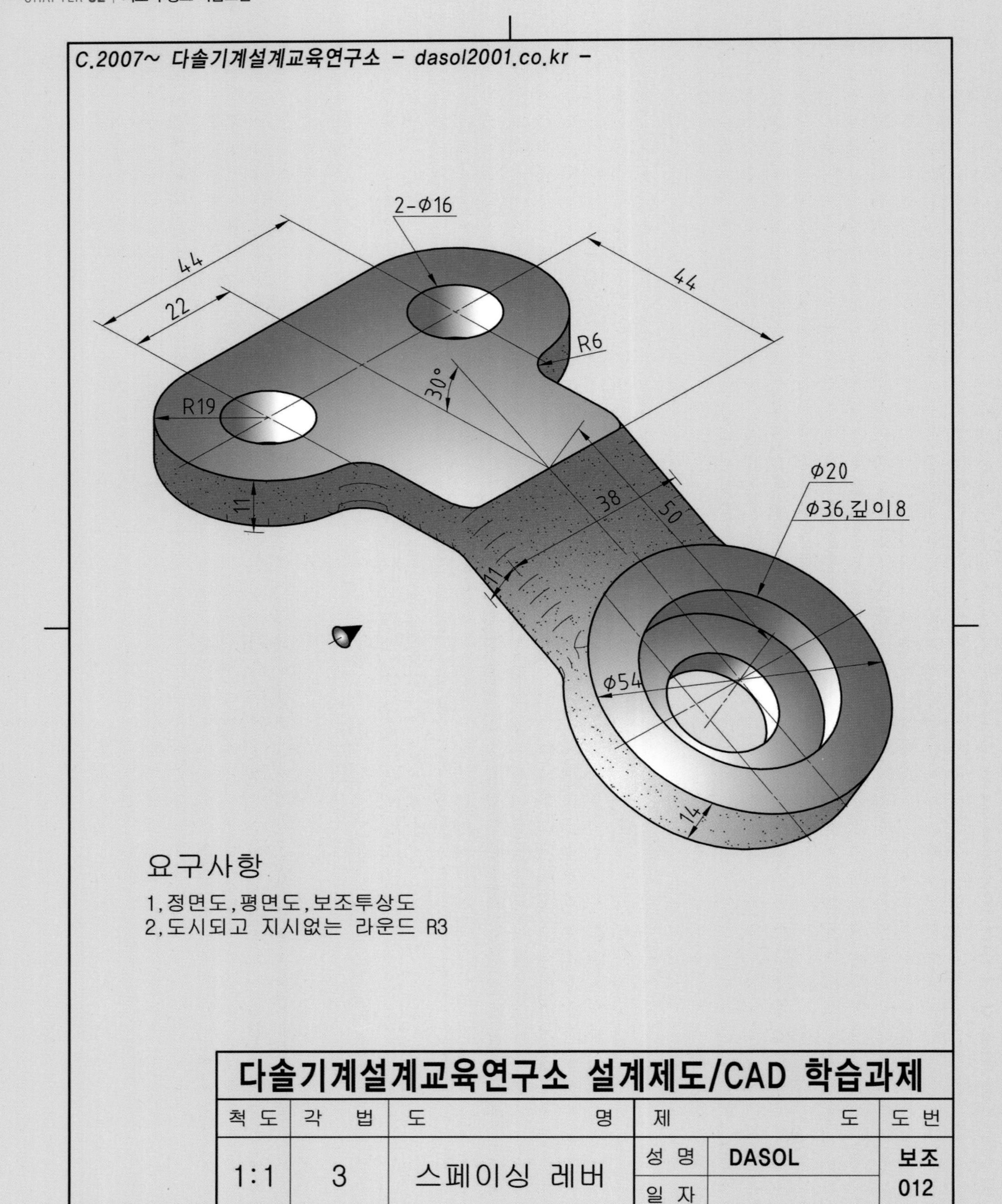
C.2007~ 다솔기계설계교육연구소 - dasol2001.co.kr -
2-Ø16
44
22
44
R6
30°
R19
11
38
50
Ø20
Ø36,깊이8
11
Ø54
14
요구사항
1,정면도,평면도,보조투상도
2,도시되고 지시없는 라운드 R3
다솔기계설계교육연구소 설계제도/CAD 학습과제
척 도
각 법
도 명
제 도
도 번
1:1
3
스페이싱 레버
성 명
DASOL
일 자
보조
012

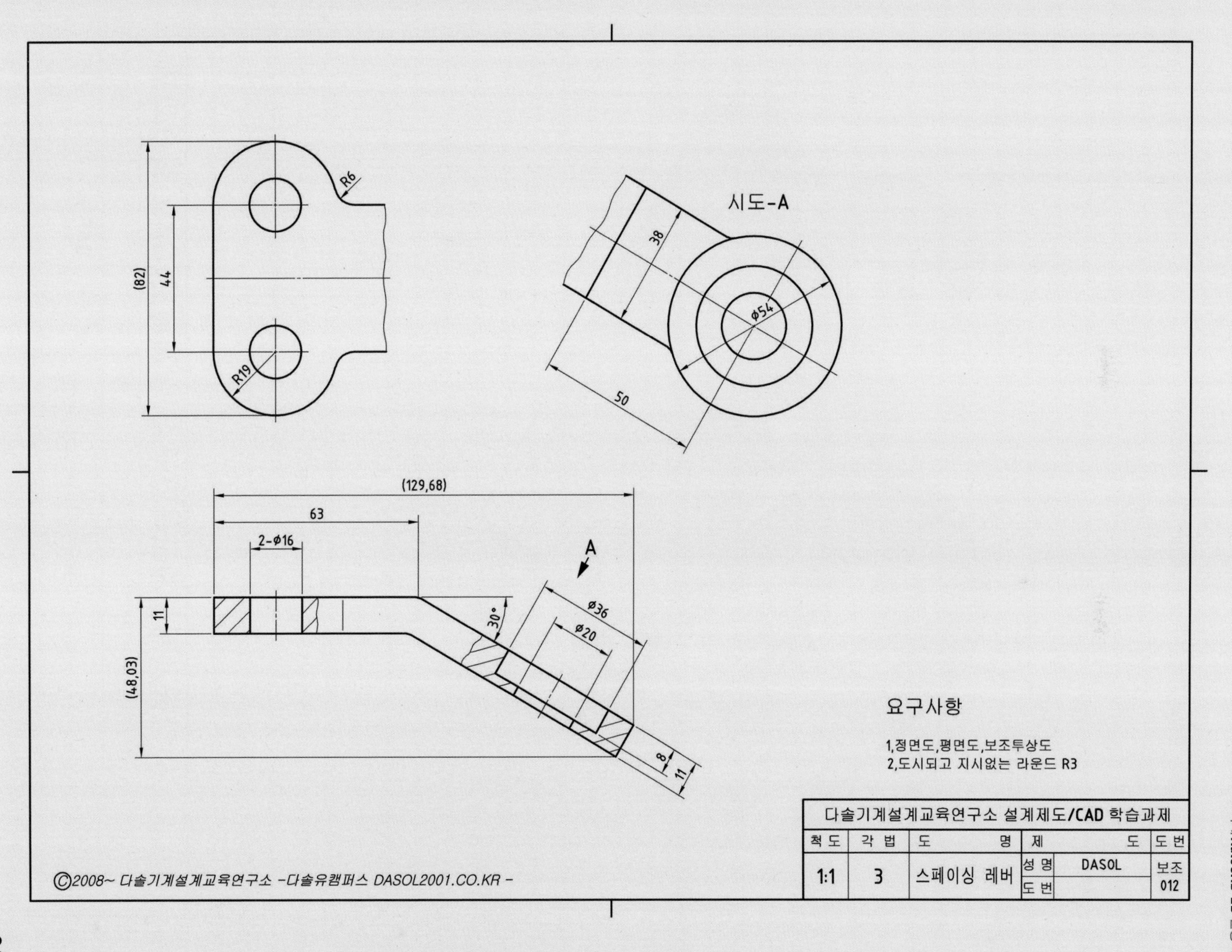
(82)
44
R6
R19
시도-A
38
φ54
50
(129,68)
63
2-φ16
A
11
30°
φ36
φ20
(48,03)
8
11
요구사항
1,정면도,평면도,보조투상도
2,도시되고 지시없는 라운드 R3
다솔기계설계교육연구소 설계제도/CAD 학습과제
척도
각법
도명
제도
도번
1:1
3
스페이싱 레버
성명
DASOL
도번
보조 012
ⓒ2008~ 다솔기계설계교육연구소 -다솔유캠퍼스 DASOL2001.CO.KR -

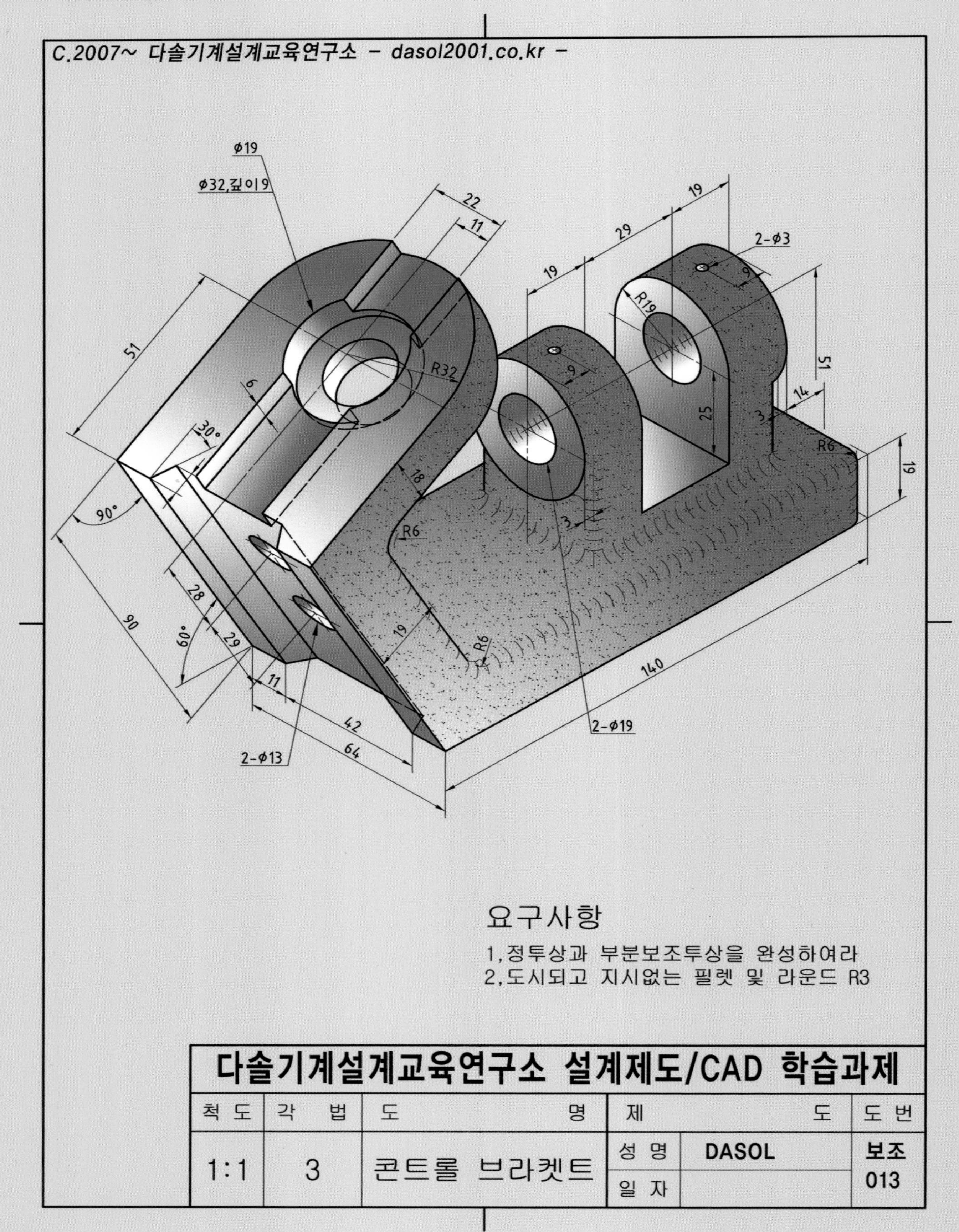
C.2007~ 다솔기계설계교육연구소 - dasol2001.co.kr -
φ19
φ32,깊이9
22
11
19
29
19
2-φ3
9
R19
51
R32
6
9
51
14
3
25
R6
19
30°
18
90°
R6
3
28
90
60°
29
19
R6
140
11
2-φ19
42
64
2-φ13
요구사항
1,정투상과 부분보조투상을 완성하여라
2,도시되고 지시없는 필렛 및 라운드 R3
다솔기계설계교육연구소 설계제도/CAD 학습과제
척도
각 법
도 명
제 도
도번
1:1
3
콘트롤 브라켓트
성 명
DASOL
일 자
보조
013

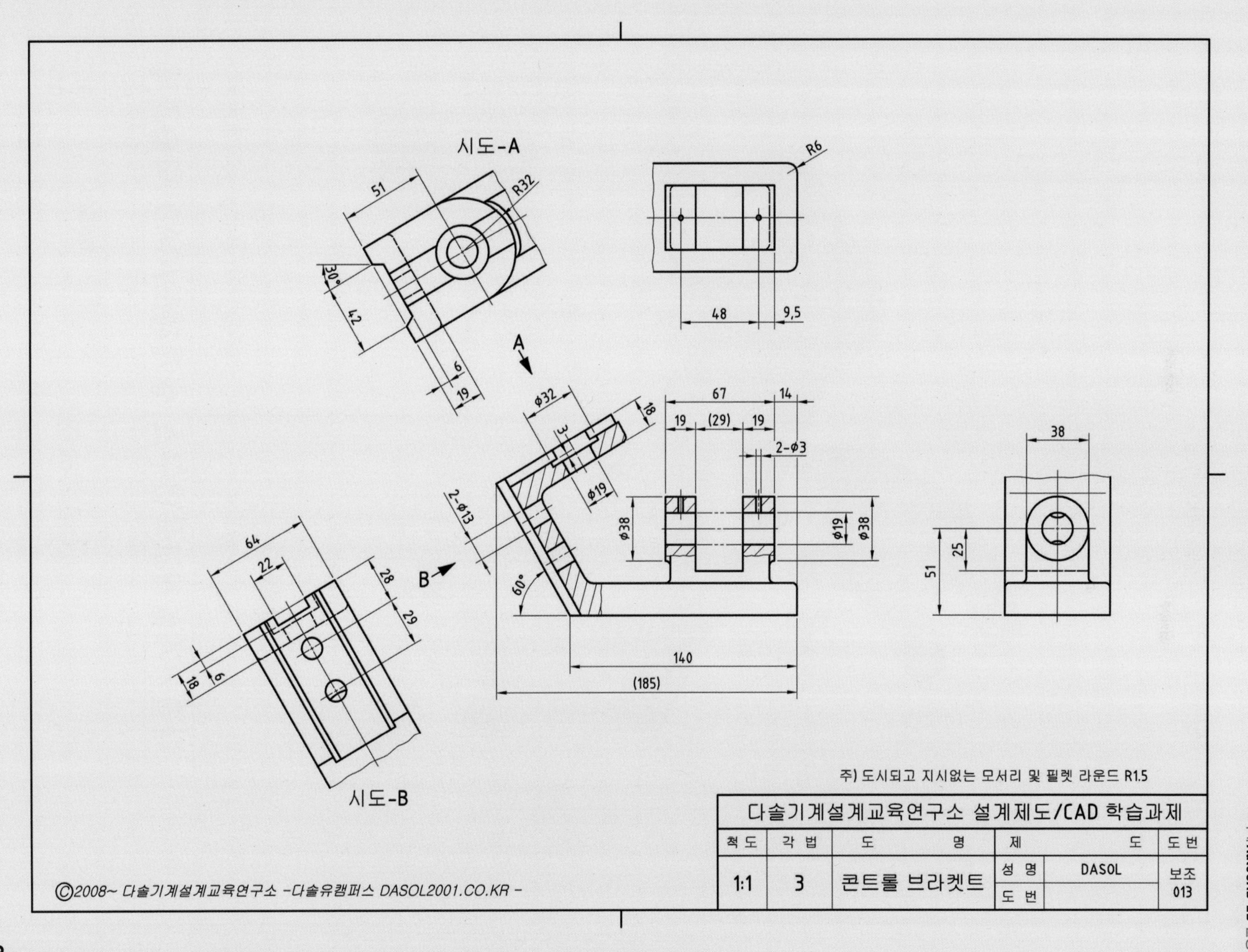

다솔기계설계교육연구소 설계제도/CAD 학습과제					
척도	각법	도명	제도		도번
1:1	3	콘트롤 브라켓트	성명	DASOL	보조 013
			도번		

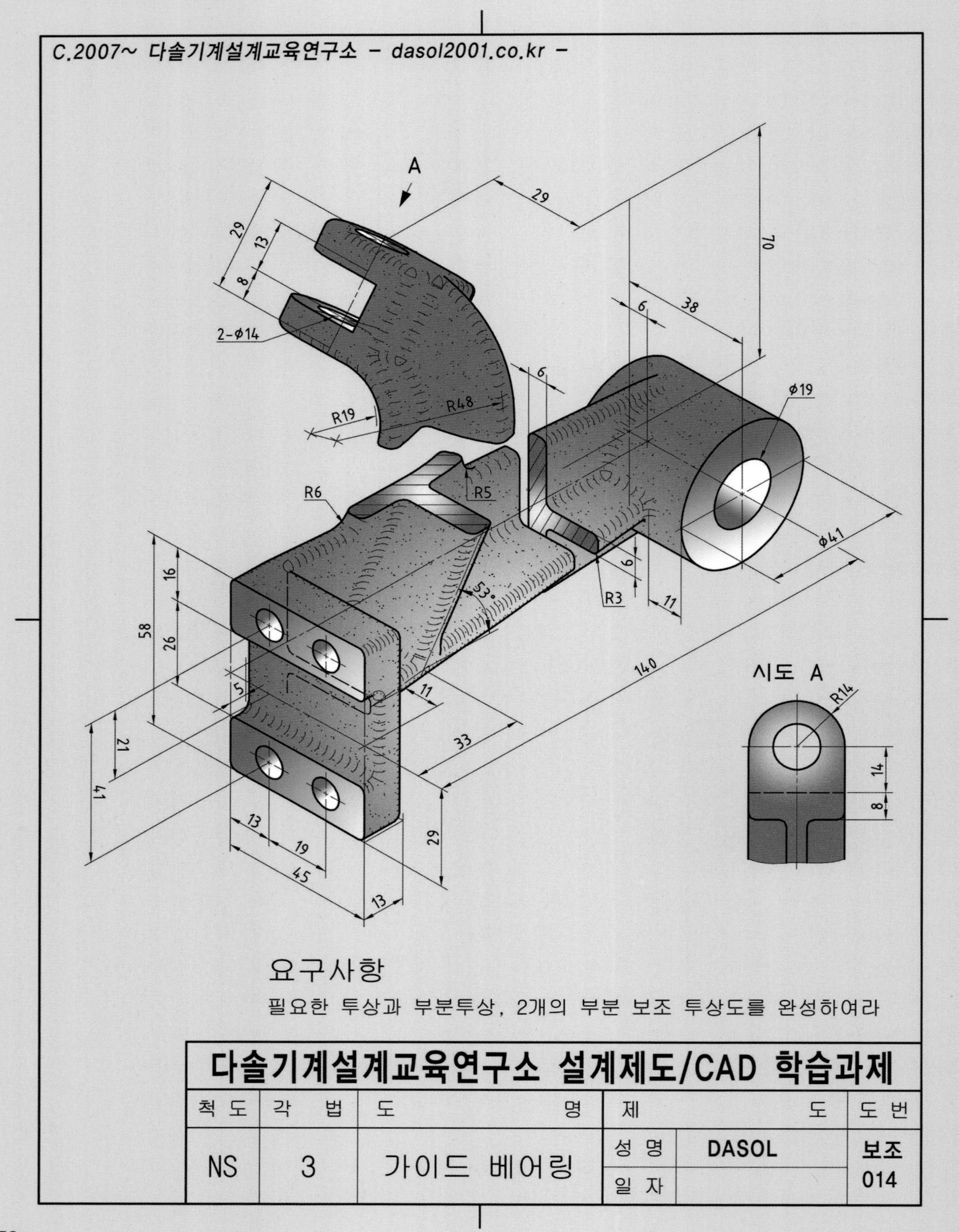
C.2007~ 다솔기계설계교육연구소 - dasol2001.co.kr -
A
29
70
29
13
8
2-Ø14
6
38
6
Ø19
R19
R48
R6
R5
Ø41
6
R3
11
16
58
26
53°
140
시도 A
R14
5
11
33
21
41
14
8
13
19
45
29
13
요구사항
필요한 투상과 부분투상, 2개의 부분 보조 투상도를 완성하여라
다솔기계설계교육연구소 설계제도/CAD 학습과제
척 도
각 법
도 명
제 도
도 번
NS
3
가이드 베어링
성 명
DASOL
일 자
보조
014

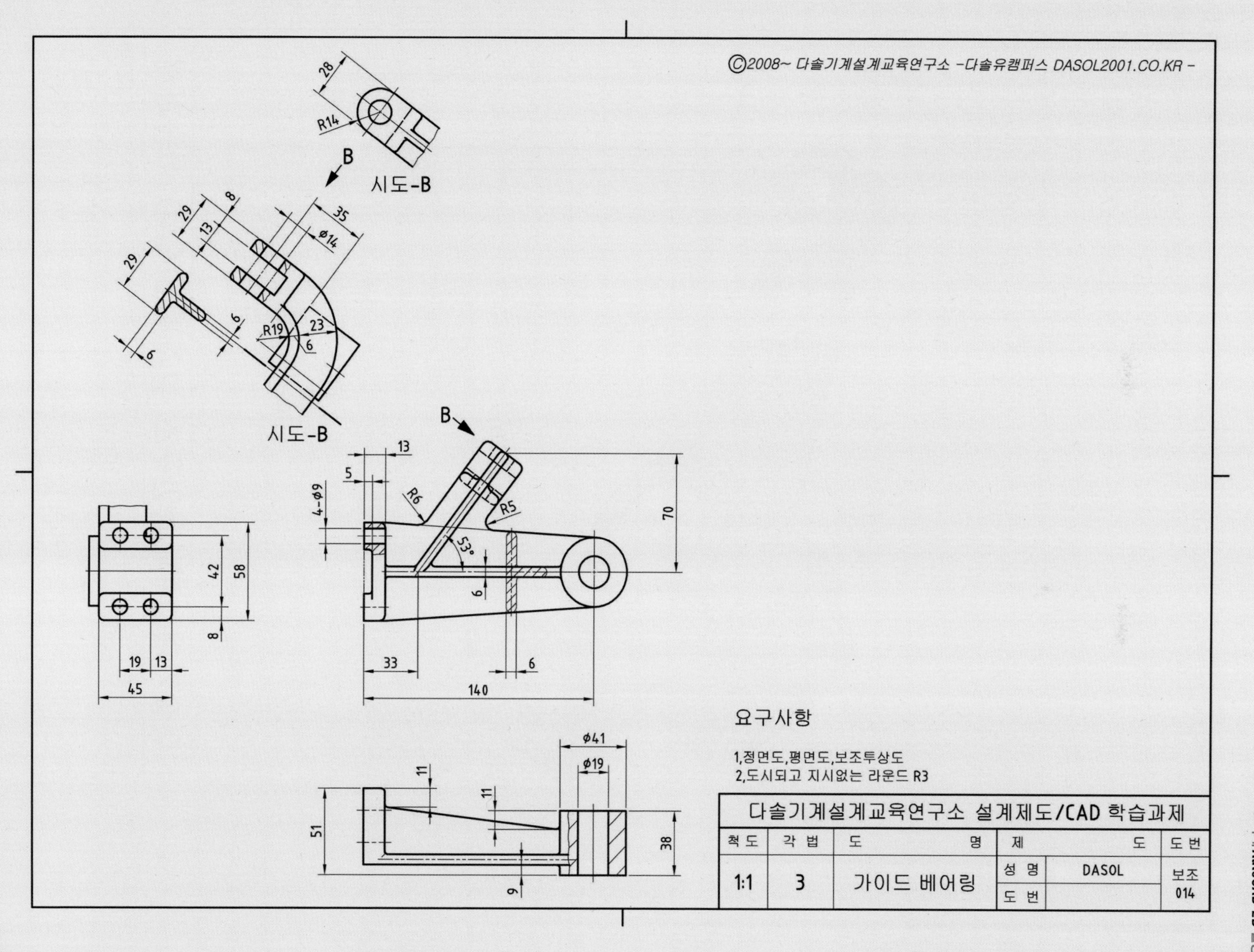
ⓒ2008~ 다솔기계설계교육연구소 -다솔유캠퍼스 DASOL2001.CO.KR -
시도-B
시도-B
B
B
요구사항
1,정면도,평면도,보조투상도
2,도시되고 지시없는 라운드 R3
다솔기계설계교육연구소 설계제도/CAD 학습과제
척도
각법
도명
제도
도번
1:1
3
가이드 베어링
성명
DASOL
도번
보조 014

C.2007~ 다솔기계설계교육연구소 - dasol2001.co.kr -

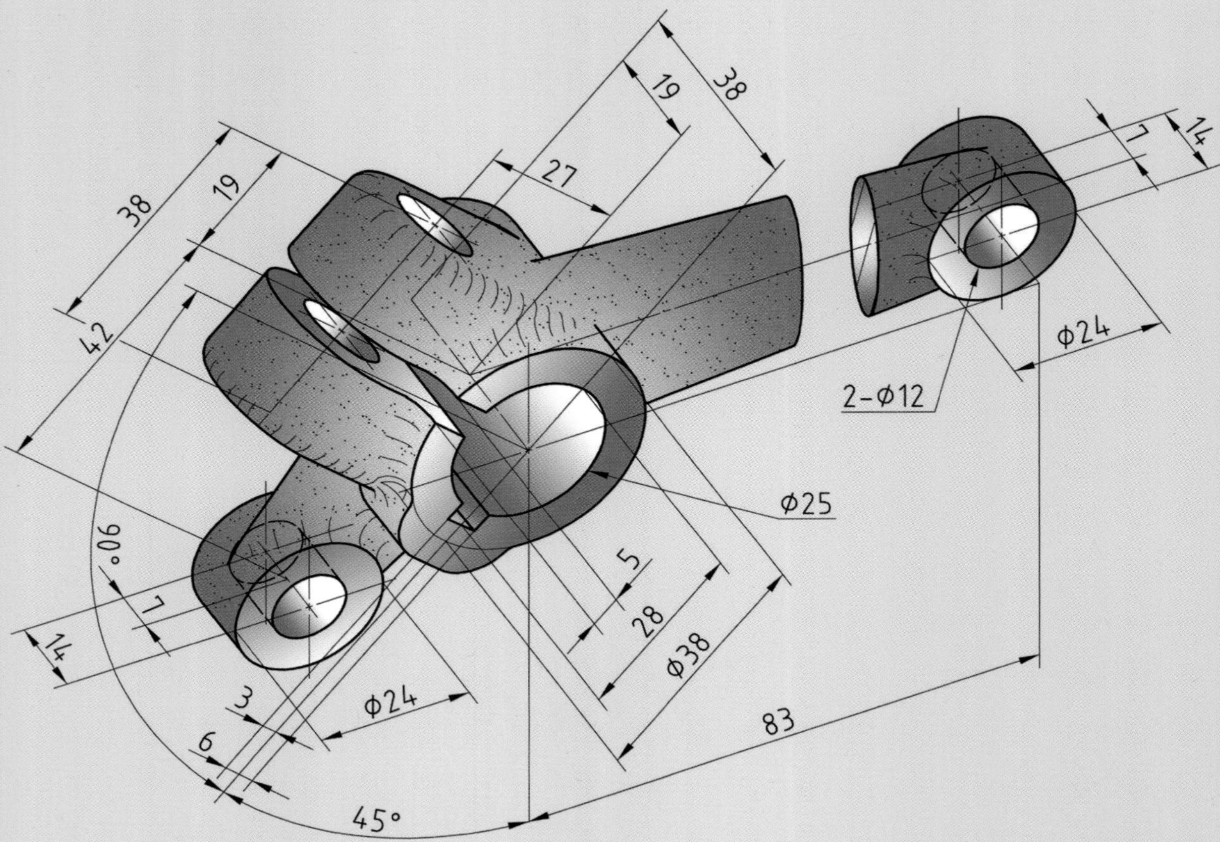

38
19
27
19
38
7
14
42
2-ϕ12
ϕ24
ϕ25
90°
7
14
5
28
ϕ38
3
ϕ24
6
83
45°

요구사항

1, 부분투상과 필요한 투상을 완성하여라
2, 도시되고 지시없는 라운드 R3

다솔기계설계교육연구소 설계제도/CAD 학습과제					
척 도	각 법	도 명	제	도	도 번
1:1	3	브레이크 콘트롤 레버	성 명	DASOL	보조 015
			일 자		

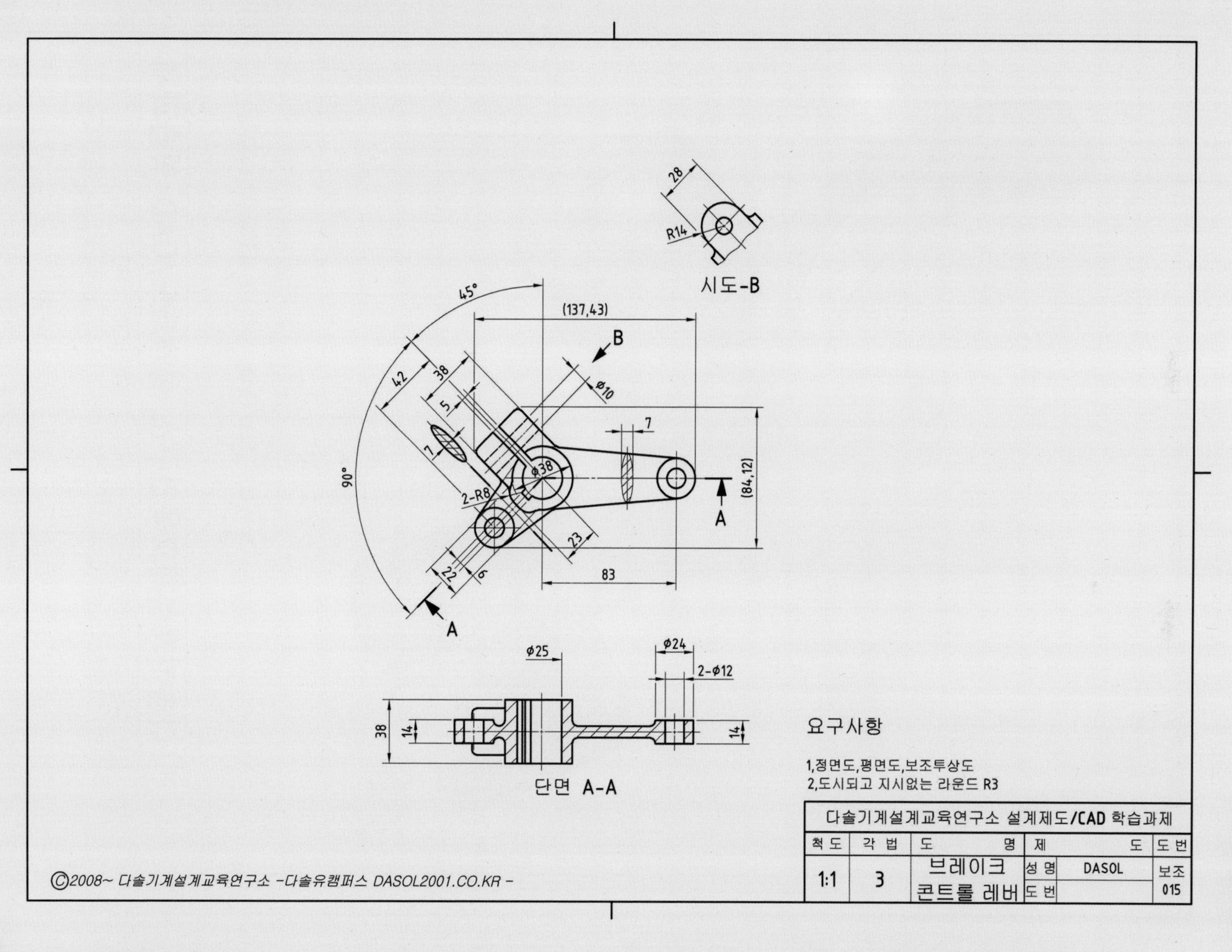
28
R14
시도-B
45°
(137,43)
B
42
38
5
Φ10
7
7
Φ38
2-R8
90°
(84,12)
A
23
22
6
83
A
Φ25
Φ24
2-Φ12
38
14
14
단면 A-A
요구사항
1,정면도,평면도,보조투상도
2,도시되고 지시없는 라운드 R3
다솔기계설계교육연구소 설계제도/CAD 학습과제
척 도
각 법
도 명
제 도
도 번
1:1
3
브레이크 콘트롤 레버
성 명
DASOL
도 번
보조 015
ⓒ2008~ 다솔기계설계교육연구소 -다솔유캠퍼스 DASOL2001.CO.KR -

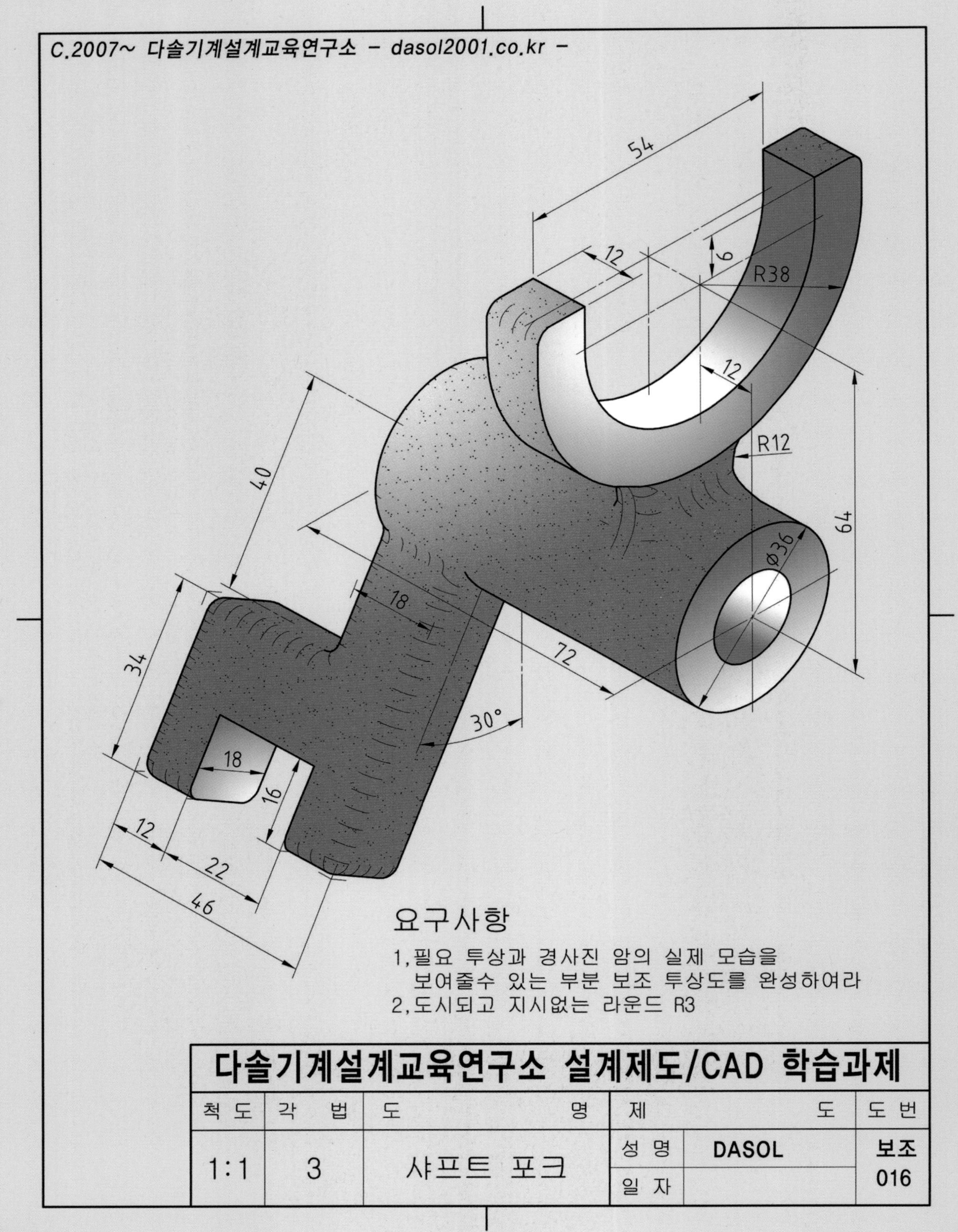

다솔기계설계교육연구소 설계제도/CAD 학습과제					
척 도	각 법	도 명	제	도	도 번
1:1	3	샤프트 포크	성 명	DASOL	보조 016
			일 자		

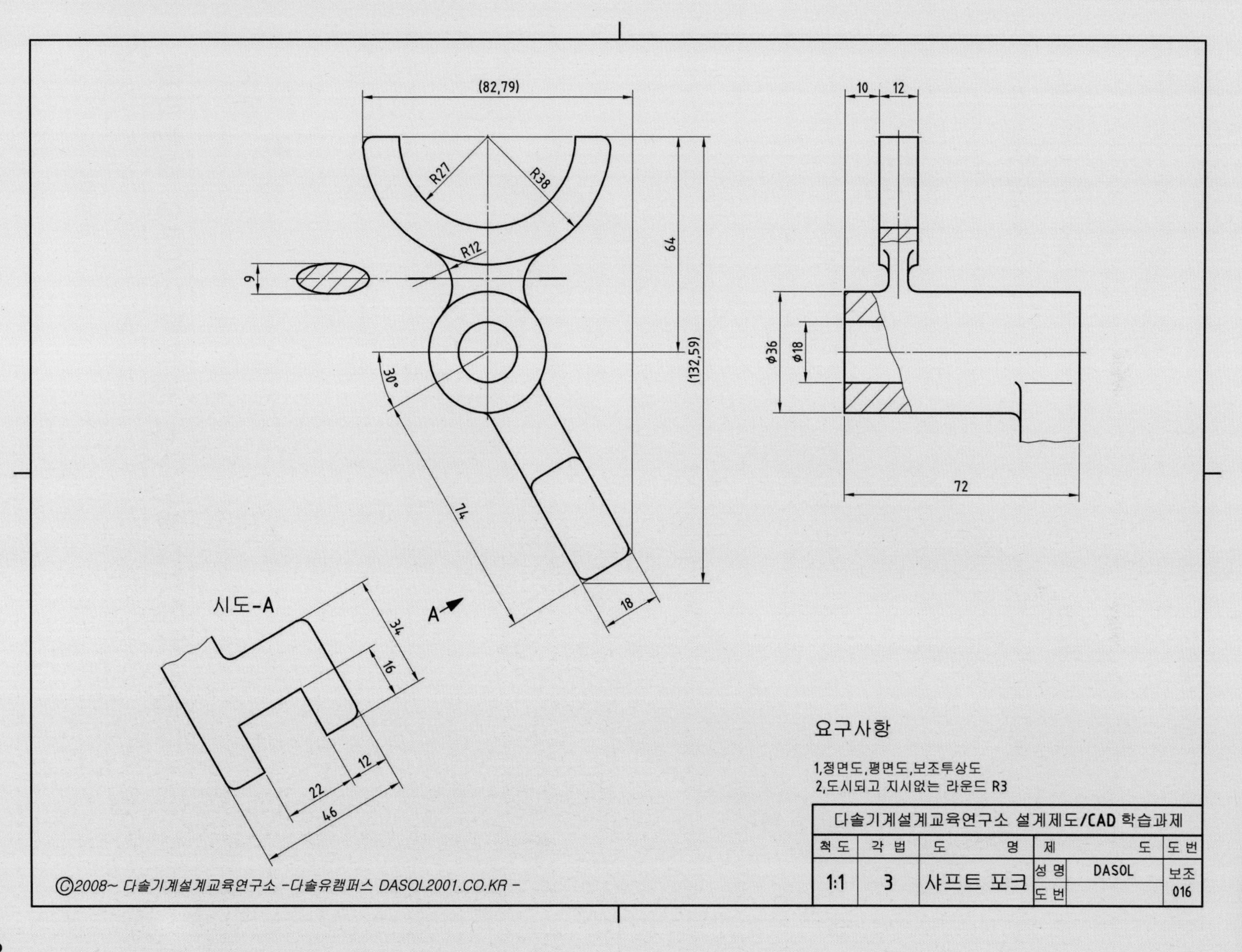

(82,79)
R27
R38
R12
6
64
(132,59)
30°
74
18
10
12
φ36
φ18
72
시도-A
A
34
16
12
22
46
요구사항
1,정면도,평면도,보조투상도
2,도시되고 지시없는 라운드 R3
다솔기계설계교육연구소 설계제도/CAD 학습과제
척도
각법
도명
제도
도번
1:1
3
샤프트 포크
성명
DASOL
도번
보조
016
ⓒ2008~ 다솔기계설계교육연구소 -다솔유캠퍼스 DASOL2001.CO.KR -

C.2007~ 다솔기계설계교육연구소 - dasol2001.co.kr -
요구사항
1,정면도를 완성하고
1차 보조투상도를 완성하여라
또한 상부의 라운드 부분의
실제 형상이 나오도록
2차 보조투상도를 완성하여라
ϕ41
R38
43
11
11
90°
55°
11
11
90°
22
11
50°
21
14
49
ϕ12
60
정면도
다솔기계설계교육연구소 설계제도/CAD 학습과제
척 도
각 법
도 명
제 도
도 번
1:1
3
툴 홀더
성 명
DASOL
일 자
보조
017

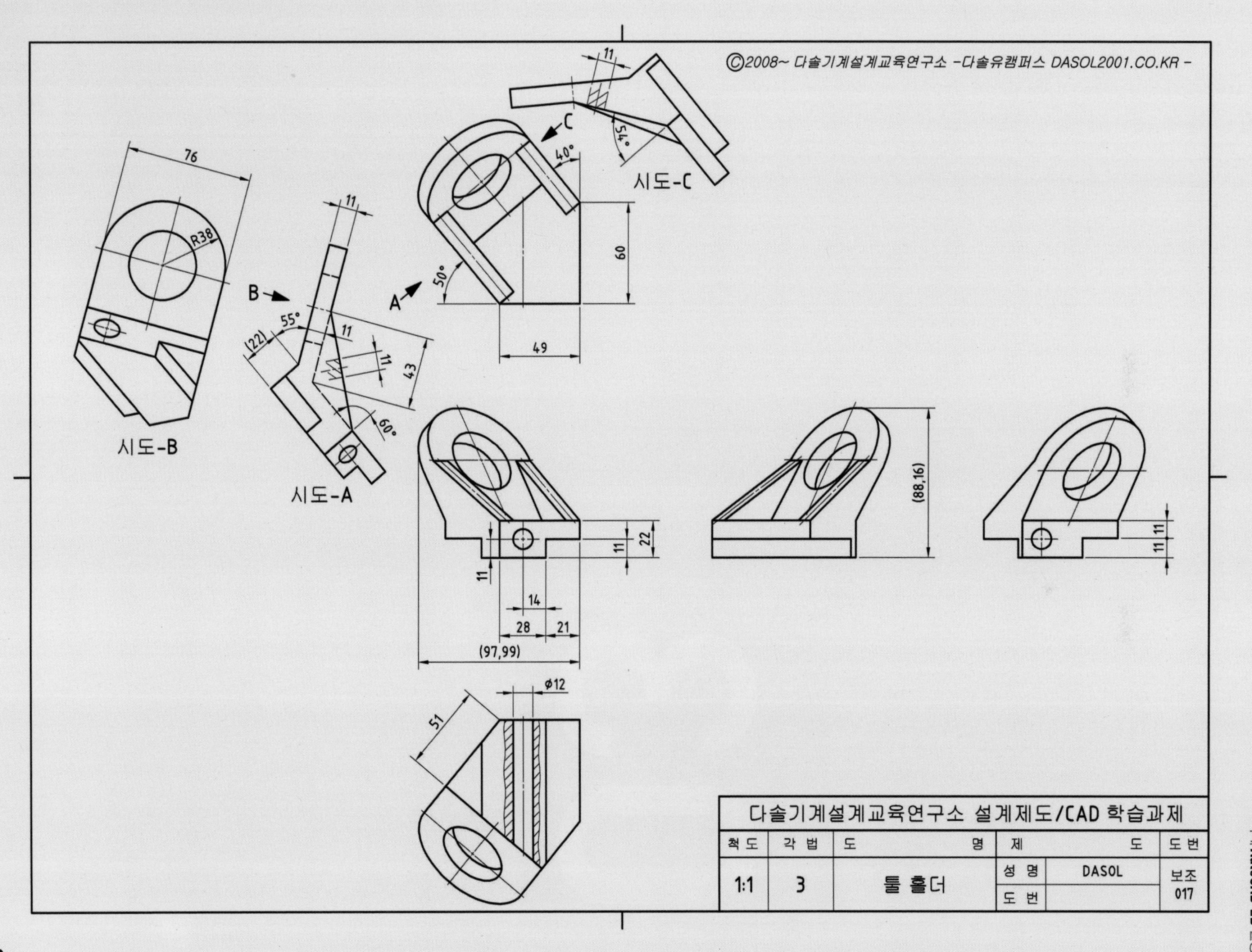

©2008~ 다솔기계설계교육연구소 -다솔유캠퍼스 DASOL2001.CO.KR -
시도-A
시도-B
시도-C
A
B
C
76
R38
60
49
40°
50°
54°
55°
60°
(22)
43
11
14
28
21
22
(97,99)
(88,16)
ø12
51
다솔기계설계교육연구소 설계제도/CAD 학습과제
척도
각법
도명
제도
도번
1:1
3
툴 홀더
성명
DASOL
도번
보조
017

CHAPTER

03

기계 AutoCAD-2D 활용서

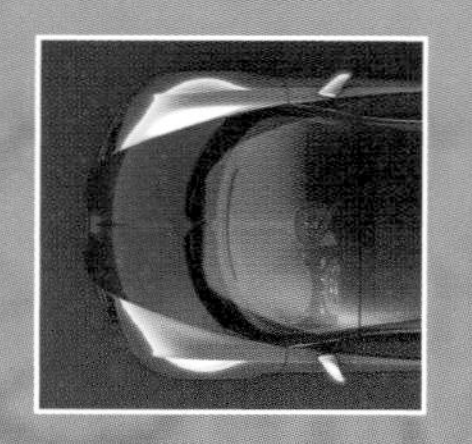

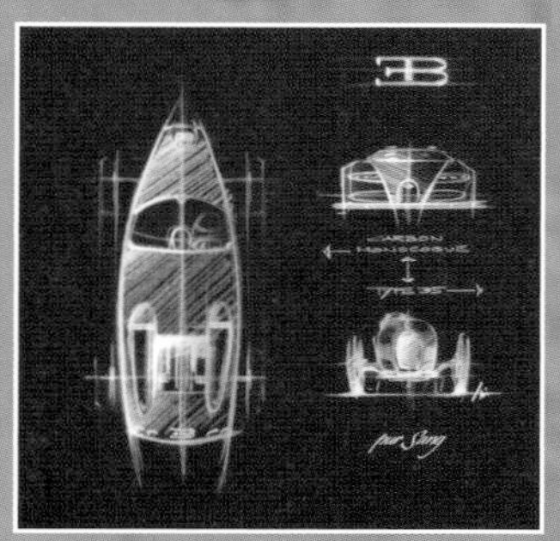

모델링에 의한 과제도면 해석

BRIEF SUMMARY

이 장에서는 기계설계산업기사/기계기사/산업기사/전산응용기계제도기능사 실기시험에서 출제빈도가 높은 과제도면들을 부품 모델링, 각 부품에서 중요한 치수들을 체계적으로 구성해 놓았다.

참고 : 과제도면에 따른 해답도면은 다솔유캠퍼스에서 작도한 참고 모범답안이며 해석하는 사람에 따라 다를 수 있다.

- 기본 투상도법은 3각법을 준수했고, 여러 가지 단면기법을 적용했다.
- 베어링 끼워맞춤공차는 KS B 2051을 준수했다.
- 기타 KS 규격치수를 준수했다.
- 기하공차는 IT5급을 적용했다.
- 표면거칠기 : 산술(중심선), 평균거칠기(Ra), 최대높이(Ry), 10점평균거칠기(Rz) 적용
- 알루마이트 처리 : 알루미늄합금(ALDC)의 표면처리법
- 파커라이징 처리 : 강의 표면에 인산염의 피막을 형성시켜 부식을 방지하는 표면처리법

01 과제명 해설

과제명	해설
동력전달장치	원동기에서 발생한 동력을 운전하려는 기계의 축에 전달하는 장치
편심왕복장치	원동기에서 발생한 회전운동을 수직왕복 운동으로 바꿔주는 기계장치
펀칭머신(Punching machine)	판금에 펀치로 구멍을 내거나 일정한 모양의 조각을 따내는 기계
치공구(治工具)	어떤 물건을 고정할 때 사용하는 공구를 통틀어 이르는 말
지그(Jig)	기계의 부품을 가공할 때에 그 부품을 일정한 자리에 고정하여 공구가 닿을 위치를 쉽고 정확하게 정하는 데에 쓰는 보조용 기구
클램프(Clamp)	① 공작물을 공작기계의 테이블 위에 고정하는 장치 ② 손으로 다듬을 때에 작은 물건을 고정하는 데 쓰는 바이스
잭(Jack)	기어, 나사, 유압 등을 이용해서 무거운 것을 수직으로 들어올리는 기구
바이스(Vice)	공작물을 절단하거나 구멍을 뚫을 때 공작물을 끼워 고정하는 공구

02 표면처리

표면처리법	해설
알루마이트 처리	알루미늄합금(ALDC)의 표면처리법
파커라이징 처리	강의 표면에 인산염의 피막을 형성시켜 부식을 방지하는 표면처리법

03 도면에 사용된 부품명 해설

부품명(품명)	해설
가이드(안내, Guide)	절삭공구 또는 기타 장치의 위치를 올바르게 안내하는 부속품
가이드부시(Guide bush)	본체와 축 사이에 끼워져 안내 역할을 하는 부시, 드릴지그에서 삽입부시를 안내하는 부시
가이드블록(Guide block)	안내 역할을 하는 사각형 블록
가이드볼트(Guide bolt)	안내 역할을 하는 볼트

부품명(품명)	해설
가이드축(Guide shaft)	안내 역할을 하는 축
가이드핀(Guide pin)	안내 역할을 하는 핀
기어축(Gear shaft)	기어가 가공된 축
고정축(Fixed shaft)	부품 또는 제품을 고정하는 축
고정부시(Fixed bush)	드릴지그에서 본체에 압입하여 드릴을 안내하는 부시
고정라이너(Fixed liner)	드릴지그에서 본체와 삽입부시 사이에 끼워놓은 얇은 끼움쇠
고정대	제품 또는 부품을 고정하는 부분 또는 부품
고정조(오)(Fixed jaw)	바이스 또는 슬라이더에서 제품을 고정하기 위해 움직이지 않고 고정되어 있는 조
게이지축(Gauge shaft)	부품의 위치와 모양을 정확하게 결정하기 위해 설치하는 축
게이지판(Gauge sheet)	부품의 모양이나 치수 측정용으로 사용하기 위해 설치한 정밀한 강판
게이지핀(Gauge pin)	부품의 위치를 정확하게 결정하기 위해 설치하는 핀
드릴부시(Drill bush)	드릴, 리머 등을 공작물에 정확히 안내하기 위해 이용되는 부시
레버(Lever)	지지점을 중심으로 회전하는 힘의 모멘트를 이용하여 부품을 움직이는 데 사용되는 막대
라이너(끼움쇠, Liner)	두 개의 부품 관계를 일정하게 유지하기 위해 끼워놓은 얇은 끼움쇠 베어링 커버와 본체 사이에 끼우는 베어링라이너, 실린더 본체와 피스톤 사이에 끼우는 실린더 라이너 등이 있다.
리드스크류(Lead screw)	나사 붙임축
링크(Link)	운동(회전, 직선)하는 두 개의 구조품을 연결하는 기계부품
롤러(Roller)	원형단면의 전동체로 물체를 지지하거나 운반하는 데 사용한다.
본체(몸체)	구조물의 몸이 되는 부분(부품)
베어링커버(Cover)	내부 부품을 보호하는 덮개
베어링하우징(Bearing housing)	기계부품 및 베어링을 둘러싸고 있는 상자형 프레임
베어링부시(Bearing bush)	원통형의 간단한 베어링 메탈
베이스(Base)	치공구에서 부품을 조립하기 위해 기반이 되는 기본 틀
부시(Bush)	회전운동을 하는 축과 본체 또는 축과 베어링 사이에 끼워넣는 얇은 원통
부시홀더(Bush holder)	드릴지그에서 부시를 지지하는 부품
브래킷(브라켓, Bracket)	벽이나 기둥 등에 돌출하여 축 등을 받칠 목적으로 쓰이는 부품
V-블록(V-block)	금긋기에서 둥근 재료를 지지하여 그 중심을 구할 때 사용하는 V자형 블록
서포터(Support)	지지대, 버팀대
서포터부시(Support bush)	지지 목적으로 사용되는 부시
삽입부시(Spigot bush)	드릴지그에 부착되어 있는 가이드부시(고정라이너)에 삽입하여 드릴을 지지하는 데 사용하는 부시
실린더(Cylinder)	유체를 밀폐한 속이 빈 원통 모양의 용기. 증기기관, 내연기관, 공기 압축기관, 펌프 등 왕복 기관의 주요부품

부품명(품명)	해설
실린더 헤드(Cylinder head)	실린더의 윗부분에 씌우는 덮개. 압축가스가 새는 것을 막기 위하여 실린더 블록과의 사이에 개스킷(gasket) 또는 오링(O-ring)을 끼워 볼트로 고정한다.
슬라이드, 슬라이더(Slide, Slider)	홈, 평면, 원통, 봉 등의 구조품 표면을 따라 끊임없이 접촉 운동하는 부품
슬리브(Sleeve)	축 등의 외부에 끼워 사용하는 길쭉한 원통 부품. 축이음 목적으로 사용되기도 한다.
새들(Saddle)	① 선반에서 테이블, 절삭 공구대, 이송 장치, 베드 등의 사이에 위치하면서 안내면을 따라서 이동하는 역할을 하는 부분 또는 부품 ② 치공구에서 가공품이 안내면을 따라 이동하는 역할을 하는 부분 또는 부품
섹터기어(Sector gear)	톱니바퀴 원주의 일부를 사용한 부채꼴 모양의 기어. 간헐 기구(間敬機構) 등에 이용된다.
센터(Center)	주로 선반에서 공작물 지지용으로 상용되는 끝이 원뿔형인 강편
이음쇠	부품을 서로 연결하거나 접속할 때 이용되는 부속품
이동조(오)	바이스 또는 슬라이더에서 제품을 고정하기 위해 움직이는 조
어댑터(Adapter)	어떤 장치나 부품을 다른 것에 연결시키기 위해 사용되는 중계 부품
조(오)(Jaw)	물건(제품) 등을 끼워서 집는 부분
조정축	기계장치나 치공구에서 사용되는 조정용 축
조정너트	기계장치나 치공구에서 사용되는 조정용 너트
조임너트	기계장치나 치공구에서 사용되는 조임과 풀림을 반복하는 너트
중공축	속이 빈 봉이나 관으로 만들어진 축. 안에 다른 축을 설치할 수 있다.
커버(Cover)	덮개, 씌우개
칼라(Collar)	간격 유지 목적으로 주로 축이나 관 등에 끼워지는 원통모양의 고리
콜릿(Collet)	드릴이나 엔드밀을 끼워넣고 고정시키는 공구
크랭크판(Crank board)	회전운동을 왕복운동으로 바꾸는 기능을 하는 판
캠(Cam)	회전운동을 다른 형태의 왕복운동이나 요동운동으로 변환하기 위해 평면 또는 입체적으로 모양을 내거나 홈을 파낸 기계부품
편심축(Eccentric shaft)	회전운동을 수직운동으로 변환하는 기능을 가지는 축
피니언(Pinion)	① 맞물리는 크고 작은 두 개의 기어 중에서 작은 쪽 기어 ② 래크(rack)와 맞물리는 기어
피스톤(Piston)	실린더 내에서 기밀을 유지하면서 왕복운동을 하는 원통
피스톤로드(Piston rod)	피스톤에 고정되어 피스톤의 운동을 실린더 밖으로 전달하는 작용을 하는 축 또는 봉
핑거(Finger)	에어척에서 부품을 직접 쥐는 손가락 모양의 부품
펀치(Punch)	판금에 구멍을 뚫기 위해 공구강으로 만든 막대모양의 공구
펀칭다이(Punching die)	펀치로 구멍을 뚫을 때 사용되는 안내 틀
플랜지(Flange)	축 이음이나 관 이음 목적으로 사용되는 부품
하우징(Housing)	기계부품을 둘러싸고 있는 상자형 프레임
홀더(지지대, Holder)	절삭공구류, 게이지류, 기타 부속품 등을 지지하는 부분 또는 부품

MEMO

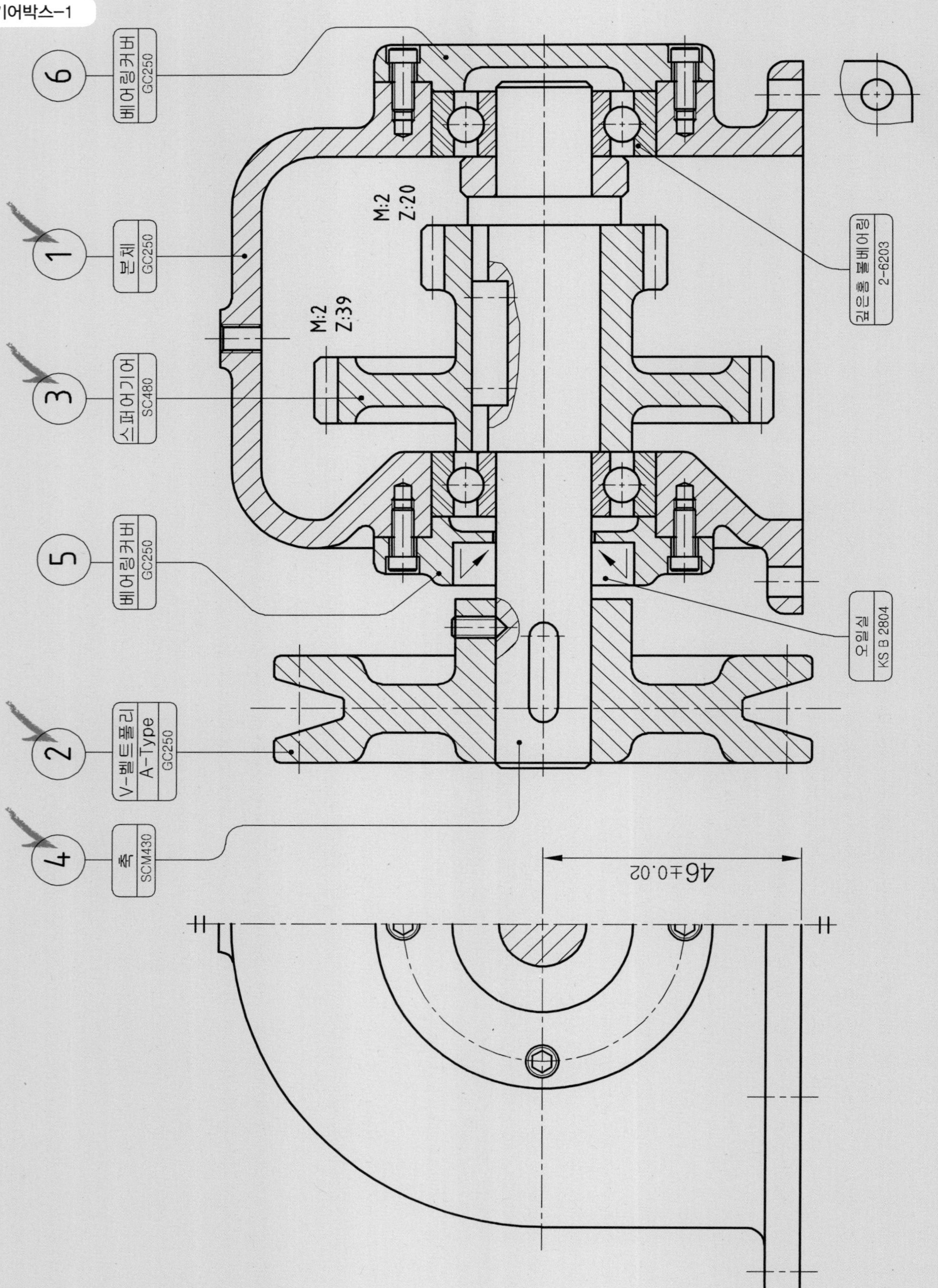

6 베어링커버 GC250

1 본체 GC250

3 스퍼어기어 SC480

5 베어링커버 GC250

2 V-벨트풀리 A-Type GC250

4 축 SCM430

깊은홈 볼베어링 2-6203

오일실 KS B 2804

M:2
Z:20

M:2
Z:39

46±0.02

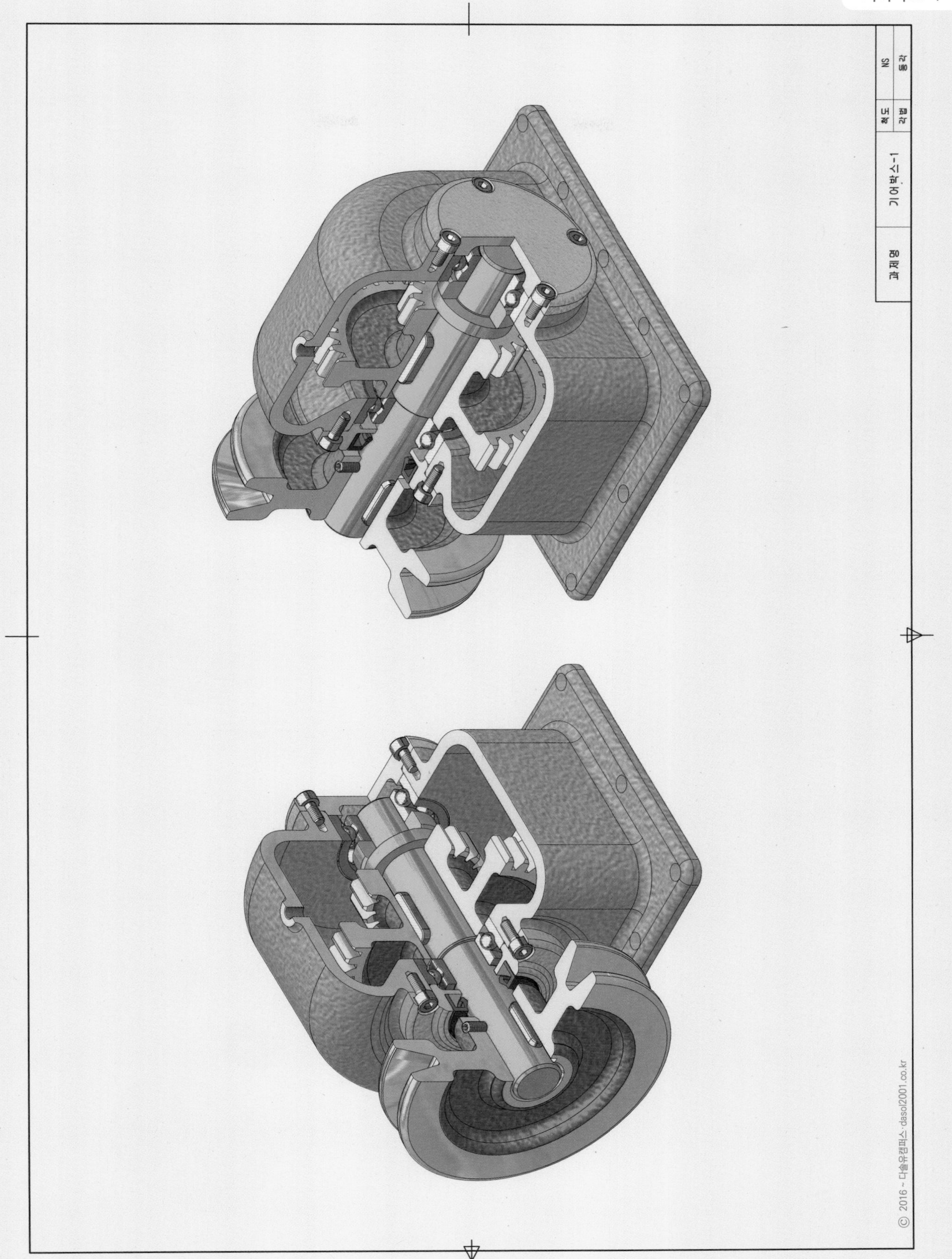
과제명
기어박스-1
척도
NS
각법
등각

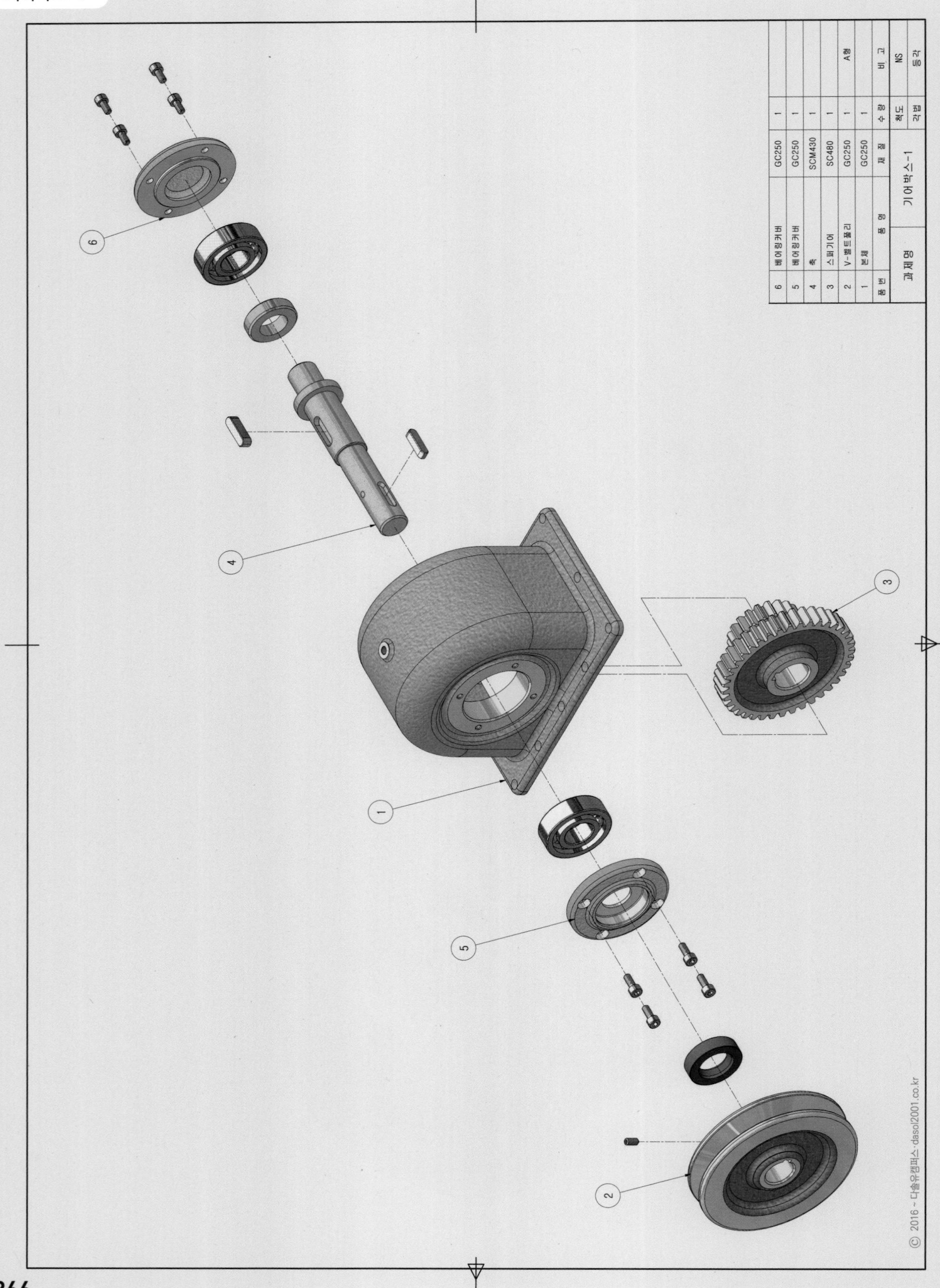

품번	품명	재질	수량	비고
6	베어링커버	GC250	1	
5	베어링커버	GC250	1	
4	축	SCM430	1	
3	스퍼기어	SC480	1	
2	V-벨트풀리	GC250	1	A형
1	본체	GC250	1	
과제명	기어박스-1		척도	NS
			각법	등각

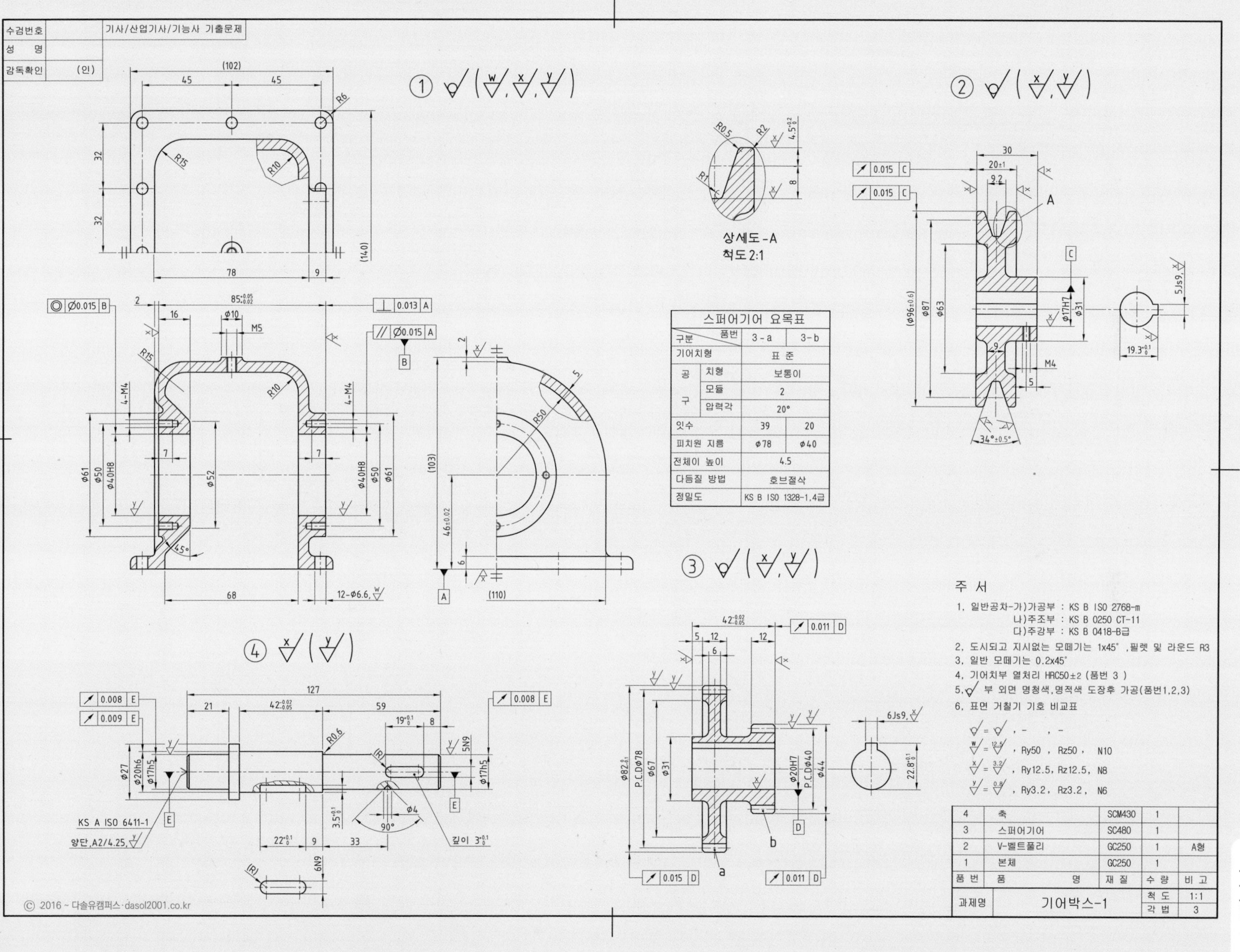
수검번호
성 명
감독확인 (인)
기사/산업기사/기능사 기출문제
① (w, x, y)
② (x, y)
③ (x, y)
④ (y)
상세도-A
척도 2:1
스퍼어기어 요목표
구분 / 품번 | 3-a | 3-b
기어치형 | 표 준
공구 치형 | 보통이
모듈 | 2
압력각 | 20°
잇수 | 39 | 20
피치원 지름 | φ78 | φ40
전체이 높이 | 4.5
다듬질 방법 | 호브절삭
정밀도 | KS B ISO 1328-1, 4급
주 서
1. 일반공차-가)가공부 : KS B ISO 2768-m
나)주조부 : KS B 0250 CT-11
다)주강부 : KS B 0418-B급
2. 도시되고 지시없는 모떼기는 1x45°, 필렛 및 라운드 R3
3. 일반 모떼기는 0.2x45°
4. 기어치부 열처리 HRC50±2 (품번 3)
5. 부 외면 명청색, 명적색 도장후 가공(품번1,2,3)
6. 표면 거칠기 기호 비교표
, Ry50 , Rz50 , N10
, Ry12.5, Rz12.5, N8
, Ry3.2, Rz3.2, N6
4 | 축 | SCM430 | 1
3 | 스퍼어기어 | SC480 | 1
2 | V-벨트풀리 | GC250 | 1 | A형
1 | 본체 | GC250 | 1
품번 | 품 명 | 재 질 | 수 량 | 비 고
과제명 | 기어박스-1 | 척 도 1:1 | 각 법 3
KS A ISO 6411-1
양단, A2/4.25
깊이 3
ⓒ 2016 ~ 다솔유캠퍼스 · dasol2001.co.kr

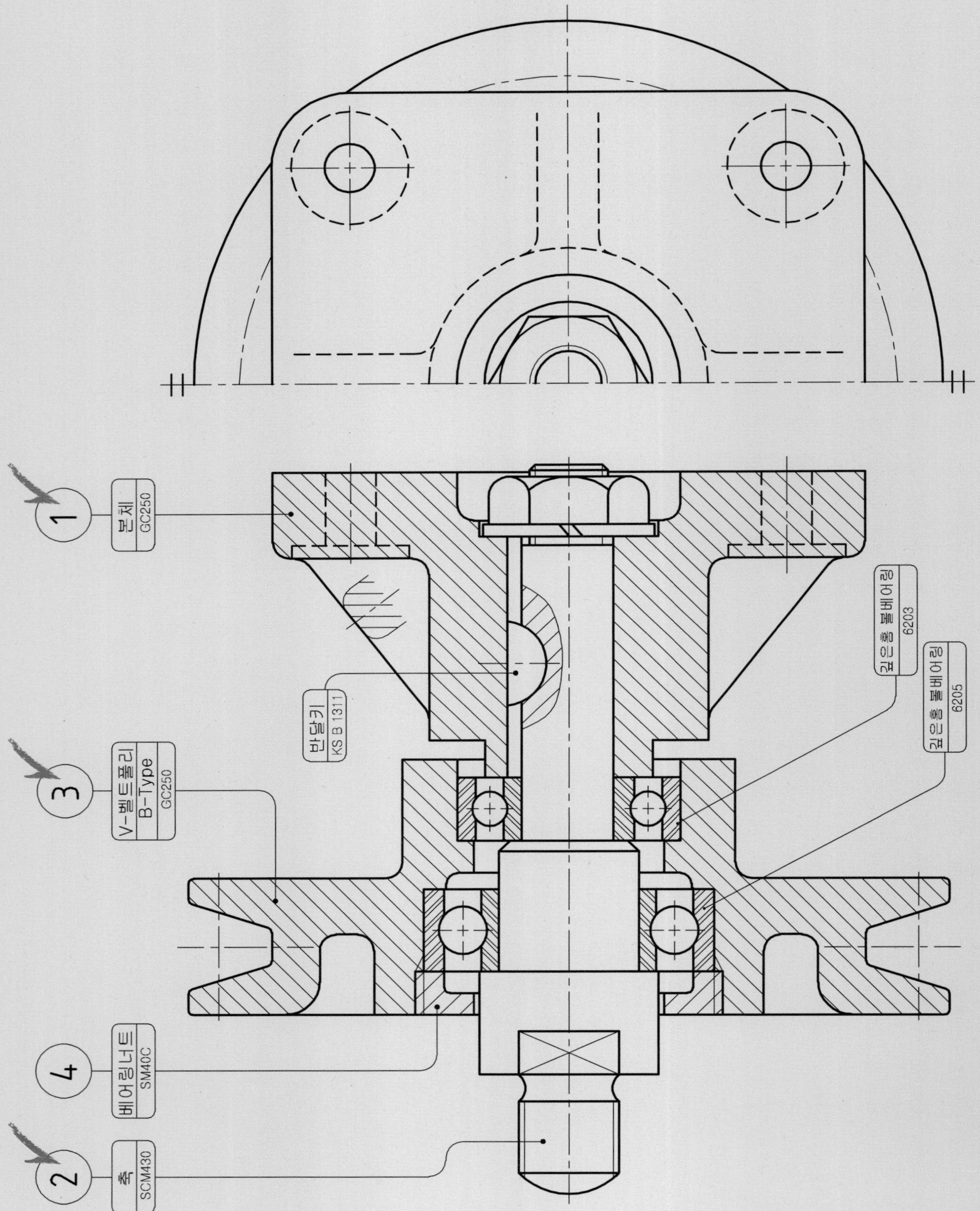
1
본체
GC250
3
V-벨트풀리
B-Type
GC250
4
베어링너트
SM40C
2
축
SCM430
반달키
KS B 1311
깊은홈 볼베어링
6203
깊은홈 볼베어링
6205

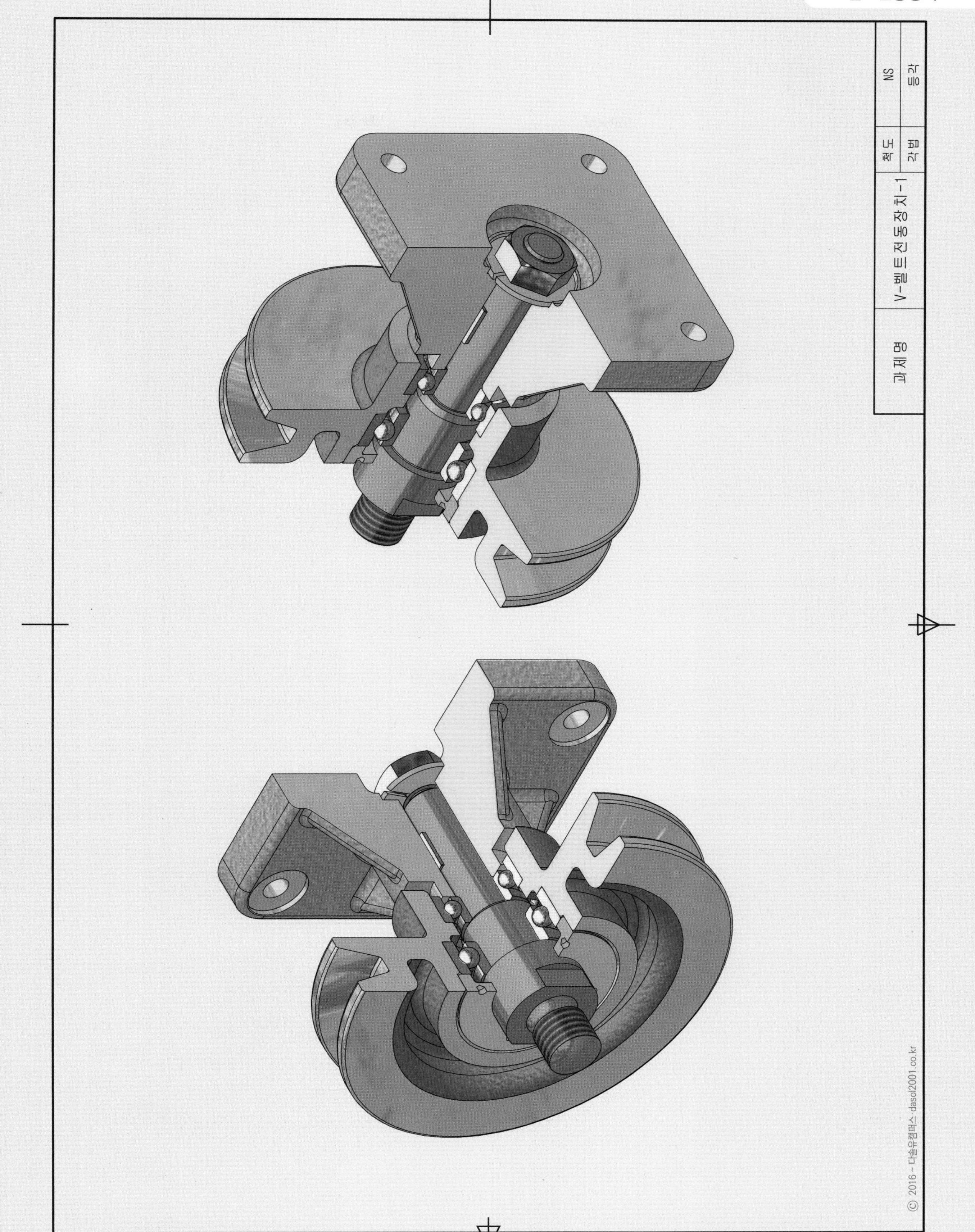
과제명
V-벨트전동장치-1
척도
NS
각법
등각
© 2016 ~ 다솔유캠퍼스 : dasol2001.co.kr

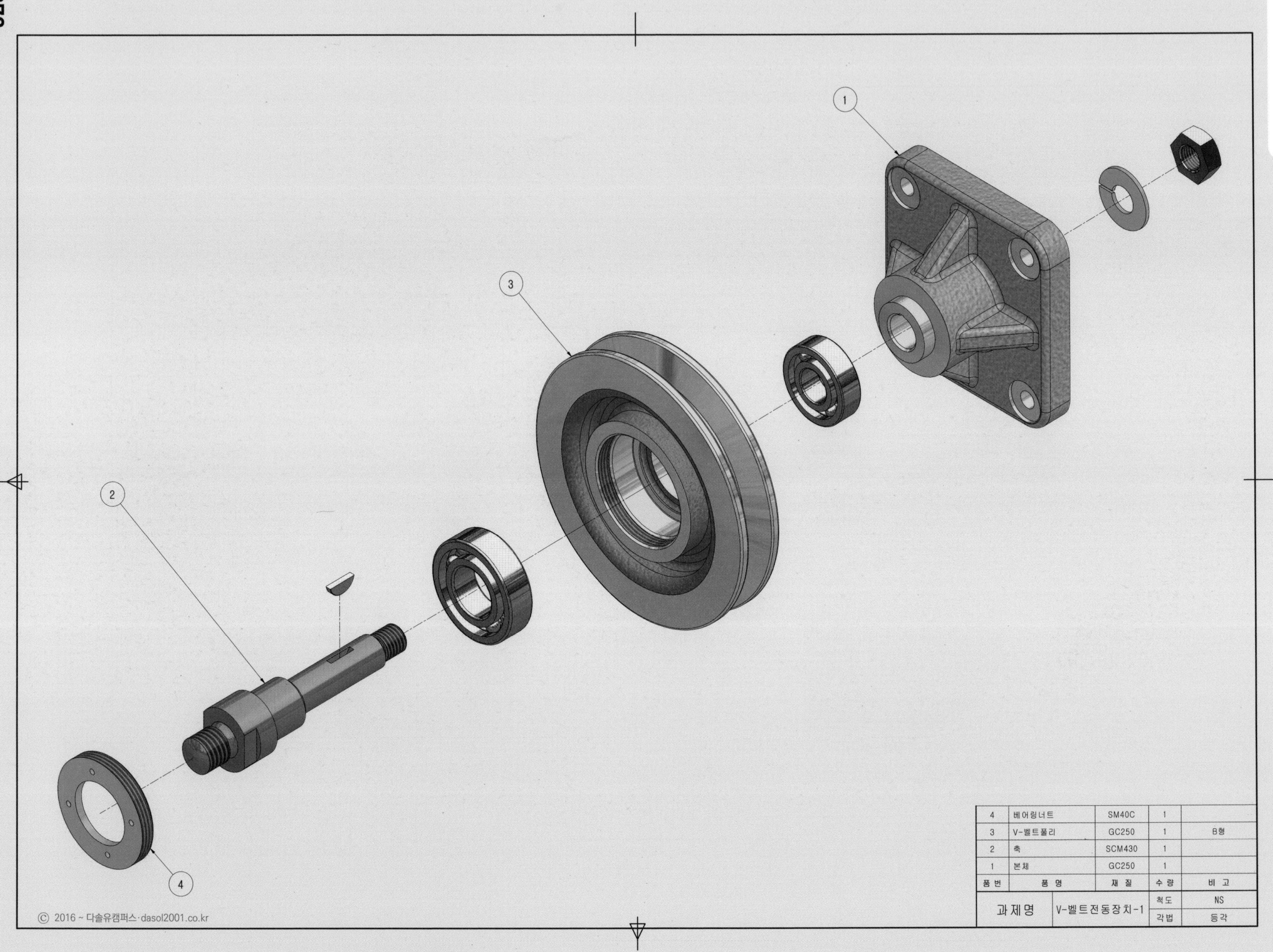

품번	품명	재질	수량	비고
4	베어링너트	SM40C	1	
3	V-벨트풀리	GC250	1	B형
2	축	SCM430	1	
1	본체	GC250	1	
과제명	V-벨트전동장치-1		척도	NS
			각법	등각

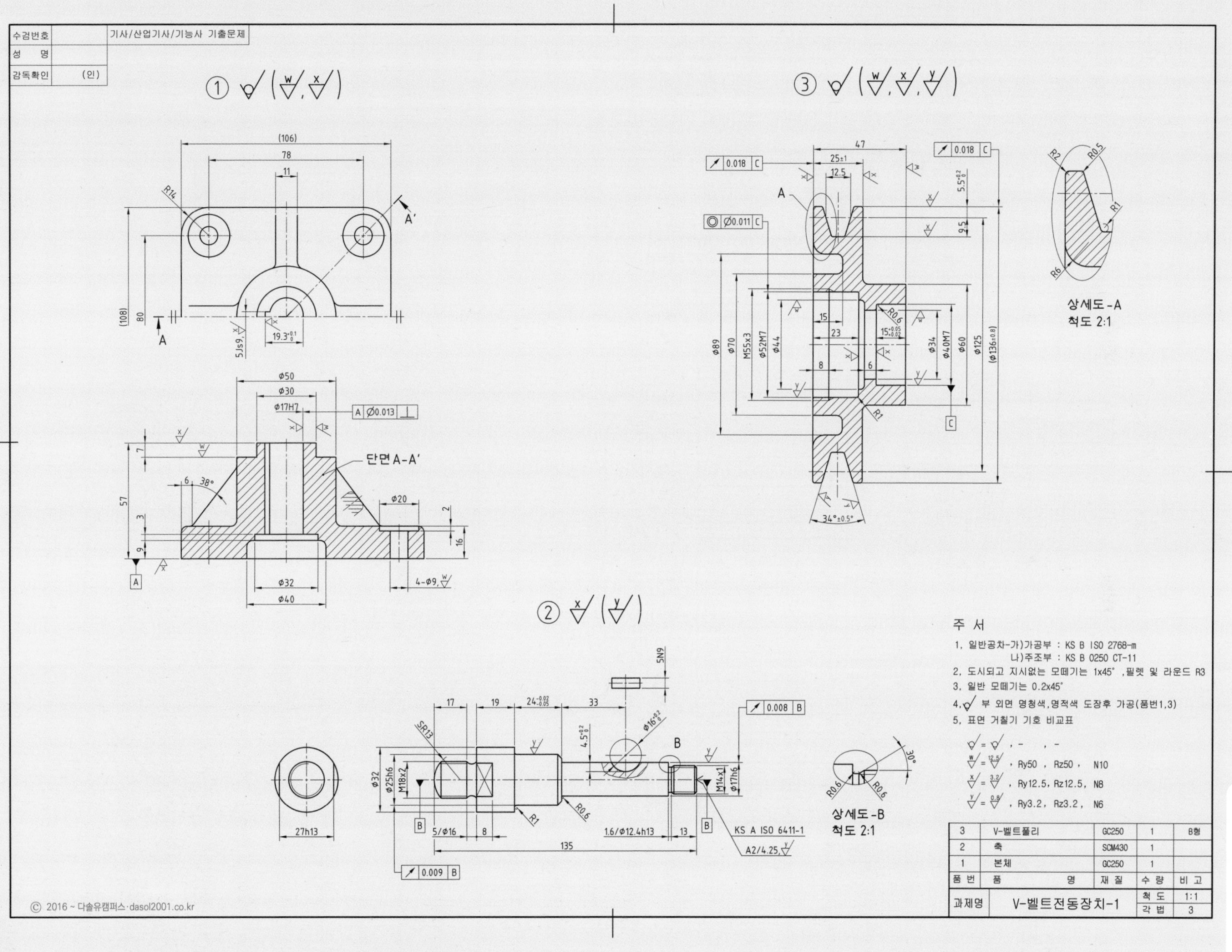

수검번호
성 명
감독확인 (인)
기사/산업기사/기능사 기출문제
단면 A-A'
상세도-A
척도 2:1
상세도-B
척도 2:1
주 서
1. 일반공차-가)가공부 : KS B ISO 2768-m
나)주조부 : KS B 0250 CT-11
2. 도시되고 지시없는 모떼기는 1x45°, 필렛 및 라운드 R3
3. 일반 모떼기는 0.2x45°
4. 부 외면 명청색, 명적색 도장후 가공(품번1,3)
5. 표면 거칠기 기호 비교표
, Ry50 , Rz50 , N10
, Ry12.5, Rz12.5, N8
, Ry3.2 , Rz3.2 , N6
KS A ISO 6411-1
A2/4.25
3 V-벨트풀리 GC250 1 B형
2 축 SCM430 1
1 본체 GC250 1
품번 품 명 재 질 수 량 비 고
과제명 V-벨트전동장치-1
척 도 1:1
각 법 3

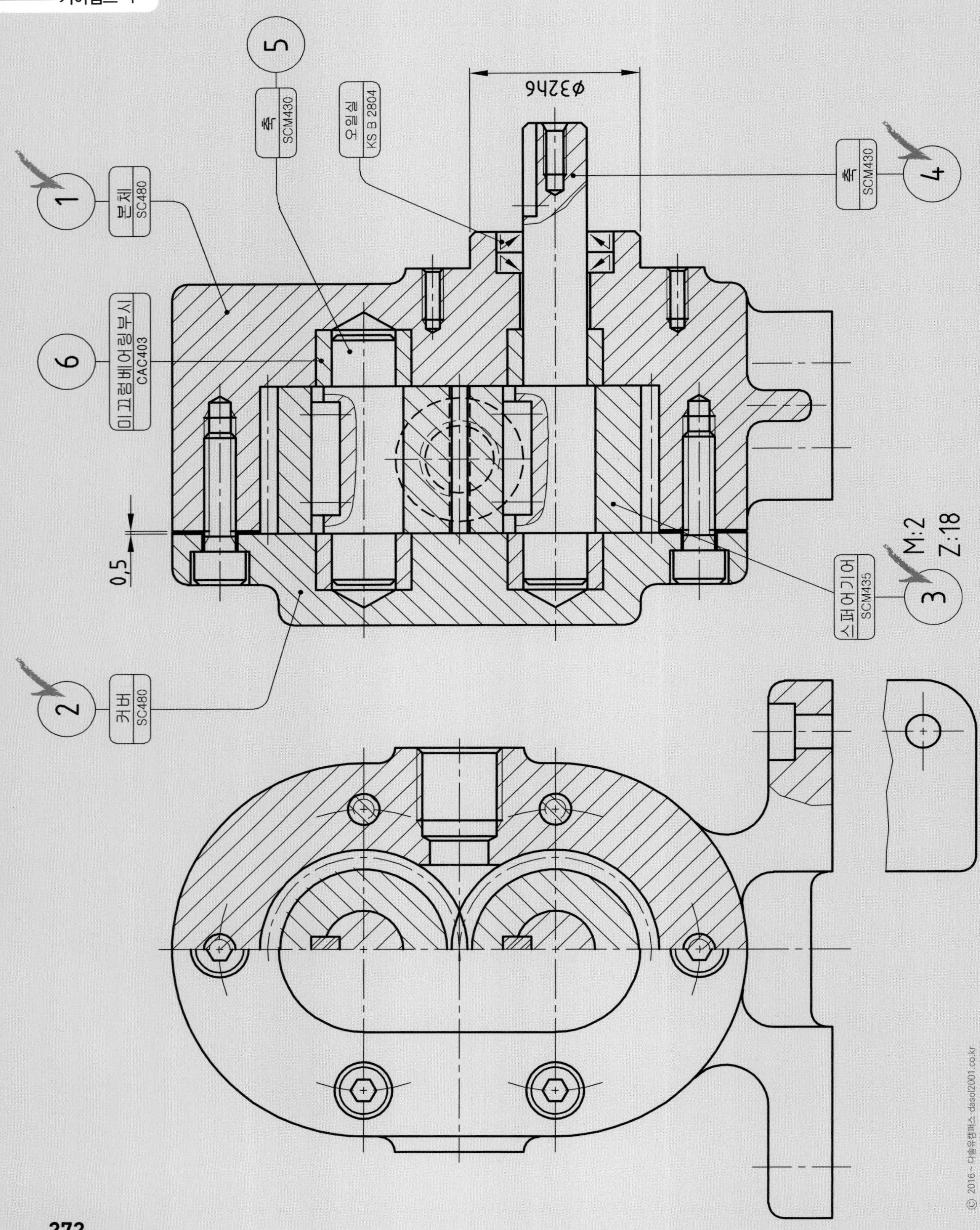

1
본체
SC480
2
커버
SC480
3
스퍼어기어
SCM435
M:2
Z:18
4
축
SCM430
5
축
SCM430
6
미끄럼베어링부시
CAC403
오일실
KS B 2804
φ32h6
0,5

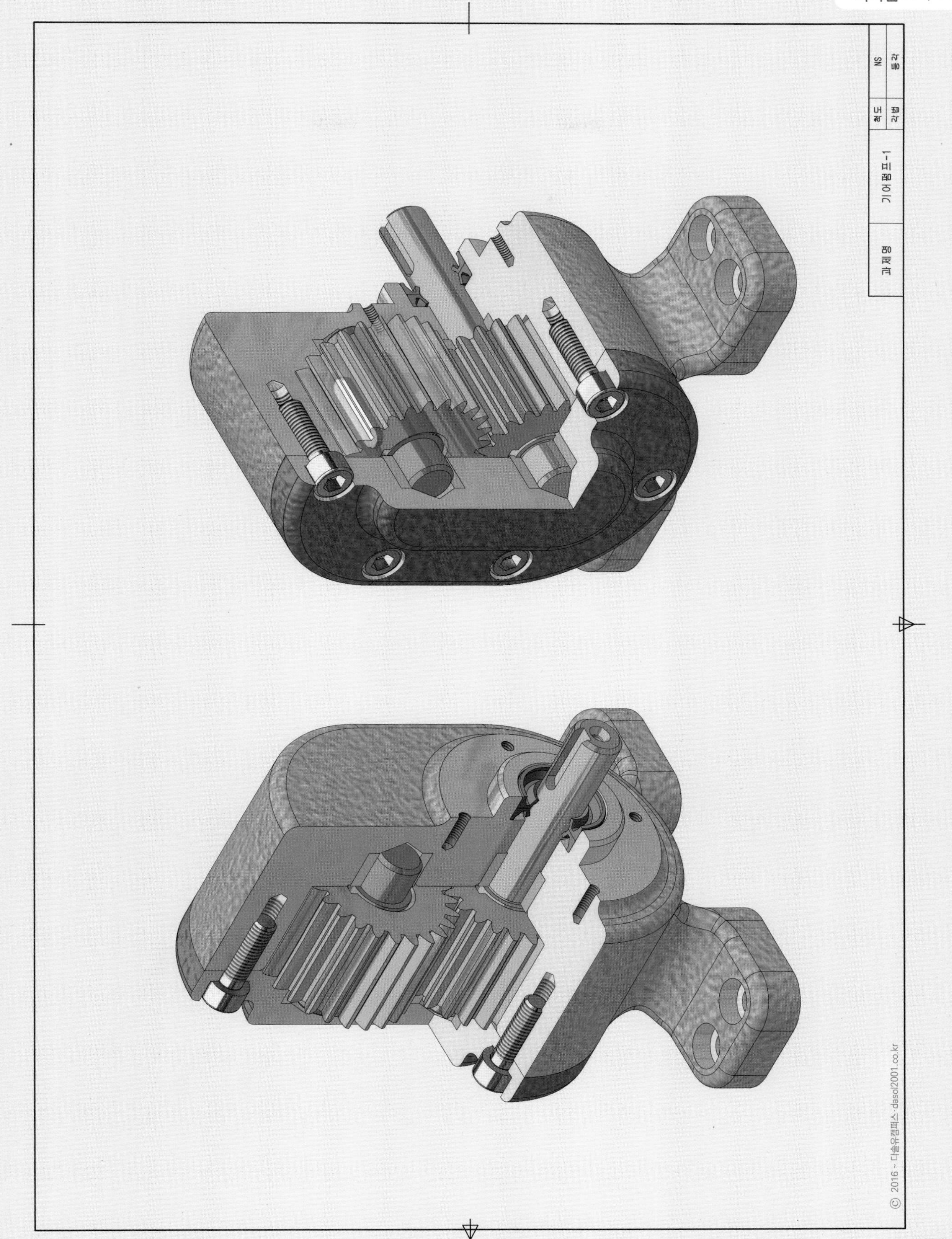
과제명
기어펌프-1
척도
NS
각법
등각
© 2016 ~ 다솔유캠퍼스-dasol2001.co.kr

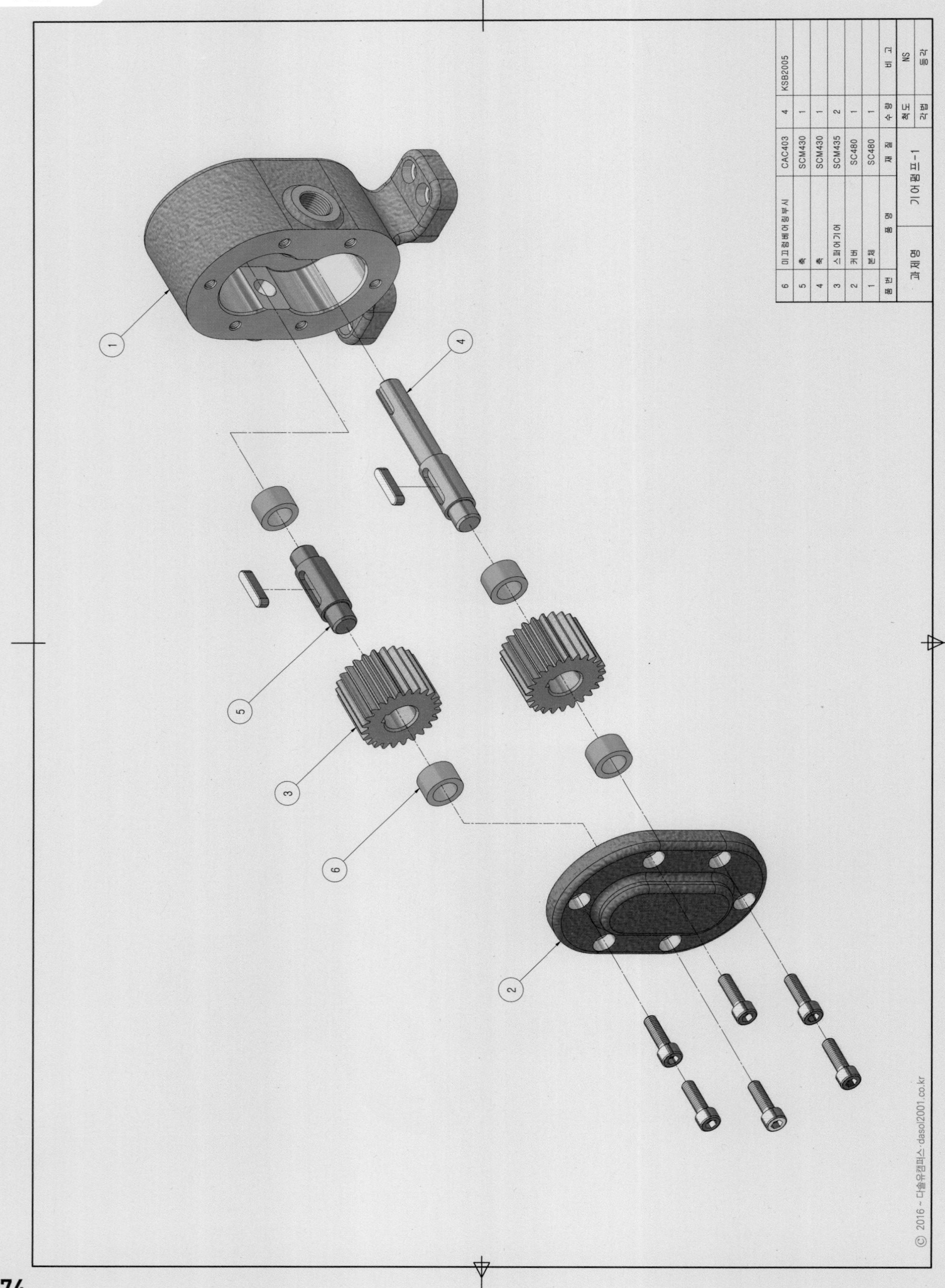
1
4
5
3
6
2
6 미끄럼베어링부시 CAC403 4 KSB2005
5 축 SCM430 1
4 축 SCM430 1
3 스퍼어기어 SCM435 2
2 커버 SC480 1
1 본체 SC480 1
품번 품명 재질 수량 비고
과제명 기어펌프-1 척도 NS
각법 등각
© 2016 ~ 다솔유캠퍼스·dasol2001.co.kr

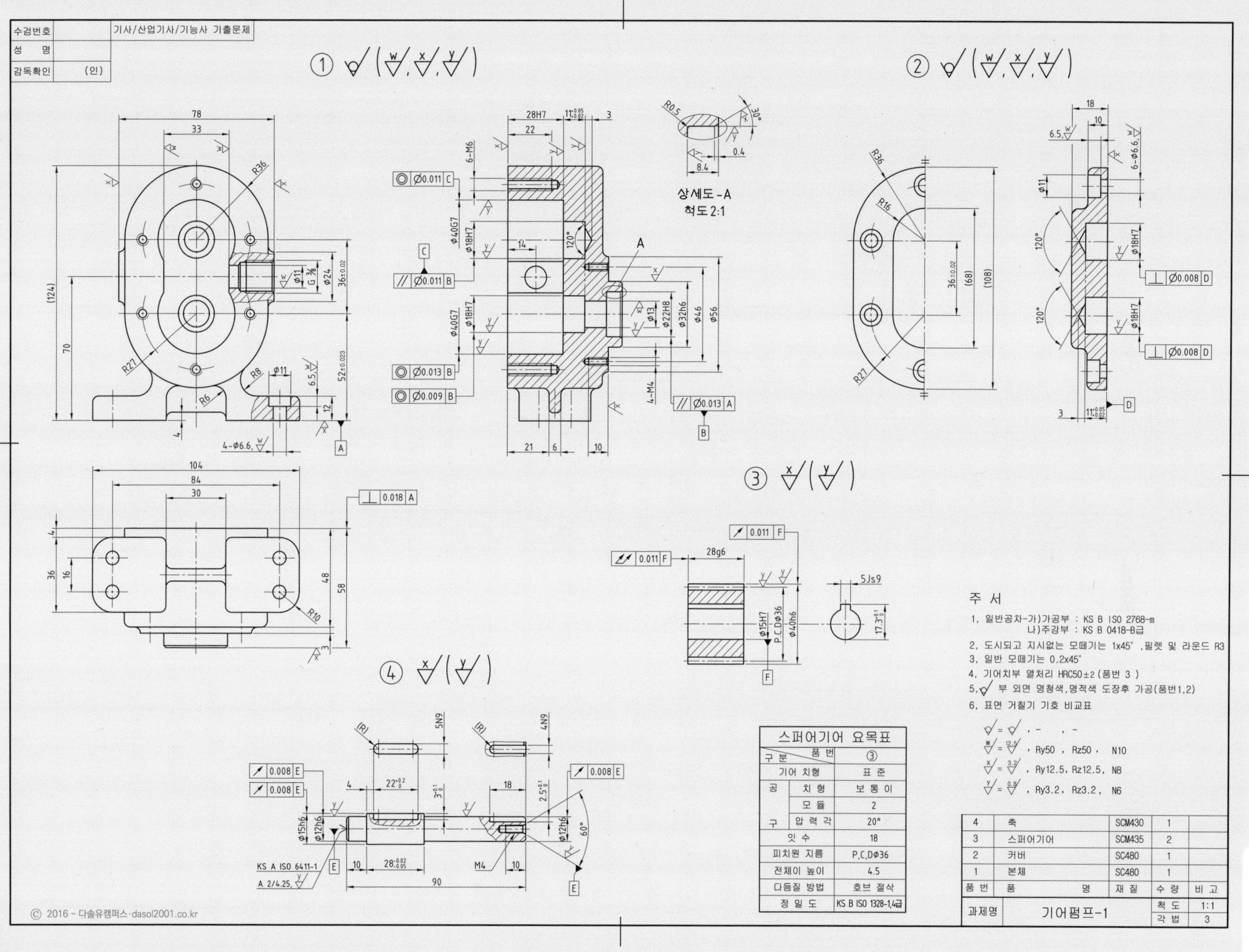
수검번호
성 명
감독확인 (인)
기사/산업기사/기능사 기출문제
상세도-A
척도 2:1
주 서
1, 일반공차-가)가공부 : KS B ISO 2768-m
나)주강부 : KS B 0418-B급
2, 도시되고 지시없는 모떼기는 1x45°, 필렛 및 라운드 R3
3, 일반 모떼기는 0.2x45°
4, 기어치부 열처리 HRC50±2 (품번 3)
5, 부 외면 명청색, 명적색 도장후 가공(품번1,2)
6, 표면 거칠기 기호 비교표
, Ry50 , Rz50 , N10
, Ry12.5, Rz12.5, N8
, Ry3.2, Rz3.2, N6
스퍼어기어 요목표
구분 품번 ③
기어 치형 표준
공구 치형 보통이
모듈 2
압력각 20°
잇수 18
피치원 지름 P.C.Dø36
전체이 높이 4.5
다듬질 방법 호브 절삭
정밀도 KS B ISO 1328-1,4급
4 축 SCM430 1
3 스퍼어기어 SCM435 2
2 커버 SC480 1
1 본체 SC480 1
품번 품명 재질 수량 비고
과제명 기어펌프-1
척도 1:1
각법 3

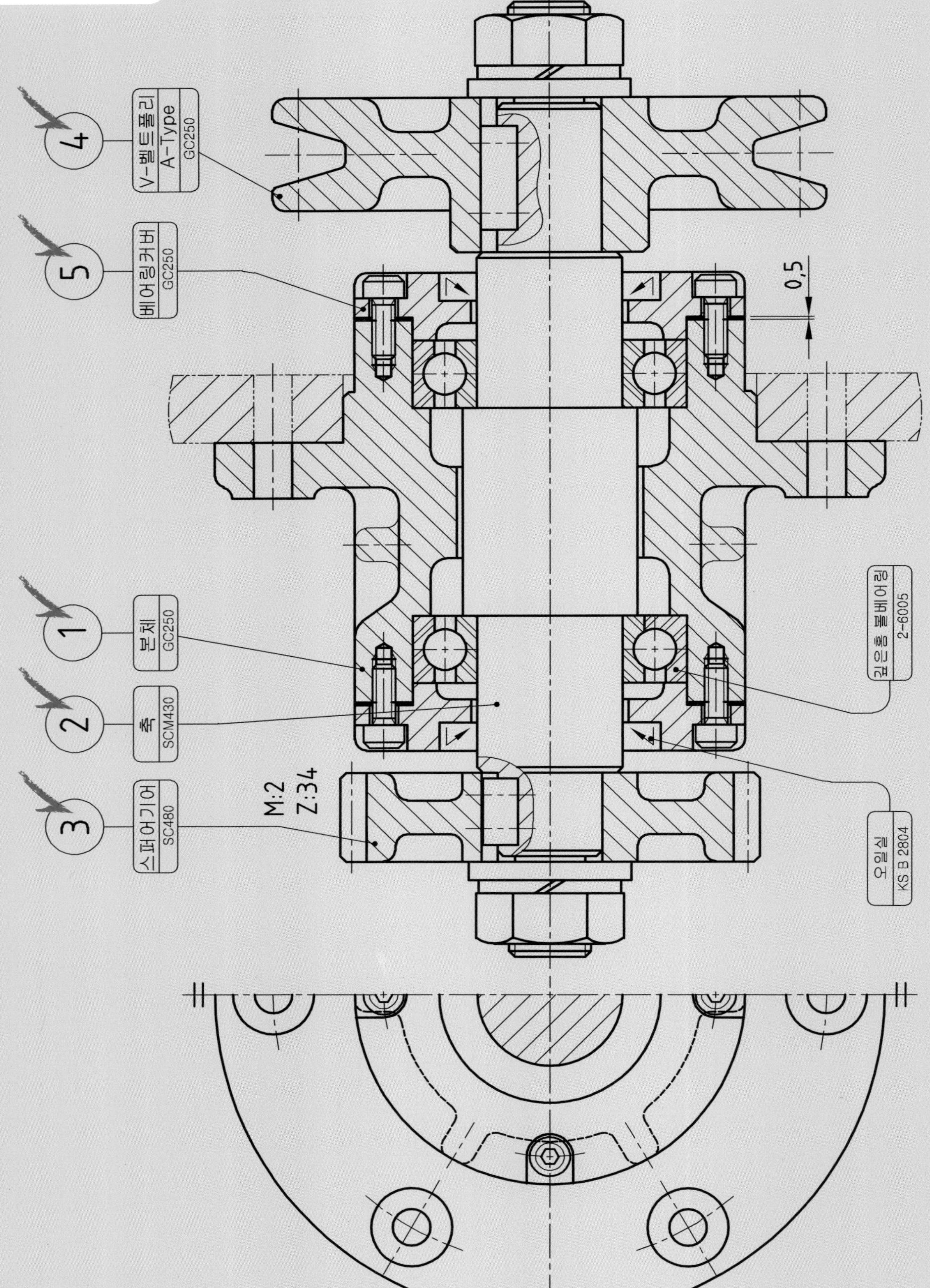

4 V-벨트풀리 A-Type GC250

5 베어링커버 GC250

1 본체 GC250

2 축 SCM430

3 스퍼어기어 SC480

M:2
Z:34

0.5

깊은홈 볼베어링 2-6005

오일실 KS B 2804

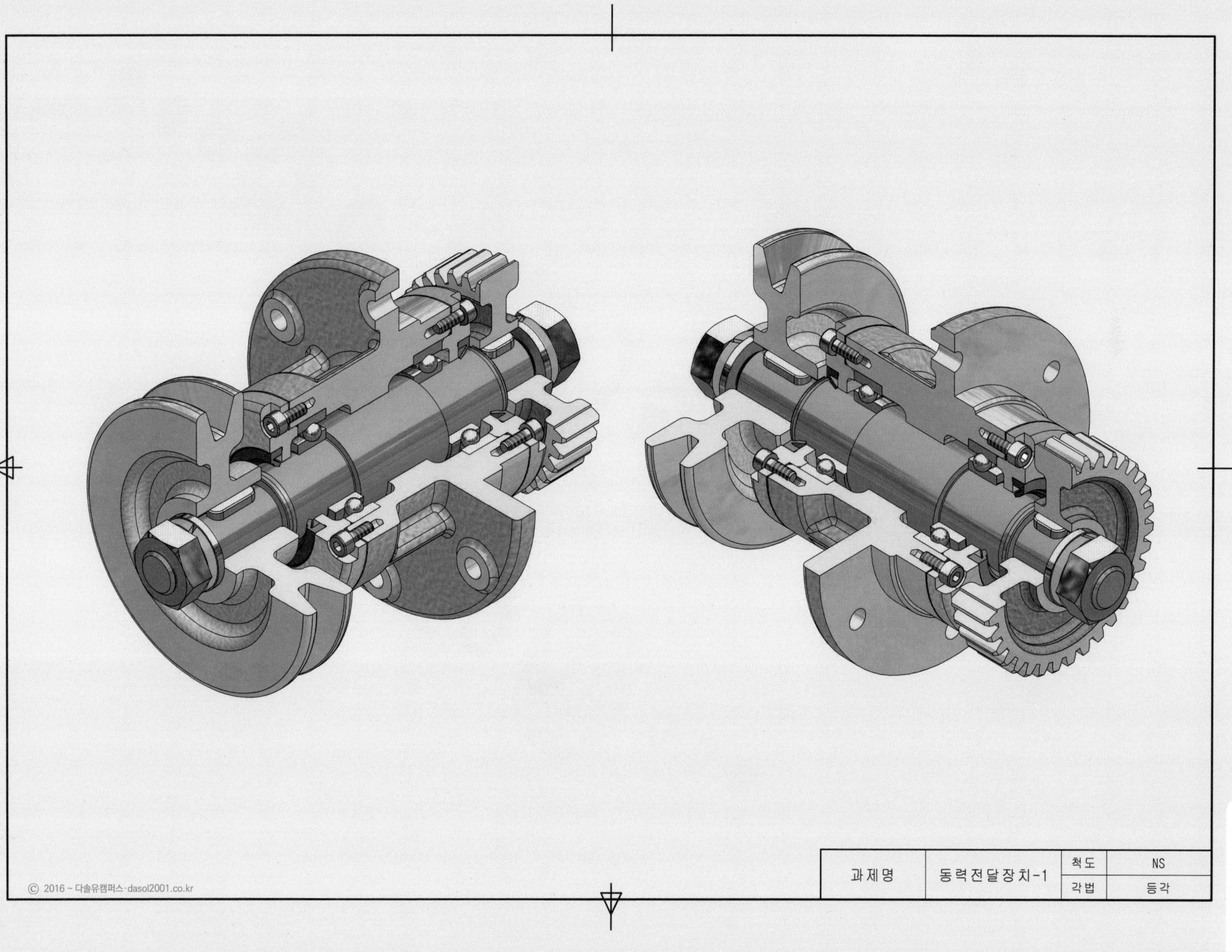
과제명
동력전달장치-1
척도
NS
각법
등각
© 2016 ~ 다솔유캠퍼스 · dasol2001.co.kr

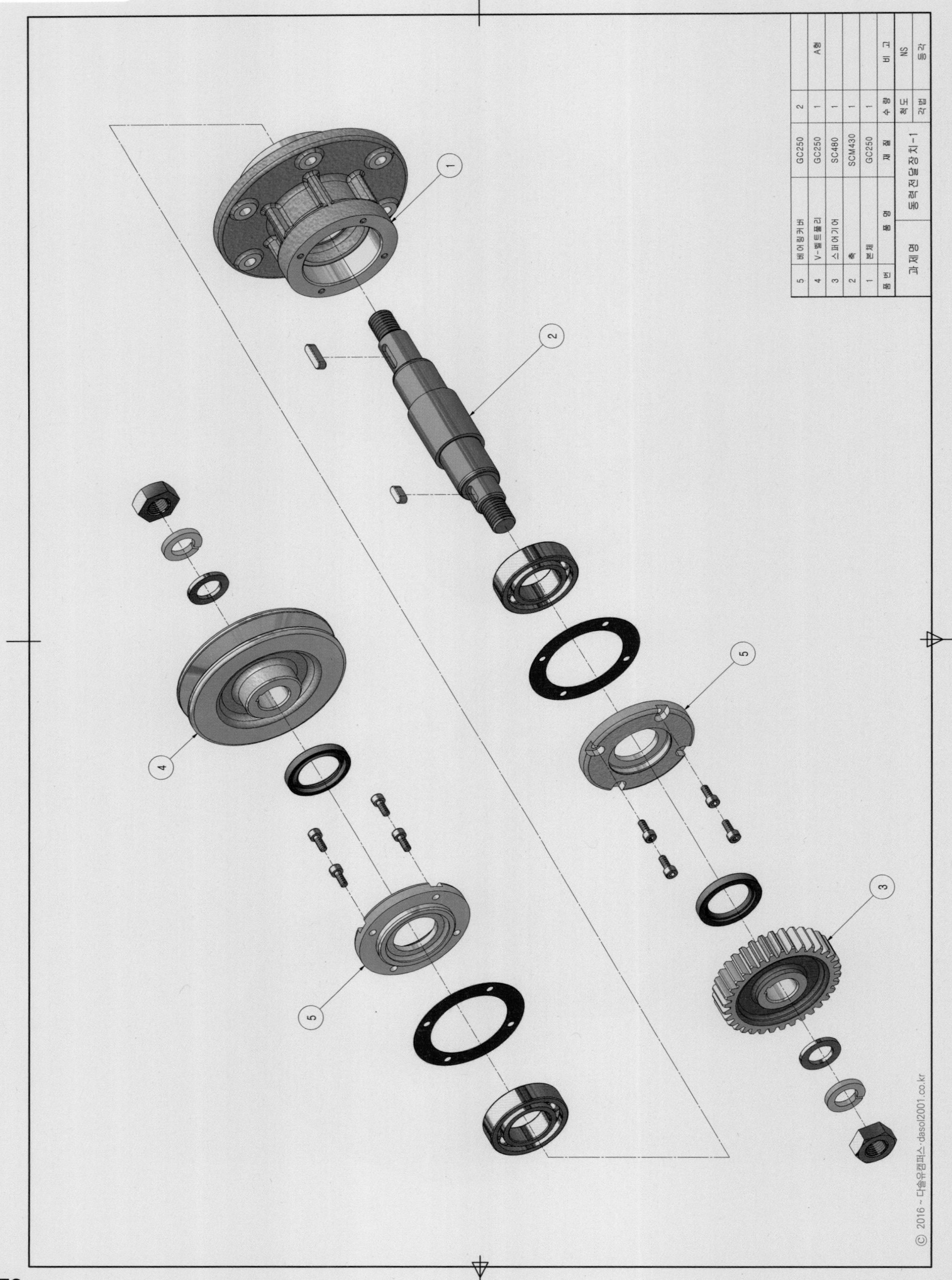

5 베어링커버 GC250 2
4 V-벨트풀리 GC250 1 A형
3 스퍼어기어 SC480 1
2 축 SCM430 1
1 본체 GC250 1
품번 품명 재질 수량 비고
과제명 동력전달장치-1 척도 NS
각법 등각
1
2
3
4
5
5
© 2016 - 다솔유캠퍼스 : dasol2001.co.kr

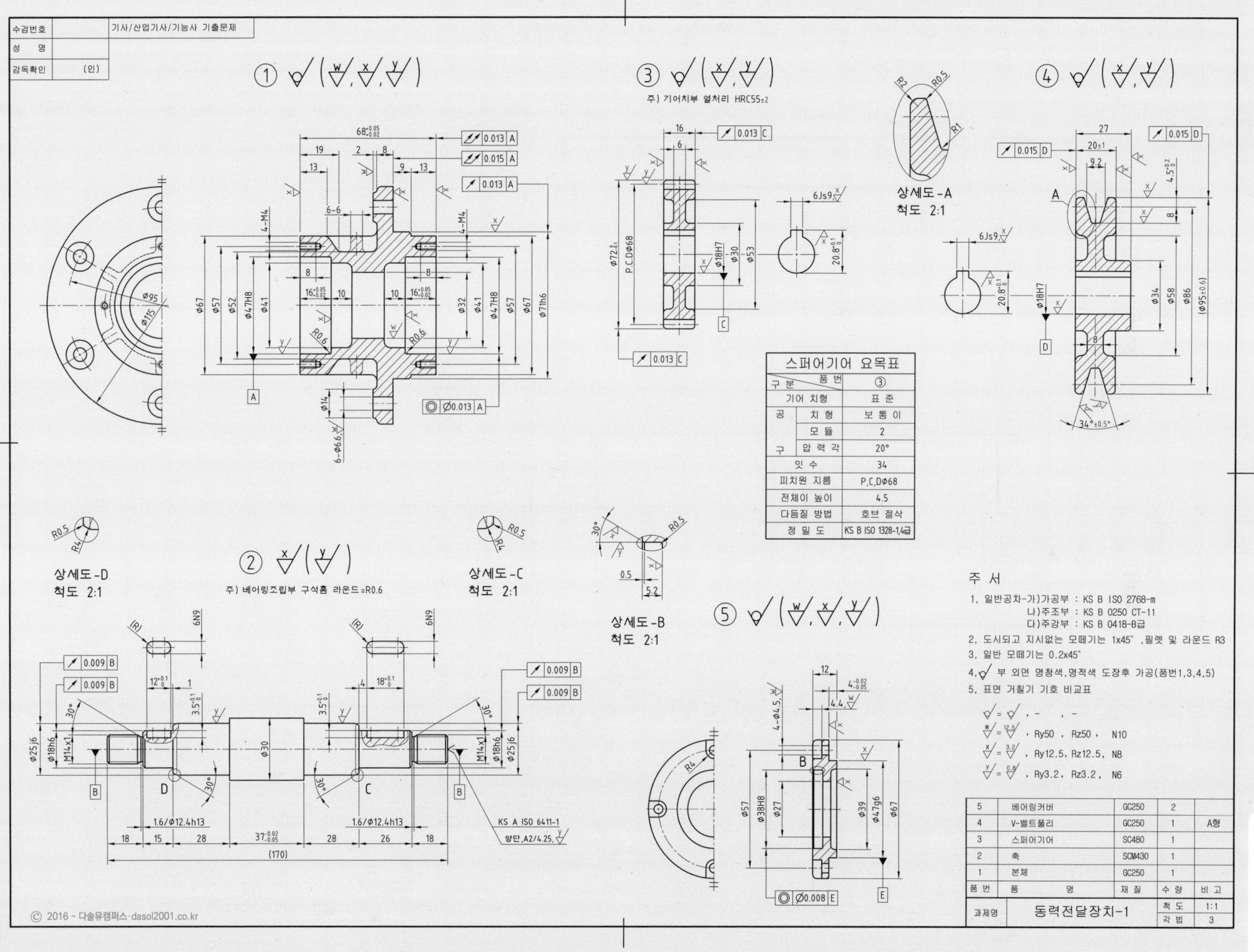
수검번호
성 명
감독확인 (인)
기사/산업기사/기능사 기출문제
주) 기어치부 열처리 HRC55±2
상세도-A
척도 2:1
스퍼기어 요목표
구분 품번 ③
기어 치형 표 준
공구 치 형 보 통 이
모 듈 2
압 력 각 20°
잇 수 34
피치원 지름 P.C.DØ68
전체이 높이 4.5
다듬질 방법 호브 절삭
정 밀 도 KS B ISO 1328-1,4급
상세도-D
척도 2:1
주) 베어링조립부 구석홈 라운드=R0.6
상세도-C
척도 2:1
상세도-B
척도 2:1
KS A ISO 6411-1
양단,A2/4.25
주 서
1. 일반공차-가)가공부 : KS B ISO 2768-m
나)주조부 : KS B 0250 CT-11
다)주강부 : KS B 0418-B급
2. 도시되고 지시없는 모떼기는 1x45°, 필렛 및 라운드 R3
3. 일반 모떼기는 0.2x45°
4. 부 외면 명청색, 명적색 도장후 가공(품번1,3,4,5)
5. 표면 거칠기 기호 비교표
, Ry50, Rz50, N10
, Ry12.5, Rz12.5, N8
, Ry3.2, Rz3.2, N6
5 베어링커버 GC250 2
4 V-벨트풀리 GC250 1 A형
3 스퍼기어 SC480 1
2 축 SCM430 1
1 본체 GC250 1
품번 품명 재질 수량 비고
과제명 동력전달장치-1 척도 1:1 각법 3

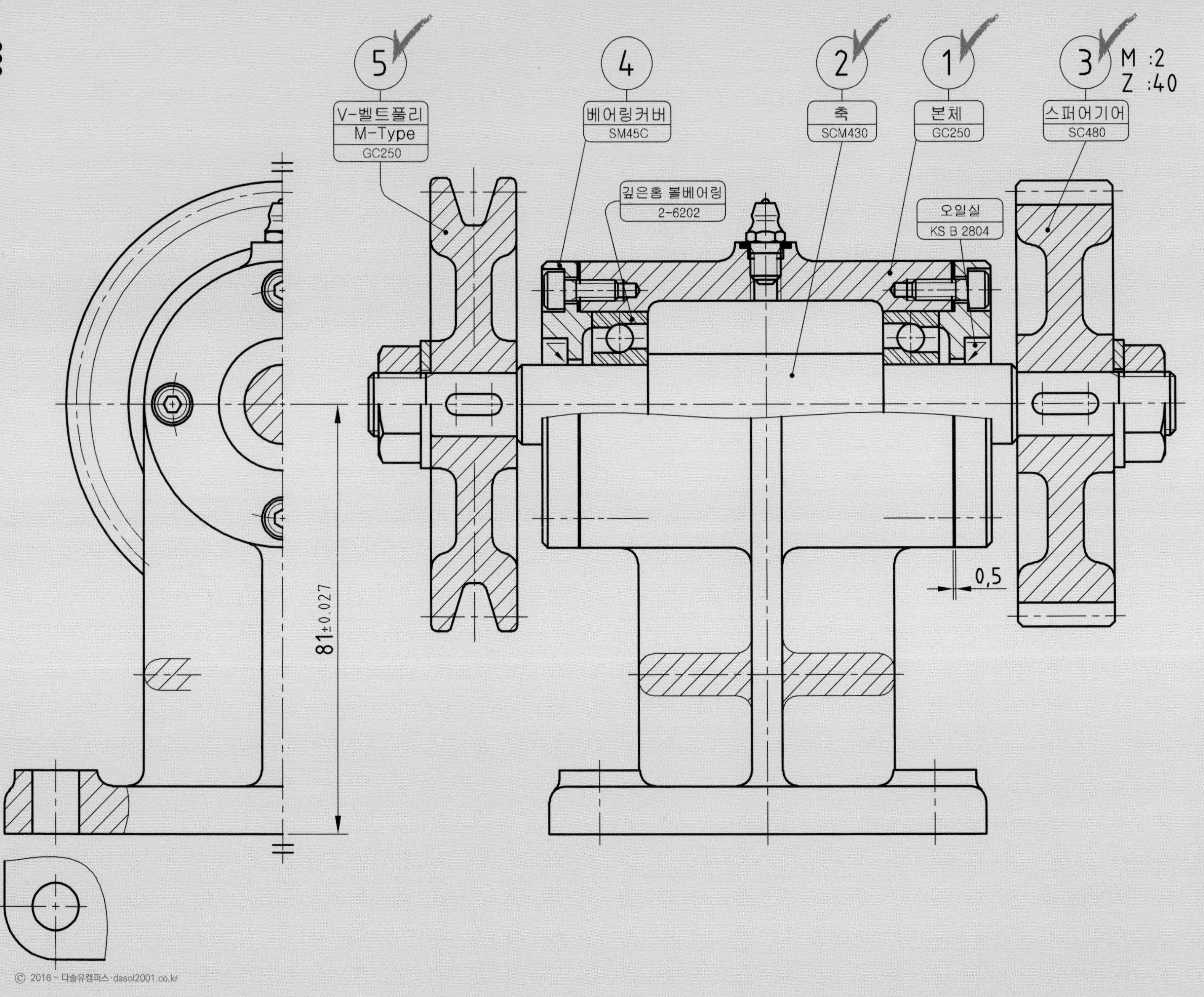
5
V-벨트풀리
M-Type
GC250
4
베어링커버
SM45C
2
축
SCM430
1
본체
GC250
3
스퍼기어
SC480
M :2
Z :40
깊은홈 볼베어링
2-6202
오일실
KS B 2804
0,5
81±0.027

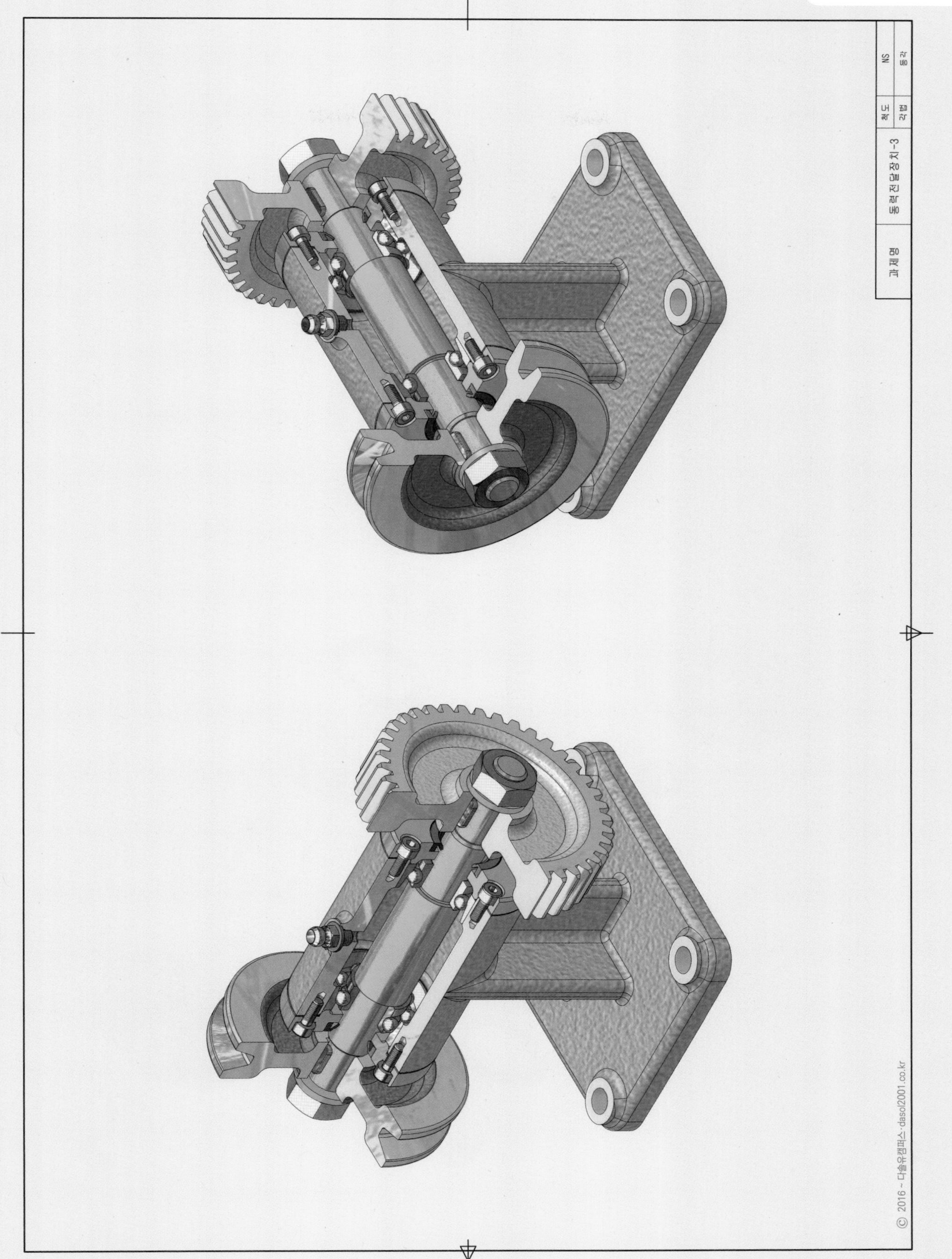
과제명
동력전달장치-3
척도
NS
각법
등각
© 2016 ~ 다솔유캠퍼스 · dasol2001.co.kr

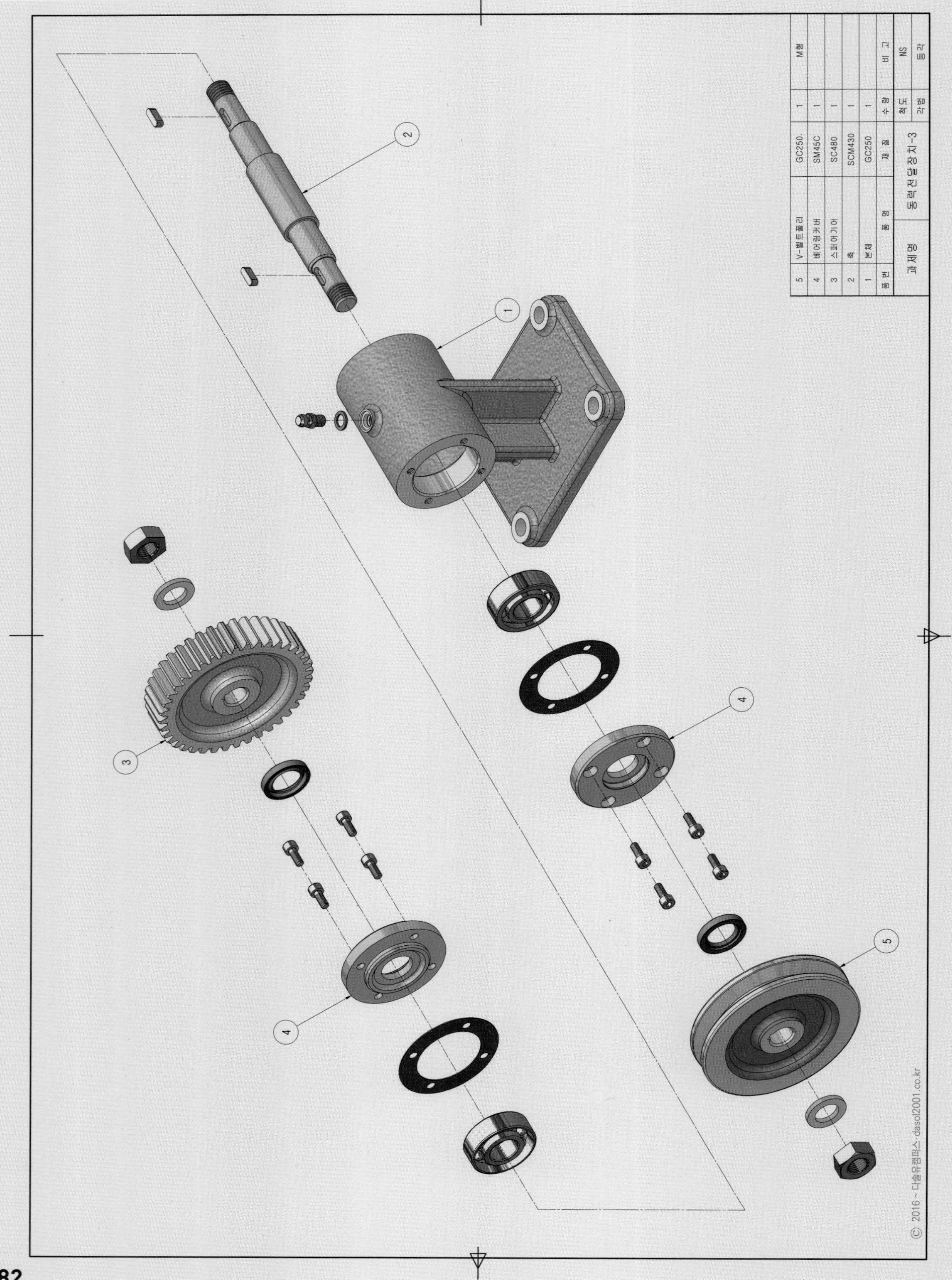

품번	품명	재질	수량	비고
5	V-벨트풀리	GC250.	1	M형
4	베어링커버	SM45C	1	
3	스퍼어기어	SC480	1	
2	축	SCM430	1	
1	본체	GC250	1	

과제명	동력전달장치-3	척도	NS
		각법	등각

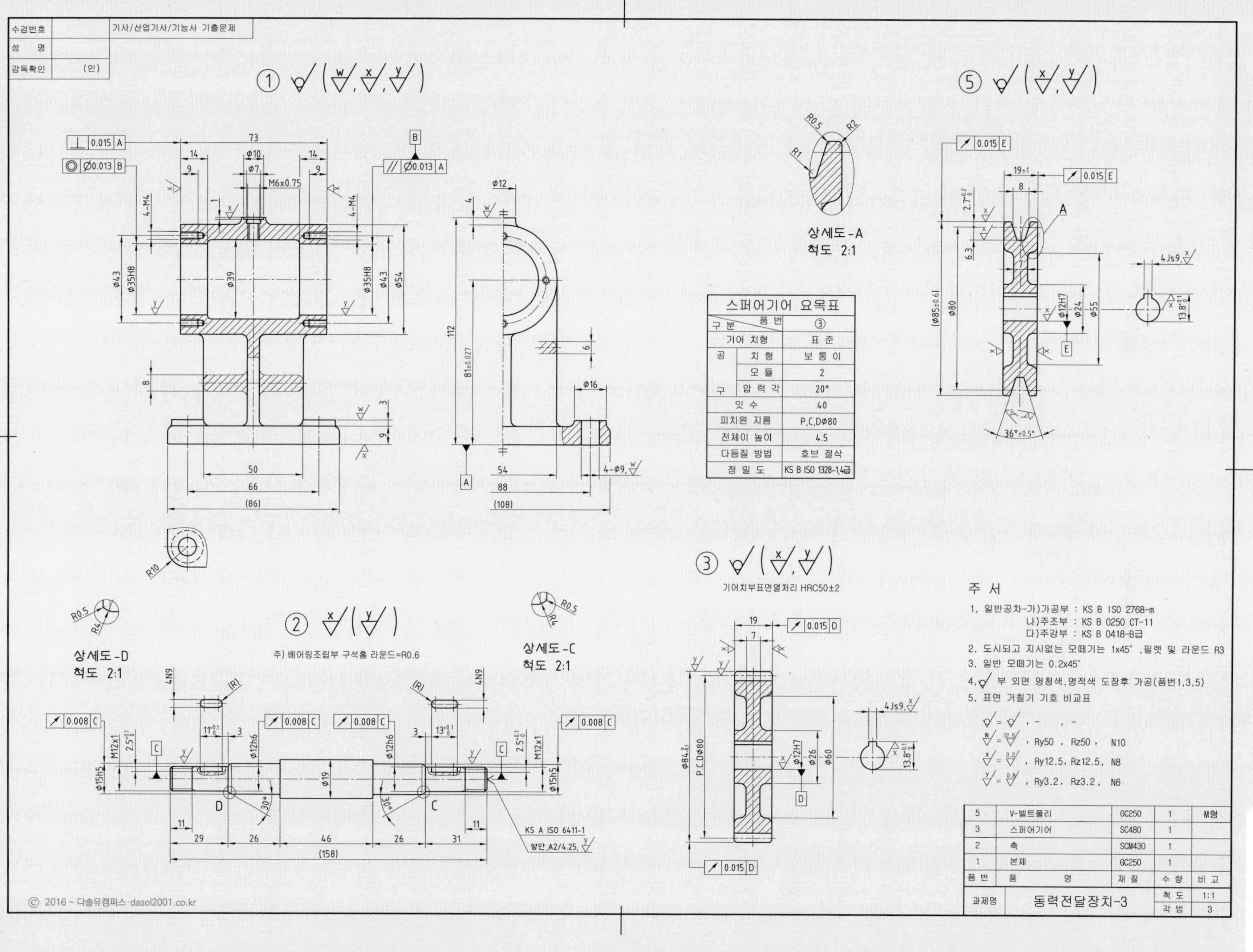
수검번호
성 명
감독확인 (인)
기사/산업기사/기능사 기출문제
①
⑤
상세도-A
척도 2:1
스퍼어기어 요목표
구분 / 품번 | ③
기어 치형 | 표 준
공구 치 형 | 보 통 이
모 듈 | 2
압 력 각 | 20°
잇 수 | 40
피치원 지름 | P.C.D⌀80
전체이 높이 | 4.5
다듬질 방법 | 호브 절삭
정 밀 도 | KS B ISO 1328-1,4급
③
기어치부표면열처리 HRC50±2
②
주) 베어링조립부 구석홈 라운드=R0.6
상세도-D
척도 2:1
상세도-C
척도 2:1
KS A ISO 6411-1
양단,A2/4.25,
주 서
1, 일반공차-가)가공부 : KS B ISO 2768-m
나)주조부 : KS B 0250 CT-11
다)주강부 : KS B 0418-B급
2, 도시되고 지시없는 모떼기는 1x45°,필렛 및 라운드 R3
3, 일반 모떼기는 0.2x45°
4, 부 외면 명청색,명적색 도장후 가공(품번1,3,5)
5, 표면 거칠기 기호 비교표
, Ry50 , Rz50 , N10
, Ry12.5, Rz12.5, N8
, Ry3.2, Rz3.2, N6
5 | V-벨트풀리 | GC250 | 1 | M형
3 | 스퍼어기어 | SC480 | 1
2 | 축 | SCM430 | 1
1 | 본체 | GC250 | 1
품번 | 품 명 | 재 질 | 수 량 | 비 고
과제명 | 동력전달장치-3 | 척 도 1:1 | 각 법 3
© 2016 ~ 다솔유캠퍼스·dasol2001.co.kr

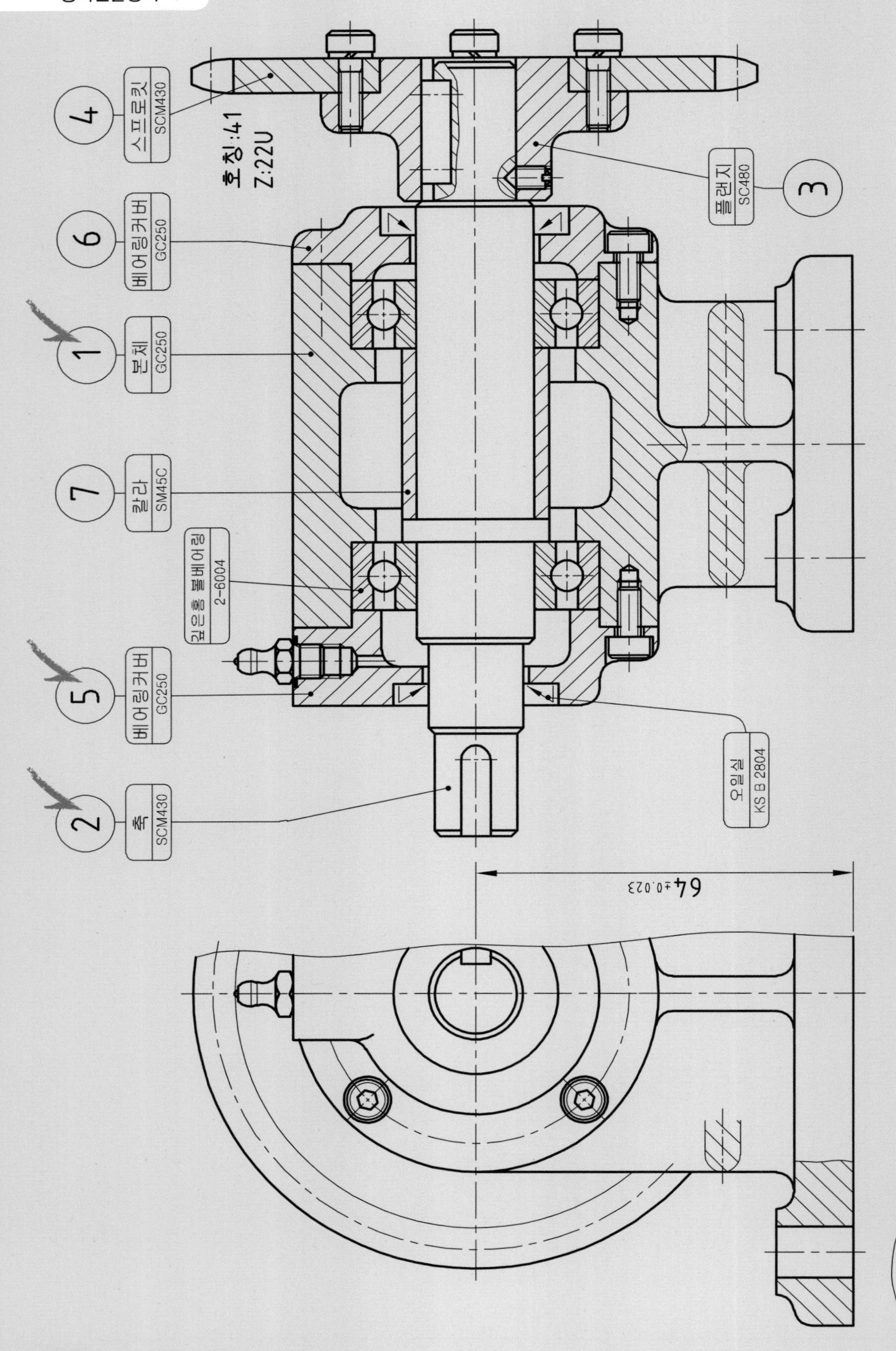
4 스프로킷 SCM430
호칭:41
Z:22U
6 베어링커버 GC250
1 본체 GC250
7 칼라 SM45C
깊은홈볼베어링 2-6004
5 베어링커버 GC250
2 축 SCM430
3 플랜지 SC480
오일실 KS B 2804
64±0.023

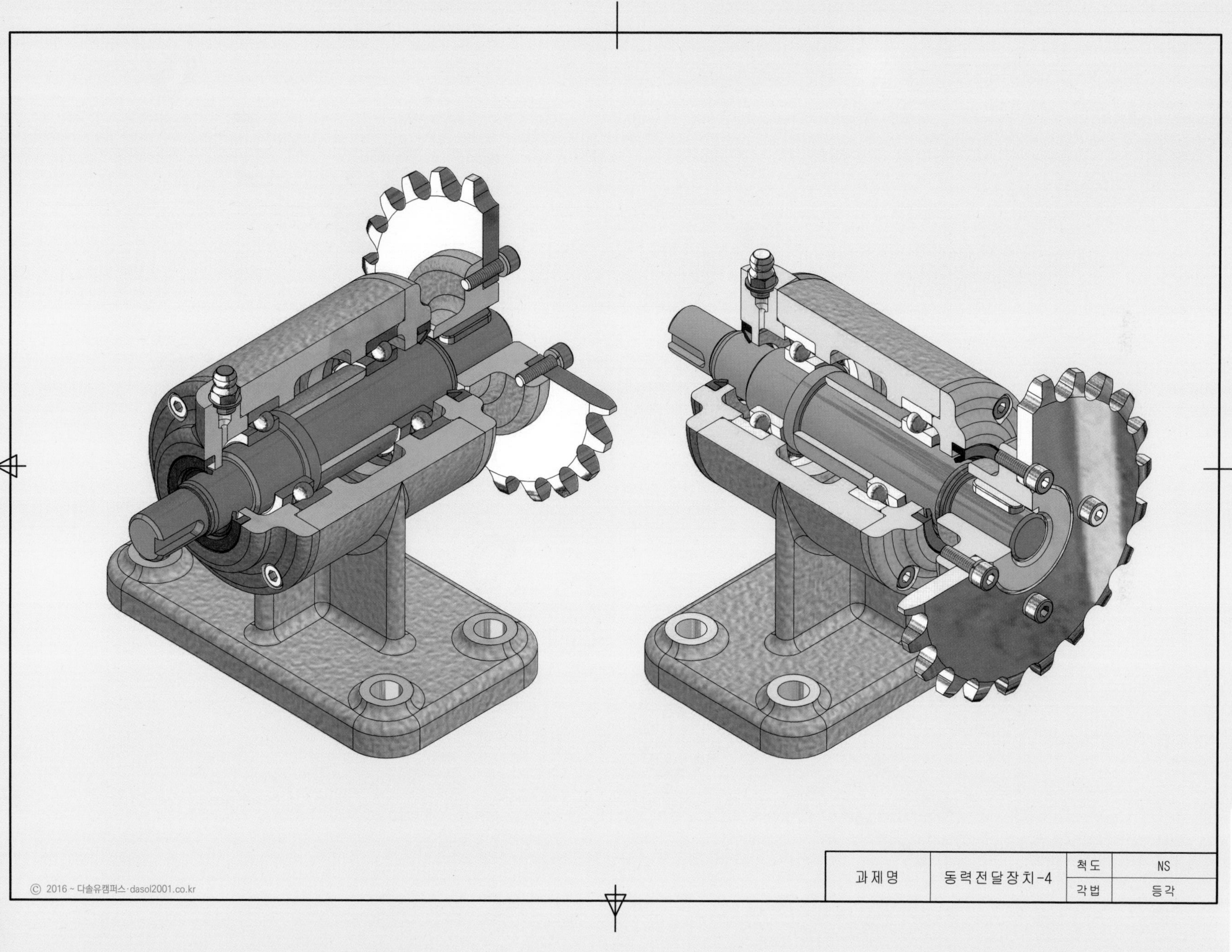

과제명
동력전달장치-4
척도
NS
각법
등각

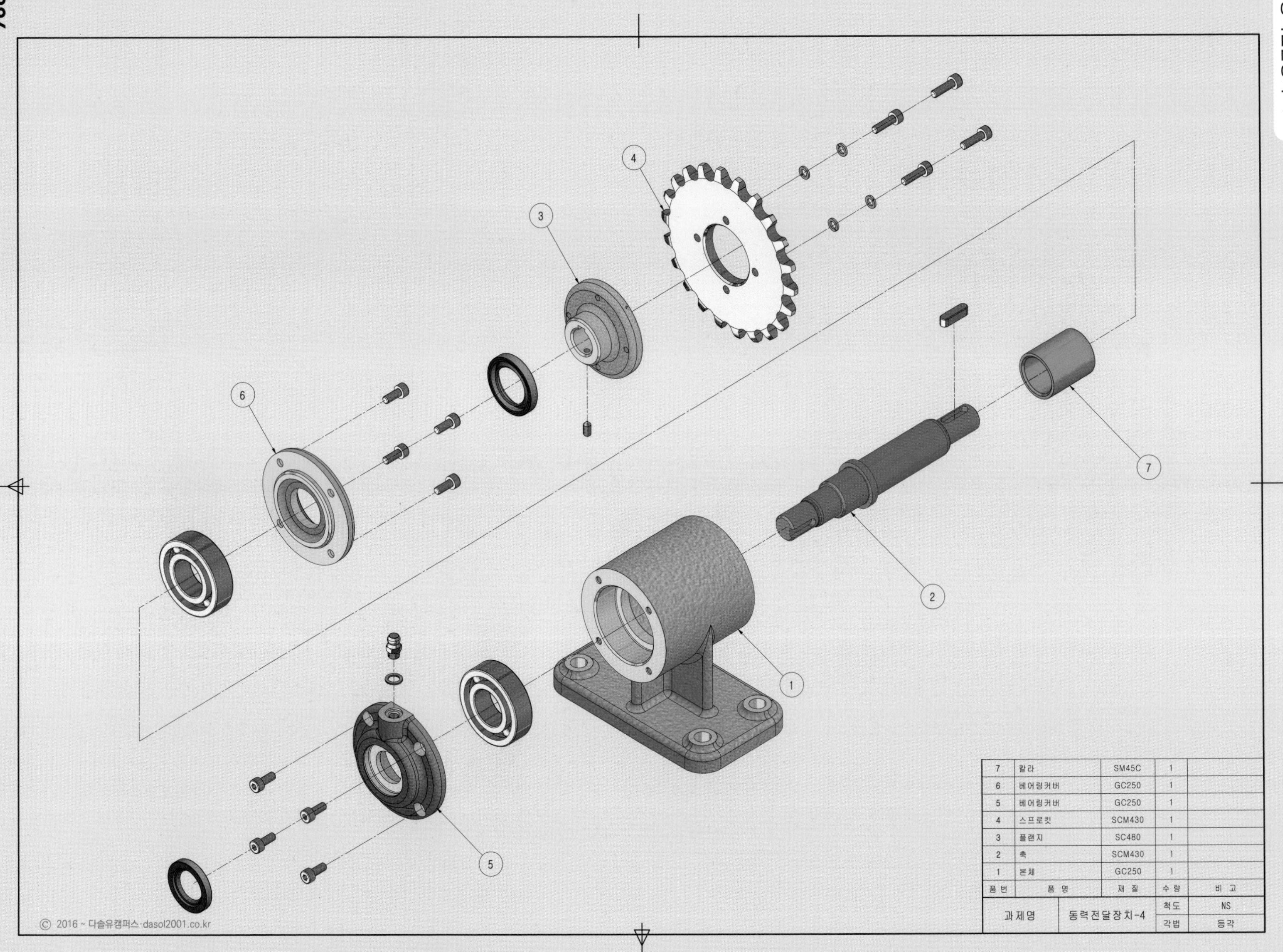

품번	품명	재질	수량	비고
7	칼라	SM45C	1	
6	베어링커버	GC250	1	
5	베어링커버	GC250	1	
4	스프로킷	SCM430	1	
3	플랜지	SC480	1	
2	축	SCM430	1	
1	본체	GC250	1	
과제명	동력전달장치-4		척도	NS
			각법	등각

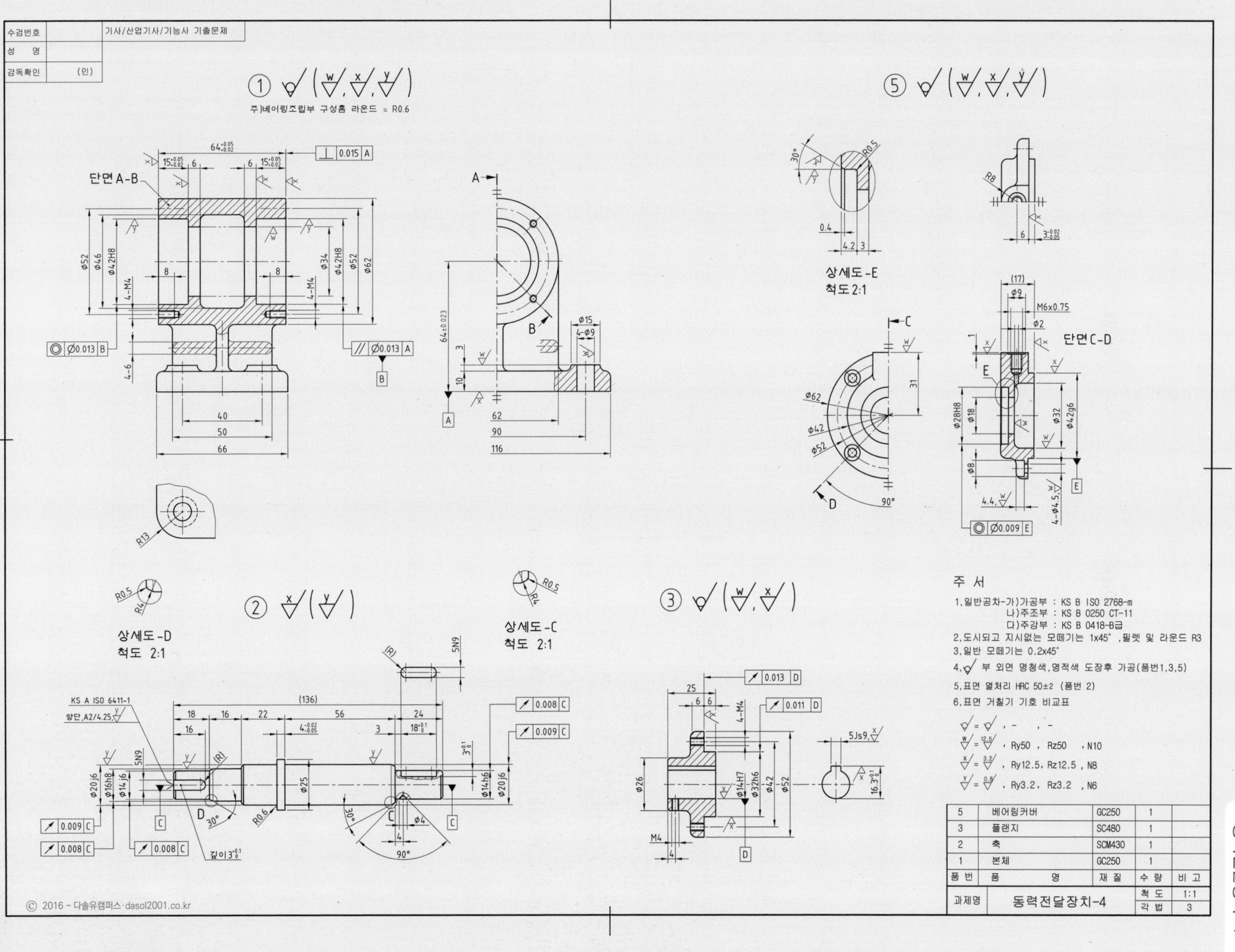

품번	품명	재질	수량	비고
5	베어링커버	GC250	1	
3	플랜지	SC480	1	
2	축	SCM430	1	
1	본체	GC250	1	

과제명	동력전달장치-4	척도	1:1
		각법	3

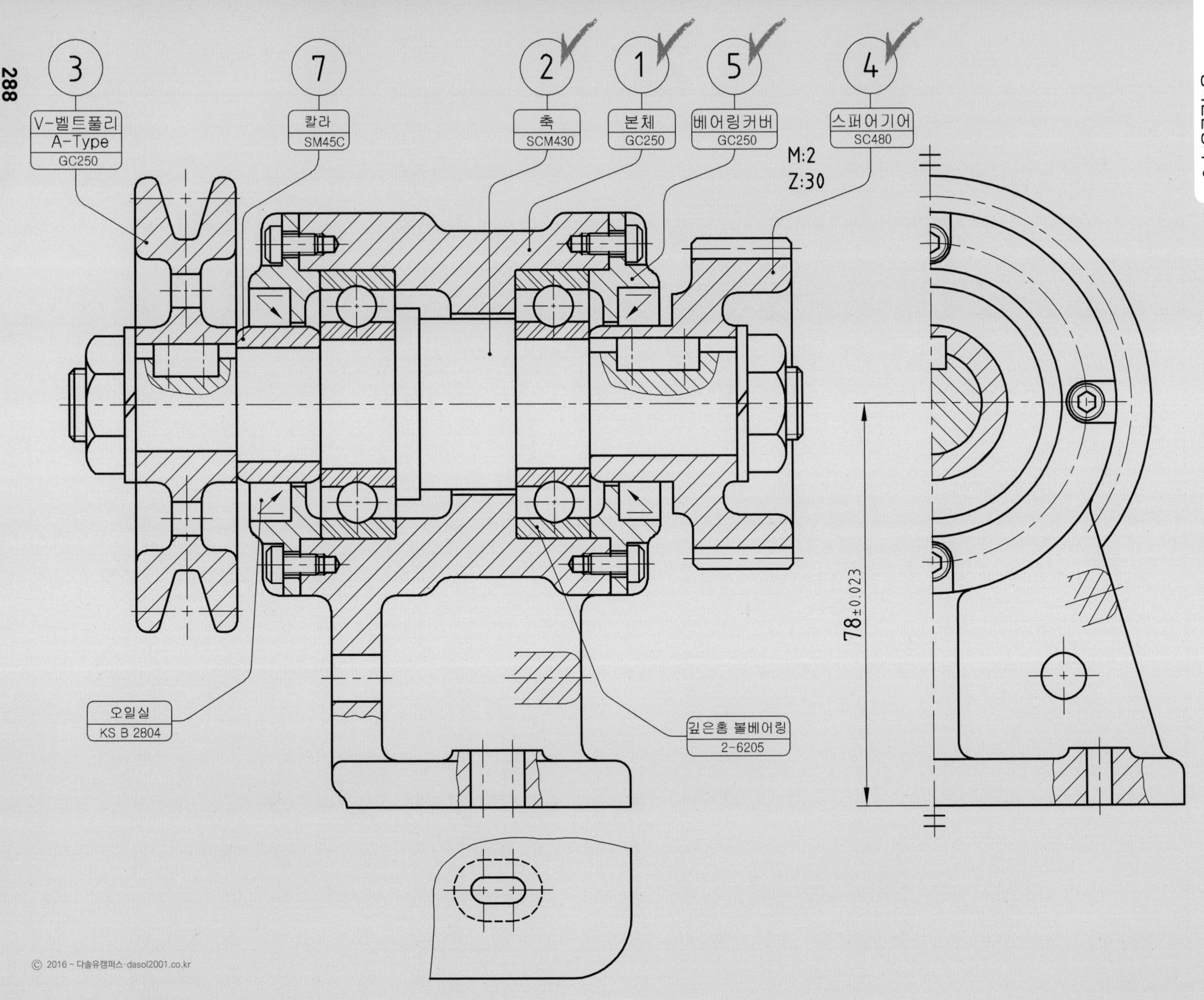
3 V-벨트풀리 A-Type GC250
7 칼라 SM45C
2 축 SCM430
1 본체 GC250
5 베어링커버 GC250
4 스퍼어기어 SC480
M:2
Z:30
오일실 KS B 2804
깊은홈 볼베어링 2-6205
78±0.023

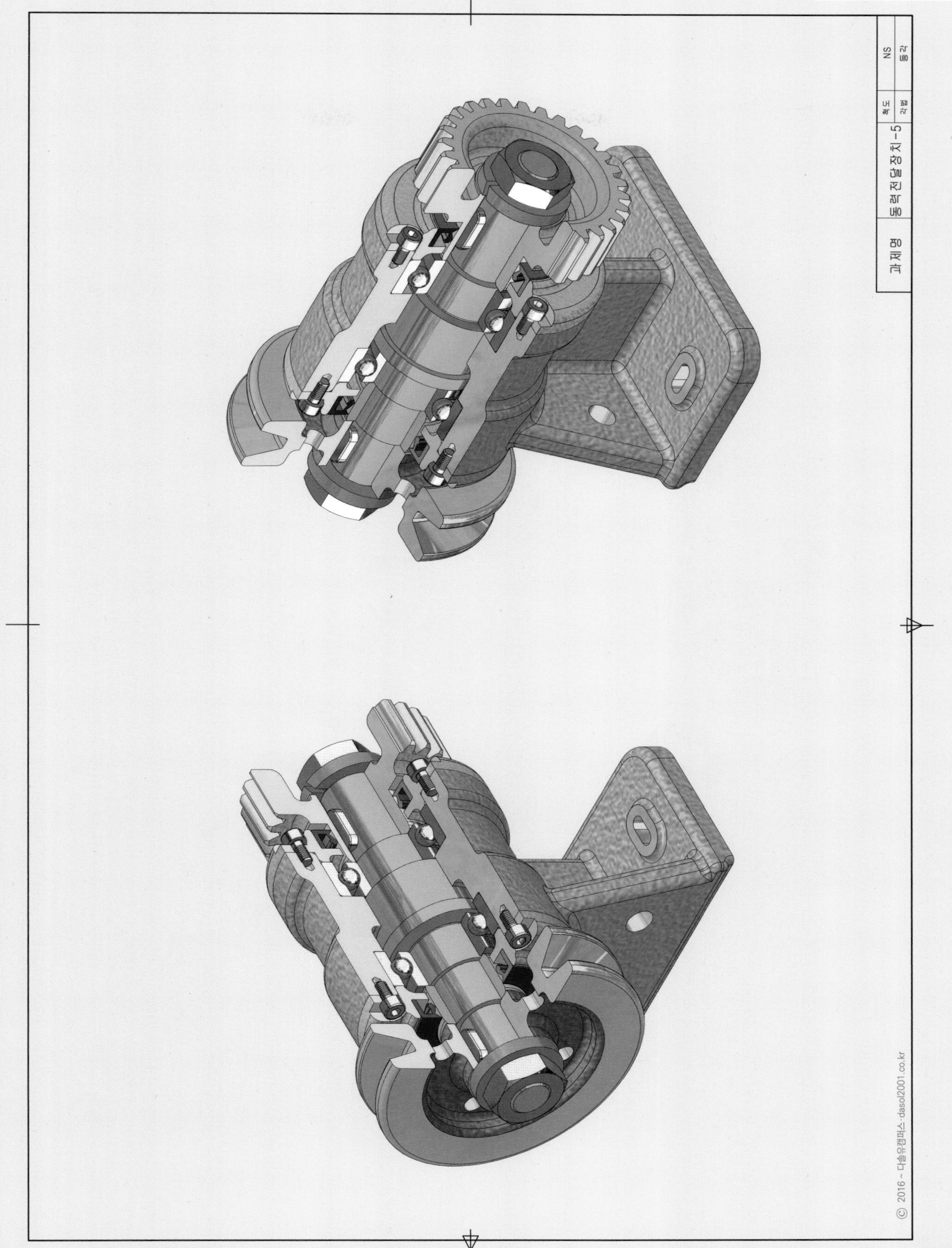
과제명
동력전달장치-5
척도
NS
각법
등각
© 2016 ~ 다솔유캠퍼스 : dasol2001.co.kr

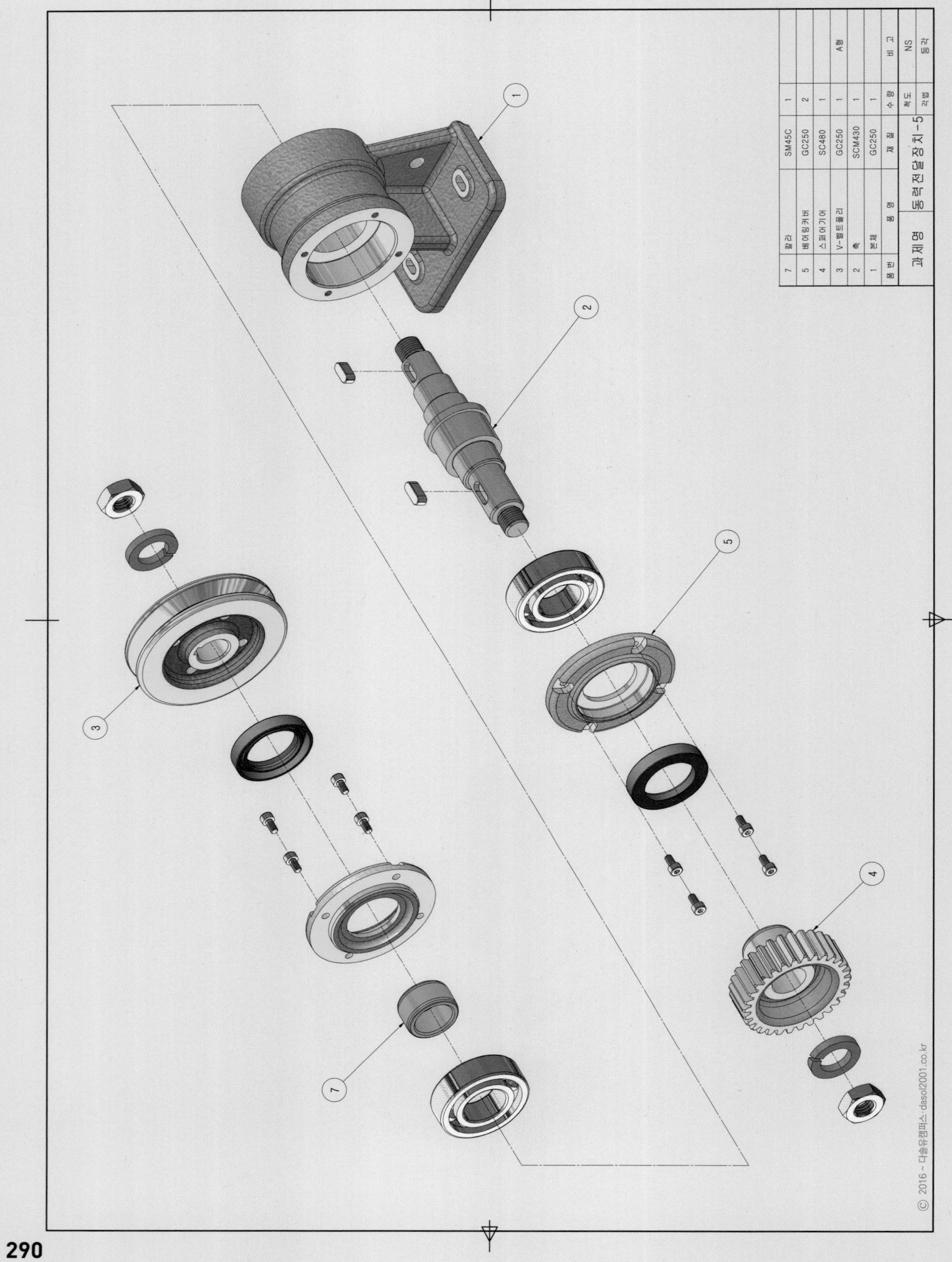
1
2
3
4
5
7
7 칼라 SM45C 1
5 베어링커버 GC250 2
4 스퍼기어 SC480 1
3 V-벨트풀리 GC250 1 A형
2 축 SCM430 1
1 본체 GC250 1
품번 품명 재질 수량 비고
과제명 동력전달장치-5
척도 NS
각법 3각
© 2016 ~ 다솔유캠퍼스 : dasol2001.co.kr

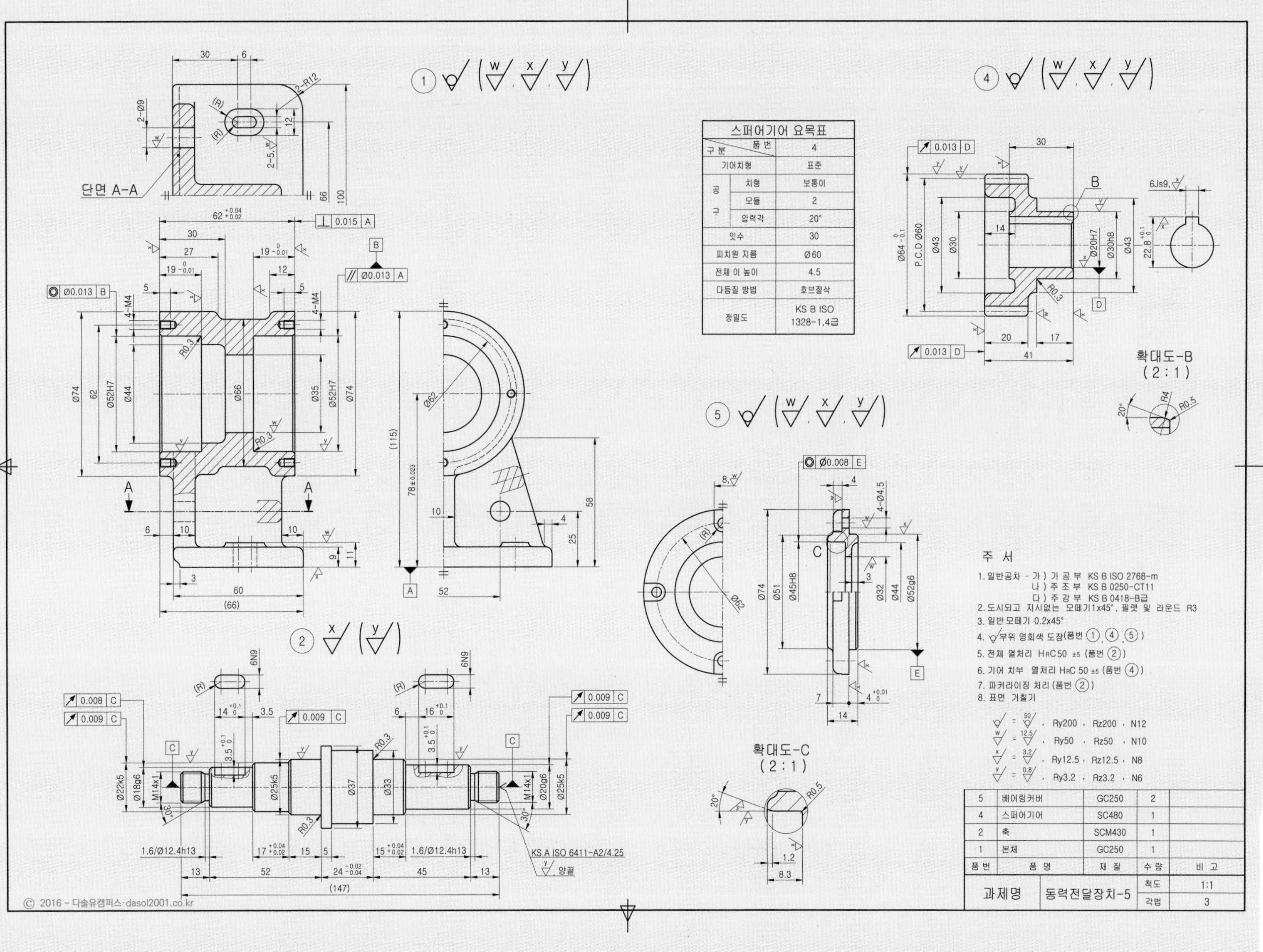
단면 A-A
확대도-B
(2:1)
확대도-C
(2:1)
스퍼어기어 요목표
기어치형 표준
치형 보통이
모듈 2
압력각 20°
잇수 30
피치원 지름 Ø60
전체 이 높이 4.5
다듬질 방법 호브절삭
정밀도 KS B ISO 1328-1,4급
주 서
1. 일반공차 - 가) 가공부 KS B ISO 2768-m
나) 주조부 KS B 0250-CT11
다) 주강부 KS B 0418-B급
2. 도시되고 지시없는 모떼기1x45°, 필렛 및 라운드 R3
3. 일반 모떼기 0.2x45°
4. 부위 명회색 도장(품번 ①, ④, ⑤)
5. 전체 열처리 HRC50 ±5 (품번 ②)
6. 기어 치부 열처리 HRC 50 ±5 (품번 ④)
7. 파커라이징 처리 (품번 ②)
8. 표면 거칠기
Ry200, Rz200, N12
Ry50, Rz50, N10
Ry12.5, Rz12.5, N8
Ry3.2, Rz3.2, N6
5 베어링커버 GC250 2
4 스퍼어기어 SC480 1
2 축 SCM430 1
1 본체 GC250 1
품번 품명 재질 수량 비고
과제명 동력전달장치-5
척도 1:1
각법 3
KS A ISO 6411-A2/4.25
© 2016 ~ 다솔유캠퍼스 · dasol2001.co.kr

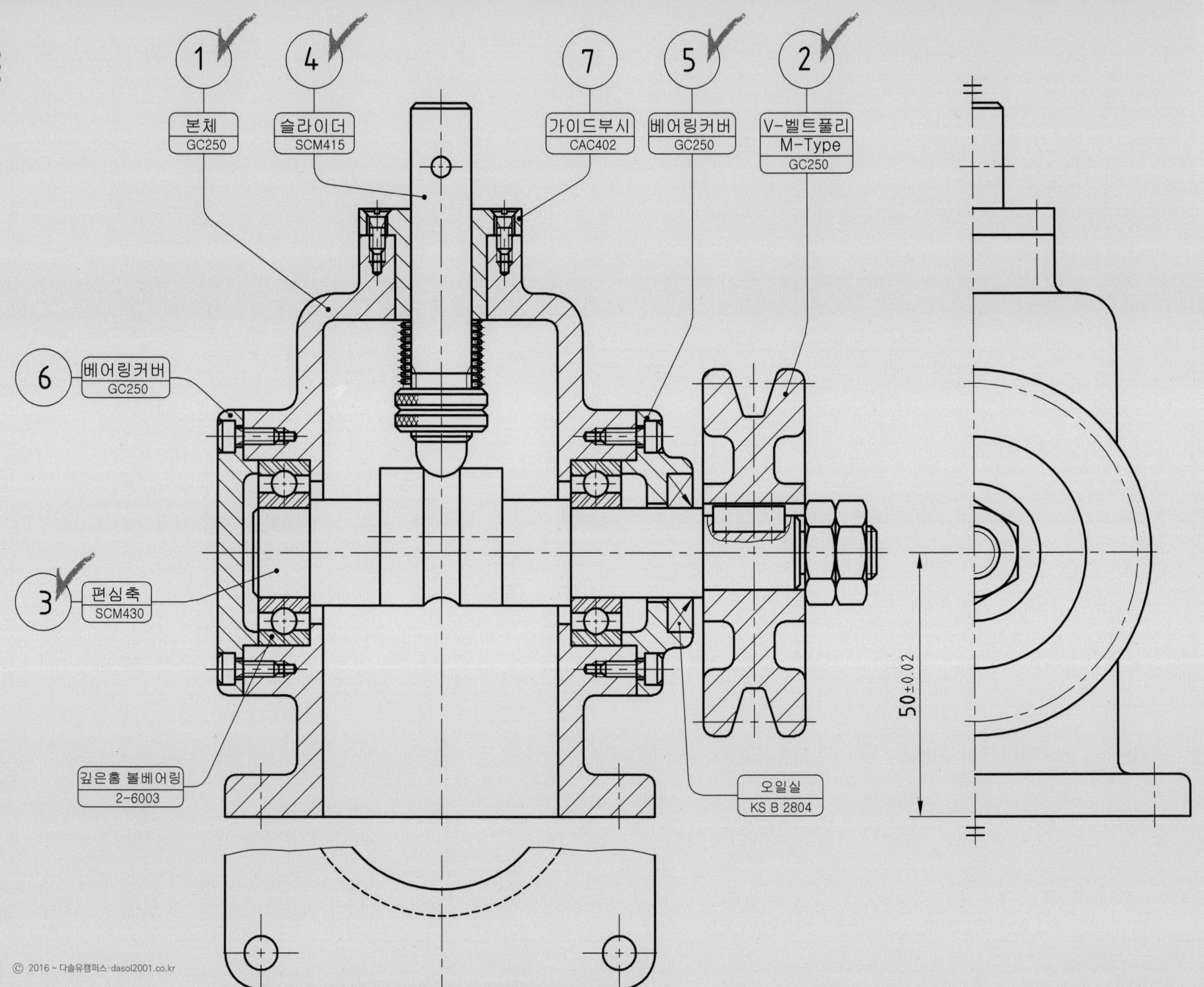
1
본체
GC250
4
슬라이더
SCM415
7
가이드부시
CAC402
5
베어링커버
GC250
2
V-벨트풀리
M-Type
GC250
6
베어링커버
GC250
3
편심축
SCM430
깊은홈 볼베어링
2-6003
오일실
KS B 2804
50±0.02

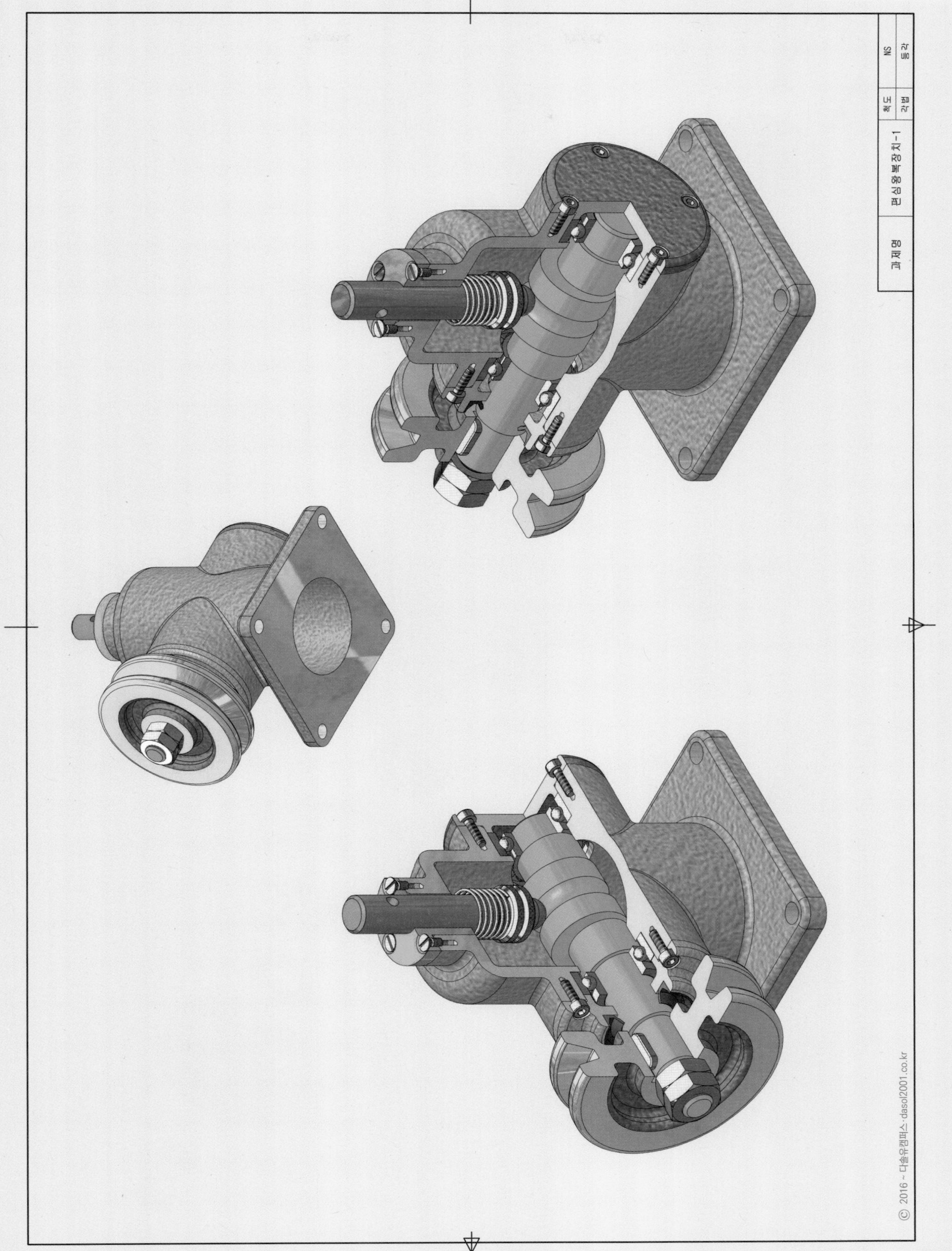
과제명
편심왕복장치-1
척도
NS
각법
3각
© 2016 ~ 다솔유캠퍼스-dasol2001.co.kr

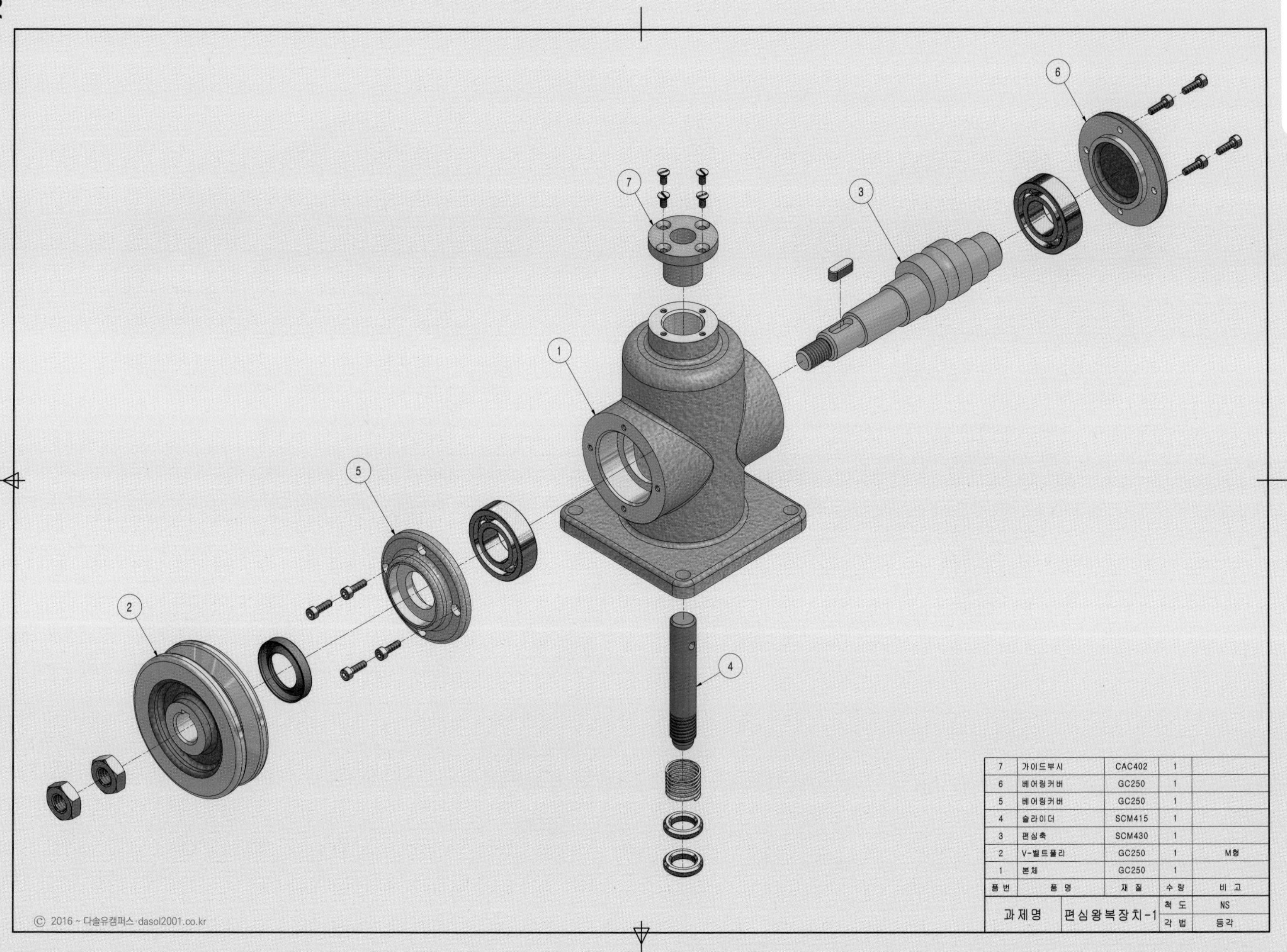

6
7
3
1
5
2
4
7 가이드부시 CAC402 1
6 베어링커버 GC250 1
5 베어링커버 GC250 1
4 슬라이더 SCM415 1
3 편심축 SCM430 1
2 V-벨트풀리 GC250 1 M형
1 본체 GC250 1
품번 품명 재질 수량 비고
과제명 편심왕복장치-1
척도 NS
각법 등각
© 2016 ~ 다솔유캠퍼스·dasol2001.co.kr

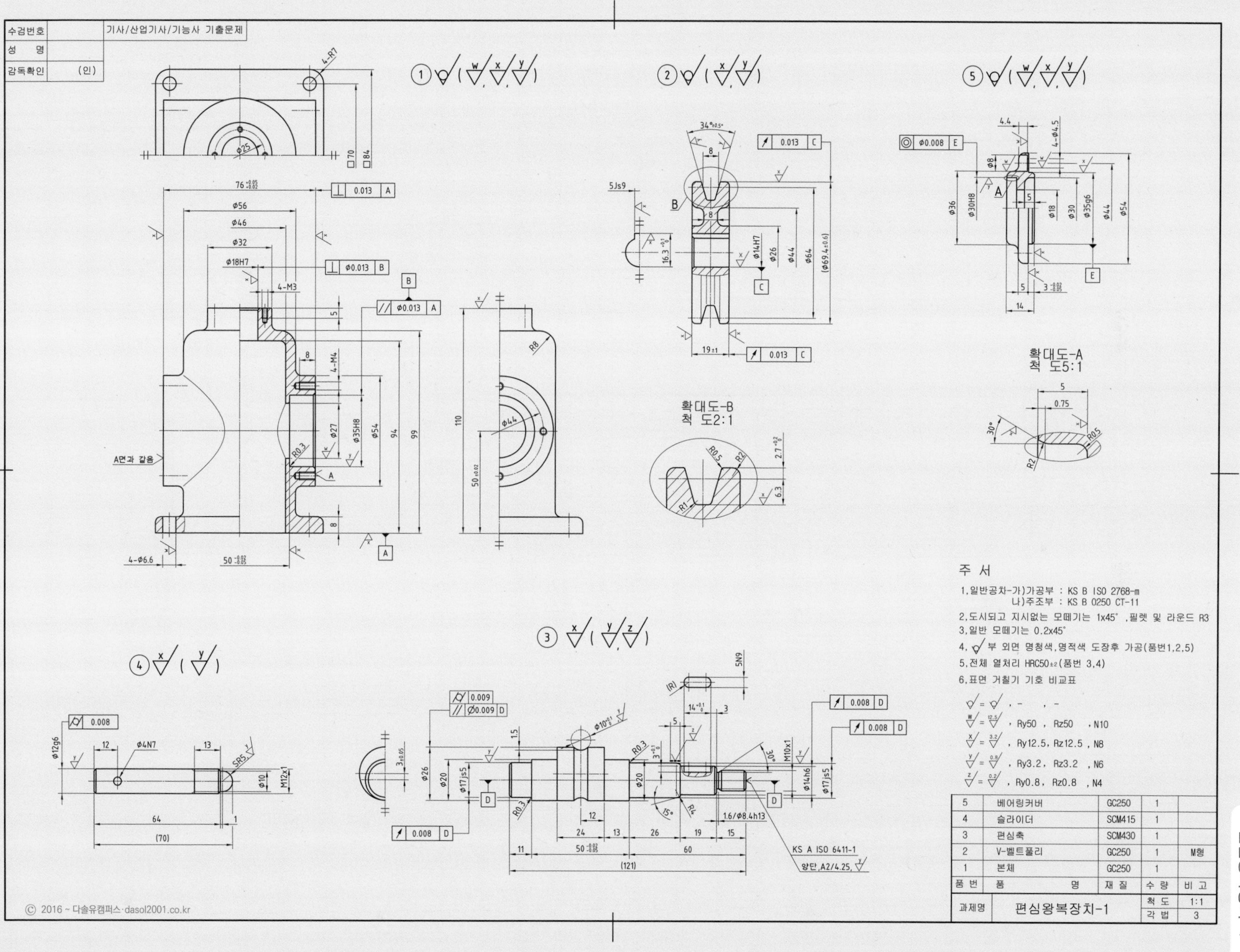
수검번호
성 명
감독확인 (인)
기사/산업기사/기능사 기출문제
확대도-A
척 도5:1
확대도-B
척 도2:1
A면과 같음
주 서
1,일반공차-가)가공부 : KS B ISO 2768-m
나)주조부 : KS B 0250 CT-11
2,도시되고 지시없는 모떼기는 1x45˚ ,필렛 및 라운드 R3
3,일반 모떼기는 0.2x45˚
4, 부 외면 명청색,명적색 도장후 가공(품번1,2,5)
5,전체 열처리 HRC50±2(품번 3,4)
6,표면 거칠기 기호 비교표
, Ry50 , Rz50 , N10
, Ry12.5, Rz12.5 , N8
, Ry3.2, Rz3.2 , N6
, Ry0.8, Rz0.8 , N4
KS A ISO 6411-1
양단,A2/4.25,
5 베어링커버 GC250 1
4 슬라이더 SCM415 1
3 편심축 SCM430 1
2 V-벨트풀리 GC250 1 M형
1 본체 GC250 1
품번 품 명 재 질 수 량 비 고
과제명 편심왕복장치-1 척 도 1:1 각 법 3

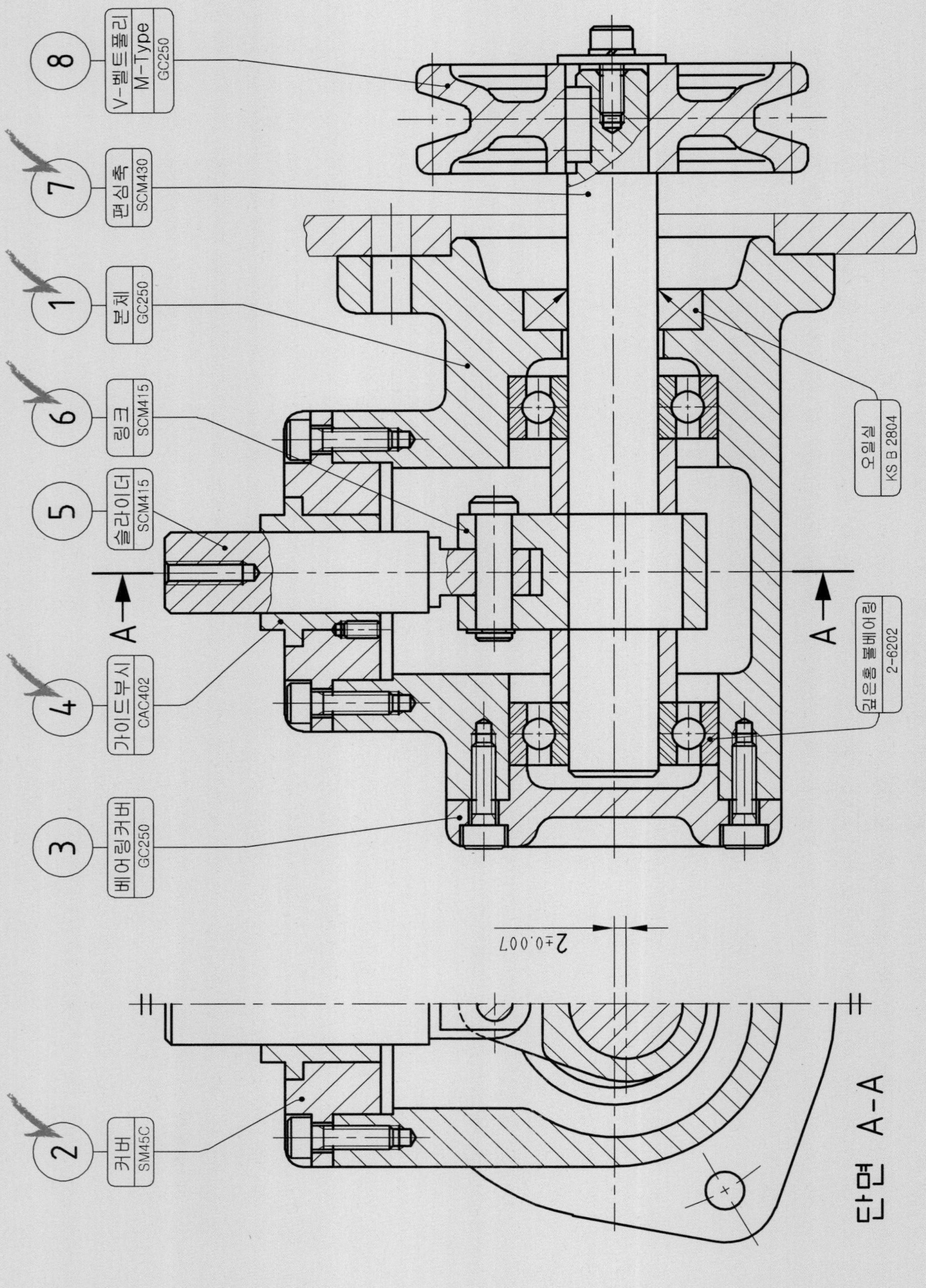

번호	품명	재질
2	커버	SM45C
3	베어링커버	GC250
4	가이드부시	CAC402
5	슬라이더	SCM415
6	링크	SCM415
1	본체	GC250
7	편심축	SCM430
8	V-벨트풀리 M-Type	GC250

깊은홈 볼베어링 2-6202

오일실 KS B 2804

A — A

$2^{\pm 0.007}$

단면 A-A

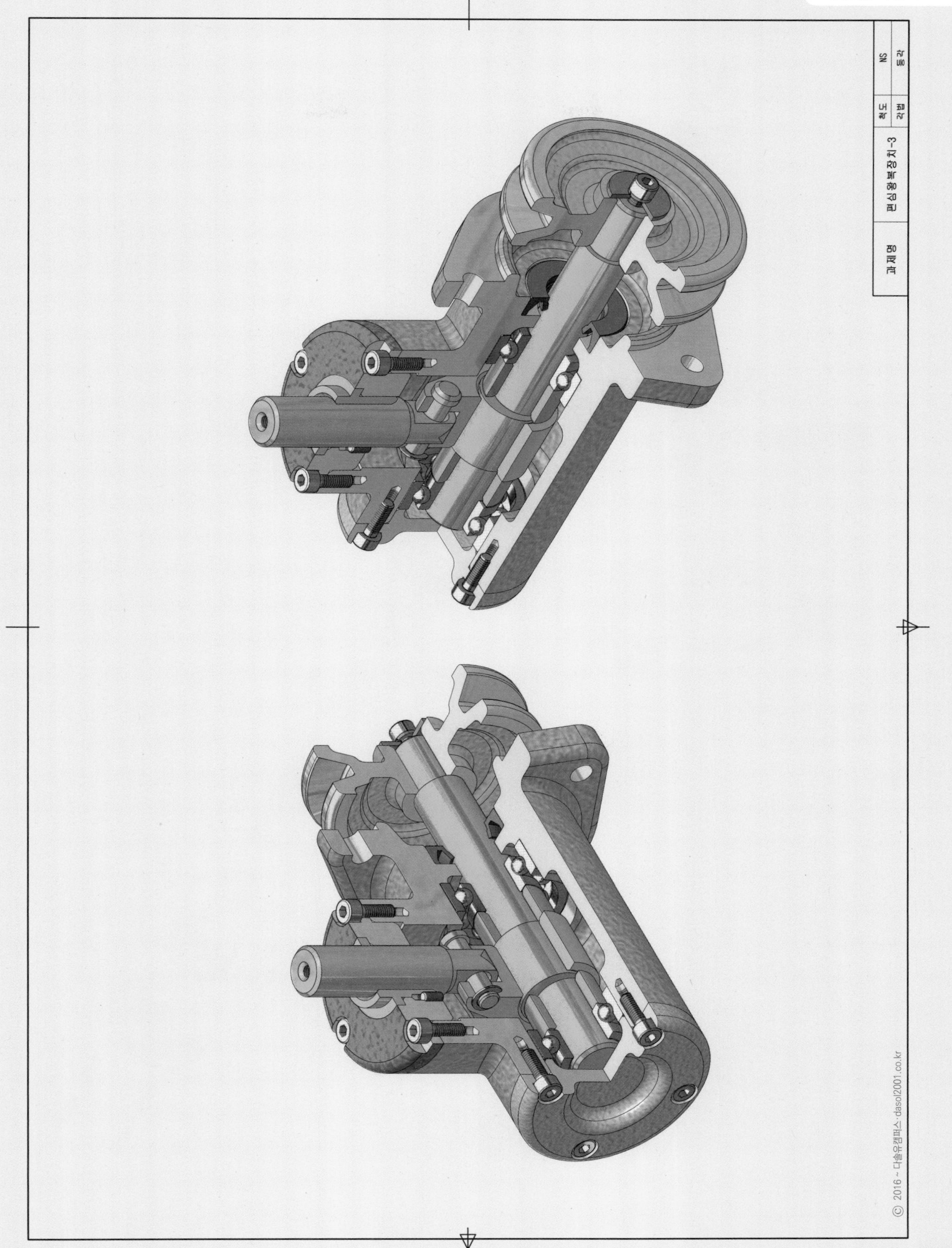
과제명
편심왕복장치-3
척도
NS
각법
3각
© 2016 ~ 다솔유캠퍼스 · dasol2001.co.kr

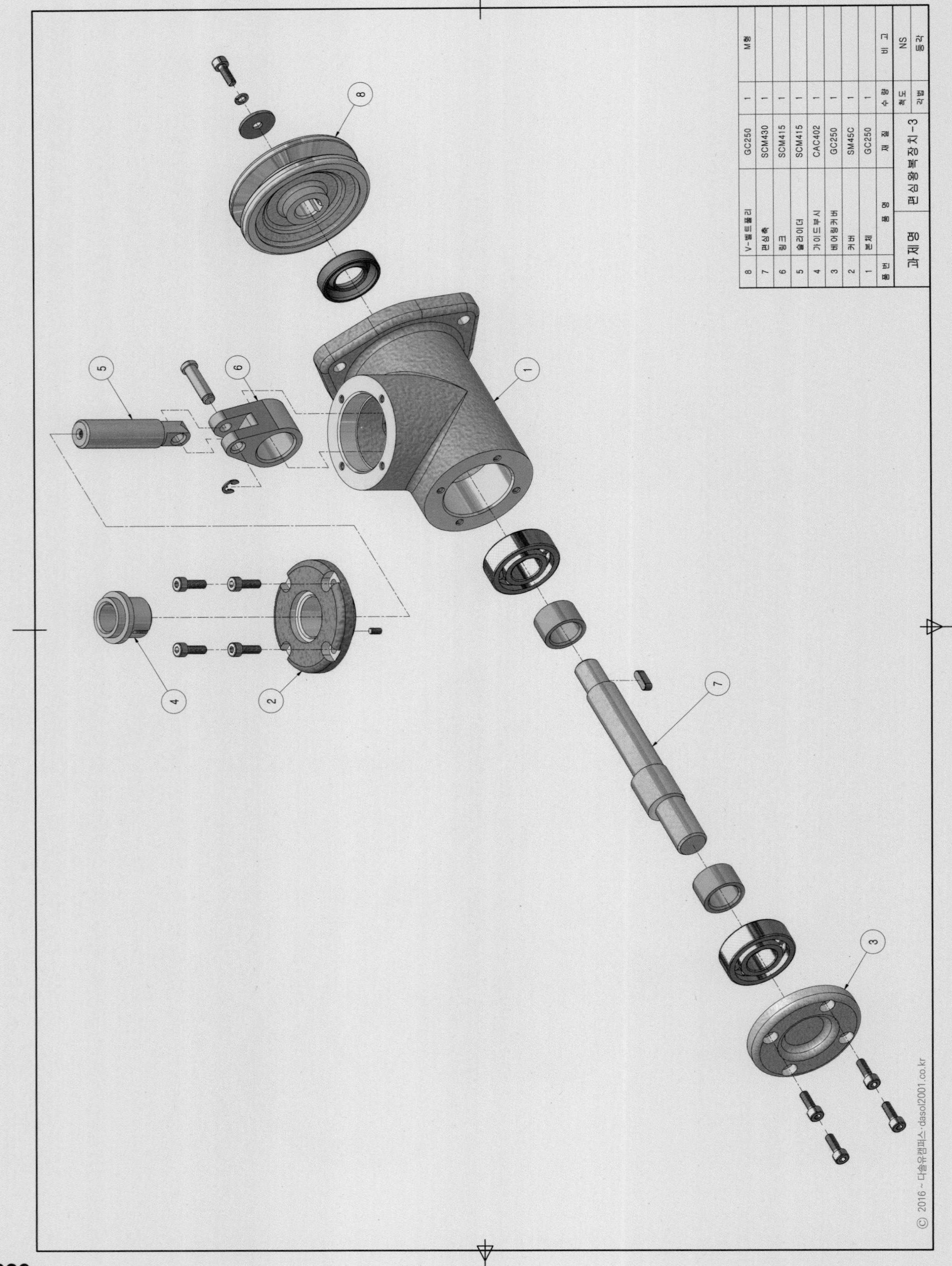
8 V-벨트풀리 GC250 1 M형
7 편심축 SCM430 1
6 링크 SCM415 1
5 슬라이더 SCM415 1
4 가이드부시 CAC402 1
3 베어링커버 GC250 1
2 커버 SM45C 1
1 본체 GC250 1
품번 품명 재질 수량 비고
과제명 편심왕복장치-3 척도 NS
각법 등각
1
2
3
4
5
6
7
8
© 2016 ~ 다솔유캠퍼스 : dasol2001.co.kr

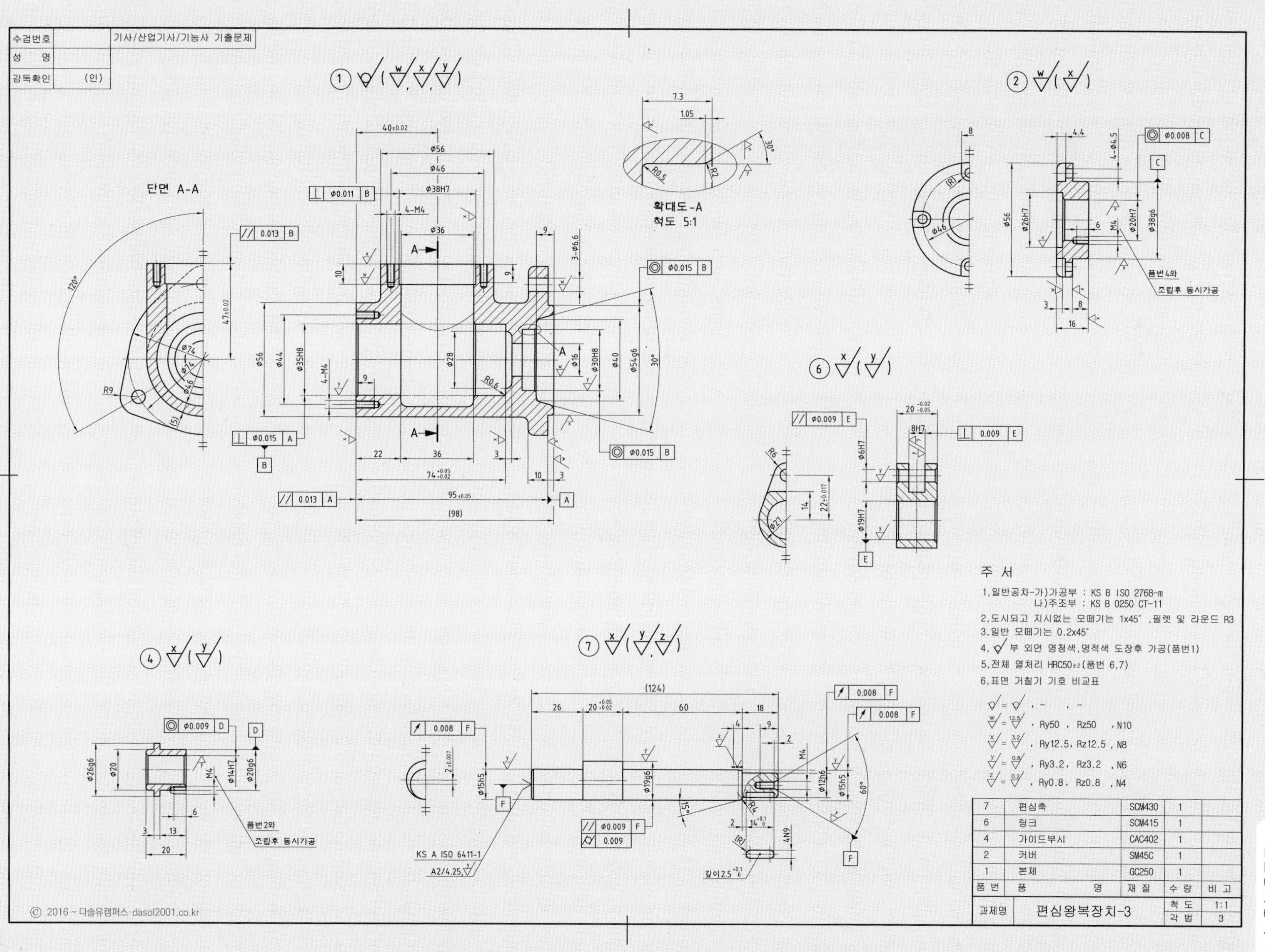

수검번호
성 명
감독확인 (인)
기사/산업기사/기능사 기출문제
단면 A-A
확대도-A
척도 5:1
품번4와
조립후 동시가공
품번2와
조립후 동시가공
KS A ISO 6411-1
A2/4.25
깊이2.5
주 서
1.일반공차-가)가공부 : KS B ISO 2768-m
나)주조부 : KS B 0250 CT-11
2.도시되고 지시없는 모떼기는 1x45°, 필렛 및 라운드 R3
3.일반 모떼기는 0.2x45°
4. 부 외면 명청색, 명적색 도장후 가공(품번1)
5.전체 열처리 HRC50±2(품번 6,7)
6.표면 거칠기 기호 비교표
, Ry50 , Rz50 , N10
, Ry12.5 , Rz12.5 , N8
, Ry3.2 , Rz3.2 , N6
, Ry0.8 , Rz0.8 , N4
7 편심축 SCM430 1
6 링크 SCM415 1
4 가이드부시 CAC402 1
2 커버 SM45C 1
1 본체 GC250 1
품 번 품 명 재 질 수 량 비 고
과제명 편심왕복장치-3 척 도 1:1 각 법 3

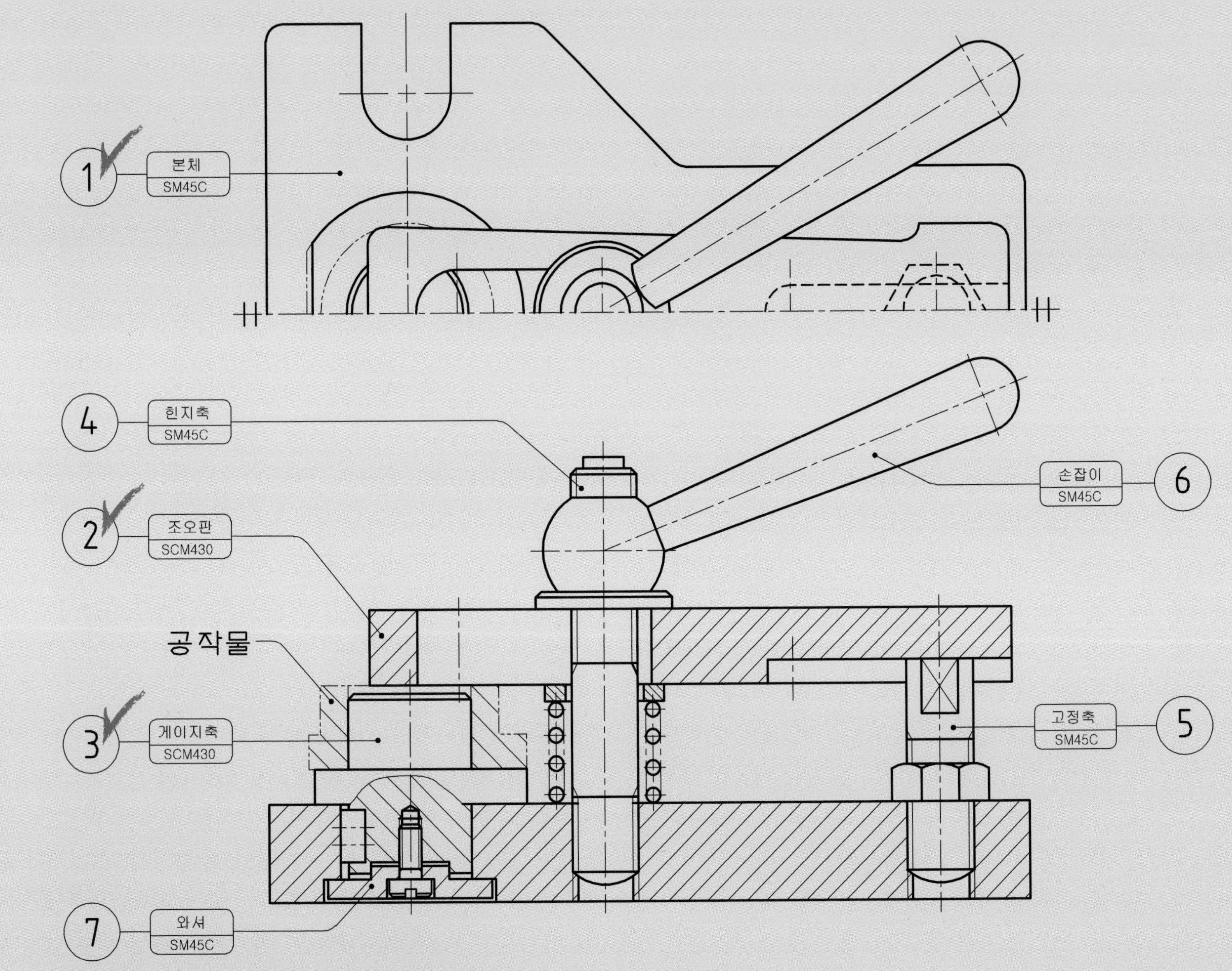
1
본체
SM45C
4
힌지축
SM45C
6
손잡이
SM45C
2
조오판
SCM430
공작물
3
게이지축
SCM430
5
고정축
SM45C
7
와셔
SM45C

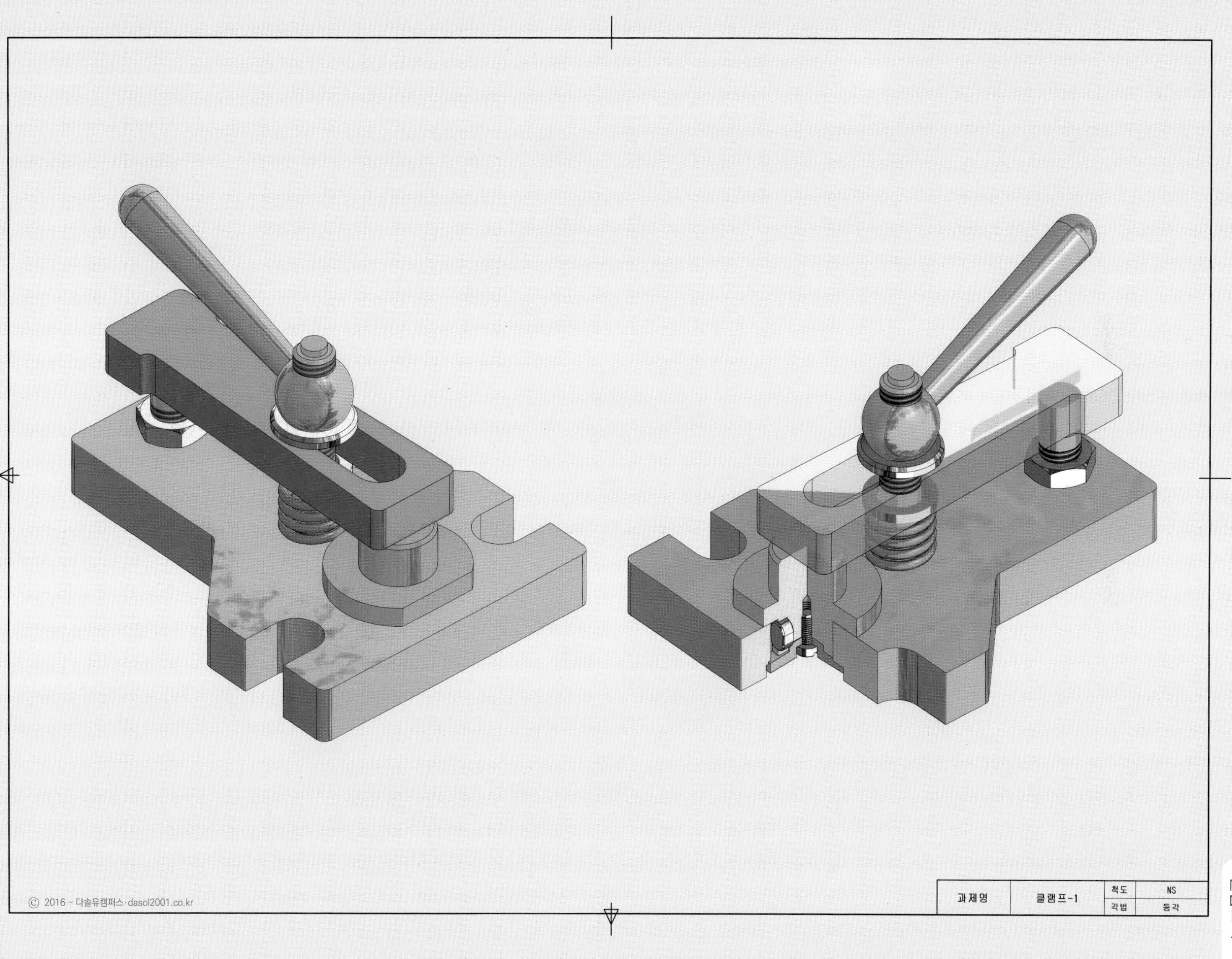
과제명
클램프-1
척도
NS
각법
등각
© 2016 ~ 다솔유캠퍼스·dasol2001.co.kr

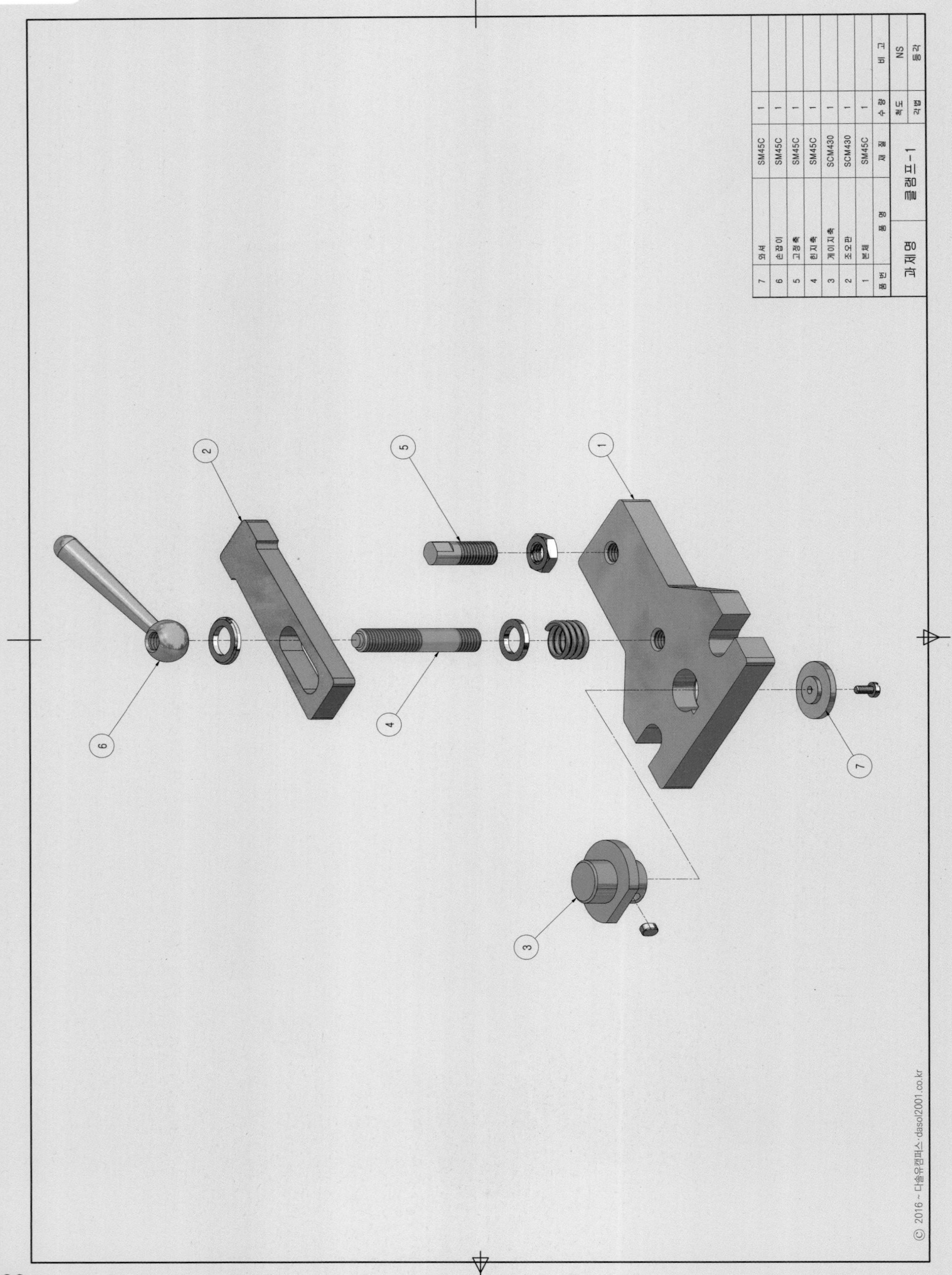

품 번	품 명	재 질	수 량	비 고
7	와셔	SM45C	1	
6	손잡이	SM45C	1	
5	고정축	SM45C	1	
4	힌지축	SM45C	1	
3	게이지축	SCM430	1	
2	조오판	SCM430	1	
1	본체	SM45C	1	
과제명	클램프-1		척도	NS
			각법	등각

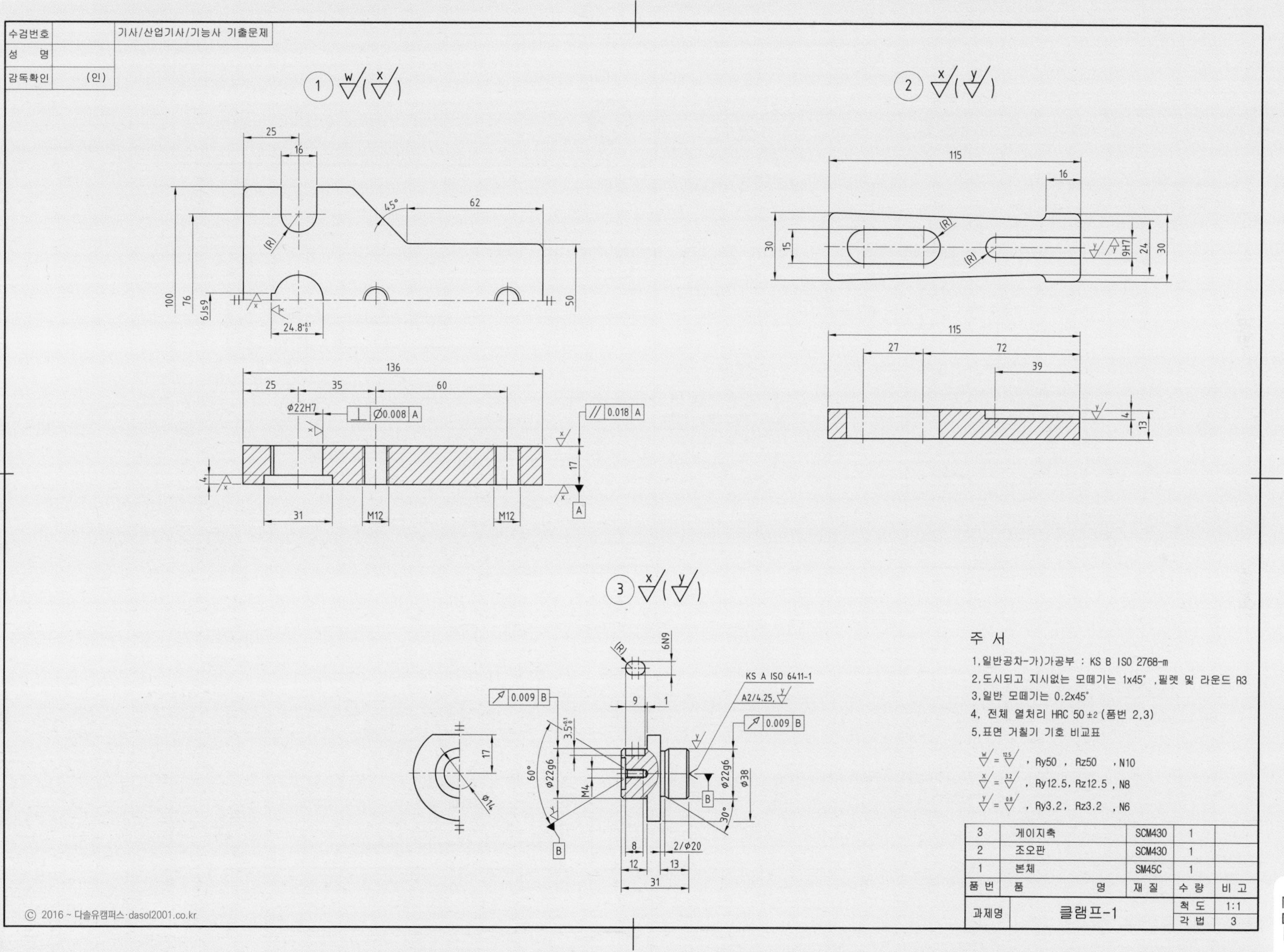
수검번호
성 명
감독확인 (인)
기사/산업기사/기능사 기출문제
주 서
1. 일반공차-가)가공부 : KS B ISO 2768-m
2. 도시되고 지시없는 모떼기는 1x45°, 필렛 및 라운드 R3
3. 일반 모떼기는 0.2x45°
4. 전체 열처리 HRC 50±2 (품번 2,3)
5. 표면 거칠기 기호 비교표
, Ry50 , Rz50 , N10
, Ry12.5, Rz12.5 , N8
, Ry3.2, Rz3.2 , N6
3 게이지축 SCM430 1
2 조오판 SCM430 1
1 본체 SM45C 1
품번 품명 재질 수량 비고
과제명 클램프-1 척도 1:1 각법 3
© 2016 ~ 다솔유캠퍼스·dasol2001.co.kr

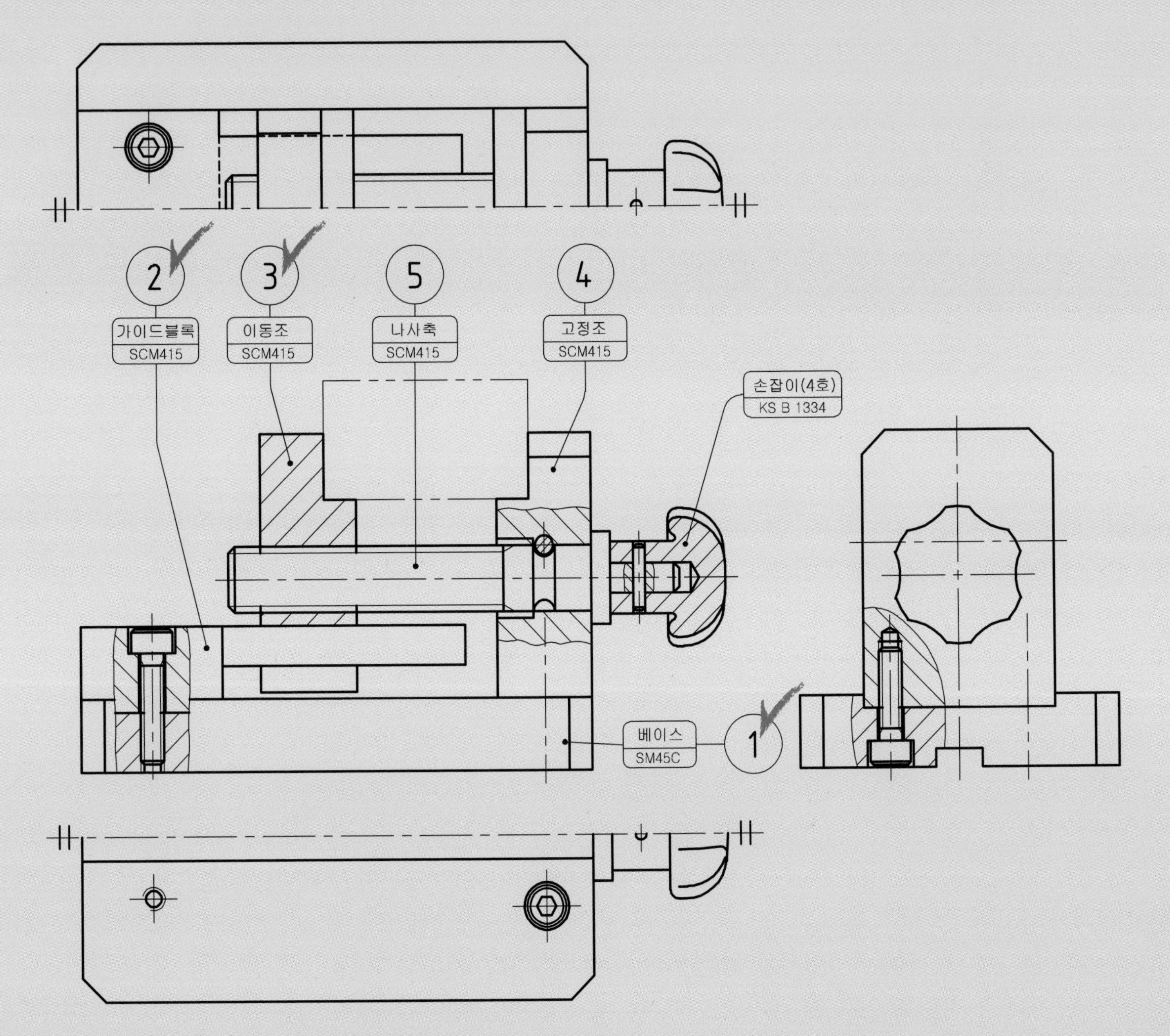
2
가이드블록
SCM415
3
이동조
SCM415
5
나사축
SCM415
4
고정조
SCM415
손잡이(4호)
KS B 1334
베이스
SM45C
1

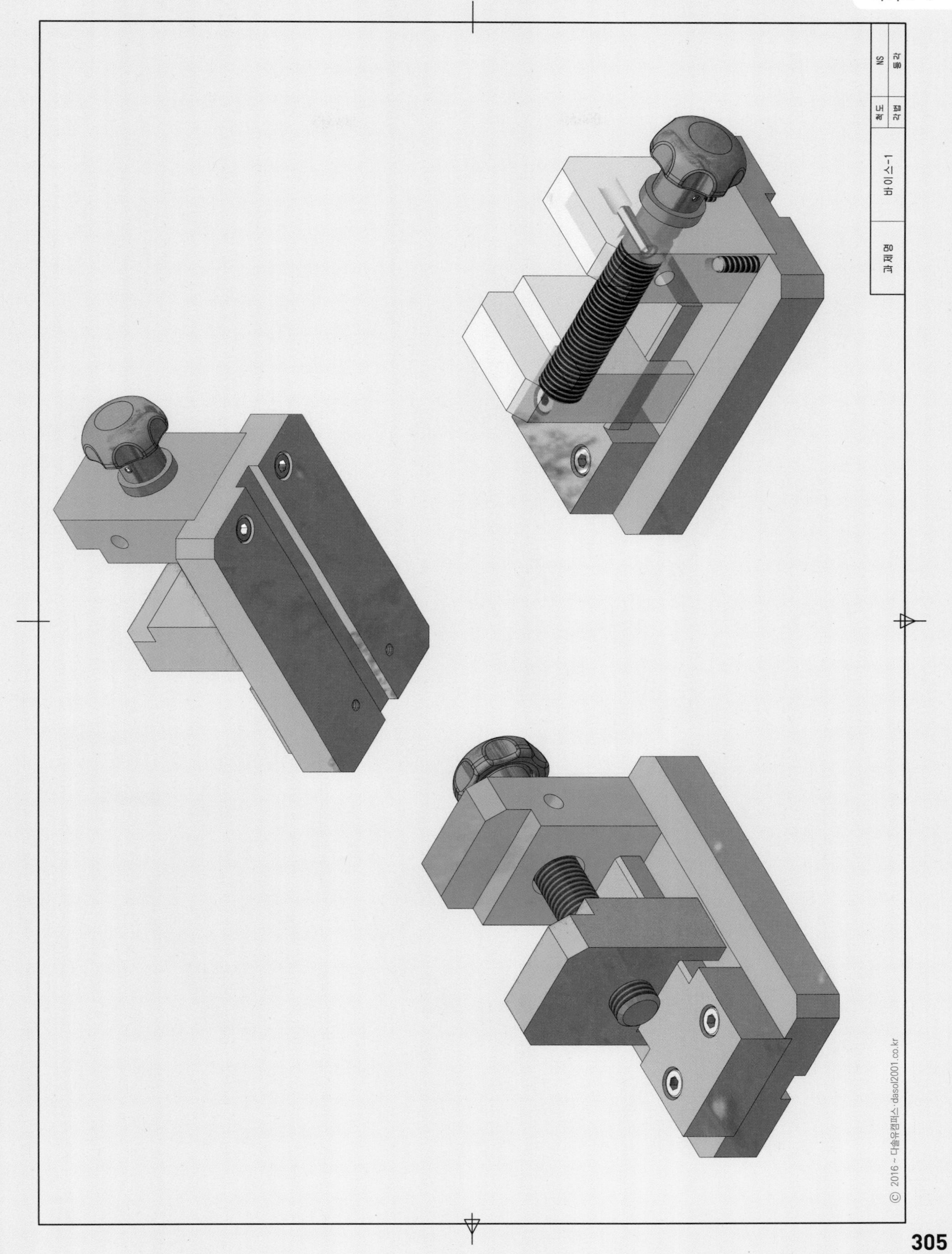
과제명
바이스-1
척도
NS
각법
3각
© 2016 ~ 다솔유캠퍼스 : dasol2001.co.kr

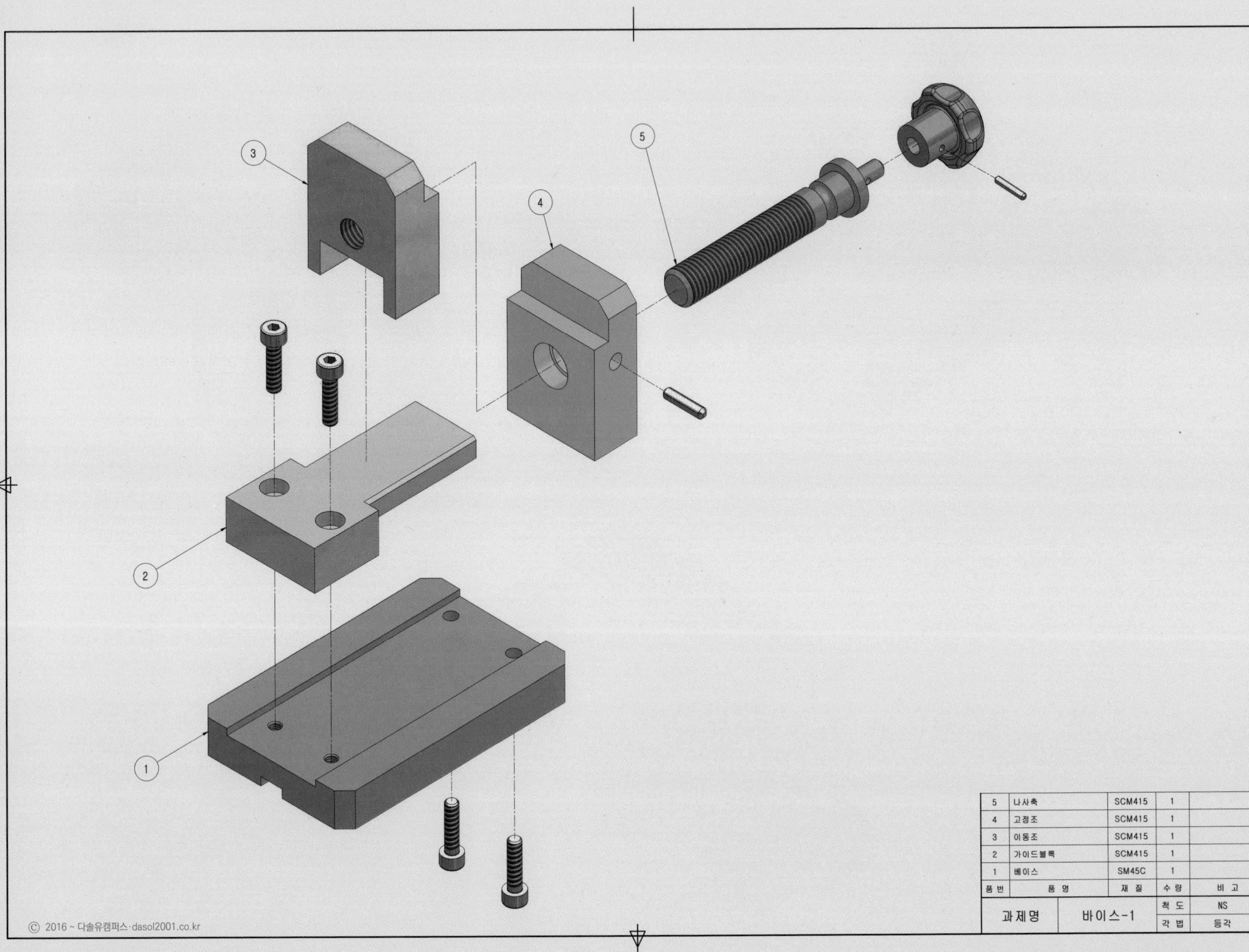
3
4
5
2
1
5 나사축 SCM415 1
4 고정조 SCM415 1
3 이동조 SCM415 1
2 가이드블록 SCM415 1
1 베이스 SM45C 1
품번 품명 재질 수량 비고
과제명 바이스-1
척도 NS
각법 등각
© 2016 ~ 다솔유캠퍼스 dasol2001.co.kr

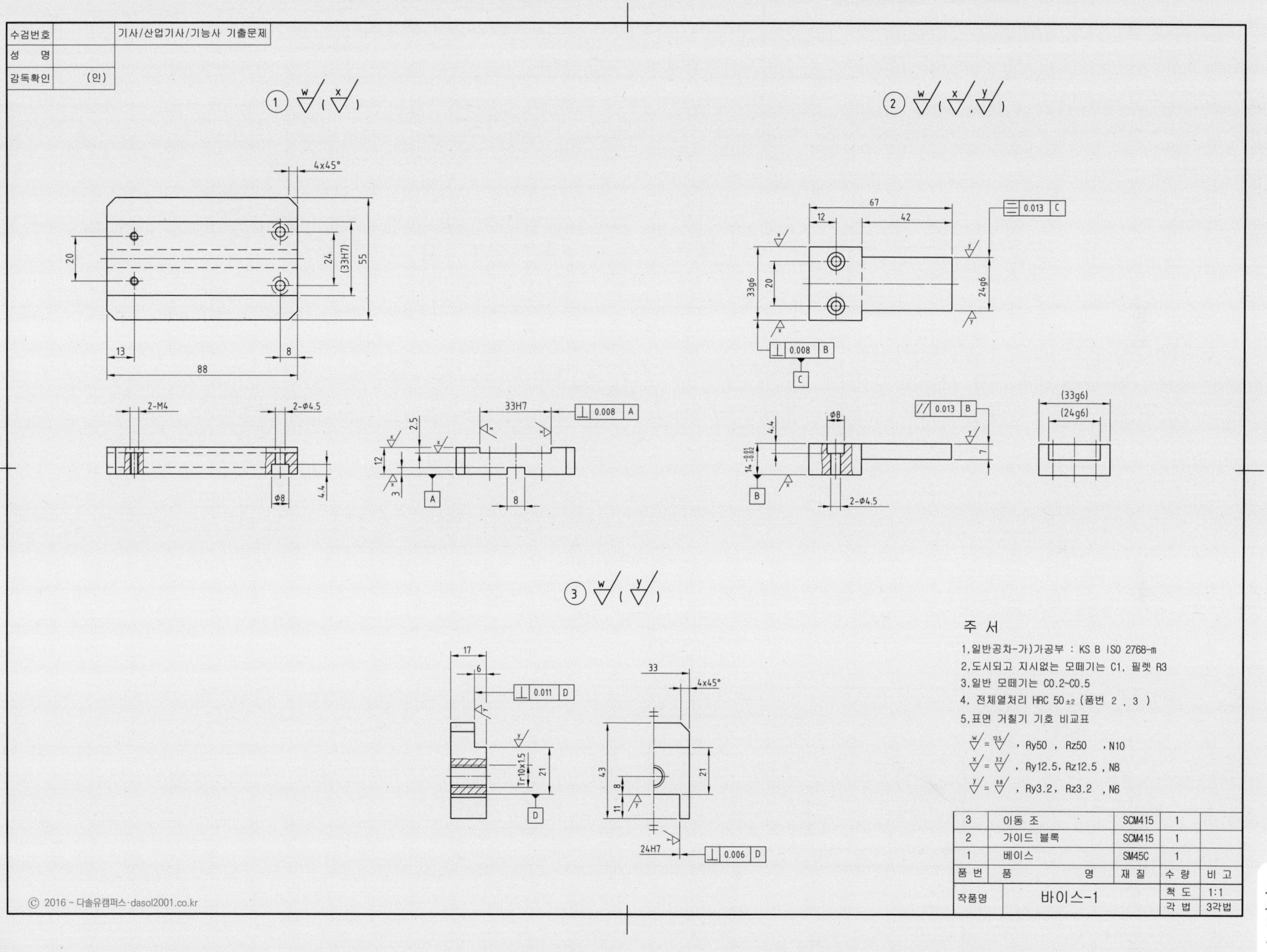

수검번호
성 명
감독확인 (인)
기사/산업기사/기능사 기출문제
①
②
③
4x45°
20
24
(33H7)
55
13
8
88
2-M4
2-ϕ4.5
ϕ8
4.4
33H7
0.008 A
2.5
12
3
A
67
12
42
0.013 C
33g6
24g6
0.008 B
C
(33g6)
(24g6)
0.013 B
14 -0.01 -0.02
7
B
17
6
0.011 D
Tr10x1.5
21
D
33
43
11
24H7
0.006 D
주 서
1,일반공차-가)가공부 : KS B ISO 2768-m
2,도시되고 지시없는 모떼기는 C1, 필렛 R3
3,일반 모떼기는 C0.2~C0.5
4, 전체열처리 HRC 50±2 (품번 2 , 3)
5,표면 거칠기 기호 비교표
, Ry50 , Rz50 , N10
, Ry12.5, Rz12.5 , N8
, Ry3.2, Rz3.2 , N6
3 이동 조 SCM415 1
2 가이드 블록 SCM415 1
1 베이스 SM45C 1
품 번 품 명 재 질 수 량 비 고
작품명 바이스-1
척 도 1:1
각 법 3각법

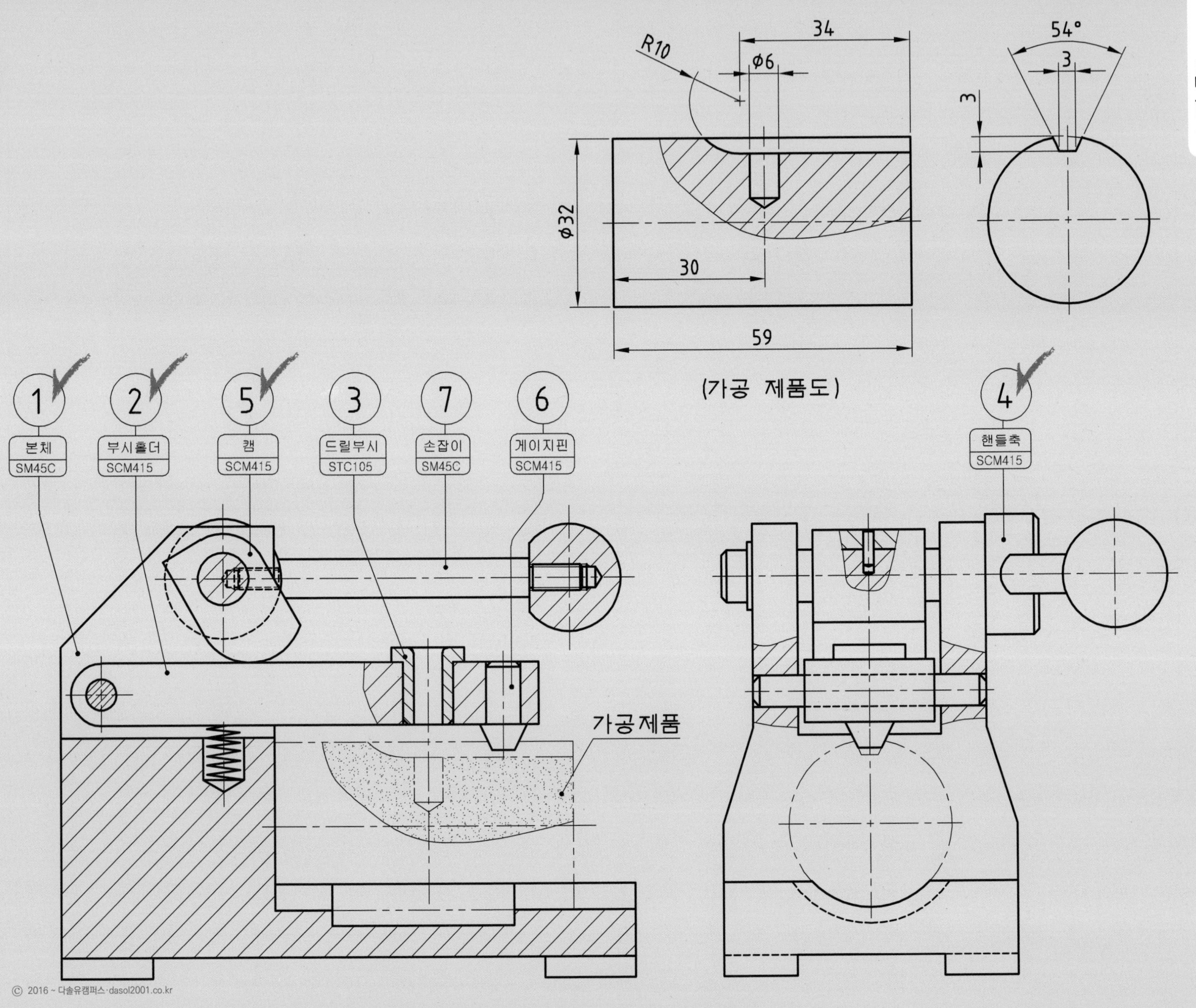

R10
34
φ6
54°
3
3
φ32
30
59
(가공 제품도)
1
본체
SM45C
2
부시홀더
SCM415
5
캠
SCM415
3
드릴부시
STC105
7
손잡이
SM45C
6
게이지핀
SCM415
4
핸들축
SCM415
가공제품
© 2016 ~ 다솔유캠퍼스·dasol2001.co.kr

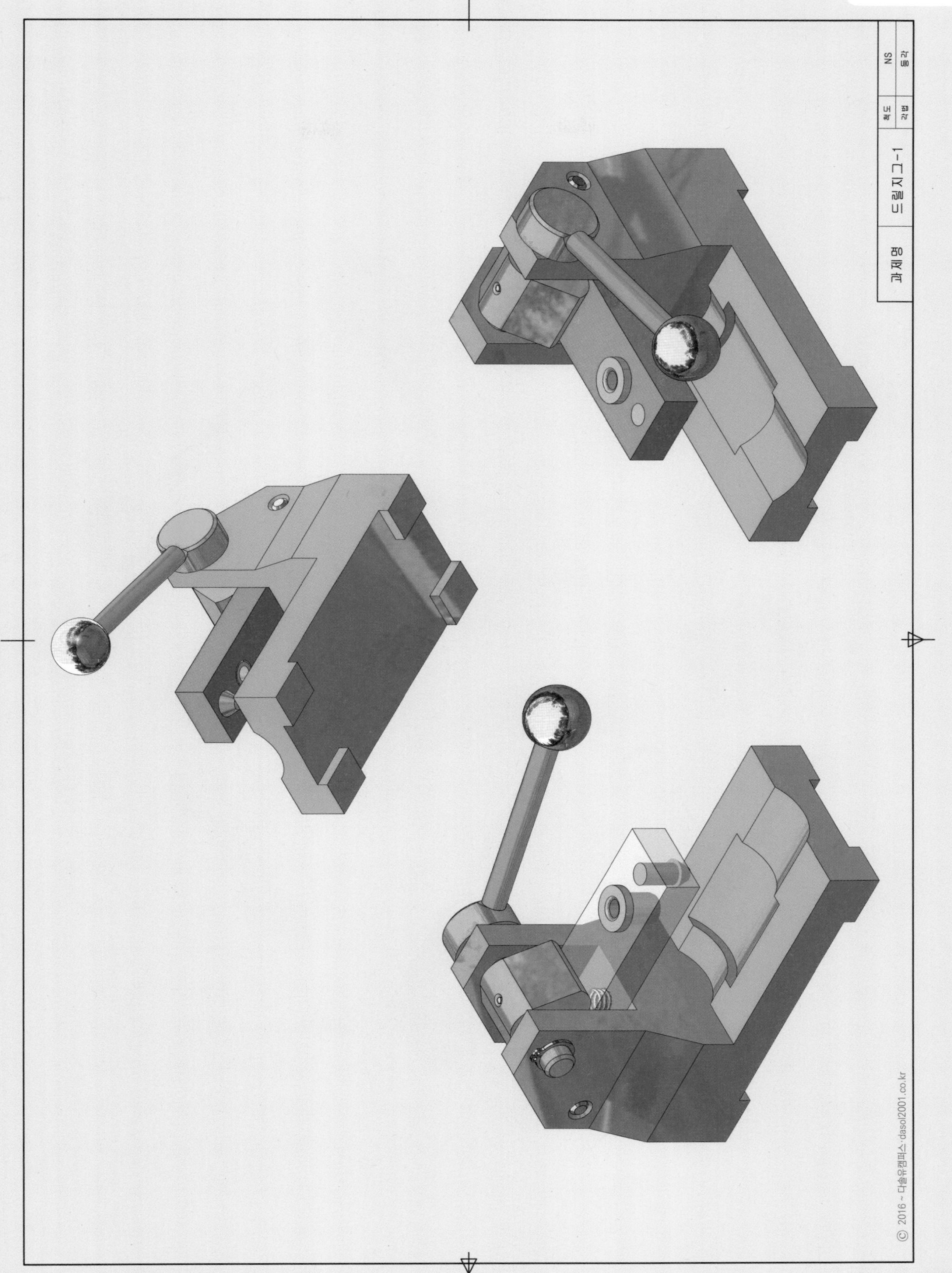
과제명
드릴지그-1
척도
NS
각법
등각
© 2016 ~ 다솔유캠퍼스 : dasol2001.co.kr

품번	품명	재질	수량	비고
7	손잡이	SM45C	1	
6	게이지핀	SCM415	1	
5	캠	SCM415	1	
4	핸들축	SCM415	1	
3	드릴부시	STC105	1	
2	부시홀더	SCM415	1	
1	본체	SM45C	1	

과제명	드릴지그-1	척도	NS
		각법	등각

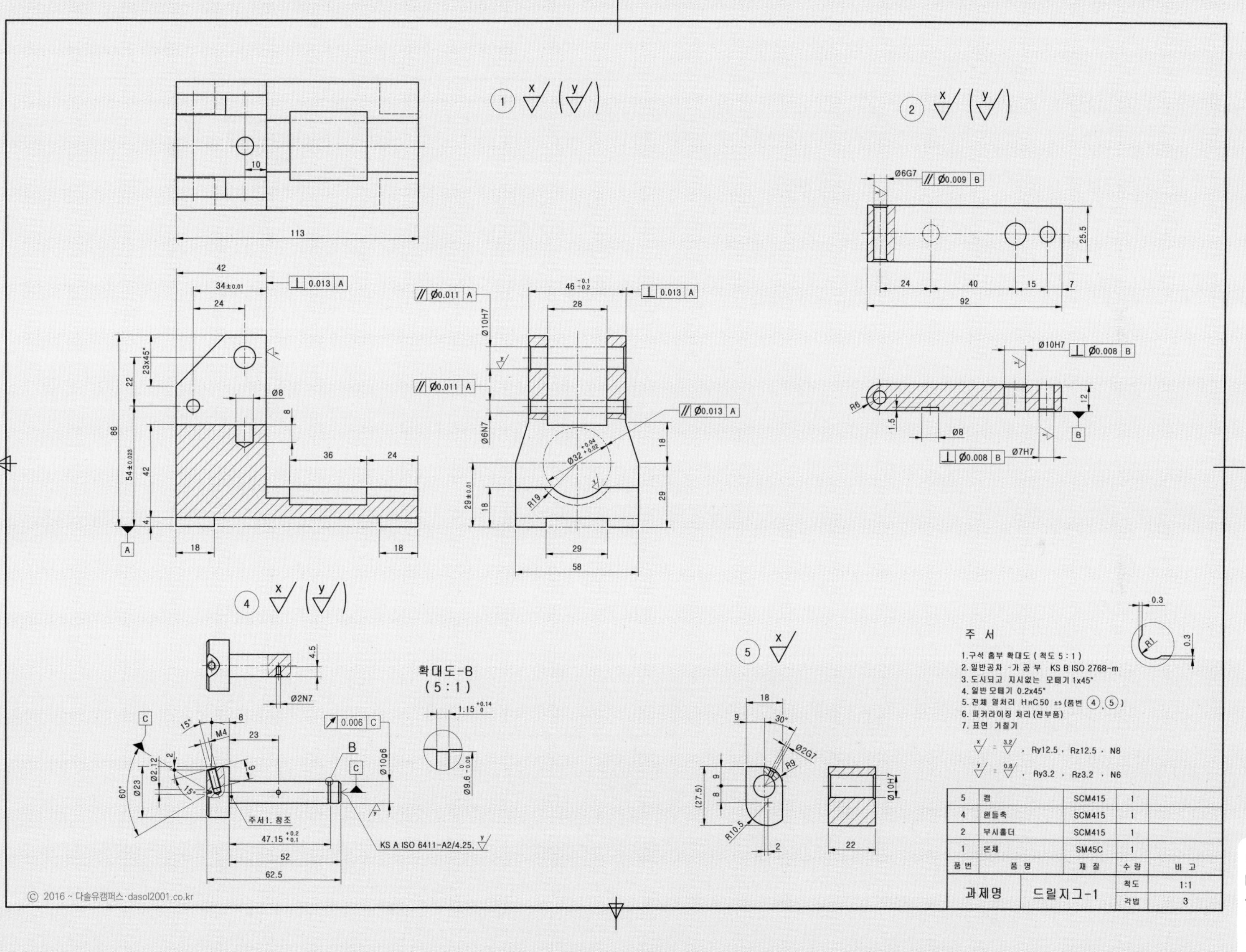
주 서
1.구석 홈부 확대도 (척도 5 : 1)
2. 일반공차 -가 공 부 KS B ISO 2768-m
3. 도시되고 지시없는 모떼기 1x45°
4. 일반 모떼기 0.2x45°
5. 전체 열처리 HRC50 ±5 (품번 4, 5)
6. 파커라이징 처리 (전부품)
7. 표면 거칠기
Ry12.5 , Rz12.5 , N8
Ry3.2 , Rz3.2 , N6
확대도-B
(5 : 1)
주서1. 참조
KS A ISO 6411-A2/4.25
5 캡 SCM415 1
4 핸들축 SCM415 1
2 부시홀더 SCM415 1
1 본체 SM45C 1
품번 품명 재질 수량 비고
과제명 드릴지그-1
척도 1:1
각법 3

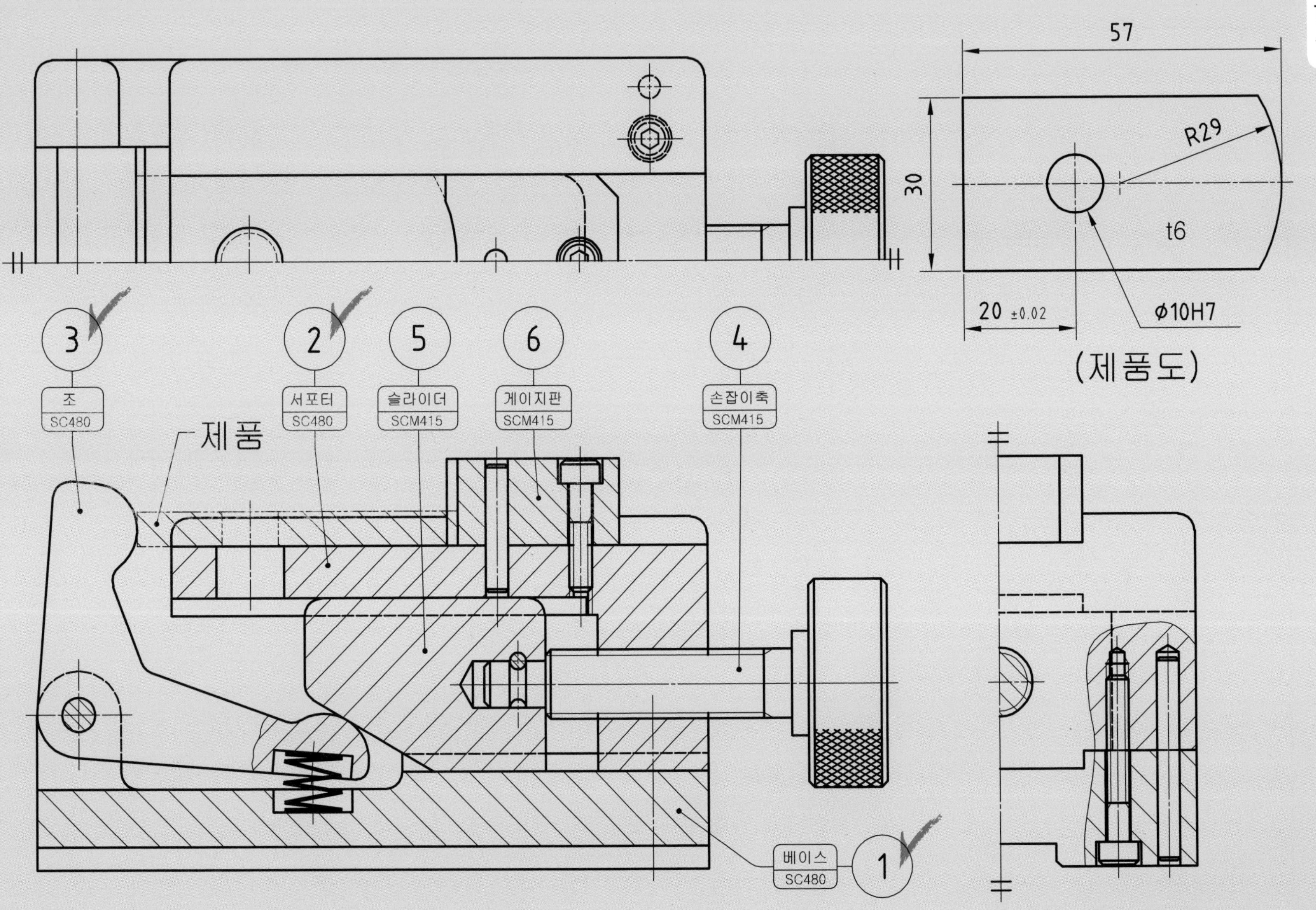
57
30
R29
t6
20 ±0.02
Ø10H7
(제품도)
3
조
SC480
2
서포터
SC480
5
슬라이더
SCM415
6
게이지판
SCM415
4
손잡이축
SCM415
제품
베이스
SC480
1

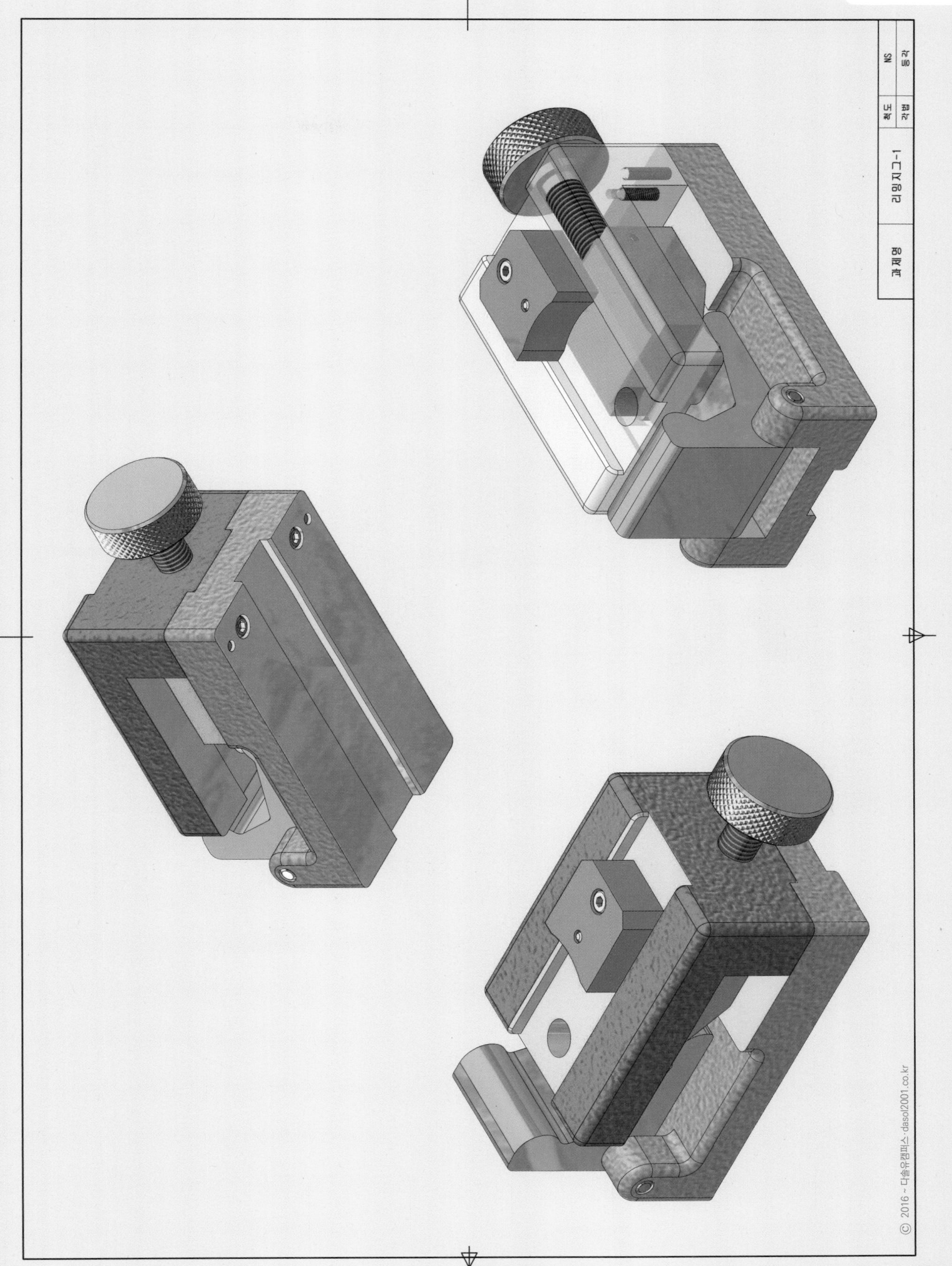
과제명
리밍지그-1
척도
NS
각법
등각

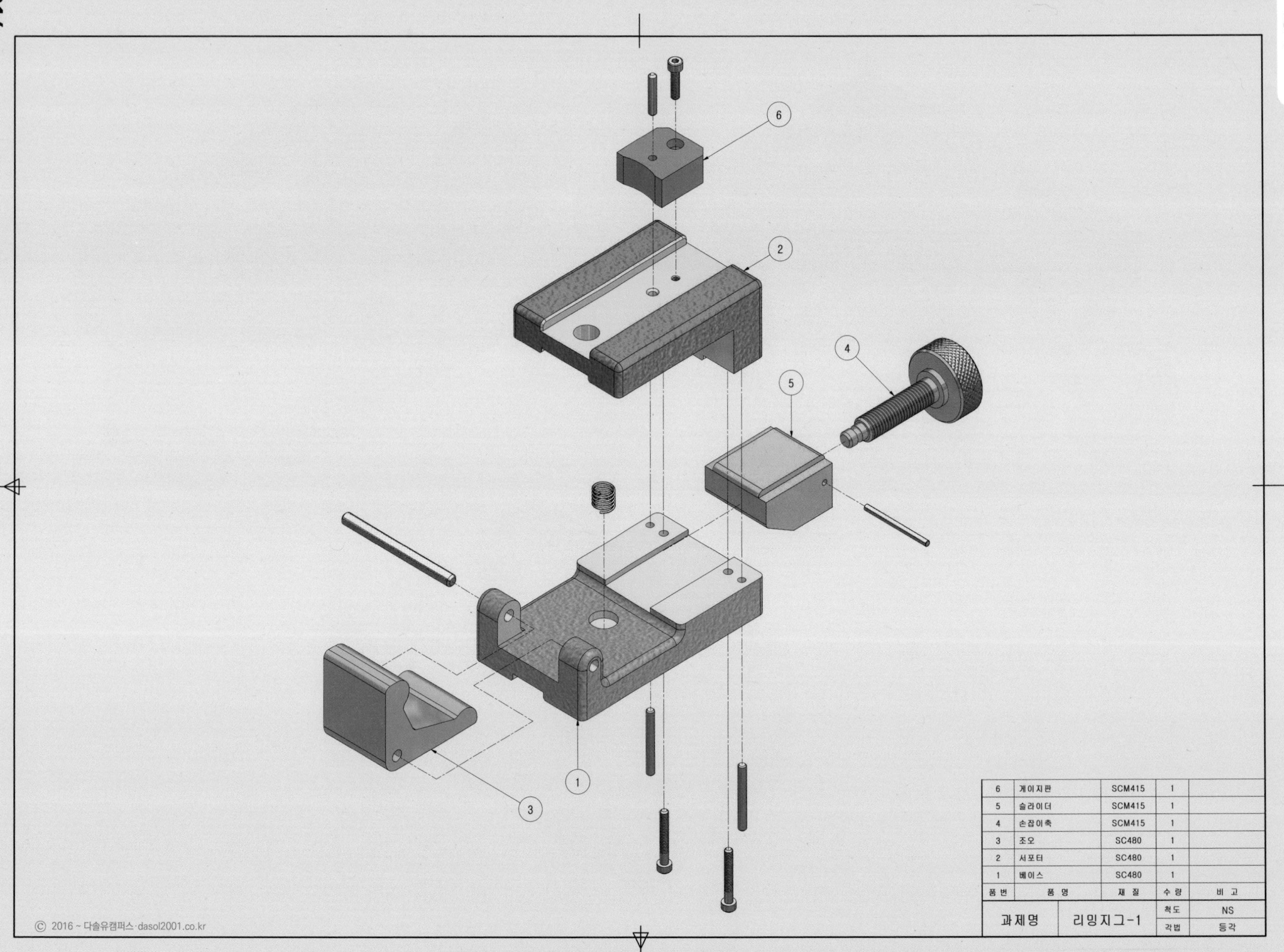

6
2
4
5
1
3
6 게이지판 SCM415 1
5 슬라이더 SCM415 1
4 손잡이축 SCM415 1
3 조오 SC480 1
2 서포터 SC480 1
1 베이스 SC480 1
품번 품명 재질 수량 비고
과제명 리밍지그-1 척도 NS
각법 등각
ⓒ 2016 ~ 다솔유캠퍼스 · dasol2001.co.kr

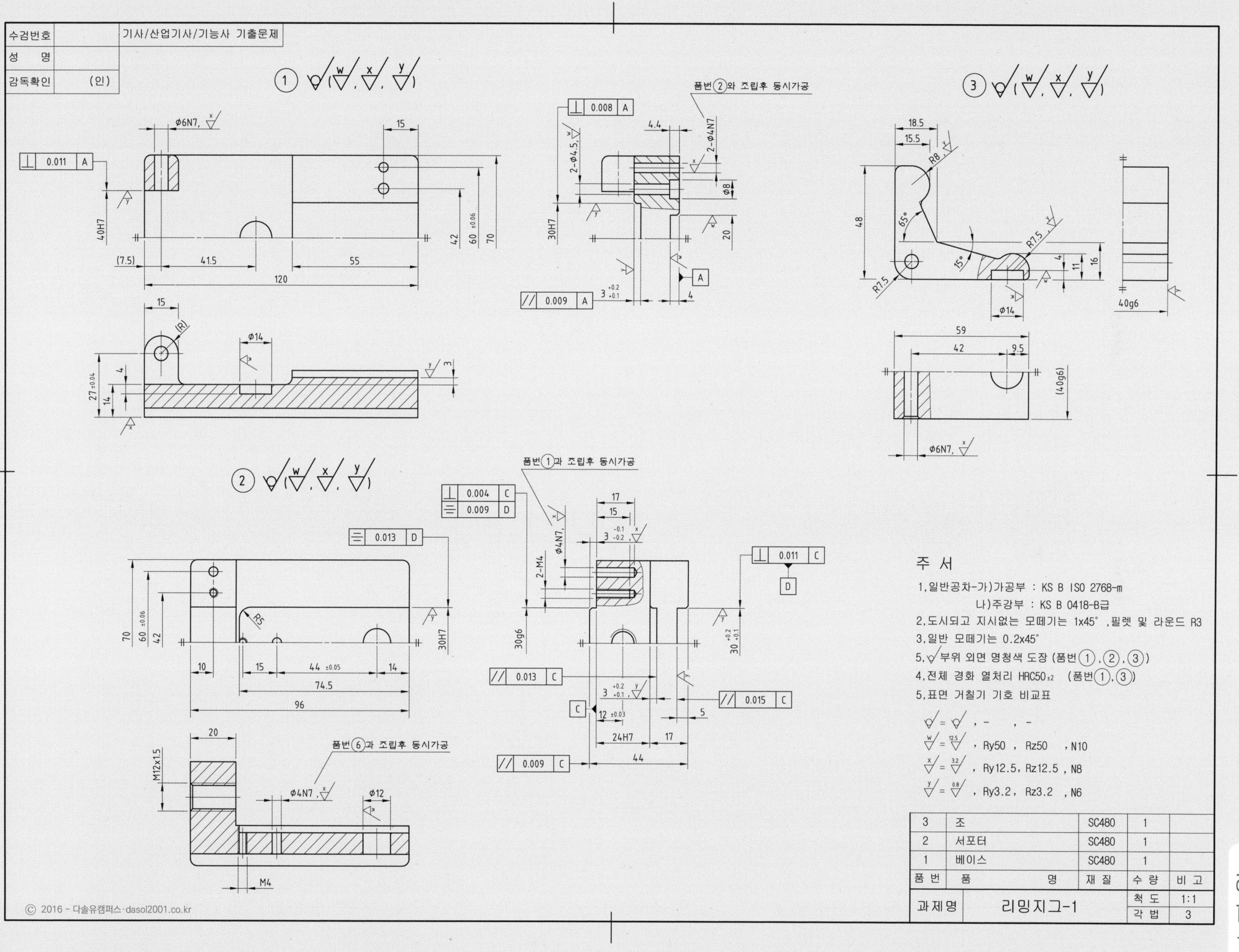

수검번호
성 명
감독확인 (인)
기사/산업기사/기능사 기출문제
품번②와 조립후 동시가공
품번①과 조립후 동시가공
품번⑥과 조립후 동시가공
주 서
1.일반공차-가)가공부 : KS B ISO 2768-m
나)주강부 : KS B 0418-B급
2.도시되고 지시없는 모떼기는 1x45°,필렛 및 라운드 R3
3.일반 모떼기는 0.2x45°
5.부위 외면 명청색 도장 (품번①,②,③)
4.전체 경화 열처리 HRC50±2 (품번①,③)
5.표면 거칠기 기호 비교표
, Ry50 , Rz50 , N10
, Ry12.5, Rz12.5 , N8
, Ry3.2, Rz3.2 , N6
3 조 SC480 1
2 서포터 SC480 1
1 베이스 SC480 1
품번 품 명 재 질 수 량 비 고
과제명 리밍지그-1
척 도 1:1
각 법 3
© 2016 ~ 다솔유캠퍼스·dasol2001.co.kr

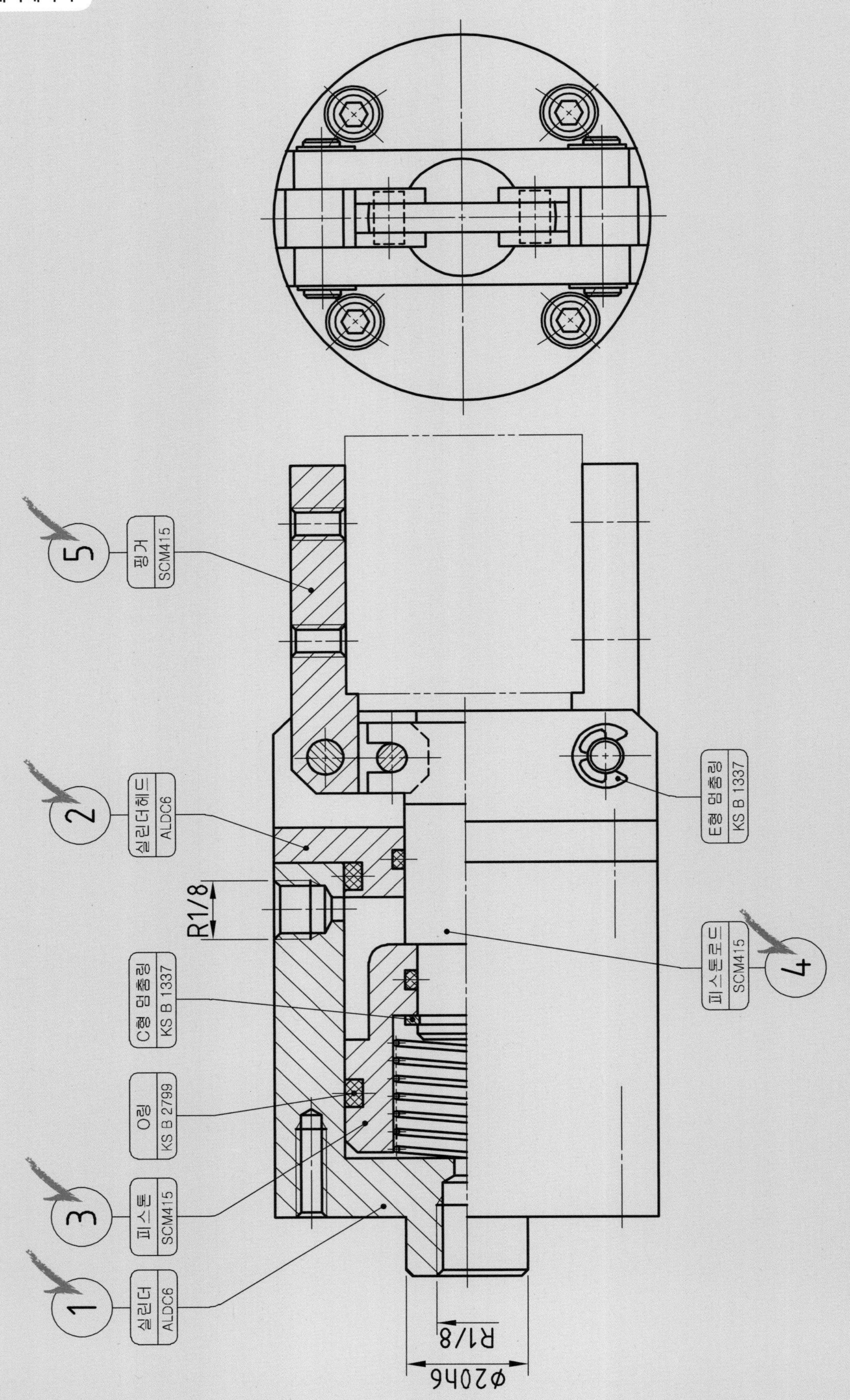
실린더
ALDC6
피스톤
SCM415
O링
KS B 2799
C형 멈춤링
KS B 1337
R1/8
실린더헤드
ALDC6
핑거
SCM415
E형 멈춤링
KS B 1337
피스톤로드
SCM415
R1/8
φ20h6
1
2
3
4
5

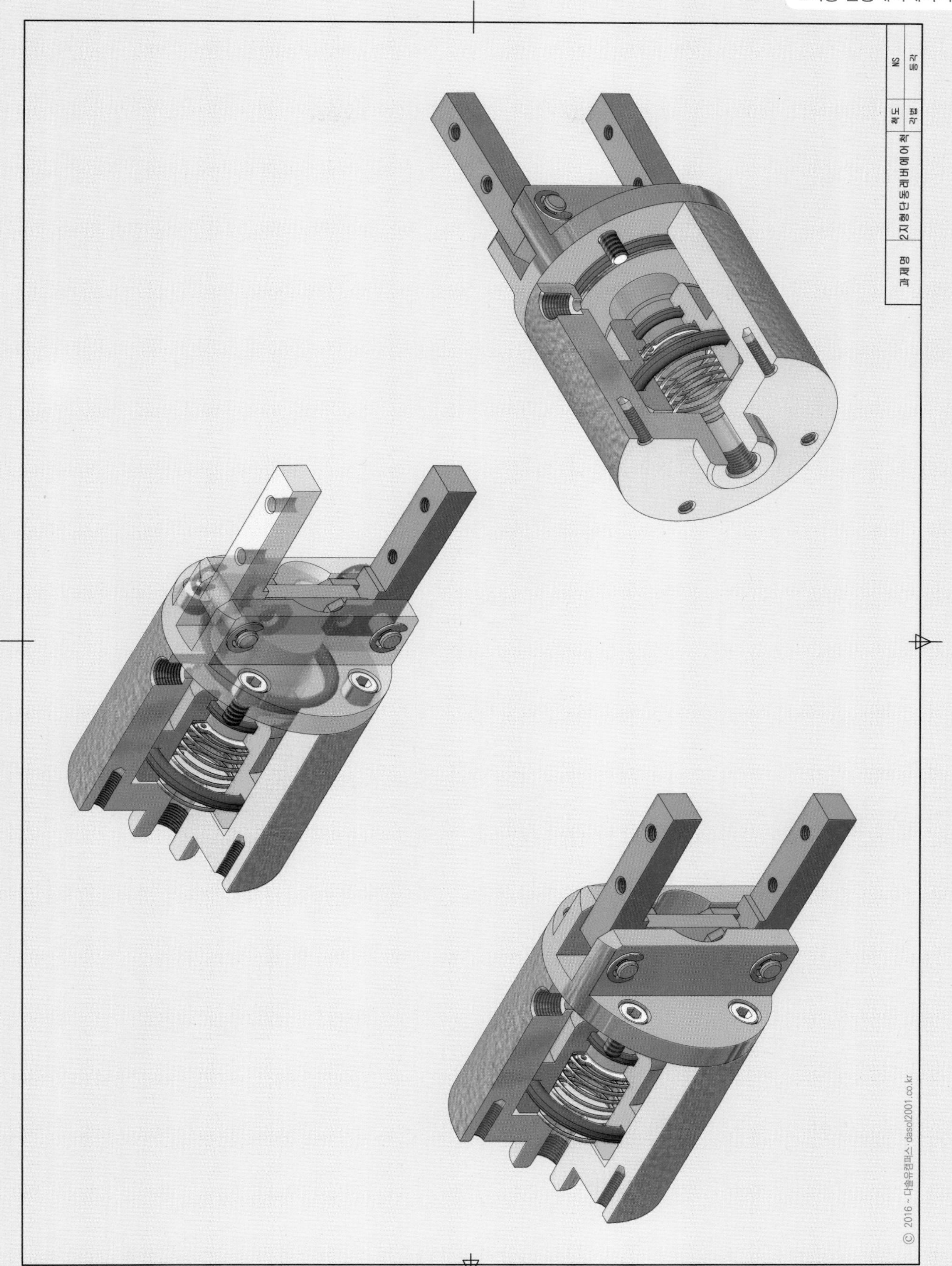
과제명
2지형 단동레버에어척
척도
NS
각법
등각
© 2016 ~ 다솔유캠퍼스 · dasol2001.co.kr

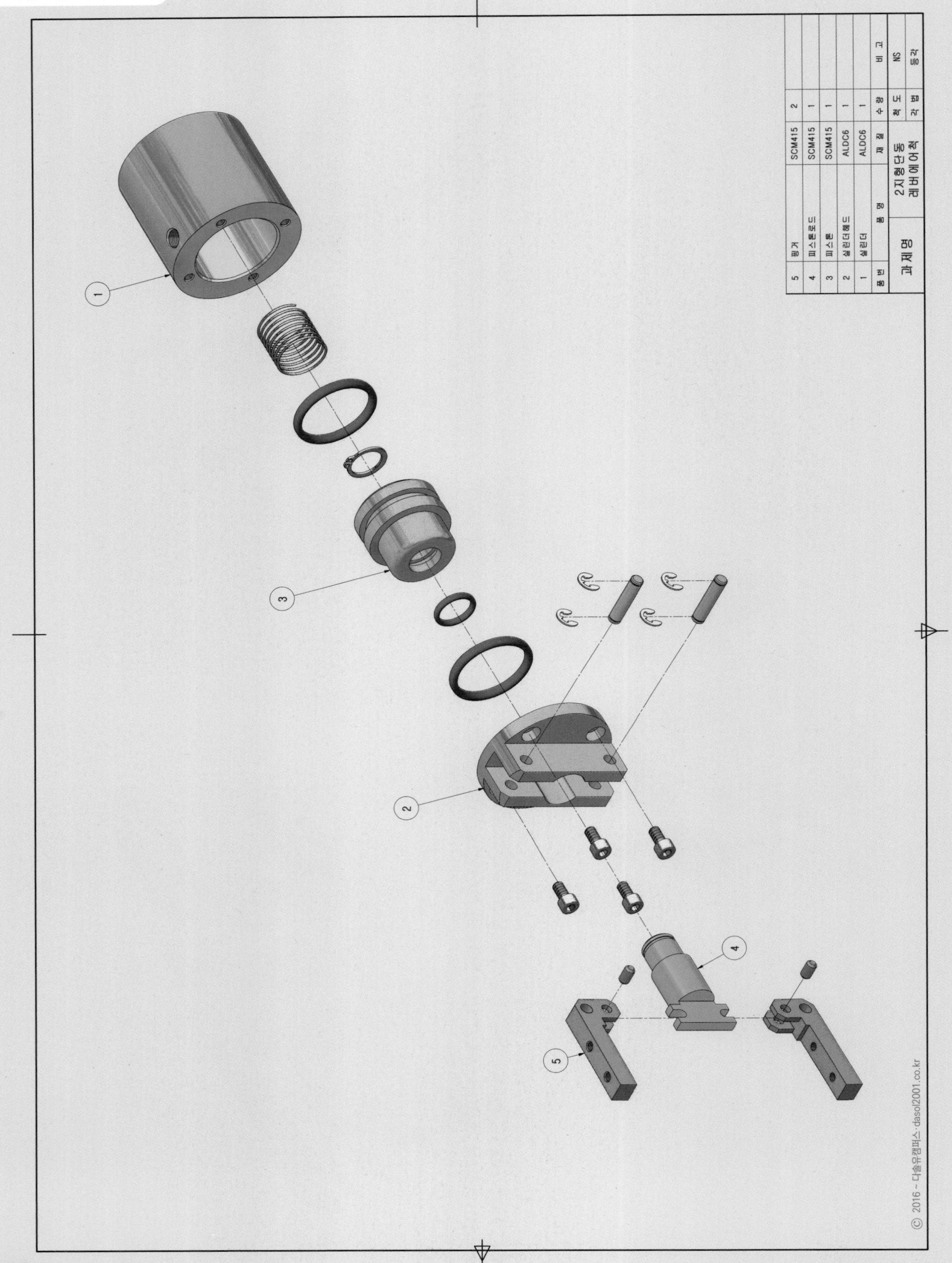

5 핑거 SCM415 2
4 피스톤로드 SCM415 1
3 피스톤 SCM415 1
2 실린더헤드 ALDC6 1
1 실린더 ALDC6 1
품번 품명 재질 수량 비고
과제명
2지형단동
레버에어척
척도 NS
각법 등각
1
2
3
4
5
© 2016 ~ 다솔유캠퍼스 : dasol2001.co.kr

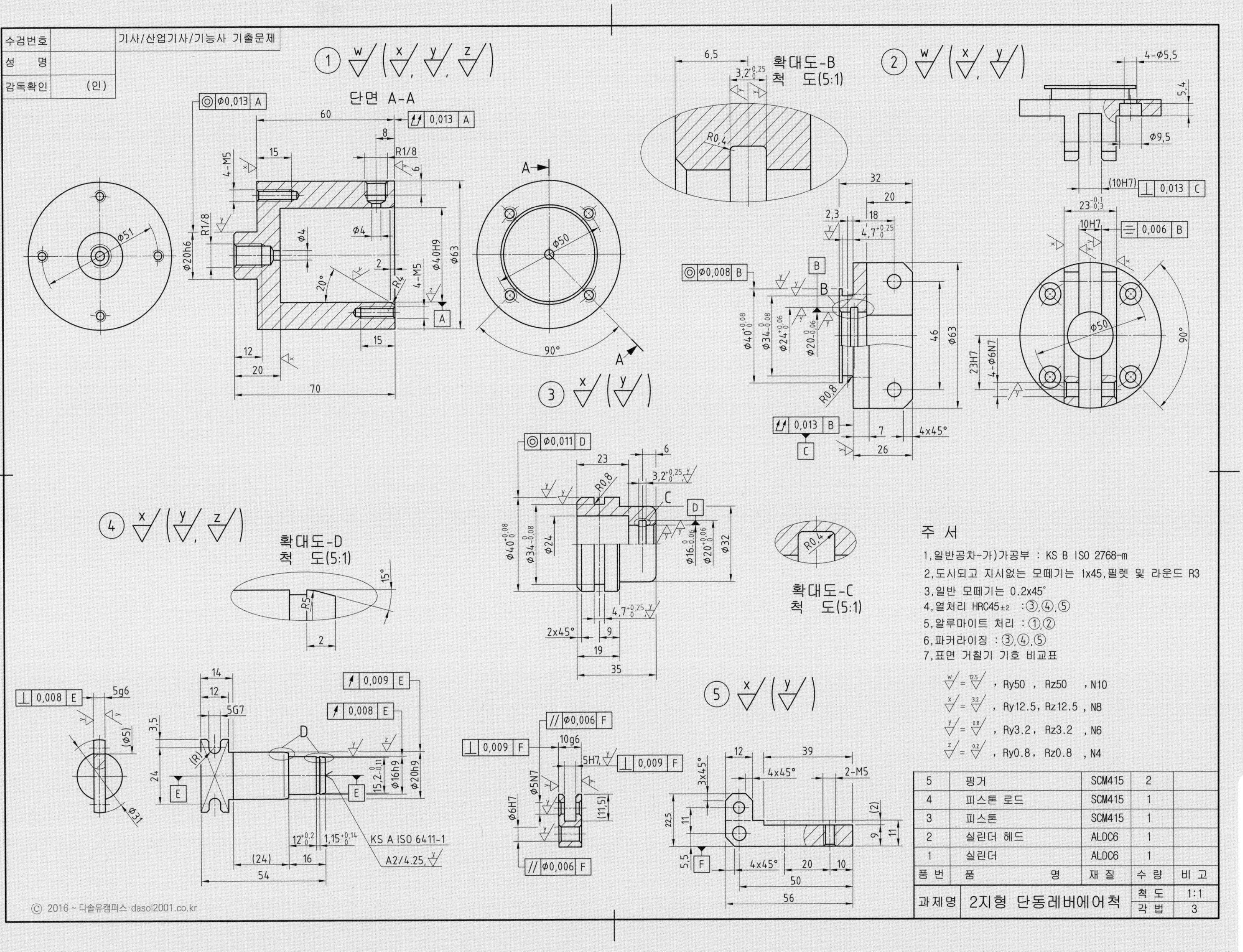

수검번호
성 명
감독확인 (인)
기사/산업기사/기능사 기출문제
단면 A-A
확대도-B 척 도(5:1)
확대도-C 척 도(5:1)
확대도-D 척 도(5:1)
주 서
1.일반공차-가)가공부 : KS B ISO 2768-m
2.도시되고 지시없는 모떼기는 1x45,필렛 및 라운드 R3
3.일반 모떼기는 0.2x45°
4.열처리 HRC45±2 :③,④,⑤
5.알루마이트 처리 :①,②
6.파커라이징 :③,④,⑤
7.표면 거칠기 기호 비교표
, Ry50 , Rz50 , N10
, Ry12.5, Rz12.5 , N8
, Ry3.2, Rz3.2 , N6
, Ry0.8, Rz0.8 , N4
5 핑거 SCM415 2
4 피스톤 로드 SCM415 1
3 피스톤 SCM415 1
2 실린더 헤드 ALDC6 1
1 실린더 ALDC6 1
품 번 품 명 재 질 수 량 비 고
과제명 2지형 단동레버에어척 척 도 1:1 각 법 3
© 2016 ~ 다솔유캠퍼스·dasol2001.co.kr

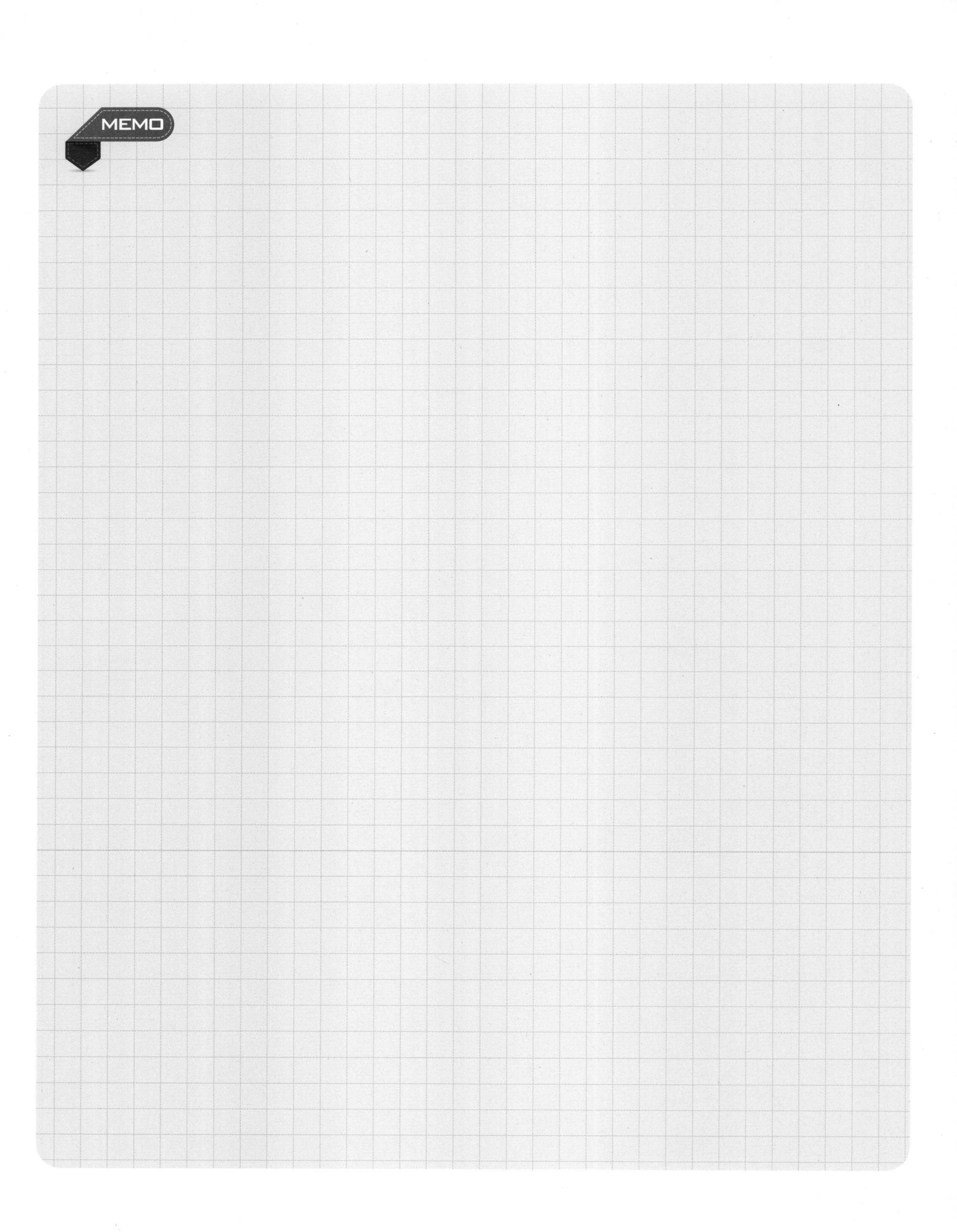
MEMO

MEMO

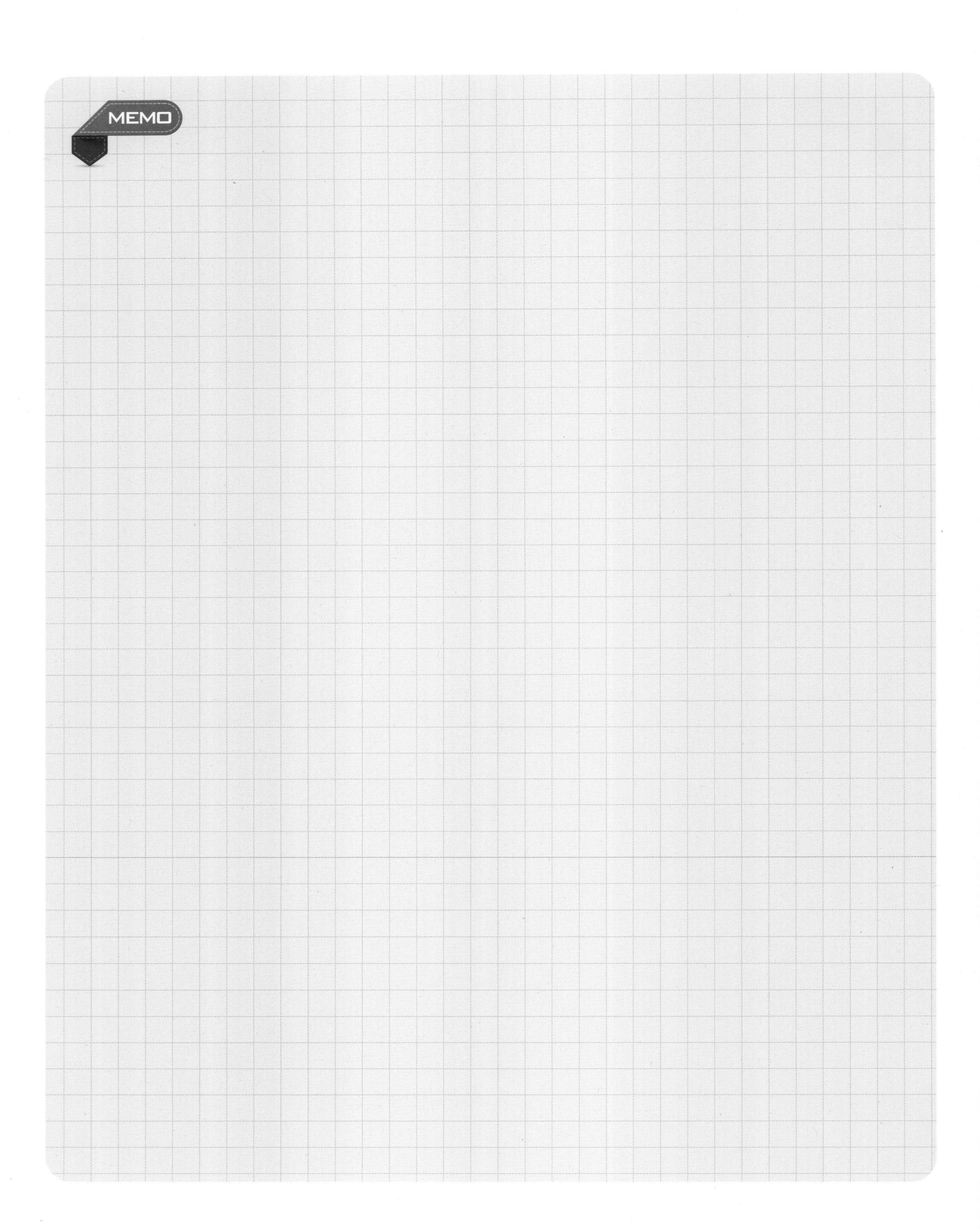
MEMO

기계 AutoCAD-2D 활용서

발행일 | 2008년 1월 10일 초판 발행
2015년 3월 20일 3차 개정
2015년 5월 10일 2쇄
2016년 1월 15일 3쇄
2016년 3월 20일 4쇄
2017년 3월 10일 4차 개정
2017년 9월 10일 2쇄
2018년 3월 10일 5차 개정
2019년 1월 15일 2쇄
2020년 3월 30일 3쇄
2021년 2월 20일 6차 개정
2022년 3월 3일 2쇄
2025년 2월 20일 7차 개정

저 자 | 권신혁, 이성현
발행인 | 정용수
발행처 | 예문사

주 소 | 경기도 파주시 직지길 460(출판도시) 도서출판 예문사
T E L | 031) 955-0550
F A X | 031) 955-0660

등록번호 | 11-76호

정가 : 24,000원

http://www.yeamoonsa.com

ISBN 978-89-274-5806-7 13550